C++ 边做边学

◎ 冯玉芬 周树功 母景琴 詹 胜 编著

清华大学出版社
北京

内 容 简 介

本书通过24个案例、71个示例和1个综合实例系统地介绍了C++语言的基础知识、基本语法规则和语句结构,以及基本的编程方法。全书共11章,第1~6章分别是概述、数据类型和运算符、流程控制语句、函数、指针和结构类型,介绍面向过程的编程方法;第7~9章分别是类和对象、继承性、多态性,讲解面向对象的程序设计语言的三大特征及编程方法;第10章详细介绍了标准输入和输出格式控制及文件的读、写操作;第11章讲解了1个综合实例——课堂随机点名应用程序分析与设计及其实现过程。每个章节配有多种形式的上机练习和程序练习题,供读者检验所学内容的掌握情况。

本书可作为学生或程序员的学习用书,适合零基础且对C++语言感兴趣的初学者使用,也可作为高等学校计算机及相关专业的师生用书,或者学科竞赛的辅导用书和培训学校的教材。

图书在版编目(CIP)数据

C++边做边学/冯玉芬等编著. —北京:清华大学出版社,2023.2(2024.2重印)
(21世纪新形态教·学·练一体化系列丛书)
ISBN 978-7-302-62700-5

Ⅰ.①C… Ⅱ.①冯… Ⅲ.①C++语言-程序设计-教材 Ⅳ.①TP312.8

中国国家版本馆CIP数据核字(2023)第026838号

责任编辑:龙启铭
封面设计:刘 键
责任校对:申晓焕
责任印制:杨 艳

出版发行:清华大学出版社
网 址:https://www.tup.com.cn,https://www.wqxuetang.com
地 址:北京清华大学学研大厦A座 **邮 编**:100084
社 总 机:010-83470000 **邮 购**:010-62786544
投稿与读者服务:010-62776969,c-service@tup.tsinghua.edu.cn
质量反馈:010-62772015,zhiliang@tup.tsinghua.edu.cn
课件下载:https://www.tup.com.cn,010-83470236
印 装 者:三河市铭诚印务有限公司
经 销:全国新华书店
开 本:203mm×260mm **印 张**:26.5 **字 数**:695千字
版 次:2023年4月第1版 **印 次**:2024年2月第2次印刷
定 价:69.00元

产品编号:092254-01

PREFACE

前言

编者在多年的教学实践中发现，虽然市面上有大量C++语言程序设计的教材或参考书，网上也有丰富的学习资源，但还有一部分学生对C++语言望而却步。究其原因，这部分学生往往最初对计算机编程感到神秘，充满好奇，已经产生了学习编程语言的兴趣，但通过一段时间的学习后却止步于烦琐的语法细节，不能体会到满满的成就感。针对这种情况，在教学过程中，我们尝试首先关注学生的学习兴趣，从精选的程序案例出发，让学生眼见为实地看到程序的运行结果，然后引出相关的知识点，从而理解所学内容的意义和整体的逻辑关系，一步一步地引导学生建立程序设计的思想。

本书用简单的小程序，对前后知识点建立联系，让读者体会到知识点并不孤立。在书中，相同功能案例可以用不同的方法、不同的语句实现，通过这种方法使读者学习语法规则和掌握多种思考方法。例如编写“输入年份，判断年份是否为闰年”的程序，这个简单的功能在第2章“数据类型和运算符”中引入，目的是让读者学习和理解关系运算符、逻辑运算符和条件运算符，理解表达式运算结果的数据类型，通过输入一个数据、经过一个表达式直观地看到判断结果。在第3章介绍语句的分支结构时，学生使用条件语句，同样能清晰地完成闰年判断功能，同时掌握条件语句的语法规则和语句的执行流程。在第4章通过函数的定义，把判断年份是否为闰年的功能封装成函数，使用起来更加方便、简洁。通过此封装过程，介绍函数的定义格式和函数调用的三种方式。再如，对于案例“计算天数——根据日期计算该日期是本年度的第多少天”，在第3章介绍多分支语句——开关语句时，用开关语句编写程序实现功能，从而引入了开关语句的语法规则。在同一章中还用第二种方法完成同样的功能，巩固循环语句的语法格式。在第6章“结构类型”中，自定义日期结构类型后，同样完成“计算天数”功能，语法格式、语句内容却截然不同。紧接着在第7章“类和对象”中，对日期类型进一步封装，不仅封装了数据，还封装了对数据的操作，即处理数据的函数，那么“计算天数”的程序就换成了另一个模样。通过这样的方式让读者理解，即使数据类型不同，思考方式不同，编写代码不同，也能做到殊途同归，实现同一个功能。学习程序设计语言不要死记硬背，应该在熟练掌握语法规则、掌握基本语句结构的基础上，坚持动手编写程序，不断上机调试，灵活运用。通过程序案例的不断完善，前后贯通。让同一个程序案例不断地提高设计要求，从简单到复杂，从多个维度、多种结构，循序渐进，对比学习。在程序案例融入的语法和语句规则中，掌握更多应该注意的细节。

本书主要是想让读者在有趣的程序案例中，学习枯燥乏味的语法规则和语句结构，在拓展训练中进一步巩固学习内容，在编程操作过程中收获到学以致用的成就感，深入浅出地引导读者入门。全书包含24个案例，用于引出新知识点的学习；包含71个示例，有的用于引出新内容，有的是有助于读者对本节内容的巩固和提高；本书还包含200多幅图，有助于读者更形象、更直观地理解概念、过程、运行结果。本书在编写过程中注重细节，图文并茂，深入浅出，书中包含详细的代码注释，分析运行过程中计算机的内存单元的变化等实现机制，尽量把需要注意的事项、不好理解的地方，以图文的形式呈现给读者。在目前各大学压缩学时的情况下，即使课时不多，学生也能够有兴趣在课外跟着教程完成案例的学习和操作。每个章节知识点难度逐步加大，整个教程内容也循序渐进，协调统一，同一个内容会在不同的章节出现，一步一步进行完善和提高，让学生既不会感到晦涩难懂，又有兴趣读下一章节的内容。在学习过程中如果读者在理解知识点的过程中遇到困难，建议不要纠结于某个地方，以免自己沉浸在无尽的挫败感中，感觉垂头丧气。这时应往后学习，通常学习了后面的知识点或其他章节的内容后，就能理解前面的内容了。学习是一个循环的过程，在循环反复中一些难点问题慢慢就迎刃而解了。

不管学习哪种程序设计语言，读不会，看不会，只能练会。多做一些上机练习，才能更好地体会语法规则和语句结构。在程序调试运行时，不要怕遇到错误，有时候没有错误，还要人为地进行语句的添加、删除或修改，看看这样处理后出现什么运行结果。像医生看病一样，多见识错误，就是在积累经验，在错误中不断成长，越挫越勇，最终达到用计算机语言与计算机进行自由沟通，指挥计算机精准正确地响应你的要求。当然，不要期待学完这本书就达到这个程度，C++语言是基本功，不要小看书中这些小的案例，"不积跬步，无以至千里"，只有扎扎实实地练就过硬的本领，才有能力攀登计算机领域的高峰。

本书是2021—2022年度河北省高等教育教学改革研究与实践项目"面向创新能力培养的数据计算与数据分析类课程教学改革与实践——以数学类专业为例"（项目编号2021GJJG552）的结题成果，由唐山师范学院冯玉芬、周树功、母景琴和詹胜四位老师合作编写完成。编者从事多年C++程序设计语言的教学工作，有丰富的项目开发经验。冯玉芬主要负责第1～8章的编写，母景琴负责第9章的编写，詹胜负责第10章的编写工作，周树功负责第11章的编写。

对于编者而言，撰写一部教材既是一项琐碎而繁重的任务，也是乐在其中的劳动。在学生的期盼下，尽管我们已经竭力争取让本书严谨和完美，但是书中仍然会存在错误和不当之处，欢迎各界专家和读者朋友给予宝贵意见，以利于我们改进和提高，我们对此不胜感激。

编　者

2023年1月

CONTENTS

目录

第1章

概　　述

C ++是一种高级程序设计语言，是美国贝尔实验室的本贾尼·斯特劳斯特卢普(Bjarne Stroustrup)博士在20世纪80年代初期发明的，最初这种语言被称为“C with Classes”。C ++语言进一步扩充和完善了C语言，是一种面向对象的程序设计语言。C ++可运行于多种平台上，如Windows、macOS以及UNIX的各种版本。图1.1是美国著名的计算机科学家、C语言的发明人之一丹尼斯·里奇(Dennis Ritchie)，图1.2是本贾尼·斯特劳斯特卢普。

图1.1　丹尼斯·里奇

图1.2　本贾尼·斯特劳斯特卢普

1.1　C ++语言与计算机的关系

掌握一门计算机语言，人类可以与计算机进行交流沟通。计算机是人类大脑创造出来的，人类要用编程语言告诉它做什么，怎么做，这就是编程语言的作用。学习计算机程序设计语言可以让人们更深刻地了解这个日新月异的大数据及人工智能时代。

1.1.1 计算机及计算机的组成

1. 什么是计算机

计算机(computer)俗称电脑,是一种用于高速计算的电子计算机器,既可以进行数值计算,又可以进行逻辑计算,还具有存储记忆功能。计算机是能够按照程序运行,自动、高速处理海量数据的现代化智能电子设备。

2. 计算机的组成

计算机由硬件系统和软件系统组成。硬件就是计算机的躯体;软件就是计算机程序,是计算机的灵魂。

3. 冯·诺依曼体系结构

ENIAC,全称为 Electronic Numerical Integrator And Computer,即电子数字积分计算机,是世界上第一台通用计算机。美籍匈牙利数学家、计算机科学家、物理学家冯·诺依曼(John von Neumann)对 ENIAC 的设计提出存储程序原理,把程序本身当作数据来对待,程序和该程序处理的数据用同样的方式储存。图 1.3 是计算机之父冯·诺依曼。

冯·诺依曼理论的要点是:计算机中的数制采用二进制;计算机应该按照程序顺序执行。人们把冯·诺依曼的这个理论称为冯·诺依曼体系结构。图 1.4 是冯·诺依曼体系结构图。

图 1.3 冯·诺依曼

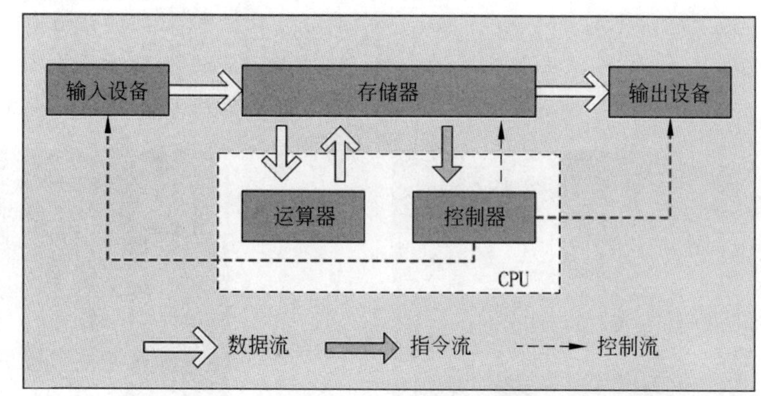

图 1.4 冯·诺依曼体系结构图

半个多世纪以来,计算机制造技术发生了巨大变化,但是冯·诺依曼体系结构仍然沿用至今,从 ENIAC 到当前最先进的计算机都采用的是冯·诺依曼体系结构。计算机的硬件由中央处理器(CPU)、存储器和输入/输出设备组成,中央处理器包含运算器和控制器,这些部件是由总线连接在一起的。

1.1.2 计算机发展的历史

1. 计算工具的发展史

计算工具经过了由简单到复杂、从低级到高级的不同阶段,从远古时代人类的"结绳记事"中的绳结,到古时计算数目所用器物算筹,以及中国古代 2600 多年前发明的手动操作计算辅助工具——算盘,到计算尺、机械计算机等,展示了人类伟大的创造过程和聪明才智。计算工具的发展史如图 1.5 所示。

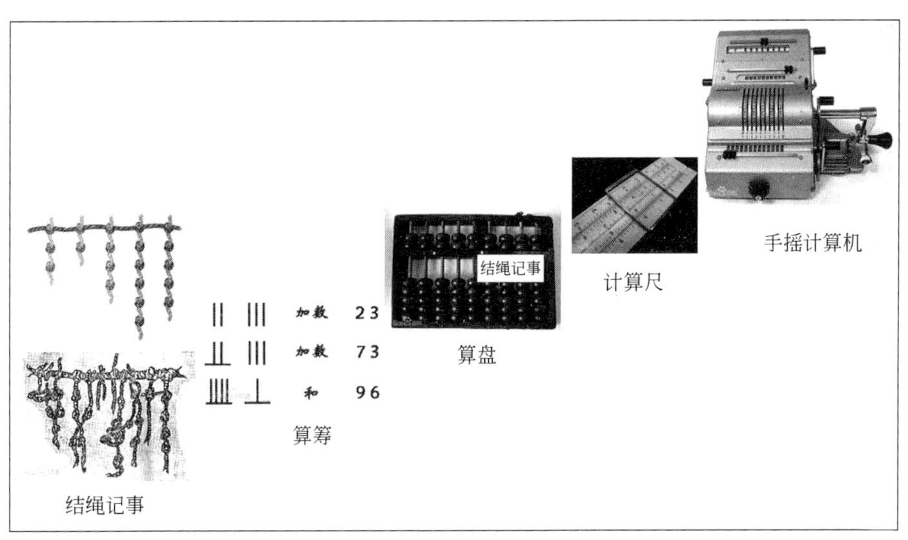

图 1.5 计算工具的发展史

2. 计算机的发展史

计算机的发展经过了四个阶段。

第一阶段电子管(1946—1958 年)——计算机特征是采用电子管作为主要元器件。

第二阶段晶体管(1959—1963 年)——计算机特征是采用晶体管作为主要元器件。

第三阶段集成电路(1964—1970 年)——计算机特征是采用半导体中小规模集成电路。

第四阶段大规模和超大规模集成电路(1970 年至今)——计算机特征是采用大规模和超大规模集成电路。

四个阶段的元器件和对应阶段的计算机的外形如图 1.6 所示。

图 1.6 计算机发展的四个阶段

1.1.3 程序和计算机程序

1. 什么是程序

程序就是为了完成某项任务,解决某个问题要执行的一系列步骤。平时我们所说的日程、行程、流程、议程等都是程序。如图 1.7 所示,左侧是从早晨起床到上班的流程,右侧是过马路的流程,这些都是程序。

2. 什么是计算机程序

计算机程序是计算机为了完成某项任务、解决某个问题要执行的一系列指令(步骤)。计算机程序用某种计算机程序设计语言编写,经过编译、链接形成一种人难以解读的、但可以被计算机所理解的机器语言后方可运行的代码序列。编译型计算机程序设计语言从编辑源代码、经过编译、连接到运行的流程图如图 1.8 所示。

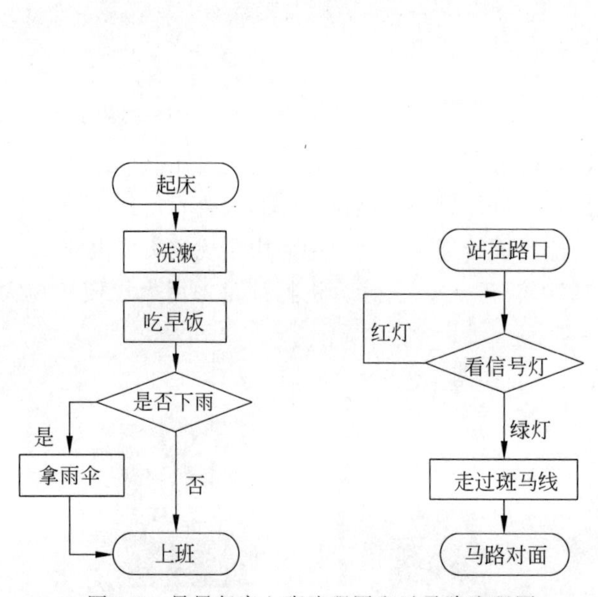

图 1.7 早晨起床上班流程图和过马路流程图

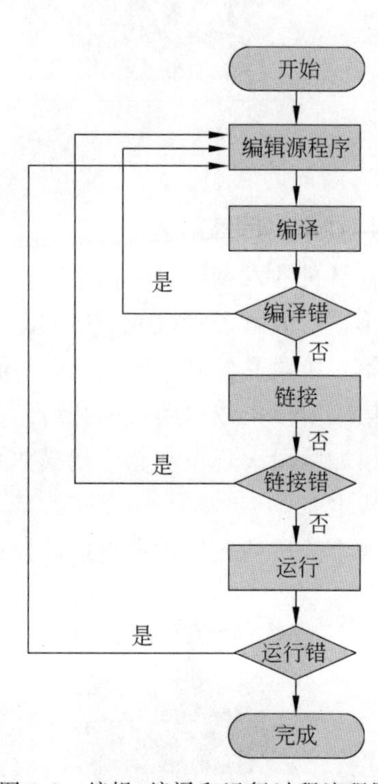

图 1.8 编辑、编译和运行过程流程图

1.1.4 计算机程序设计语言

1. 人与机器之间的沟通

我们知道,不同母语的人们之间的沟通有两种方式。第一种方式是一个人学习另一个人的语言,比如一个人想与德国人交流,就学习德语;想与日本人交流,就学习日语;想与韩国人交流,就学习韩语,想和多个国家人交流就需要掌握多种语言。第二种方式是大家共同学习第三种语言,这样通过第三种语言就可以互相沟通了,例如不同国家的人都掌握英语,就可以使用英语来互相交流。图 1.9 和图 1.10 所示为不同语言中"你好"和"我爱你"的语言文字形式。

图 1.9　不同语言的“你好”

图 1.10　不同语言的“我爱你”

人与机器的沟通也是这样的，可分为三种形式。

(1) 机器学习人类的语言

自然语言处理(Natural Language Processing，NLP)是计算机科学领域与人工智能领域中的一个重要方向。它研究能实现人与计算机之间用自然语言进行有效通信的各种理论和方法。用自然语言与计算机进行通信，这是人们长期追求的目标。人们希望可以用自己习惯的语言使用计算机，目前这个领域已经取得了一些成果，但是依然有很多技术难点有待攻克。

(2) 人学习机器的语言

机器语言是用二进制代码表示的计算机能直接识别和执行的一种机器指令的集合。它是计算机的设计者通过计算机的硬件结构赋予计算机的操作功能。机器语言具有灵活、直接执行和速度快等特点。但是假如让人学习 0-1 码来与计算机沟通，用哪些 0-1 码表示哪种运算，哪些 0-1 码表示哪个数据，哪些 0-1 码表示哪种声音、哪个图片或哪个视频，这些问题是人类很难解决的，因为 0-1 码的识别性和可读性太差。

(3) 共同学习第三种语言

为了解决以上两个问题，人类和计算机共同理解的语言——程序设计语言产生了。这并不是说计算机能够理解程序设计语言，而是可以有特定的“翻译”帮助计算机翻译成它能识别的机器语言。

2. 计算机语言发展的三个阶段

(1) 机器语言

计算机只能识别一种语言——机器语言，是由 0 和 1 组成的指令，示例如下。

- 指令码部分的示例

0000 代表加载(LOAD)

0001 代表存储(STORE)

- 寄存器码部分的示例

0000 代表寄存器 A

0001 代表寄存器 B

- 地址码部分的示例

000000000000 代表地址为 0 的存储单元

000000000001 代表地址为 1 的存储单元

000000010000 代表地址为 16 的存储单元

100000000000 代表地址为 2 的 11 次方的存储单元

- 操作指令的示例

0000,0000,000000010000 代表 LOAD A,16

0000,0001,000000000001 代表 LOAD B,1

0001,0001,000000010000 代表 STORE B,16

0001,0001,000000000001 代表 STORE B,1

优点：直接执行，速度快。

缺点：难读、难编、难记，易出错和移植性差。

(2) 汇编语言

为了克服机器语言难读、难编、难记和易出错的缺点，人们用与代码指令含义相近的英文缩写词、字母或数字字符等组合起来的助记符来取代指令代码，于是就产生了汇编语言。

在汇编语言中，用助记符代替操作码，用地址符号或标号代替地址码。这样用符号代替机器语言的二进制码，就可以用汇编语言代替机器语言编写操作指令了，因此汇编语言也称为符号语言。

使用汇编语言编写的计算机程序，计算机不能直接识别，要由一种程序将汇编语言翻译成机器语言，这种起翻译作用的程序称为汇编程序，汇编程序是系统软件中用于语言处理的系统软件。汇编程序把汇编语言编写程序翻译成机器语言的过程称为汇编。因此说由汇编语言编写的程序需要翻译成目标程序，计算机才能够运行。

优点：目标程序占用内存空间少，执行速度快，有着高级语言不可替代的用途。

缺点：使用起来比较烦琐，通用性差，是低级语言。

图 1.11 所示为在显示器上输出“Hello World!”字符串的汇编语言程序。

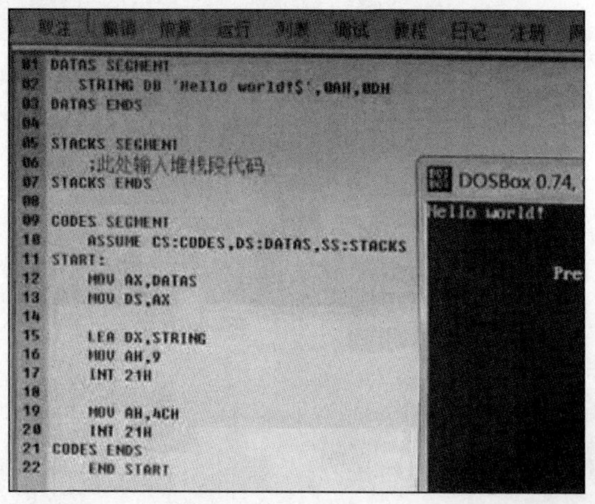

图 1.11　汇编语言程序代码

(3) 高级语言

高级语言是目前绝大多数编程者的选择。与汇编语言相比，它不但将许多相关的机器指令合成为单条指令，并且去掉了与具体操作有关但是与完成工作无关的细节，例如使用堆栈、寄存器等，这样就大大简化了程序的指令。

同时，由于省略了很多细节，编程者也不需要有太多的专业知识。高级语言主要是相对于汇编语言而言，它并不是特指某一种具体的语言，而是包括很多编程语言，如目前流行的C、C++、Java、Python语言等。这些语言的语法、命令格式都各不相同。

例如，要求在显示器上输出“Hello World!”字符串，不同的高级语言编写出来的代码是不一样的。

- C语言代码

```
#include <stdio.h>
int main()
{
    printf("Hello World!\n");
    return 0;
}
```

- C++语言代码

```
#include <iostream>
using namespace std;
int main()
{
    out << "Hello World!\n";
    return 0;
}
```

- Java语言代码

创建名为HelloWorld.java的文件，且要求文件名与类名相同。

```
public class HelloWorld {
    public static void main(string []  args) {
        System.out.println("Hello World!");
    }
}
```

- Python语言代码

Python语言输出字符的语句很简单，使用print()函数就完成了。

```
print("Hello World!")
```

优点：因为省略了很多细节，可读性好，编程的效率高。

缺点：运行效率比C或C++语言低，运行时需要解释器解释执行。

1.1.5　高级程序设计语言的发展过程

1. 高级语言发展的四个阶段

(1) 第一代高级语言对数学表达式有很强的运算处理能力

这一阶段的代表性高级语言有Fortran语言和Algol语言。Fortran语言是Formula Translation的缩写，意为“公式翻译”。它是为科学、工程问题或企事业管理中那些能够用数学公式表达的问题而设计的，其数值计算的功能较强。Fortran语言是世界上第一个被正式推广使用的高级语言。发明人约翰·巴克斯(John Warner Backus)被誉为"Fortran 语言之父"。因为Fortran存在一些严重的缺陷,比如说它要依赖特定的机器型号工作,很难向其他机器移植等,艾伦·佩利(Alan J. Perlis)成立了一个工作组,开发Algol的编译器。Algol是由英文Algorithmic Language(算法语言)的缩写。Algol只是面向算法的描述,是强类型、逻辑表达能力比较强的语言,通常用于数据处理。

(2) 第二代高级语言强调如何有效地表达算法

这一阶段的代表性高级语言有Pascal语言和C语言。Pascal是最早出现的结构化编程语言,具有丰富的数据类型和简洁灵活的操作语句,适于描述数值和非数值的问题。瑞士科学家尼古拉斯·沃斯(Niklaus Wirth)是Pascal语言的发明人,Pascal语言是以计算机先驱帕斯卡的名字命名的,他有一句在计算机领域人尽皆知的名言"算法+数据结构=程序"(Algorithm+Data Structures=Programs)。Pascal强调的结构化编程,有着非结构化语言(如Fortran这类语言)无法比拟的严谨,有益于培养良好的程序设计风格和习惯,是高级语言发展过程中重要的里程碑。C语言是一门面向过程的、抽象化的通用程序设计语言,广泛应用于底层开发。C语言能以简易的方式编译、处理低级存储器。该语言的发明人是丹尼斯·里奇,C语言描述问题比汇编语言更迅速、工作量更小、可读性更好,且易于调试、修改和移植,而代码质量与汇编语言相当。C语言一般只比汇编语言代码生成的目标程序效率低10%~20%。因此,可以用C语言编写系统软件。

(3) 第三代高级语言是引入抽象数据类型的、基于对象的程序设计语言

由于这种语言不支持面向对象程序设计语言的继承性和多态性,因此称为基于对象的程序设计语言。Ada语言是这个阶段的代表性语言,它是一种表现能力很强的通用程序设计语言,是美国国防部为克服软件开发危机而耗费巨资,历时近20年研制成功的。美国国防部之所以把这种语言取名为Ada,是为了纪念奥古斯特·艾达·洛夫莱斯伯爵夫人(Augusta Ada Lovlace,1815—1852)。她是英格兰诗人拜伦(Byron)勋爵的女儿,曾对现代计算机技术之父查尔斯·巴贝奇(Charles Babage)的笔记手稿进行了整理和修正。从某种意义上说,她是世界上第一位计算机程序员。

(4) 第四代语言是面向对象程序设计语言(Object-Oriented Programming,OOP)

面向对象的语言更接近于自然语言,这种语言以对象作为基本程序结构单位,以对象为核心,采用对象、类及其相关概念进行程序设计。封装性、继承性和多态性是面向对象程序设计语言的三大特征。

这一阶段的代表性程序设计语言有C++语言和Java语言。C++语言是一种面向对象的强类型语言,是一种支持多范型的程序设计语言。它既支持面向对象的程序设计,也支持面向过程的程序设计。C++支持基本的面向对象概念:对象、类、方法、消息、子类、继承和多态等。Java语言是一种可移植性强的语言,Java中关于面向对象概念的术语有对象、类、方法、实例、变量、消息、子类和继承等。如图1.12所示,除了艾达以外的计算机专家都在高级程序设计语言的发展过程中做出了卓越的贡献。

2. 机器语言与自然语言的距离

在计算机看来,自然语言是一种不好"理解"的语言,因此说从机器语言到人类的自然语言之间有一个很大的鸿沟。从计算机诞生开始,不同国家的计算机专家坚持不懈地奋斗,就是为了填补这条鸿沟。人类自然语言可以从逻辑、语法、语义三方面来理解那些使计算机感到困惑的问题,

图 1.12　计算机高级程序语言发展过程中的计算机科学家

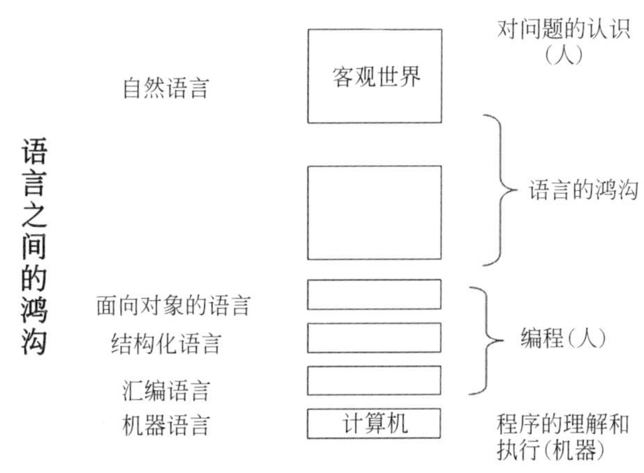

图 1.13　机器语言与自然语言之间的鸿沟

这些问题不解决，人工智能也将止步不前。如图 1.13 所示，计算机语言的发展过程中，计算机语言从机器语言到自然语言之间的鸿沟在逐步被填补。

3. 高级程序设计语言的分类

根据高级程序设计语言翻译成机器语言的处理方式不同，可以把高级语言分为编译型语言和解释型语言两种。

(1) 编译型语言(C、C++ 和 Java 语言)

若源程序是用高级程序设计语言编写的，经翻译程序生成目标代码，那么，该翻译程序就称为编译程序，链接程序对目标代码进行链接，产生可执行文件，运行可执行文件，输出程序运行结果，这种高级语言就是编译型语言。C、C++ 和 Java 语言等是编译型语言。

(2) 解释型语言(Basic 和 Python 语言)

有一种翻译程序，同样是将高级语言源程序翻译成机器指令，它与编译程序不同点就在于：它是一边翻译一边执行的，即输入一句，翻译一句，执行一句，直至将整个源程序翻译并执行完毕。这种高级语言称为解释型语言。Basic 语言和 Python 语言是有代表性的解释型语言。

我们把一个高级语言程序比喻成一篇发言稿。编译型翻译过程就是在整篇发言稿讲完后，由外文翻译将整篇发言稿的内容翻译给外国人听。而解释型翻译过程就像同声传译一样，说一句，翻译一句，发言人讲完话，翻译也完成了。图 1.14 和图 1.15 分别是编译型语言和解释型语言翻译过程的示意图。

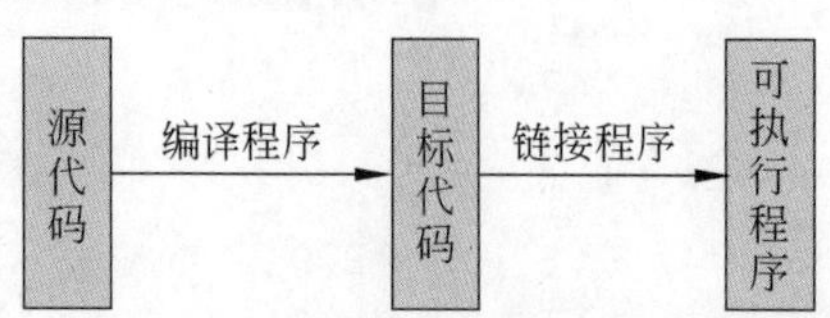

图 1.14　编译型语言翻译过程示意图

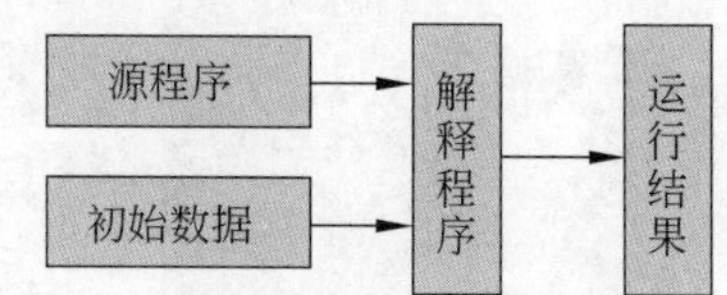

图 1.15　解释型语言翻译过程示意图

1.1.6　面向对象程序设计语言的特点

面向对象程序设计语言是指程序操作的基础是对象，程序围绕对象的创建、初始化、对象方法的调用，对象的析构等操作展开。面向对象程序设计以对象为核心，其程序由一系列对象组成。

类是对现实世界的抽象，包括表示静态属性的数据和对数据的处理。对象是类的实例化。对象间通过消息传递相互通信，以模拟现实世界中不同实体间的联系。因此，在面向对象的程序设计中，对象是组成程序的基本模块。

1. 对象

一般意义上的对象是人们要进行研究的任何事物，是对问题领域中事物的抽象。

对象具有以下特性：

(1) 万物皆对象。

(2) 每个对象都是唯一的。

(3) 对象具有属性和行为。

(4) 对象具有状态。

(5) 对象都属于某个类，每个对象都是某个类的实例。

对象既可以是有形的(比如一辆汽车)，也可以是无形的(比如一项计划)。

图 1.16～图 1.18 分别为桌子对象、汽车对象和教师对象。

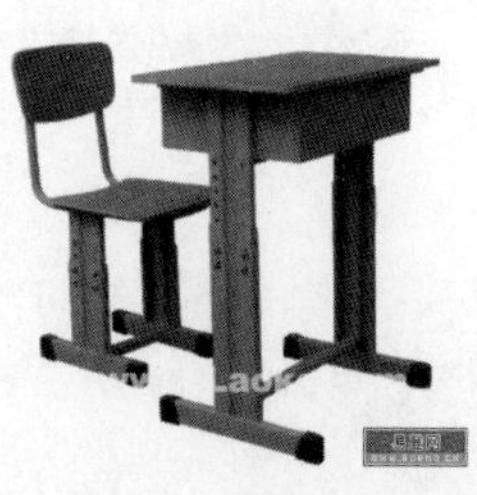

图 1.16　一张桌子

图 1.17　一辆汽车

图 1.18　一名教师

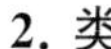

2. 类

分类是人类认识客观事物的一种常用的思维方法。分类所依据的原则是抽象,即找出事物的共性,把具有共同性质的事物划分为一类,得出一个抽象的概念。例如,学生、石头、树木、汽车、房屋等都是人们在长期的生产和生活实践中抽象出的概念。

面向对象程序设计中的类与实例的关系为:类(class)是一种数据类型,是抽象的且不以实例形式存在,在程序中定义了类后,并不占用内存空间。用类实例化对象就是用某一个类型声明了一个变量,是占用内存空间的。

对象是类的实例,类是对象的模板,一个类可以声明多个不同的实例。图 1.19 所示为类与对象的关系。学生是一个类,学生 1、学生 2、学生 3 是这个类的具体实例。类是看不见的,是抽象的,看到的是具体的对象。

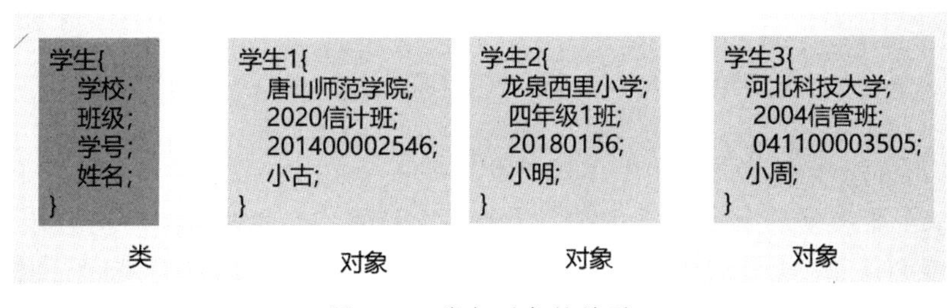

图 1.19 类与对象的关系

3. 封装性

封装性是面向对象程序设计语言的基础,它用于对外部世界隐藏对象的内部信息。把对象的属性和行为(数据和操作)结合成一个独立的封装体,封装具有隐蔽性,封装体外不可见的成员被隐藏起来,具有安全性。封装体与外界联系是通过称为接口的通道进行的。

手机内部的通信过程很复杂,但是对使用者来说很易用。比如定义一个用于处理发送短信的类,对外提供的方法只要求用户传递接收号码和短信内容,内部具体怎么把短信发送出去对于使用者不可见,用户只需要按下发送键,短信就可发送给对方。这种封装对手机内部结构起到安全保护的作用。

4. 继承性

(1) 继承的定义

在定义一个新类时,如果新类具有已有类的全部属性与行为,并且还有自己特殊的属性和行为,称为新类是对已有类的继承。已有类称为基类或父类,新类称为派生类或子类。

生活中继承性与派生类非常常见。图 1.20 所示为汽车行业中基类和派生类之间的关系。汽车是基类,其定义是自身装备有动力驱动的车辆;属性有油耗、速度、载重;行为有刹车、加速、转弯等。因此,定义卡车的时候就简单了——能载货的汽车。同样,轿车的定义可以是用于载人及随身物品且座位布置在两个车轴之间的汽车。可见,无论是卡车还是轿车都继承了汽车的属性和行为,这些属性和行为在定义卡车和汽车的时候就不用再重复定义了。同样,不同品牌的卡车和不同品牌的轿车,因为其基类是卡车和轿车,因此在对其定义的时候,卡车或轿车的属性和行为也不用再声明,只声明其特有的属性和行为就可以了。

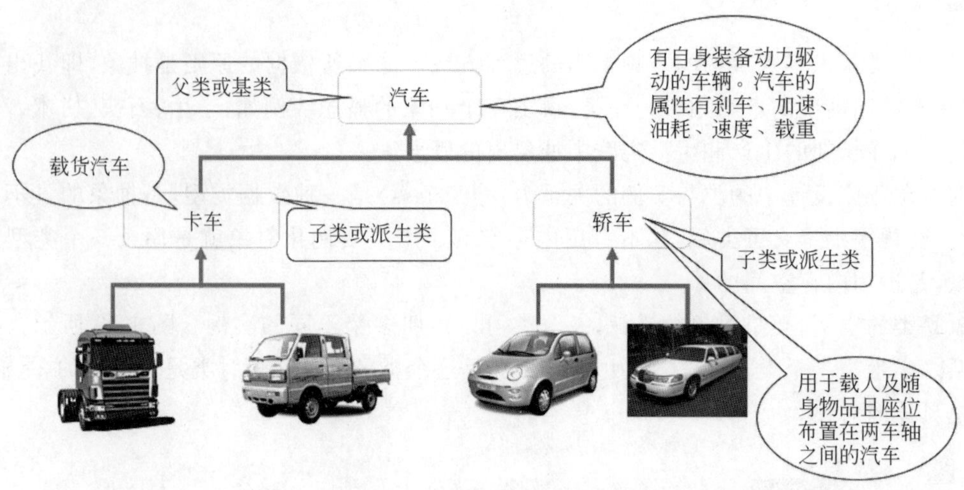

图 1.20　汽车的派生类

再看一个动物界继承和派生的例子。如图 1.21 所示，哺乳动物是狗和猫的基类。定义狗和猫的时候，分别定义它们是具有什么特征的哺乳动物：狗是柯基犬和博美犬的基类，定义柯基犬和博美犬时，分别说明两者是具有什么特点的狗；同样，波斯猫和狮子猫是猫科动物的派生类，因此定义两种猫的时候，猫科动物共有的属性就不用声明了，只需要定义这两种猫的特征。

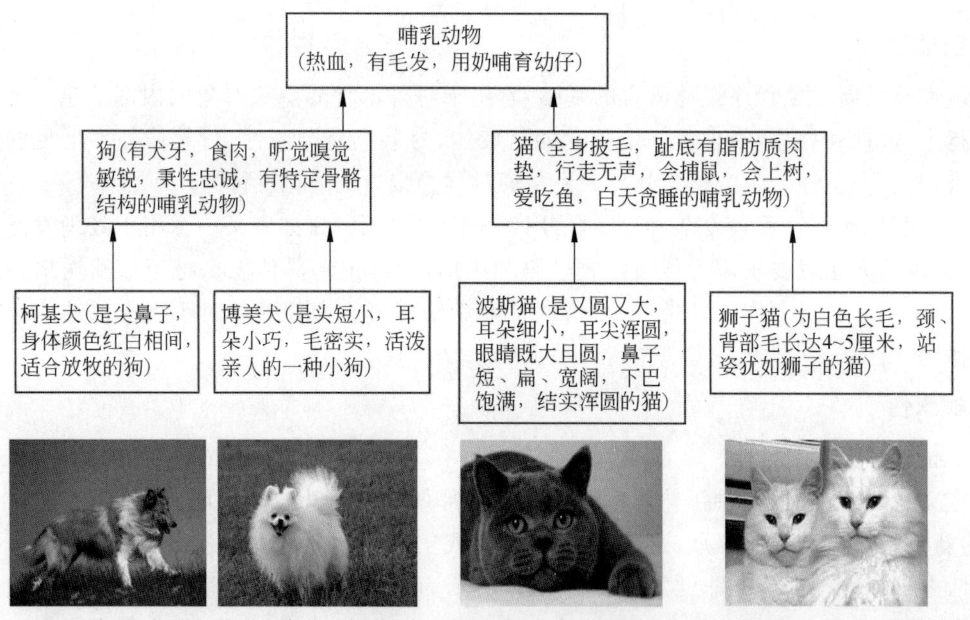

图 1.21　哺乳动物的继承性

只有一个基类的继承叫单继承。C++ 语言支持多继承。多继承是指有两个或两个以上基类的类。动物界有个多继承的例子，就是人工繁殖的狮虎兽，这种动物就有两个基类，分别是狮子和老虎。雄狮的特点拥有夸张的鬃毛，体形硕大，奔跑迅速等；老虎的特点是牙齿锋利，爪子大，身体上有斑纹，会爬树，喜欢游泳，集力量和速度于一身。通过人工培育出来的狮虎兽，头上有狮子所拥有的鬃毛，身体上有老虎身上的斑纹，喜欢游泳。狮虎兽同时具有狮子和老虎的特征，自己所特有的特征是比狮子和老虎的体型都大得多。如图 1.22 所示，狮虎兽继承了狮子和老虎两个基类。

图 1.22 狮虎兽的多继承

(2) 继承性的意义

继承对于软件复用有着重要意义，是面向对象技术能够提高软件开发效率的重要原因之一。继承对软件开发的意义在于将已经开发好的类存放在类库里，开发新软件系统时，可直接使用或继承使用已有的类，减少编程的工作量，提高编程质量。

5. 多态性

(1) 多态性的定义

基类的派生类表现出的行为可以各不相同，我们把这种特性称为类的多态性。多态性是指在基类中定义的属性或行为，被派生类继承之后，可以具有不同的数据类型或表现出不同的行为。这使得同一个属性或行为在基类及其各个派生类中具有不同的语义。例如交通工具都具备从一个地方移动到另一个地方的能力和行为，如飞机、火车和轮船都是交通工具类的派生类，但飞机、火车和轮船的移动行为是完全不一样的，飞机在天上飞行，火车在轨道上奔驰，轮船是在海里乘风破浪地航行，可见不同派生类移动行为表现方式各不相同。交通工具的派生类的多态性如图 1.23 所示。

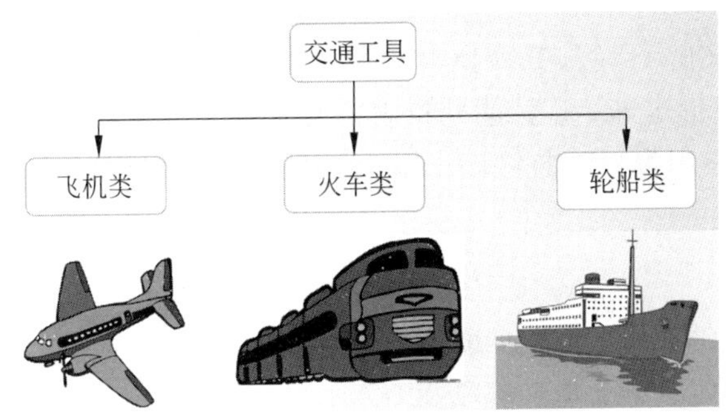

图 1.23 交通工具的派生类移动行为的多态性

同样，猫和狗都是哺乳动物的派生类，哺乳动物基类中定义了一个动物叫的行为，猫和狗都继承了这个行为，但我们知道猫叫声和狗叫声是完全不一样的，这也是多态性的表现。在软件工程中，如果我们定义学生类作为基类，学生类中定义了打印学生成绩单的功能，学生类派生了研究生类、大学生类、中学生类和小学生类，这四个派生类都有打印成绩单的功能，但是每个派生类打印出来的成绩单，无论是从内容上还是格式上是不一样的，因为不同派生类的数据不一样，因此这个打印功能也说明了派生类多态性的特点。

(2) 多态性的意义

多态性表现为不同的对象调用相同名称的函数可导致完全不同的行为和运行结果的现象，充分体现了代码的灵活性和可扩展性。

1.1.7 C++ 语言的标准

1. C++ 98 标准

C++ 98 标准为 C++ 标准第一版，于 1998 年发布，正式名称为 ISO/IEC14882:1998。1998 年 C++ 标准(ISO/IEC14882 Standard for the C++ Programming Language)得到了国际标准化组织(ISO)和美国标准化协会(ANSI)的批准，标准 C++ 语言及其标准库更体现了 C++ 语言设计的初衷。名字空间(namespace)的概念(又称命名空间)、标准模板库(Standard Template Library, STL)中增加的标准容器类、通用算法类和字符串类型等，使得 C++ 语言更为实用。此后 C++ 成为具有国际标准的编程语言，该标准通常简称为 ANSI C++ 或 ISO C++ 98 标准。

2. C++ 03 标准

C++ 03 标准为 C++ 标准第二版，于 2003 年发布，正式名称为 ISO/IEC 14882:2003。该标准仅仅是 C++ 98 的修订版，几乎没有什么内容改进。

3. C++ 11 标准

C++ 11 标准为 C++ 标准第三版，于 2011 年 8 月发布，正式名称为 ISO/IEC 14882:2011。由C++ 标准委员会于 2011 年公布，C++ 11 包含了核心语言的新机能，还拓展了 C++ 标准程序库，并且加入了大部分的 C++ Technical Report 1(TR1) 程序库(数学上的特殊函数除外)。TR1 是一份文件，提出了对 C++ 标准函数库的追加项目。这些追加项目包括正则表达式、智能指针、哈希表、随机数生成器等。此次标准为 C++ 98 发布以来的第一次重大修正。

4. C++ 14 标准

C++ 14 标准为 C++ 标准第四版，于 2014 年 8 月发布，正式名称为 ISO/IEC 14882:2014。C++ 14 标准是 C++ 11 标准的增量更新，主要是支持普通函数的返回类型推演、泛型 lambda、扩展的 lambda 捕获、对 constexpr 函数限制的修订、constexpr 变量模板化等。

【思考与练习】

1. 简答题

(1) 说明计算机的组成和计算机硬件的组成。

(2) 计算机语言的发展经历了几个阶段?

(3) 面向对象的程序设计语言有什么特征? 每个特征对于面向对象的编程方法有什么意义?

2. 单选题

(1) 编写 C++ 程序一般需经过的几个步骤依次是(　　)。

A. 编辑、调试、编译、链接　　B. 编辑、编译、链接、运行

C. 编译、调试、编辑、链接　　D. 编译、编辑、链接、运行

(2) 第一台电子数字计算机采用的逻辑元件是(　　)。

A. 大规模集成电路　　B. 集成电路

C. 电子管　　D. 晶体管

(3) 冯·诺依曼计算机的基本原理是(　　)。

A. 程序外加　　B. 逻辑连接　　C. 数据内置　　D. 程序存储

(4) 关于 CPU 说法不正确的是(　　)。

A. CPU 是中央处理器的英文简称　　B. CPU 是计算机的核心部件
C. CPU 是运算器和控制器的总称　　D. CPU 是运算器和内存组成的

3. 多选题

(1) 关于语言的发展过程,下列描述错误的是(　　)。

A. 汇编语言是在机器语言之后出现的语言,其指令都是由 0-1 码构成的

B. 高级语言之前出现的语言是中间语言

C. 高级语言特指 C++ 语言

D. C++ 语言是一种面向对象的程序设计语言

(2) 下面是关于解释程序和编译程序的描述,不正确的是(　　)。

A. 解释程序和编译程序均能产生目标程序

B. 解释程序和编译程序均不能产生目标程序

C. 编译程序能产生目标程序而解释程序则不能

D. 解释程序能产生目标程序而编译程序则不能

1.2 Dev-C++ 5.11 的下载、安装及使用

Dev-C++ 是 Windows 下的 C 语言和 C++ 语言程序设计的集成开发环境。它使用 MinGW64/g++ 编译器,遵循 C/C++ 标准。开发环境包括多页面窗口、工程编辑器以及调试器等,在工程编辑器中集合了编辑器、编译器、链接程序和执行程序,提供高亮度语法显示,以减少编辑错误。它具有完善的调试功能,适应初学者与编程高手的不同需求。又因为该软件小巧精致,操作简单,是轻量级的开发环境,所以这也是 C 语言或 C++ 语言初学者首选的开发工具。

1.2.1 软件下载及安装

1. 下载地址

(1) 官网下载

官方下载地址:https://sourceforge.net/projects/orwelldevcpp/postdownload,因为是国外网站,下载速度较慢,也可以按如下方法下载。

(2) 搜索下载

在百度搜索引擎中搜索下载网址,如图 1.24 所示。然后选择第一个链接,即 2020 年最新官方正式版 Dev-C++ 免费下载,单击链接后进入图 1.25 所示的腾讯软件下载中心页面,下载网址为 https://pc.qq.com/detail/16/detail_163136.html,在本页面中单击"普通下载"按钮,把安装文件下载到指定的文件夹下。

2. 软件安装

(1) 安装窗口界面选择安装语言

选择下载的安装文件,安装文件名为 Dev-Cpp_5.11_TDM-GCC_4.9.2_Setup.exe,是 Dev-C++ 5.11 版,文件大小为 48.1MB。双击安装文件进入安装窗口界面,如图 1.26 所示。这里可以选择安装语言,使用默认的选项"English",单击 OK 按钮即可安装。

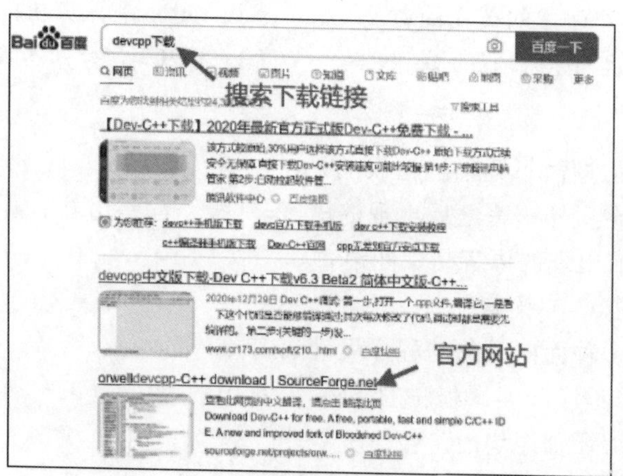

图 1.24　搜索开发工具软件的下载地址

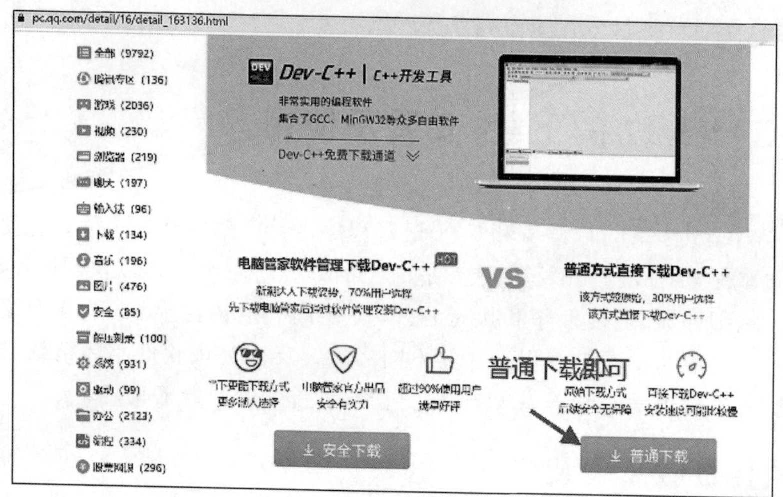

图 1.25　腾讯软件下载中心

图 1.26　安装窗口界面

(2) 阅读软件协议

阅读软件协议，并单击 I Agree 按钮，同意并安装软件，软件协议界面如图 1.27 所示。

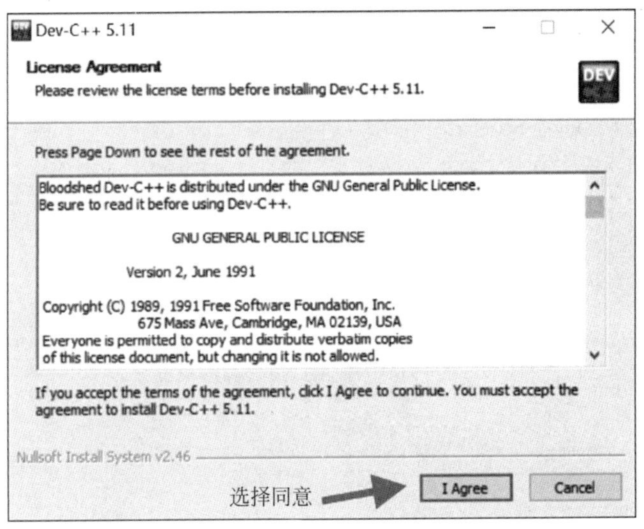

图 1.27 软件协议阅读界面

(3) 指定 Dev-C++ 软件的安装位置

用户既可以在默认文件夹下安装,也可以在指定文件夹进行安装。在此,没有使用默认文件夹,将文件安装到 D 盘,将文本框里的 C 改成 D,就是在 D 盘指定的文件夹下安装此软件,如图 1.28 所示。

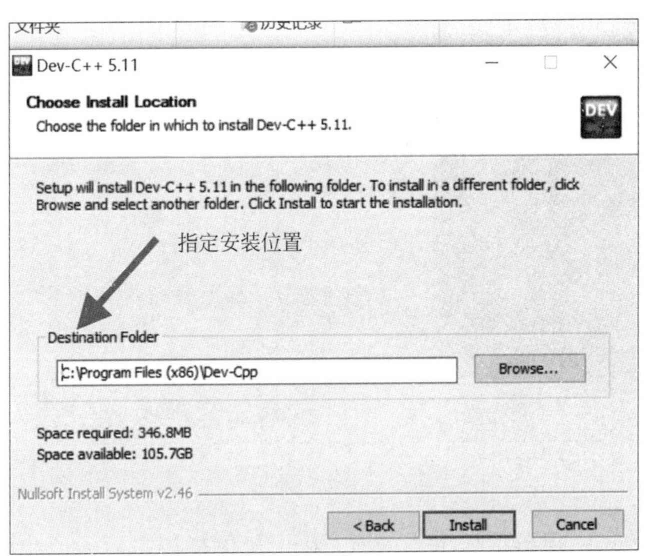

图 1.28 指定文件安装位置

单击 Install 按钮后,可以选择安装组件,界面如图 1.29 所示,这些组件中,打勾的是默认安装的组件,通常情况下安装默认组件就可以,软件本身就简洁,所以在这个窗口界面上单击 Next 按钮,安装软件即可。

(4) 安装完成界面

安装结束后如图 1.30 所示,如果 Run Dev-C++ 5.11 前的复选框打勾,则表示单击 Finish 按钮

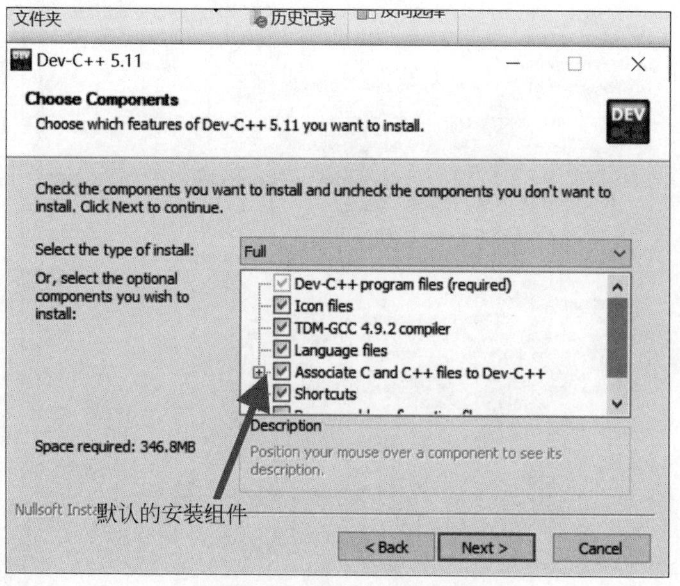

图 1.29　选择安装组件

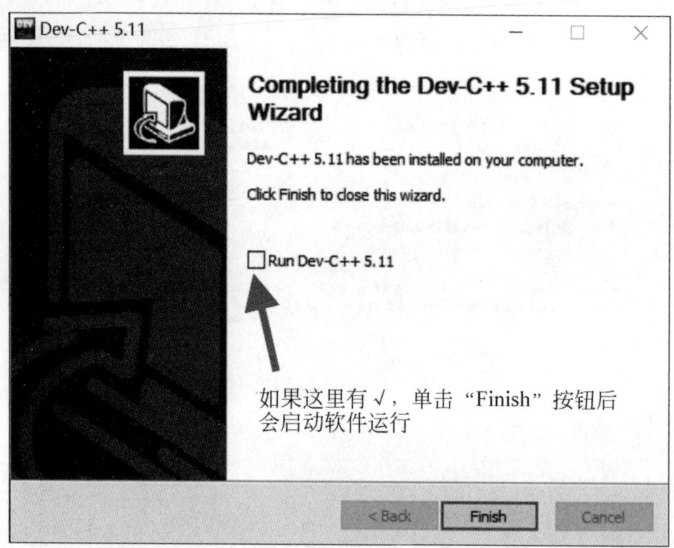

图 1.30　安装完成界面

后，直接运行 Dev-C++ 开发环境。如果不勾选，则可以在安装完成后，启动桌面快捷，打开 Dev-C++ 开发环境。

1.2.2　启动设置环境并编写代码、编译及运行

1. 启动开发环境

首次启动时需要设置开发环境界面的使用语言，选择“简体中文/Chinese”，然后单击 Next 按钮继续启动。

接着弹出提示窗口选择环境主题，默认字体为 Consolas，颜色和图标也使用默认选项，单击 Next 按钮，继续启动。选择"字体""颜色"和"图标"窗口界面如图 1.31 所示。

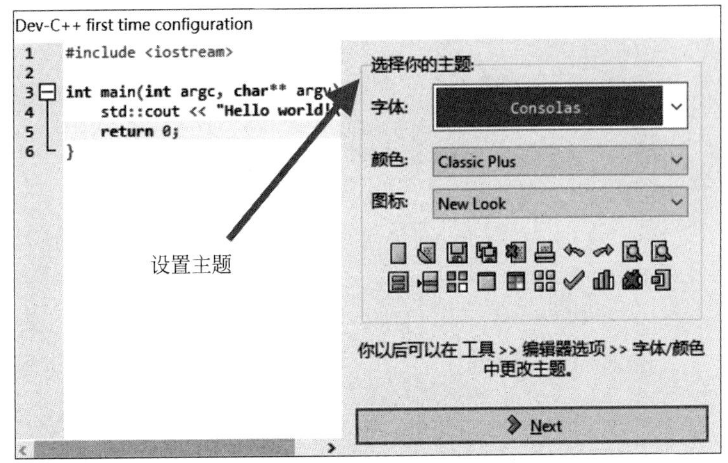

图 1.31　选择字体、颜色和图标

说明：

- 如果以上两个操作步骤在首次启动的时候没有选择，那么启动后在环境中也可以完成语言和字体的设置。例如，如果在首次启动没有选择"简体中文/Chinese"，那么可以在启动后，在工具下拉菜单 Tools 下，选择环境选项 Environment Options，打开如图 1.32 所示的对话框，在 Language 下拉列表框中选择"简体中文/Chinese"，这样做同样可以在开发环境界面上使用中文。

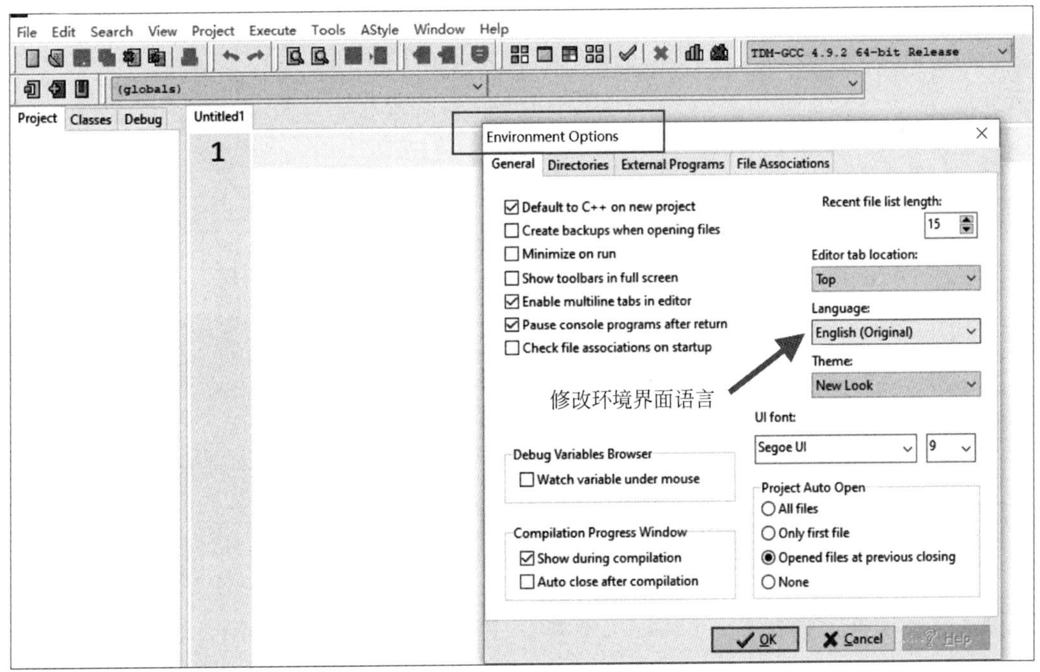

图 1.32　开发环境语言设置的修改

● 如果需要修改字体或字号大小，可以选择“工具”→“编辑器选项”→“显示”选项卡，弹出如图 1.33 所示的窗口，从窗口中修改编辑器字体，修改字号大小。

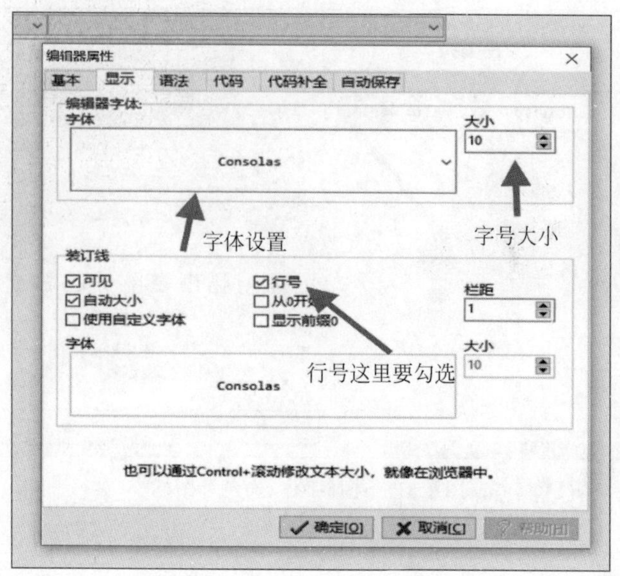

图 1.33　设置字体和字号选项窗口

如果不修改字体，只是修改字号大小，也可以使用 Ctrl 键，拨动鼠标滚轮，向前滚是字号增大，向后滚是字号减小。

2. 编写源代码、编译及运行

(1) 编辑源代码

选择菜单“文件”→“新建”→“源代码”，弹出如图 1.34 所示的编辑文件窗口，文件窗口的标题栏显示文件名为“未命名 1”，这里先选择菜单“文件”→“另存为”，保存文件到指定的文件夹，并且给源代码文件命名。

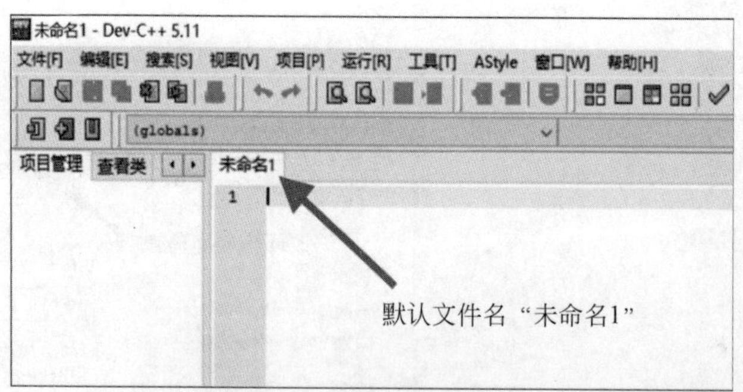

图 1.34　源代码编辑窗口

把源代码文件保存到 D 盘 cppTest 文件夹下，并输入文件名 devTest.cpp，然后单击“保存”按钮，如图 1.35 所示。在指定的文件夹下，就会生成 devTest.cpp 文件。

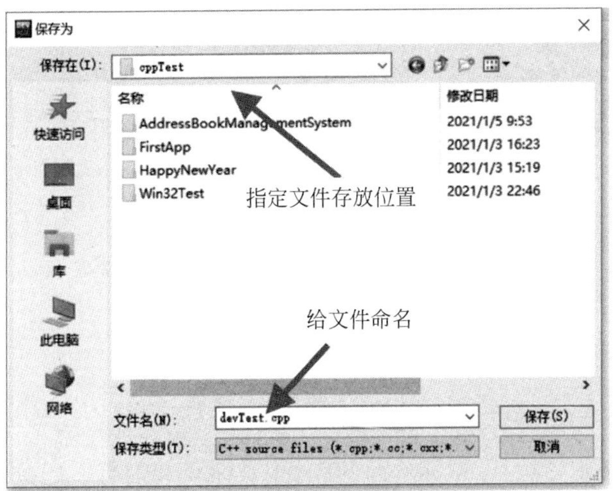

图 1.35 保存源代码文件

编写源代码如下：

```
#include <iostream>
using namespace std;
int main()
{
    cout<<"Hello World!"<<endl;
    return 0;
}
```

按 Ctrl+S 组合键保存源代码文件。

(2) 编译和链接

选择编译和运行工具条中的“编译”图标(或是按 F9 键)，如图 1.36 所示。在与源代码文件相同的文件夹下，生成可执行文件 devTest.exe，双击此可执行文件来运行，程序会出现闪退现象。如果在

```
return 0;
```

语句前加入下面一行语句：

```
system("pause");
```

或

```
getchar();
```

或

```
while(1);
```

重新编译后，再次双击此可执行文件，就可以看到程序执行结果，在屏幕上输出字符串“Hello World!”。

(3) 环境中的“运行”工具图标

在 Dev-C++ 环境中，单击编译和运行工具条中的“运行”图标，同样可以看到程序的运行结果。

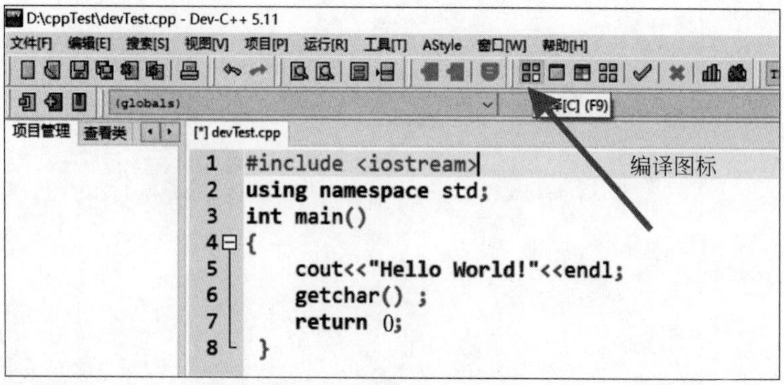

图 1.36　编译工具图标

“运行”图标如图 1.37 所示，“运行”图标后面的图标，是编译和运行一起执行，如果编译没有错误，就会同时生成运行结果。

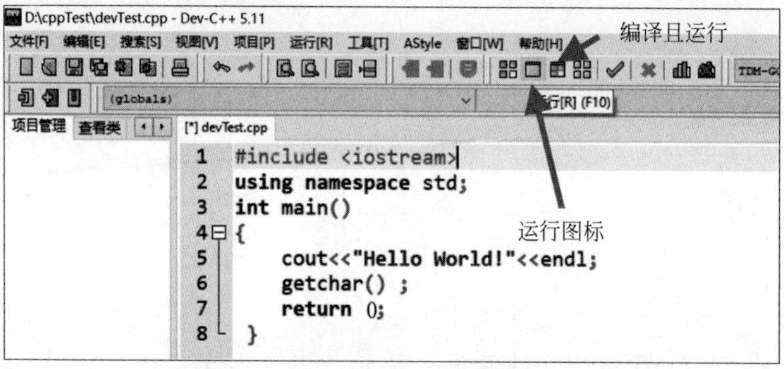

图 1.37　Dev-C++ 环境下可运行程序

这段代码的运行结果如图 1.38 所示，在黑窗口中输出“Hello World!”字符串。

图 1.38　devTest.cpp 程序的执行结果

1.2.3　Dev-C++ 编译器的设置

Dev-C++ 编译器的默认设置支持 C++ 98 标准，不支持 C++ 11 标准。现在编写如下代码，然后用编译器默认设置，编译这段程序代码。

```
#include <iostream>
using namespace std;
int main()
{
    int x[]{200,300,400};
    cout<<x[0]<<endl;
    return 0;
}
```

代码中

```
int x[]{200,300,400};
```

语句是在 C++ 11 标准下声明列表变量的语句，在 Dev-C++ 编译器的默认设置下，编译这个程序，在编译日志窗口会有 Warning 提示信息，如图 1.39 所示。但如果忽略 Warning 信息，继续运行，也能输出正确的运行结果。

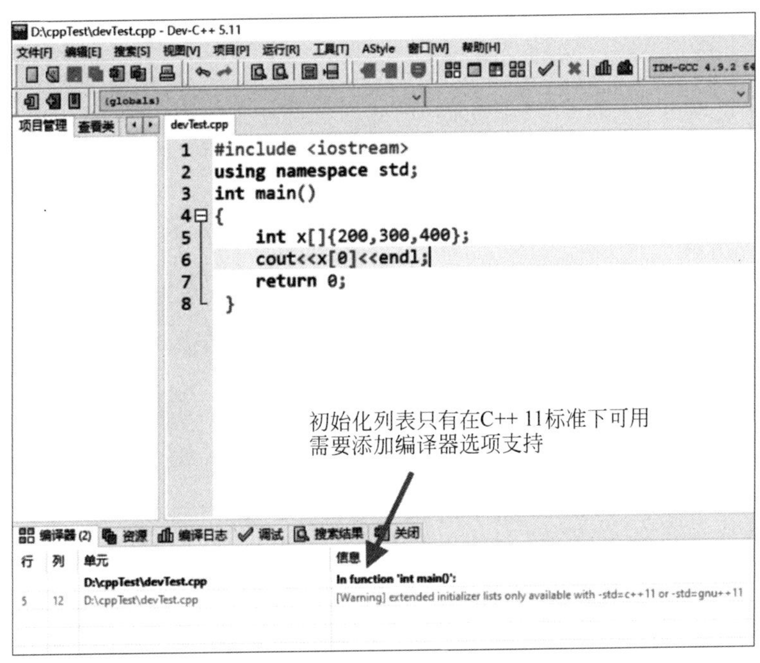

图 1.39　编译日志列表框有警告信息

修改编译器设置，单击菜单"工具"→"编译选项"，弹出编译器选项窗口界面，在"编译时加入以下命令"文本框中加上"-std=c++11"命令，如图 1.40 所示。

再次进行编译时，Warning 提示信息就消失了，如图 1.41 所示。

在程序段中加入 C++ 11 标准下的 for 语句，可以按照如下遍历循环的语法格式编写。

```
#include <iostream>
int main()
{
    int x[]{200,300,400};
    for(int i: x)            //对 x 列表中的每个数据访问且仅访问一次
```

```
    cout<<i<<"\t";
    return 0;
}
```

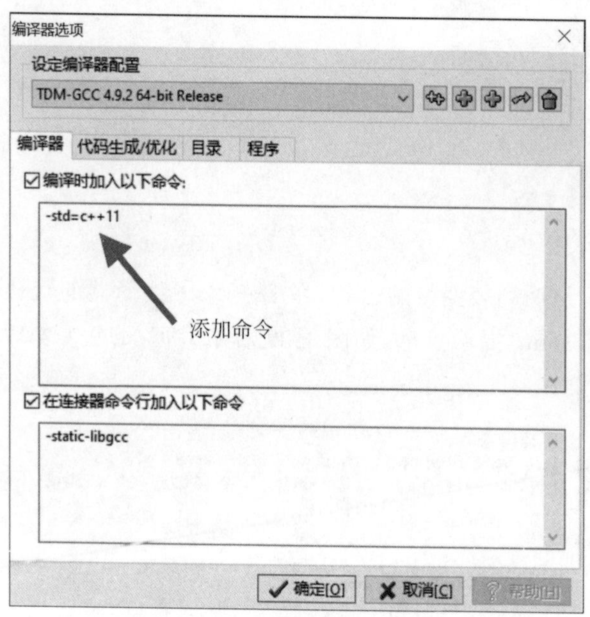

图 1.40　添加编译器选项支持 C++ 11 标准

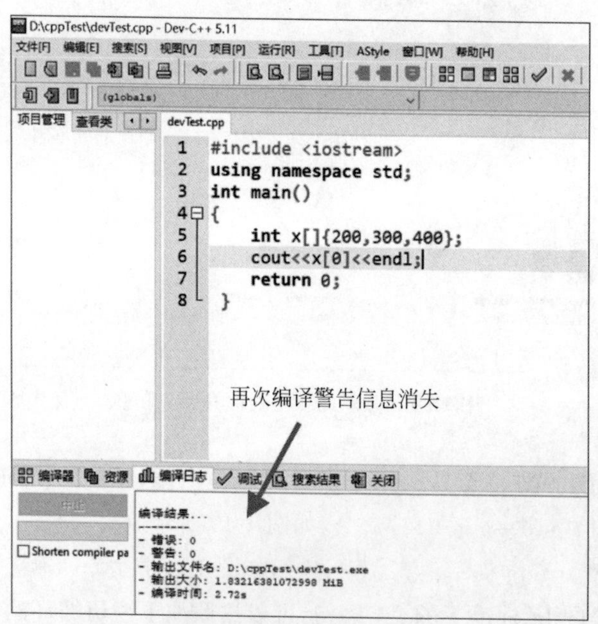

图 1.41　编译正确——没有警告提示信息

同样不会有编译错误，程序能输出正确的执行结果，如图 1.42 所示。由此可见，通过对编译器添加命令，Dev-C++ 能够支持 C++ 11 标准。

```
#include <iostream>
using namespace std;
int main()
{
    int x[]{200,300,400};
    for(int i: x)
    cout<<i<<"\t";
    return 0;
}
```

循环遍历语句

```
D:\cppTest\devTest.exe
200     300     400
--------------------------------
Process exited after 3.169 seconds with return value 1
请按任意键继续. . .
```

图 1.42　C++ 11 标准下的遍历循环语句程序代码及执行结果

【思考与练习】

1. 在 Dev-C++ 环境下，新建源文件，运行文件时，在显示器上输出“少年强，则国强!”，编译并运行，查看这个程序的可执行文件的位置。

2. 在 Dev-C++ 安装文件夹下查找“iostream”文件在哪个文件夹下。

1.3 案例 1——Hello World!

1.3.1　问题描述及程序代码

1. 问题描述

在计算机显示器上输出“Hello World!”字符串。

【知识拓展】　“Hello World!”中文意思是“你好，世界!”。因为 *The C Programming Language* 一书中使用它作为第一个演示程序，非常著名，所以后来的程序员在学习编程或进行设备调试时延续了这一习惯。因为它简洁实用，所以不管学习哪一种程序设计语言，第一个程序就是在显示器上输出“Hello World!”。

2. 程序代码

新建源代码文件 ex1.cpp，编辑如下代码。

```
#include <iostream>
using namespace std;
int main()
{
    cout << "Hello World!\n";
    return 0;
}
```

3. 程序的执行结果

编译并运行程序，结果如图 1.43 所示，在屏幕上输出字符串“Hello World!”。

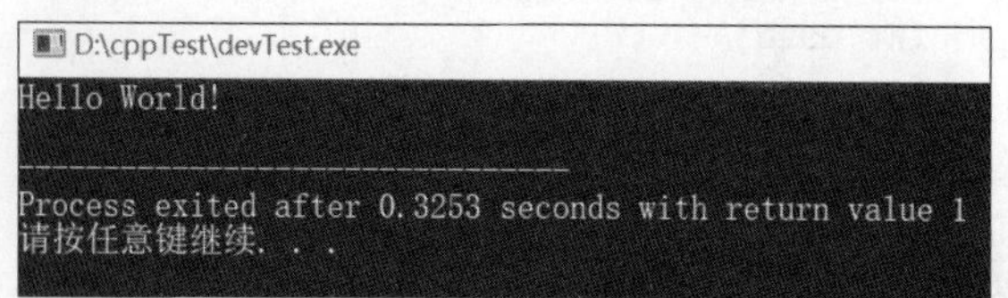

图 1.43 “Hello World!”程序执行结果

1.3.2 C++ 语言程序结构

1. 预处理命令

第 1 行 ＃include ＜iostream＞是预处理命令。预处理命令是指在编译之前进行的处理，C 或 C++ 语言的预处理主要有三个预处理命令，分别是宏定义、文件包含和条件编译，预处理命令以符号“＃”开头，在命令结束后不加“;”。本程序代码里的预处理命令是文件包含。文件包含是指一个源文件或头文件中可以将另一个源文件或头文件的全部内容包含进来，该命令的作用是在编译之前，将包含文件的内容复制到当前文件中。在当前的这条语句中，“＃”是一个标记，include 是关键字，iostream 是文件名，预处理过程的示意图如图 1.44 所示。

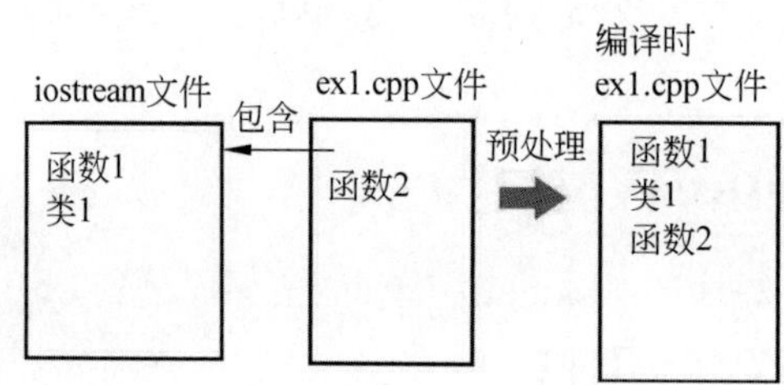

图 1.44 ex1.cpp 文件中包含 iostream 文件

说明：

```
#include <文件名>
```

称为标准方式，系统到编译环境设置的文件目录下查找文件。

```
#include  "文件名"
```

则首先在当前文件所在目录下查找，若没有找到，再到编译环境设置的文件目录查找。

2. 命名空间

第 2 条语句

```
using namespace std;
```

是指下面的函数使用到标准命名空间。C++ 语言标准提供一个全局的命名空间 namespace，可以避免全局命名冲突问题；也可以理解为是将程序库名称封装起来，就像在各个程序库周围立起一道道围墙。不同程序库中的类名或函数名可以相同，为了说明使用的是哪个程序库中的类，就需要指定使用了哪个命名空间。

这条语句和第 1 条语句是共同起作用的，在 iostream 文件中有 std 命名空间，表示在下面的主函数中会用到 std 命名空间中的类或对象。

3. 主函数

main 函数又称为主函数，是程序运行的起点，或者说是程序开始执行的入口，main 是相对于其他函数而言的。一个程序可以由多个文件组成，一个文件又可以由多个函数组成，但是不管这个程序中有多少个文件，有多少个函数，程序中都是有且仅有一个 main 函数。函数定义有固定的格式要求。下面这个程序段是主函数的定义格式。

```
int main()
{
    ......
}
```

int 是函数返回值类型，main 是函数名，main 后面的圆括号()里面可以是函数的形式参数列表。如果没有形式参数，括号也不能省略，此整行称为函数定义的函数头部分。函数体部分是花括号"{}"括起来的一组语句序列，语句序列用于实现函数的功能。

Hello World 程序的主函数中有两条语句：

```
cout << "Hello World!\n";
```

是输出语句，其功能是在显示器上显示双引号里面除'\n'之外的字符串的内容，'\n'是转义字符，表示换行。也正是因为使用这个输出流对象 cout，才需要在文件中第 1 句使用文件包含预处理命令，因为 cout 这个输出流对象是在 iostream 文件中 std 名空间里定义的，与其后的插入运算符"<<"一起使用，用于把插入运算符后面的字符串显示到标准输出设备显示器上。函数体中的第 2 条语句是：

```
return 0;
```

因为函数定义的时候，函数的返回值类型是 int 类型，函数有返回值类型时，在函数体中一定要有 return 语句给出函数返回结果。如果函数不需要有返回值，则需要在函数名前使用关键字 void，表明函数返回值类型为空类型。

4. C++ 源文件的书写格式

C++ 源文件的书写基本原则如下：

- 语句的结束标志是分号";"，这里的分号一定是英文半角的分号。一般情况下，一行写一条语句。如果一条语句太长，为了可读性好，在用空格间隔的代码中间都可以随意换行。但如果是宏定义中语句太长，不便于查看，使用续行符"\"在正常情况下可以在空格间隔的地方续行。
- 书写程序时要尽量提高程序代码的可读性。
- 每个花括号占一行，并与使用花括号的语句对齐，花括号里的语句采用缩格书写方式，一般缩进两个格。

综上所述，总结如下：

- HelloWorld 程序是由预处理命令和主函数两部分组成的。
- 主函数是由语句组成的。

1.3.3　C++语言的词法和词法规则

从程序代码来看，源文件里有预处理命令和函数，函数里有若干语句。不管是预处理命令，还是函数，都是由数据、运算符和单词组成的。单词是由字符组成的具有一定意义的最小词法单元，这些有意义的符号共分为六类。

1. 标识符

标识符是由程序员定义的实体名，可能是变量名、常量名、类名、对象名、类型名、函数名及语句标号等。

(1) 命名原则

标识符的命名原则有以下四点：

① 可以由大写字母、小写字母、下画线"_"或数字 0～9 组成，以大写字母、小写字母或下画线"_"开始。

② 大写字母和小写字母代表不同的标识符。

③ 在实际应用中，尽量按"见名知意"的原则来命名标识符。

④ 用户定义标识符时，不要采用系统的关键字。

(2) 命名规范

在实际开发中，标识符不仅要遵循以上的命名原则，通常还要遵循一个命名规范。

① 类或接口使用大驼峰命名法，所有单词首字母大写。

- 一个单词：首字母大写，如 Student、People。
- 多个单词：每个单词首字母大写，如 HelloWorld、ServerSocket。

② 函数名或变量采用小驼峰命名法，第一个单词首字母小写，从第二个单词开始首字母大写。

- 一个单词：首字母小写，如 name、age。
- 多个单词：第二个单词首字母大写，如 stuName、showTime。

③ 常量采用全部字母大写，并且单词间用下画线"_"隔开的方法。

- 一个单词：全大写，如 PI、COUNT。
- 多个单词：全大写，并用下画线"_"隔开，如 RESULT_OK、WINDOW_HIERARCHY_TAG。

遵循这种命名规范不仅有利于与其他人沟通，让其他人能够更快速地读懂我们的代码，了解代码中的信息；还能够让程序员自己在实际开发中减少许多麻烦。

2. 关键字

关键字是编译系统已经预定义的单词，在程序中有特殊的用途，如 C++ 的关键字有 auto、bool、break、case、char、catch、class、const、continue、default、delete、do、double、else、enum、explicit、extern、float、for friend、goto、if、include、long、mutable、new、operator、private、protect、public、register、return、short、signed、sizeof、static、struct、switch、template、this、throw、true、try、typedef、union、unsigned、using、virtual、void、volatile、while。

3. 运算符

运算符是运算符号，和操作数结合在一起使用，组成表达式，完成各种运算。

4. 分隔符

标点符号用来分隔单词或程序正文的，用来表示一个程序体的结束或另外一个程序体的开

始。空格( )、逗号(,)、分号(;)、冒号(:)和花括号({})都是分隔符。

5. 常量

在程序执行过程中不变的量称为常量,是代码中直接使用的数据或被声明过的符号,包括字符常量、数字常量、字符串常量、枚举常量等。

6. 注释符

在程序中仅起到注释作用,注释的目的是方便阅读,在程序编译的词法分析阶段,注释将从程序中删除。C++ 语言中用“//”符号对单行语句进行注释,称为行级注释符。用“/ * ” 开始,“ * /”结束,可以对多行语句进行注释,称为块级注释符。

1.3.4 程序代码中最小的符号

我们看以上六类符号的组成,可以区分的最小符号就是字符。那么 C++ 语言的字符集如下。

- 大小写英文字母:A~Z、a~z。
- 数字字符:0~9。
- 特殊符号:空格、!、#、%、^、&、*、_、—、+ =、~、<、>、/、\、|、.、,、:、;、?、‘、“、(、)、[、]、{、}。

程序源代码所有的字符都包含在字符集中,一个或多个字符组成了单词,多个单词组成了语句,一条或多条语句组成函数,一个或多个函数组成文件,一个或多个文件组成程序。

【思考与练习】

1. 简答题

(1) C++ 语言中哪些实体的名称需要程序员按标识符命名原则来命名?

(2) C++ 程序中有六类表示一定意义的符号,请说明是哪六类?

2. 单选题

(1) 下列变量名中,(　　)是命名合法的标识符。

A. TANGSHAN　　B. word-size　　C. float　　D. M+m

(2) 以下选项中合法的用户标识符是(　　)。

A. long　　B. _2Test　　C. 3Dmax　　D. A. dat

3. 多选题

(1) 下面关于 main()函数的描述,正确的是(　　)。

A. 一个完整的函数包括两部分:函数头和函数体。int main()为函数头,函数体是由花括号“{}”括起来的

B. main 函数是每个 C++ 程序都必须有的

C. 程序都是从 main 函数开始执行的,然后进入 main 函数中,执行 main 函数中的语句

D. main 函数是程序的入口

(2) 下列是关于 C++ 语言的描述,正确的是(　　)。

A. 注释用来给程序的阅读者提示或解释程序的意义,注释可以提高 C++ 程序的可读性。注释可出现在程序中的任何位置,没有注释可能会导致编译程序的编译困难甚至编译错误

B. C++ 语言的注释符是以"/*"开头并以"*/"结尾的语句块。在"/*"和"*/"之间的内容即为注释,这种注解可以跨越多行。"//"是对单行语句进行注释

C. 程序编译时,不对注释作任何处理,也不能发现注释中的错误

D. 学习程序设计语言要从一开始就养成良好的编程风格,例如:使用有意义的标识符,一条语句占一行,程序缩进排列,有合适和正确的注释等

本章小结

本章介绍了什么是计算机、计算机的组成及计算机发展的历史,从计算机语言的分类、高级语言的四个阶段、面向对象的程序设计语言的特点等方面,讲解了 C++ 语言在计算机程序语言及计算机中所处的地位;接着又介绍了 C++ 语言的集成开发环境 Dev-C++ 的下载方法、安装过程和设置方式;最后以"Hello World!"程序为例详细分析了 C++ 语言程序的基本构成、单词的分类、标识符的命名原则及 C++ 语言字符集的组成等,介绍了开发一个 C++ 程序的步骤通常包括编辑、编译、链接、运行和调试四个阶段。

程序练习题

由于本章还没有开始介绍 C++ 语言的语法知识,下面请读者在 Dev-C++ 5.11 环境中运行下列程序段,观察程序的执行结果,熟练掌握 C++ 语言的开发和运行环境。

1. 两条输出语句,输出结果是一行字符串。

```
#include <iostream>
using namespace std;
int main()
{
    cout<<"此生入华夏,";
    cout<<"无悔中国人!";
    return 0;
}
```

2. 一条输出语句,输出结果是两行字符串。

```
#include <iostream>
using namespace std;
int main()
{
    cout<<"山川异域,\n 风月同天";
    return 0;
}
```

3. 用户输入两个字符串,输出时将字符串进行拼接。

```
#include <iostream>
```

```
using namespace std;
int main()
{
    char name[30];
    char country[30];
    cout<<"请输入你的姓名: ";
    cin>>name;
    cout<<"请输入你的国家: ";
    cin>>country;
    cout<<name<<"作为"<<country<<"人,感到非常自豪!"<<endl;
    return 0;
}
```

4. 用户输入两个整数,例如“20 30”,两个数用空格分隔,比较两条输出语句执行结果有什么异同。

```
#include <iostream>
using namespace std;
int main()
{
    int a,b;
    cout<<"请输入两个整数: ";
    cin>>a>>b;
    cout<<"a+b="<<a+b<<endl;
    cout<<a<<"+"<<b<<"="<<a+b<<endl;
    return 0;
}
```

5. 经过10天的努力学习,不断地练习读代码、写代码,我终于成功了,在屏幕上输出每天努力学习的记录,最后显示“一分耕耘,一分收获! 我成功了!”。

```
#include <iostream>
using namespace std;
int main()
{
    for(int i=1;i<=10;i++)
    {
        cout<<"我努力,第"<<i<<"天"<<endl;
    }
    cout<<"一分耕耘,一分收获! 我成功了!" <<endl;
    return 0;
}
```

6. 九九乘法口诀表的输出,用双重循环语句,工工整整地输出九九乘法表。

```
#include <iostream>
using namespace std;
int main()
{
    for(int i=1;i<=9;i++)
```

```
    {
        for(int j=1;j<=i;j++)
            cout<<j<<"*"<<i<<"="<<j*i<<"\t";
        cout<<endl;
    }
    return 0;
}
```

第2章

数据类型和运算符

本章的内容较多，介绍计算机中信息的存储，C++ 语言的基本数据类型，变量声明语句的格式，常量的表示形式，运算符的功能、优先级、结合方向、操作数及运算结果的数据类型，数组的定义格式、数组的赋初值、数组元素赋值，字符数组和数值数组之间的异同等内容，最后还比较了 C 语言字符串和 string 类字符串各自的字符串处理函数的使用方法。

2.1 信息的存储表示

2.1.1 计算机的数字系统

1. 二进制表示

在计算机中无论什么信息的表示都是由“0”和“1”组成的。计算机是由逻辑电路组成的，逻辑电路通常只有两个状态：开关的断开与接通状态。这两种状态正好可以用“0”和“1”表示。因此，用“0”和“1”表示信息，不仅易于物理实现，逢二进一的运算原则也使得二进制数运算简单，而且机器可靠性高，通用性强。那么这些“0”和“1”在计算机的内存中是如何存储的呢？

我们可以把内存看成是一个很大的容器，比如一个 2^{32}（等于 4G）空间大小的内存有 2^{32} 个单元格，每个单元格可以存储 8 个 0 或 1，每个 0 或 1 称为 1 个二进制位(bit)，因此 1 个单元格是 8 个二进制位，1 个单元格又称 1 字节(byte)。2^{32} 个字节的线性内存存储示意图如图 2.1 所示。

2. 程序设计中常用的数制

用二进制表示一个数据时，位数太多。因此实际使用中多在输入数字系统前用十进制数，输入机器后再转换成二进制数，让数字系统进行运算，运算结束后再将二进制转换为十进制数供人们阅读。程序设计中常用的数制有四种，如表 2.1 所示。

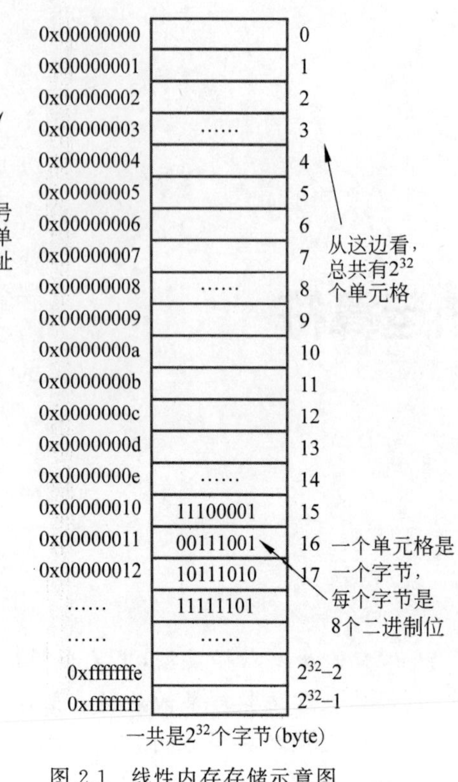

图 2.1 线性内存存储示意图

表 2.1 程序中常用的四种数制

进制	基数	进位原则	基本符号
二进制	2	逢二进一	0、1
八进制	8	逢八进一	0、1、2、3、4、5、6、7
十进制	10	逢十进一	0、1、2、3、4、5、6、7、8、9
十六进制	16	逢十六进一	0、1、2、3、4、5、6、7、8、9、a、b、c、d、e、f 或 0、1、2、3、4、5、6、7、8、9、A、B、C、D、E、F

2.1.2 不同数制之间的转换

1. 十进制整数向 R 进制转换

R 的取值可以是二、八或十六，十进制数向 R 进制转换采用“除以 R 取余”法。例如十进制数 168 转换成二进制数，是用 168 除以 2，记下余数 0，接着用所得商 84 除以 2，记下余数 0，以此类推，每次用商除以 2，记下余数 0 或 1，直到商是 0 为止。然后，从最后一个余数到第一个余数的 0 或 1 序列就是十进制数 168 所对应的二进制数。十进制向八进制转换或向十六进制转换与向二进制转换类似，分别是“除以 8 取余”或“除以 16 取余”，除以 16 取余数，如果余数是 10～15，要用十六进制的基本符号 a～f(或 A～F)来表示。图 2.2 所示为十进制数 168 分别转换成二进制、八进制和十六进制的运算过程。

用如下方式表示转换结果：

$$168_{10}=10101000_2$$

$$168_{10}=250_8$$

$$168_{10}=a8_{16}$$

从上面的转换过程看，如果一个很大的十进制数，用除以 2 取余数的方法，需要写很多步，才能计算到商为 0 结束，而除以 16 很快就能计算到商为 0 了，因此如果把一个十进制数转换成十六进制，再由十六进制数转换成二进制，这样就能很快完成十进制向二进制的转换。因此掌握二进制和十六进制的互相转换比较重要，要求这二者的转换不用计算，每个 C 或 C++ 语言的程序员都

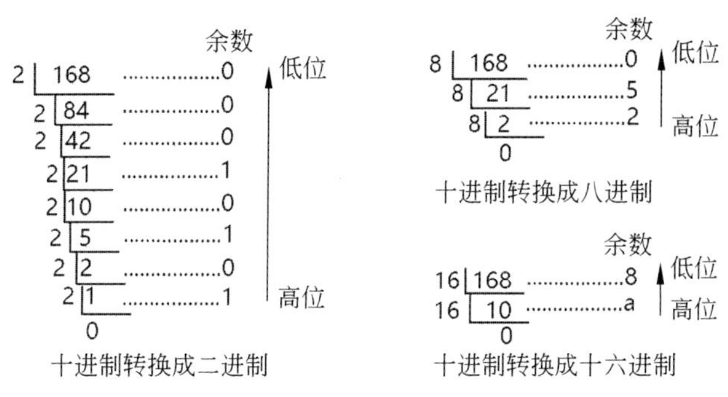

图 2.2　十进制整数转换成 R 进制

要有“看见四位二进制数，就能转换为十六进制数”(反之亦然)的能力。

2. 二进制数和八进制数或十六进制数之间的转换

1 位二进制数可以表示 2 个数据，分别是 0、1。

2 位二进制数可以表示 4 个数据，分别是 00、01、10、11。

3 位二进制数可以表示 8 个数据，3 位二进制 0、1 码对应的八进制基本符号如表 2.2 所示。

表 2.2　二进制与八进制字符的对应关系

二进制(3 位)	八进制字符	二进制(3 位)	八进制字符
000	0	100	4
001	1	101	5
010	2	110	6
011	3	111	7

4 位二进制可以表示 16 个数据，4 位二进制 0、1 码对应的十六进制基本符号如表 2.3 所示。

表 2.3　二进制与十六进制字符的对应关系

二进制(4 位)	十六进制字符	二进制(4 位)	十六进制字符
0000	0	1000	8
0001	1	1001	9
0010	2	1010	a(A)
0011	3	1011	b(B)
0100	4	1100	c(C)
0101	5	1101	d(D)
0110	6	1110	e(E)
0111	7	1111	f(F)

3. R 进制数转换成十进制数

R 进制向十进制转换是各位数字与它的权相乘，其积相加。

例如，二进制数转换为十进制数：

$$11111111.11_2 = 1 \times 2^7 + 1 \times 2^6 + 1 \times 2^5 + 1 \times 2^4 + 1 \times 2^3 + 1 \times 2^2 + 1 \times 2^1 + 1 \times 2^0 + 1 \times 2^{-1} + 1 \times 2^{-2} = 255.75_{10}$$

八进制数转换为十进制数：

$$3506.2_8 = 3 \times 8^3 + 5 \times 8^2 + 0 \times 8^1 + 6 \times 8^0 + 2 \times 8^{-1} = 1862.25_{10}$$

十六进制数转换为十进制数：

$$0.2A_{16} = 2 \times 16^{-1} + 10 \times 16^{-2} = 0.1640625_{10}$$

4. 十进制小数转换为二进制小数

十进制小数转换为二进制小数采用“乘 2 取整”法，例如，将 0.3125 转换为二进制小数。

$0.3125 \times 2 = 0.625$ ——整数 0

$0.625 \times 2 = 1.25$ ——整数 1

$0.25 \times 2 = 0.5$ ——整数 0

$0.5 \times 2 = 1.0$ ——整数 1

重复用小数部分乘以 2，直到小数部分等于 0 为止，整数位的 0 或 1 序列就是十进制小数转换成的二进制小数，所以 $0.3125_{10} = 0.0101_2$。

再如，将 0.8125 转换为二进制小数。

$0.8125 \times 2 = 1.625$ ——整数 1

$0.625 \times 2 = 1.25$ ——整数 1

$0.25 \times 2 = 0.5$ ——整数 0

$0.5 \times 2 = 1.0$ ——整数 1

所以 $0.8125_{10} = 0.1101_2$。

又如，将 0.6 转换为二进制小数。

$0.6 \times 2 = 1.2$ ——整数 1

$0.2 \times 2 = 0.4$ ——整数 0

$0.4 \times 2 = 0.8$ ——整数 0

$0.8 \times 2 = 1.6$ ——整数 1

……

所以 $0.6_{10} = 0.10011001100110011001\cdots\cdots_2$ 转换为二进制时是一个循环小数。

5. 信息的存储单位

位(bit)：度量数据的最小单位，表示 1 位二进制信息。

字节(byte)：由 8 位二进制数字组成(1byte=8bit)。

1KB=1024byte

1MB=1024KB

1GB=1024MB

1Kibibyte[KB]=1024(2^{10})byte

1Mebibyte[MB]=1 048 576(2^{20})byte

1Gibibyte[GB]=1 073 741 824(2^{30})byte

1Tebibyte[TB]=1 099 511 627 776(2^{40})byte

1Pebibyte[PB]=1 125 899 906 842 624(2^{50})byte

1Exbibyte[EB]=1 152 921 504 606 846 976(2^{60})byte

2.1.3　计算机系统中的数值编码

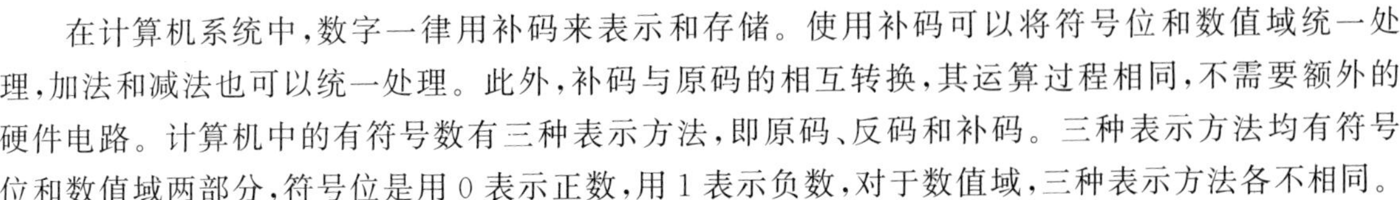

在计算机系统中，数字一律用补码来表示和存储。使用补码可以将符号位和数值域统一处理，加法和减法也可以统一处理。此外，补码与原码的相互转换，其运算过程相同，不需要额外的硬件电路。计算机中的有符号数有三种表示方法，即原码、反码和补码。三种表示方法均有符号位和数值域两部分，符号位是用 0 表示正数，用 1 表示负数，对于数值域，三种表示方法各不相同。

1. 原码

原码是对数字的二进制定点表示方法。原码表示法在数值域前面增加了一位符号位(即最高位为符号位)：正数的符号位为 0，负数的符号位为 1(0 有两种表示：+0 和-0)，其余的位表示数字的大小，又称数值域。

例如下面是 1 字节的有符号数(二进制数)。

X=+0101011，$[X]_{原}$=0 0101011 (最高位符号位是 0)。

X=-0101011，$[X]_{原}$=1 0101011 (最高位符号位是 1)。

缺点：原码对零的表示不唯一，$[+0]_{原}$=0 0000000，$[-0]_{原}$=1 0000000。进行四则运算时，符号位需单独处理，且运算规则复杂。

2. 反码

反码通常是用来由原码求补码或者由补码求原码过程中的过渡码。正数的反码与原码表示相同。

负数的反码与原码有如下关系：符号位相同(仍用 1 表示)，其余各位取反(0 变 1，1 变 0)。

例如：

X=-1100110，$[X]_{原}$=1 1100110，$[X]_{反}$=1 0011001(除了符号位和原码一致，其他位各位取反)。

X=+0000000，$[X]_{原}$=0 0000000，$[X]_{反}$=00000000。

X=-0000000，$[X]_{原}$=1 0000000，$[X]_{反}$=11111111。

缺点：反码对零的表示也不唯一，不管是正零还是负零都是零，但是正零的反码和负零的反码却不一样，同样会给运算带来麻烦。

3. 补码

(1) 模数的概念

模数从物理意义上讲，是某种计量器的容量。例如我们日常生活中用的钟表，模数就是 12。钟表计时的方式是：达到 12 就从零开始(扔掉一个 12)，这在数学上是一种“取模(或取余)运算(mod)”。“%”在 C++ 语言中用于求除法余数，也称为取余运算符。

例如，如果现在的准确时间是 6 点钟整，而你的手表指向 8 点钟，怎样把表拨准呢？可以有两种方法：把表的时针往后拨 2 小时，或把表的时针往前拨 10 小时。二者效果是一样的，即 8-2=6 或(8+10)mod 12=6。

在模数系统中：8-2=(8+10)mod 12。

上式之所以成立，是因为 2 与 10 对模数 12 互为补数，即 2＋10＝12。因此，我们可以认可这样一个结论：在模数系统中，用一个数减去另一个数，或者说一个数加上一个负数，等于第一个数加上第二个数的补数。正如，8＋(－2)＝(8＋10)mod 12。我们称 10 为－2 在模数 12 下的“补码”。负数采用补码表示后，可以使加减法统一为加法运算，简化运算规则。

在计算机中，机器表示数据的字长是固定的。对于 n 位字长的数来说，模数的大小为 n 位数全为 1，且最末位加 1。如果字长是 32 位，那么整数的模数为 2^{32}，实际上模数的值已经超过了机器所能表示的数的范围，因此模数在机器中是表示不出来的。若运算结果大于或等于模数，则模数自动丢掉，也就等于实现了取模运算。

(2) 补码的表示方法

在计算机的补码表示法中，正数的补码和原码是一样的，负数的补码由该数反码的末位加 1 求得，对补码再求补即得到原码，因此也可以说，对于补码的还原依然是除了符号位以外，通过各位取反末尾加 1 求得。

例如，用 1 个字节来表示十进制数－20。首先求出 20 的二进制表示。

20 的原码：$20_{10}=00010100_2$(8 个二进制位，因为是正数，符号位是 0)。

－20 的原码：$-20_{10}=10010100_2$(8 个二进制位，因为是负数，符号位是 1)。

$$-20_{10}=[10010100]_{原}=[11101011]_{反}=[11101100]_{补}$$

(3) 补码运算规则

- 符号位可作为数值参与运算。
- 减法运算可转换为加法运算，因为加上一个负数等于加上该数的补码。
- 补码运算的结果仍为补码，运算结果溢出时，负数之和得正数，或正数之和得负数。

【思考与练习】

1. 简答题

(1) 熟练地写出十六进制基本符号 0～9 和 a～f 对应的二进制数。

(2) 按下面的要求进行数制转换。

① 将十进制数 379 转换成十六进制数。

② 将十六进制数 0xabf2 转换成二进制数和八进制数。

③ 将十进制数 36.625 转换成二进制数。

(3) 写出十进制数 60 和－60 的原码、反码和补码。

2. 单选题

(1) 十进制数 1000 对应二进制数为(　　)。

A. 1111101010　　B. 1111101000　　C. 1111101100　　D. 1111101110

(2) 十进制小数为 0.96875 对应的二进制数为(　　)。

A. 0.11111　　B. 0.111101　　C. 0.111111　　D. 0.1111111

(3) 二进制的 100.001 可以表示为(　　)。

A. 2^3+2^{-3}　　B. 2^2+2^{-2}　　C. 2^3+2^{-2}　　D. 2^2+2^{-3}

(4) 在下面所给出的关系式中正确的为(　　)。

A. $0.111_2<0.75_{10}$　　B. $0.78>0.C_{16}$　　C. $0.6_{10}>0.AB_{16}$　　D. $0.101_2<0.A_{16}$

(5) 在下面所给出的等式中不正确的为(　　)。

A. $0.875_{10}=0.E_{16}$　　B. $0.74_8=0.9375_{10}$　　C. $0.101_2=0.A_{16}$　　D. $0.31_{16}=0.1418$

2.2 案例 2——简易计算器

2.2.1 问题描述及程序代码

1. 问题描述

从键盘上输入两个数,在计算机屏幕上显示两个数的和、差、积、商。

测试用例 1:

```
输入: 25  15
输出:
25+15=40
25-15=10
25*15=375
25/15=1.667
```

测试用例 2:

```
输入: 2.56  1.2
输出:
2.56+1.2=3.76
2.56-1.2=1.36
2.56*1.2=3.072
2.56/1.2=2.133
```

2. 程序代码

```
#include <iostream>
using namespace std;
int main()
{
    float num1,num2;                                //声明两个 float 类型变量
    cout<<"请输入两个数:";                          //提示输入
    cin>>num1>>num2;                                //输入两个数
    cout<<num1<<"+"<<num2<<"="<<num1+num2<<endl;    //和
    cout<<num1<<"-"<<num2<<"="<<num1-num2<<endl;    //差
    cout<<num1<<"*"<<num2<<"="<<num1*num2<<endl;    //积
    cout<<num1<<"/"<<num2<<"="<<num1/num2<<endl;    //商
    return 0;
}
```

3. 输入数据、执行结果及程序分析

输入测试用例的两组数据,程序的运行结果如图 2.3 和图 2.4 所示。

本程序中有三种语句,分别是变量声明语句、输入语句和输出语句。

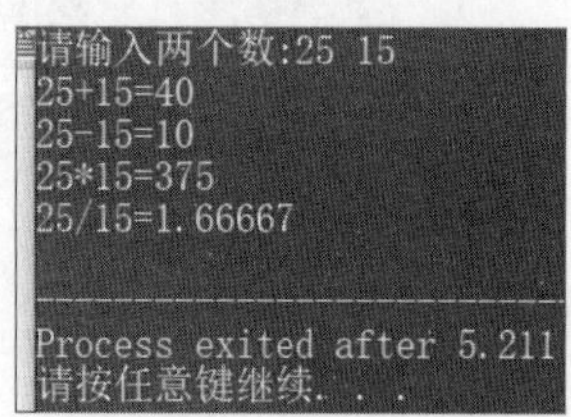

图 2.3　测试用例 1 执行结果

```
请输入两个数:2.56 1.2
2.56+1.2=3.76
2.56-1.2=1.36
2.56*1.2=3.072
2.56/1.2=2.13333

Process exited after 13.6 sec
请按任意键继续. . .
```

图 2.4　测试用例 2 执行结果

变量声明语句是声明变量的存储类型和数据类型，存储类型是为了声明变量的存储位置，数据类型是为了声明变量所需要内存空间的大小。

```
float num1,num2;
```

声明语句中，float 是数据类型，num1 和 num2 是两个变量名，在这条语句中省略了存储类型，默认的存储类型是自动存储类型，此处可以先不必关心存储类型，后面章节会详细介绍。程序需要从键盘输入数据，就一定需要声明变量的数据类型，在内存中分配相应的存储空间，用于接收来自键盘的数据，程序不可以使用未经数据类型声明的变量。

```
cin>>num1>>num2;
```

语句是输入语句，cin 是输入流对象，使用输入流对象 cin 与使用输出流对象 cout 一样，需要预处理命令包含 iostream 文件，使用 std 命名空间。cin 后面的“>>”符号称为提取运算符，如果把 cin 比作键盘，从键盘输入的数据像水流一样流向内存的变量，那么两个大于号“>>”像箭头一样，表示数据的去向，这样理解，这个符号的方向就不会与输出流对象 cout 后面的插入运算符“<<”混淆了。记住：提取运算符“>>”后面一定是跟变量名。

```
cout<<num1<<"+"<<num2<<"="<<num1+num2<<endl;
```

语句是输出语句，输出流对象 cout 可以看成显示器，插入运算符“<<”也可以理解成数据的流向，西文输入方式下的双引号(" ")引起来的是字符串，字符串可以流向显示器。变量名 num1 和 num2 没有用双引号(" ")引起来，就使用变量的值，num1＋num2 是用加号“＋”运算符连接两个操作数，构成了表达式，将表达式的运算结果输出到显示器。

2.2.2　数据类型

变量是程序运行过程中可以改变的量，使用变量前要声明变量的数据类型，那么为什么要声明数据类型？有哪些数据类型呢？这就要理解计算机的工作原理，计算机体系结构中核心部件是中央处理器(CPU)和存储器，这里所说的存储器是内存，因为程序平时存储在硬盘上，硬盘是存储设备，属于外存，程序只有进入内存后，才有机会使用中央处理器。所以不管是代码还是数据都需要进入内存，那么用多大的内存空间，或者说用多少个字节来存储数据，这就是由数据类型决定的。

数据类型决定了变量分配多少个内存单元，内存单元的个数又决定了数据的取值范围，数据类型还决定了数据可以做哪些运算。反过来说，不声明数据类型，变量就不会在内存获得存储空间，因此使用变量前一定要声明变量的数据类型。

数据类型的意义如下：

- 决定数据在计算机内存中所占空间的大小。

- 决定数据的取值范围大小。
- 决定该类型的数据可以做哪些操作。

C++ 语言的数据类型如图 2.5 所示。

基本数据类型就是编译系统已经定义好的、直接使用的数据类型。C++ 语言的基本数据类型有六种。

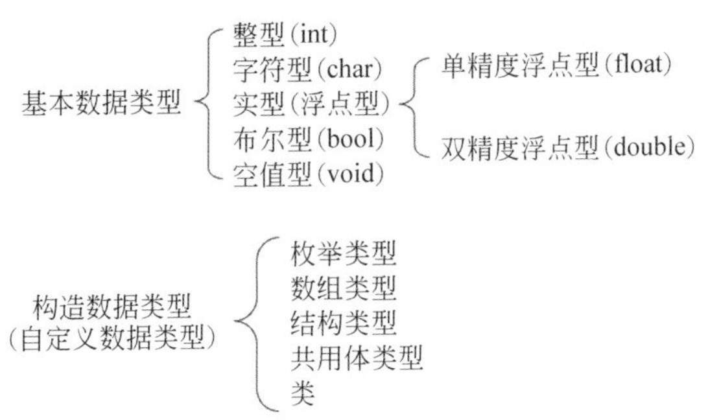

图 2.5　C++ 语言的数据类型

1. 整型

顾名思义,整型定义的变量只能存整数,不可以存储带小数点的实数。关键字是 int,还有两种修饰符 long 和 short,如

```
long int x;
```

语句表示声明了长整型数变量 x。

```
short int y;
```

表示声明了短整型变量 y,int 也可以省略,写成

```
long x;
```

或

```
short y;
```

有 short 修饰符和没有 short 修饰符所占内存空间不一样,所表示的取值范围也不一样,有 short 修饰的整型占 2 个字节的内存单元,没有修饰符的整型占 4 个字节的内存单元。

还有两种修饰符 signed 和 unsigned,分别表示有符号数和无符号数。有符号数是指最高位为符号位,“0”表示正数,“1”表示负数,当然,整数在内存中都是以补码的形式存储的。有符号修饰符 signed 是可以省略的,因此没有修饰符修饰的整型数据表示有符号数。无符号数就是指没有符号位,所有的二进制位都是数值域,无符号数需要用修饰符 unsigned 来修饰数据类型。整数的存储空间及取值范围如图 2.6 所示。

类型	修饰符号	位数	数值范围
短整	short	16	-32768 ~ 32767
基本	int	32	-2^{31} ~ $(2^{31}-1)$
长整	long	32	-2^{31} ~ $(2^{31}-1)$
无符号			
	unsigned short	16	0 ~ 65535
	unsigned [int]	32	0 ~ $(2^{32}-1)$
	unsigned long	32	0 ~ $(2^{32}-1)$

图 2.6　整型的字节空间和取值范围

整型数据能做的运算有:+、−、*、/、%、++、−−、<<、>>、<、<=、>、>=、==、!=、&、|、^、~、&=、|=、^=、~=、&&、||、!、&&=、||=、!=、=、+=、−=、*=、/=、%=、,、?:。

整型数据几乎可以做所有的运算,上面的运算符有算术运算符、移位运算符、关系运算符、按位运算符、逻辑运算符、赋值运算符,逗号运算符及条件运算符等,所以说整型数据可以操作 C++

语言的大多数运算符。

2. 实数类型

实数类型又称浮点数类型，包括单精度浮点型，关键字是 float；双精度浮点型，关键字是 double。与整型数据以补码的形式存于内存相比，浮点型数据的存储更为复杂。本节仅从数据类型意义的三个方面对两种浮点数据类型进行说明。

① 浮点型数据占用内存空间单元：单精度浮点型(float)占 4 个字节(32 位)，双精度浮点型(double)占 8 个字节(64 位)。

② 数据的取值范围：单精度浮点数取值范围为$\pm 3.4\times 10^{38}$，双精度浮点数取值范围为$\pm 1.8\times 10^{308}$。

③ 浮点型数据可以做哪些运算：浮点型数据不可以做移位运算、按位运算和取余运算，可以做除了位运算和取余运算外的所有整型数据可以做的运算。

3. 字符类型

字符类型的关键字是 char，用于声明字符型变量。字符类型可以理解为整数类型的一个子集。字符型数据是由西文输入方式下的单引号括起来的字符，包括数字字符、大、小写字母、键盘上的可打印字符和转义字符。

例如：

```
char ch='$';
```

是定义 char 类型变量 ch 并赋初值，用“$”字符给变量 ch 赋初值。

```
cout<<ch<<endl;
```

则在显示器上输出字符“$”。

```
ch='#';
```

是用字符“#”给变量 ch 赋值。

```
cout<<ch<<endl;
```

则输出字符“#”。

字符数据与整型数据之间可以相互赋值。例如：

```
int a='b';
```

语句定义了整型变量 a，可以用字符给变量 a 赋初值。

```
char c=65;
```

语句定义了字符型变量 c，可以用整型数据给变量 c 赋初值。

```
cout<<a<<endl;
```

输出结果是整型数据，是字符 b 的 ASCII 值 98。

```
cout<<c<<endl;
```

输出的结果是字符型数据，是 ASCII 值为 65 的字符，也就是大写字母 A。

① 字符型数据占用内存空间大小：1 个字节。

② 数据取值范围：有符号字符取值范围为－128～127，无符号字符取值范围为0～255。

③ 字符型数据能做的运算：整型数据能做的运算，字符型数据也能做，但是超出存储范围会将溢出数据舍弃，不做溢出检查。

【知识拓展】 ASCII是美国信息交换标准代码，是现在通用的单字节编码系统，使用指定的7位或8位二进制数组合来表示128或256种可能的字符，全称是American Standard Code for Information Interchange。0～31用于通信或控制。32～127用于阿拉伯数字、大小写英文字母、下画线、括号等。128～255用于框线、音标、欧洲非英语系字母。表2.4所示为0～127的ASCII值表。

表2.4　0～127的ASCII值表

ASCII值	控制字符	ASCII值	控制字符	ASCII值	控制字符	ASCII值	控制字符
0	NUL	32	(space)	64	@	96	`
1	SOH	33	!	65	A	97	a
2	STX	34	"	66	B	98	b
3	ETX	35	#	67	C	99	c
4	EOT	36	$	68	D	100	d
5	ENQ	37	%	69	E	101	e
6	ACK	38	&	70	F	102	f
7	BEL	39	'	71	G	103	g
8	BS	40	(	72	H	104	h
9	HT	41	)	73	I	105	i
10	LF	42	*	74	J	106	j
11	VT	43	+	75	K	107	k
12	FF	44	,	76	L	108	l
13	CR	45	—	77	M	109	m
14	SO	46	.	78	N	110	n
15	SI	47	/	79	O	111	o
16	DLE	48	0	80	P	112	p
17	DC1	49	1	81	Q	113	q
18	DC2	50	2	82	R	114	r
19	DC3	51	3	83	S	115	s
20	DC4	52	4	84	T	116	t
21	NAK	53	5	85	U	117	u
22	SYN	54	6	86	V	118	v
23	TB	55	7	87	W	119	w
24	CAN	56	8	88	X	120	x
25	EM	57	9	89	Y	121	y
26	SUB	58	:	90	Z	122	z
27	ESC	59	;	91	[	123	{
28	FS	60	<	92	\	124	|
29	GS	61	=	93	]	125	}
30	RS	62	>	94	^	126	~
31	US	63	?	95	-	127	DEL

4. 布尔型数据

布尔型的关键字是 bool,例如声明变量 flag 是 bool 类型数据,格式如下:

```
bool  flag;  //类型名   变量名;
```

布尔型数据所占内存空间大小是 1 个字节。布尔型数据的取值只有 false 和 true 两个值,false 为 0,true 为 1。默认格式下输出 flag 变量时,false 值输出 0,true 值输出 1。例如:

```
flag=true;
cout<<flag<<endl;
```

语句输出的结果是 1。既然输出值只能是 0 或 1,那么整型数据的运算也可以用在布尔型数据上,但是除了逻辑运算外,其他运算都没有意义。

5. 空值型

空值型的关键字为 void,用于声明函数的返回类型或指针变量所指向的类型,不能声明普通变量的类型为空值型。

2.2.3　变量

简易计算器程序是对数值做加、减、乘、除四则运算,数值可能是实数,因此两个变量声明为单精度浮点型。C++ 语言中的加号"+"和减号"−"与数学中加减号是一致的,但是数学中的乘号"×"和除号"÷"在 C++ 语言中要写成星号"*"和斜杠"/",这一点一定要与数学中的运算符区分开。数学中乘号"×"有时候可以省略,如长方形的长为 L,宽为 W,那么长方形的面积可以写成 S=LW,表示面积是长和宽的乘积,但是在 C++ 语言中赋值表达式应该写成 S=L * W,否则就会把 LW 看作一个变量名,会认为 LW 是未定义的标识符,从而显示语法错误。

1. 变量的定义

变量就是程序在运行过程中其值可以改变的量。变量有三个要素,分别是变量名、变量的类型(数据类型和存储类型)和变量的值。变量的值包含两个值,一个是变量所表示的数据值,另一个是变量的地址值。变量名按照标识符的命名原则来命名,在 1.4.2 节中详细地说明了标识符的命名原则,这里不再赘述。

变量声明的一般格式如下:

```
数据类型   变量名=初值;              //用赋值符号"="给变量赋初值
```

或

```
数据类型   变量 1,变量名 2,……,变量名 n;
```

声明语句中变量可以赋初值,也可以不赋初值,如果不赋初值,变量的值是没有意义的随机值,在使用变量前可以通过赋值语句给变量赋值。需要注意的是,计算机语言里的赋值符号"="和数学中的等号"="形式一样,但含义不同,C++ 语言中"="是赋值符号,符号左边是变量,表示符号右边表达式的结果存储到左边的变量中。声明多个同类型的变量时,变量名之间用逗号","分隔。用逗号分隔的多个变量,又称为变量列表。数据类型本身不分配内存空间,只有用数据类型声明的变量才分配内存空间。

2. 变量的类型

上一节我们讲了五种基本类型：int、float、double、char 和 bool 类型，都可以用于声明变量。根据变量类型，编译系统就知道给变量分配多大空间，例如：

```
int x;              //int 类型 4 个字节
char c;             //char 类型 1 个字节
float f;            //float 类型 4 个字节
double d;           //double 类型 8 个字节
bool flag;          //bool 类型 1 个字节
```

3. 变量的值

(1) 变量所表示的数据值

例如：

```
char  c='A';
```

语句声明变量 c 在内存中占 1 个字节，如图 2.7 所示，在 0x00034019 存储单元中存储的是大写字母 A 所对应的 ASCII 值 65,65 是十进制数，存储的是 65 的二进制数表示。

(2) 变量的地址的值

一个单元格是 1 个字节，图 2.7 中内存空间左边的编号就是字符变量 c 的地址，这些地址是用 8 位十六进制字符来表示的，一个地址是 4 个字节的大小。在内存单元中分配哪部分空间给变量，除了与变量是哪一种存储类型有关系外，是编译系统自动分配的，因此变量在生命周期结束后系统会自动回收。

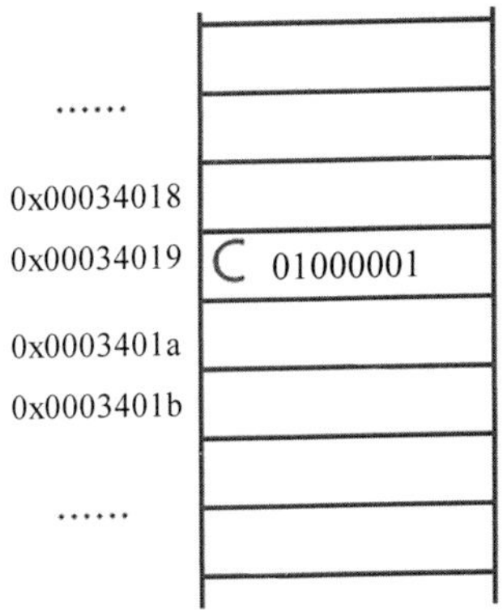

……	
0x00034018	
0x00034019	c 01000001
0x0003401a	
0x0003401b	
……	

图 2.7 字符型变量 c 占 1 个字节的空间大小

如图 2.7 所示，输出 c 变量的地址的输出语句如下：

```
cout<<&c<<end;
```

输出结果就是在屏幕上显示 0x00034019，这个编号就是 c 变量的地址。

说明："&"符号叫取地址符，也叫按位与运算符。在类型声明语句中，该符号也是声明引用的符号。例如，

```
char &ch=c;
```

语句中的 & 声明了 ch 是引用，通过赋初值，声明 ch 是 c 变量的别名，引用不分配存储空间。后面章节会经常用到引用，在本节中请读者先对此有个了解。

下面再举个例子，如下语句：

```
int i=1000;
```

声明了一个整型变量 i 并且赋初值为 1000。整型变量占 4 个字节，变量 i 在内存中是怎么存储呢？下面来分析变量 i 的值在内存中的存储形式。1000 是十进制数，首先转换成十六进制，用除以 16 取余法，其十六进制数是 0x3e8，那么 e8 这两个十六进制字符占 1 个字节，并且存储在低字节，后

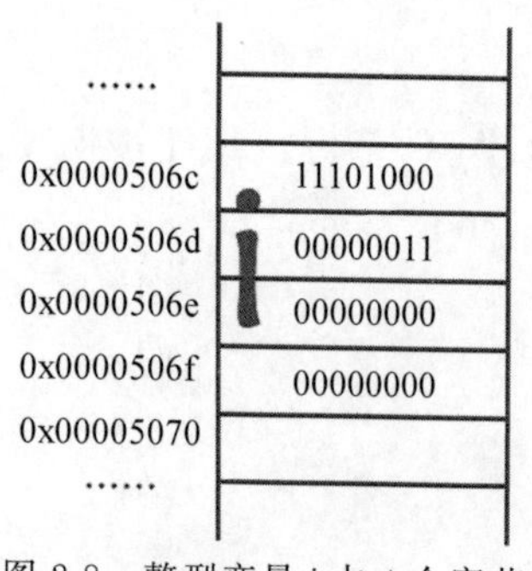

图 2.8　整型变量 i 占 4 个字节的空间大小

面一个字节就是 03，接下来的两个字节都是 00，因此内存的存储形式如图 2.8 所示。十进制数 1000 的二进制表示为：00000000 00000000 00000011 11101000(共 32 位)。

变量 i 的地址同样是用变量 i 前加取地址符"&"来表示，理解为存储单元格的编号，因此 0x0000506c 是变量 i 的地址的值。不管变量是什么类型的，其地址一定是一个长整数，含有 8 个十六进制字符的十六进制数，每个十六进制字符是 4 个二进制位，那么一个地址总共是 32 个二进制位，也就是 4 个字节(64 位编译器的地址是 8 个字节)。

2.2.4　输入和输出

1. 输入语句

最简单的键盘输入就是将提取运算符"＞＞"作用在输入流对象 cin 上，格式如下：

```
cin>>变量 1>>变量 2>>变量 3……>>变量 n
```

其中提取运算符可以拼接，每个提取运算符后面只能跟一个变量名。如果要用拼接的格式输入多个变量，在从键盘输入数据时，可以用空格分隔多个数据。

说明：程序运行到 cin 输入语句时，将暂停，在显示器上有光标闪烁，直到 cin 流对象后面的变量都输入数值后，程序方可继续运行。为了让用户界面友好，通常在输入语句前，使用输出语句显示提示信息。如案例 2 中

```
cout<<"请输入两个数:";
```

语句就是在输入数字前，在屏幕上显示的提示信息，如果没有提示，仅仅是一个光标闪烁，用户将不知道程序的运行状态。

2. 输出语句

最简单的屏幕输出是使用预定义的插入运算符"<<"作用在输出流对象 cout 上。

(1) 输出变量的值

```
cout<<变量名;
```

输出多个变量时，插入运算符"<<"也可拼接使用。例如：

```
cout<<变量名 1<<变量名 2<<变量名 3<<……<<变量名 n
```

(2) 输出字符串

双引号" "字符串里面的内容直接输出，例如：

```
int a=20,b=100;
cout<<"a+b";
```

输出的是字符串 a＋b，不会输出变量 a 与 b 的和。

(3) 转义字符串

在前面的语句中，输出语句后面有 endl(end 和 line 单词的缩写)，可以使显示文字换行，endl

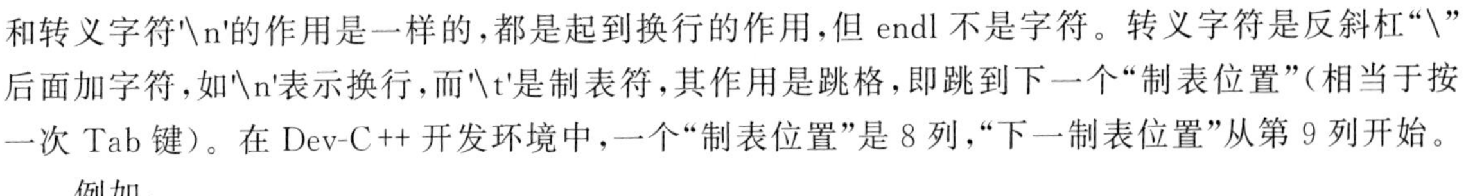

和转义字符'\n'的作用是一样的，都是起到换行的作用，但 endl 不是字符。转义字符是反斜杠“\”后面加字符，如'\n'表示换行，而'\t'是制表符，其作用是跳格，即跳到下一个“制表位置”（相当于按一次 Tab 键）。在 Dev-C++ 开发环境中，一个“制表位置”是 8 列，“下一制表位置”从第 9 列开始。

例如：

```
cout<<"三更灯火五更鸡,\n 正是男儿读书时\n";
```

是一条输出语句，但有两行输出结果，因为在字符串中出现换行符'\n'。又如：

```
cout<<"黑发不知勤学早,";
cout<<"白首方悔读书迟。";
```

看上去是两条输出语句，但输出结果只有一行，因为第一条输出语句结束后并没有换行，第二条输出语句输出的字符串显示在同一行上。

可见，通过反斜杠“\”取消了字符 n 或字符 t 的实际意义，转义成了换行或制表符之意。转义字符的表示及其含义如表 2.5 所示。

表 2.5　转义字符与其所对应的意义

转义字符	意　　义	ASCII 码值(十进制)
\a	响铃(BEL)	007
\b	退格(BS)，将当前位置移到前一列	008
\f	换页(FF)，将当前位置移到下一页开头	012
\n	换行(LF)，将当前位置移到下一行开头	010
\r	回车(CR)，将当前位置移到本行开头	013
\t	水平制表(HT)(跳到下一个 Tab 位置)	009
\v	垂直制表(VT)	011
\\	代表一个反斜杠字符“\”	092
\'	代表一个单引号(撇号)字符	039
\"	代表一个双引号字符	034
\0	空字符(NUL)	000
\ddd	1～3 位八进制数所代表的任意字符	3 位八进制基本符号
\xhh	2 位十六进制数所代表的任意字符	hh 是 2 位十六进制基本符号

例如，文件路径是 d:\book\num.jpg，这个字符串怎么在显示器上输出呢？

像这样：

```
cout<<"d:\book\num.jpg"<<endl;
```

可以把包含路径的文件名直接放在双引号里吗？因为'\b'是退格符，'\n'是换行符，因此这个语句的输出结果将是下面两行字符串：

```
book
um.jpg
```

只有用转义字符“\\”才能输出反斜杠“\”字符，例如：

```
cout<<"d:\\book\\num.jpg"<<endl;
```

语句能满足输出要求。

另外，双引号表示里面的内容是字符串，那么，要输出下面这句话：

子曰："三人行，必有我师焉。"

同样需要使用转义字符，输出语句如下：

```
cout<<"子曰：\"三人行，必有我师焉。\"";
```

(4) 小数位数的确定

细心的读者通过比较案例2的两个测试用例的运行结果会发现，对于求商的结果，其循环小数的小数位数是5位。为什么是5位小数？如果输入的两个数分别是200和3，那么商还是5位小数吗？测试输出结果是66.6667。输入的两个数分别是20000和3呢？结果是6666.67。这是因为在没有设置输出格式时，输出结果保留6位有效数字。可以用格式控制函数setprecision(n)设置保留n个有效数字，结合控制格式标志fixed，可以指定小数位数为n，按定点数形式显示，输出语句如下：

```
cout<<num1<<"/"<<num2<<"="<<fixed<<setprecision(2)<<num1/num2<<endl;
```

这样num1和num2的商就保留2位小数了。需要注意的是，使用setprecision(n)函数需要用到预处理命令，即程序开头加上＃include <iomanip>文件包含命令。

2.2.5 上机练习

【上机目的】

- 熟悉C++语言程序结构。
- 掌握变量声明语句的格式、变量的特点、输入和输出语句的用法。
- 掌握数据类型声明变量的意义。

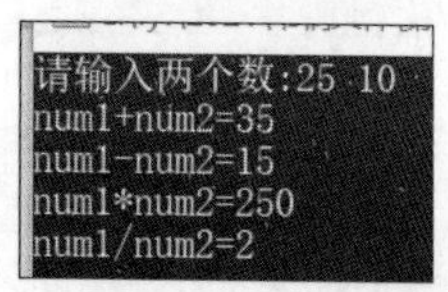

图2.9 简易计算器输出格式

1. 运行案例2，输入数据时显示“请输入两个数：”，测试一下，如果在输入完第一个数后按了回车，运行的程序会出现什么情况？

2. 案例2中如果把两个变量num1和num2声明成int类型，比较此时的两个测试用例的输出结果与图2.3和图2.4有何不同？

3. 怎样修改输出语句，使程序运行时输出格式如图2.9所示？

4. 声明三个整型变量year、month和day，分别表示日期的年、月、日，输入年、月、日，如“2021 1 18”三个整数，分别按“2021-1-18”“2021年1月18日”和“2021\1\18”三种日期格式输出。

5. 声明两个整型变量，借助一个中间变量完成两个变量值的交换，从而理解变量存储的特点。

6. 使用输出语句，在显示器上输出下面三角形图案。

```
@
@   @
@   @   @
@   @   @   @
```

【思考与练习】

1. 简答题

(1) 在 C++ 语言中,数据类型有什么意义？有哪些数据类型？有哪些基本数据类型？

(2) 什么是变量？如何声明变量？变量的三个要素是什么？如何给变量赋值？

(3) 写出 5 个转义字符及其所表示的含义。

(4) a、b 和 t 都是整型变量,那么语句{t=a; a=b; b=t;}的功能是什么？

2. 单选题

(1) 在 32 位计算机中,双精度浮点型数据在内存中占(　　)字节。

A. 4　　B. 8　　C. 10　　D. 16

(2) 在下列整型变量声明中,(　　)是无符号整数。

A. int　　B. short　　C. long int　　D. unsigned short

(3) 对于语句

```
cout<<a<<endl;
```

描述错误的是(　　)。

A. cout 是一个输入流对象　　B. endl 的作用是输出回车并换行

C. cout 是一个输出流对象　　D. <<符号称为插入运算符

2.3 案例 3——泳池栏杆和铺地造价

2.3.1 问题描述及程序代码

1. 问题描述

一个圆形游泳池如图 2.10 所示,现需要在其四周围上栅栏,并在栅栏外周围建造一条环形过道。栏杆的造价为 35 元/m,过道地砖的造价为 20 元/m^2。过道宽度为 3m,游泳池半径由键盘输入(单位：m)。编程计算输出栅栏及地砖的造价各为多少元？

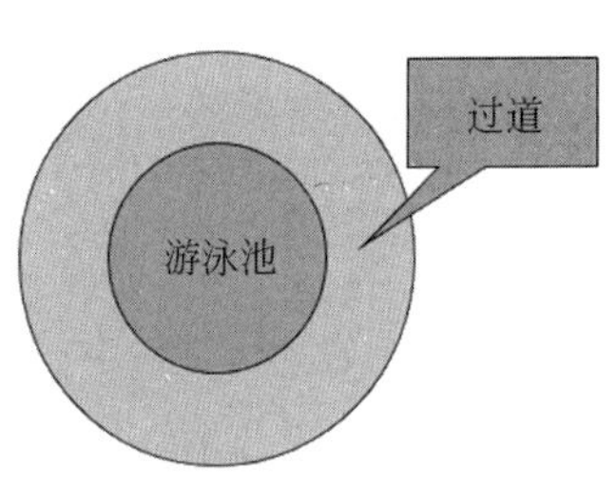

图 2.10　圆形泳池示意图

测试用例：

```
输入: 15
输出:
栏杆的造价是: 3298.67 元
地砖的造价是: 6220.35 元
```

2. 程序代码

```
#include <iostream>
#include <iomanip>
using namespace std;
int main()
{
```

```
    const float PI=3.14159;                        //定义常量符号 PI
    const float RAILING_PRICE=35;                  //定义常量符号 RAILING_PRICE(栏杆单价)
    const float TILE_PRICE=20;                     //定义常量符号 TILE_PRICE(地砖单价)
    float rad,railingTotal,tileTotal;              //定义变量半径,栏杆金额,地砖金额
    cout<<"请输入泳池的半径: ";                      //输入前提示信息
    cin>>rad;                                      //键盘输入语句
    railingTotal=RAILING_PRICE*2*PI*rad;           //计算栏杆造价
    tileTotal=TILE_PRICE*(PI*(rad+3)*(rad+3)-PI*rad*rad);     //计算地砖造价
    cout<<"栏杆的造价是: "<<fixed<<setprecision(2)<<railingTotal<<"元"<<endl;
    cout<<"地砖的造价是: "<<fixed<<setprecision(2)<<tileTotal<<"元"<<endl;
    return 0;
}
```

3. 程序分析

本程序主函数体里有五种类型的语句，即常量符号声明语句、变量声明语句、输入语句、赋值语句和输出语句。程序的执行过程有三步，分别是数据输入、数据处理和输出结果。数据处理就是利用输入的半径，根据圆的周长公式、圆的面积公式进行相应的计算，可以把运算结果直接输出到显示器，也可把运算结果保存在已声明变量中，若保存到变量中，可以通过赋值语句完成。赋值语句中赋值符号左边是变量名，右边是表达式。本案例和案例 2 的运算符类型是一样的，都是算术运算符。下面将介绍常量的定义和算术运算符。

2.3.2 常量

常量的定义：程序运行时其值不能改变的量叫常量，也称为常数。

1. 常量符号定义

定义格式：

```
const 数据类型  常量符号=常量;
```

或

```
数据类型  const 常量符号=常量
```

如本案例主函数里的第 1 条语句，

```
const float PI=3.14159;
```

定义了常量符号 PI，第 2、3 条语句也是定义常量符号。定义好常量符号后，后面语句中如用到常量符号，就用对应的常量代替进行运算。这种格式是 C++ 语言定义常量符号常用的格式。

C 语言是用预处理命令宏定义完成常量符号定义的，格式如下：

```
#define  常量符号  常量
```

例如，定义符号常量 PI：

```
#define  PI  3.14159
```

需要注意的是，预处理命令不是语句，不用在命令结束时加分号，否则常量符号就会被常量加分号替换，在程序中就会出现语法错误。

2. 常量分类

按照数据类型分类有整型常量、实型常量、字符常量、字符串常量、枚举常量。

（1）整型常量

整型常量是以文字的形式出现的整数，包含十进制整数、八进制整数和十六进制整数，注意它们的表达形式，如表2.6所示。

表2.6　整型常量的表达形式

整型常量类型	表达形式	有无正负
十进制	978	有正负
八进制	01667	只有正
十六进制	0xB7	只有正

（2）实型常量

实型常量是以文字形式出现的实数，又称浮点型常量，它分为一般形式和指数形式。实型常量的两种表达形式，如表2.7所示。

表2.7　实型常量的表达形式

实型常量类型	表达形式
一般形式	0.124
指数形式	1.23e5

说明：指数形式表示实数常量时，e前面可以是整数或实数，有正负；e后面必须是整数，有正负。

（3）字符常量

字符常量是单引号括起来的一个字符。每个字符常量占1个字节，并且有一个编码数字值——ASCII码表中的码值，如大写字母A的ASCII值是65，数字字符0的ASCII值是48，小写字母a的ASCII值是97(详见前面的ASCII码表)，因此字符常量可以像整数一样做整型数据的运算，如

```
if (c>='A'&&c<='Z')  c=c-'A'+'a';
```

语句的功能是判断字符变量c是否为A～Z的大写字母，如果是，就把此字母转换成其对应的小写字母。

字符常量还可以用反斜杠\后面跟ASCII值表示，如'\ddd'形式中的ddd是字符的ASCII值的八进制数；而'\xhh'形式中的hh是字符的ASCII值的十六进制数。如字符A可以表示成'\101'或'\x41'，因为A的ASCII值是十进制数65，对应的八进制数是101，对应的十六进制数是41。

（4）字符串常量

字符串常量是由双引号括起来的字符序列，如"I am a girl"、"This a program!"、"abcdef\n"、"\tabc\txyz! \nMnp\tfg!"都是字符串常量。每个字符串的结束都隐藏着一个'\0'字符，即ASCII值为0的字符。

字符常量与字符串常量的区别如下。

- 形式的不同：字符常量是单引号括起来的单个字符，字符串常量是双引号括起来的单个或多个字符。
- 所占空间的不同：单引号括起来的一个字符是字符常量，占 1 个字节；双引号括起来的一个字符是字符串常量，占 2 个字节，因为字符串结束标记字符'\0'需要占 1 个字节。
- 操作的不同：字符常量可以像整数一样运算，字符串常量可以做求长度、取子串、字符串副本等字符串数据类型的操作。

(5) 枚举常量

枚举常量是枚举数据列表中的特定标识符。标识符代表什么含义完全由程序员决定。数据枚举的序号决定了枚举数据的值，默认情况下枚举常量的值从 0 开始，依次递增 1。

枚举类型定义用关键字 enum 标识，其一般格式如下：

```
enum 枚举类型名 {枚举数据列表};
```

枚举类型名是按照标识符的命名原则命名的，枚举数据列表是自己定义的标识符，多个标识符之间用逗号分隔，这些标识符就是枚举数据，也叫枚举常量。

例如，枚举类型 Color 定义如下：

```
enum Color {red,yellow, blue,white,black};
```

枚举类型 Color 的枚举常量有 red、yellow、blue、white、black 五个数据，数值为 0、1、2、3、4，分别代表红、黄、蓝、白和黑五种颜色，用枚举类型声明的枚举变量只能由枚举常量来赋值。

枚举类型变量的声明方式如下。

第一种方式：先定义枚举类型，再声明枚举类型变量。

```
enum  枚举类型名 {枚举数据表};
enum  枚举类型名  变量表;
```

例如：

```
enum Color {red,yellow,blue, white,black};             //Color 是枚举类型名
enum Color c1, c2;                                      //c1 和 c2 是两个枚举类型变量
```

第二种方式：在定义枚举类型时定义枚举类型变量。

```
enum  枚举类型名 {枚举数据表}  变量表;
```

例如：

```
enum color {red,yellow,blue,white,black} c1, c2;       //定义枚举类型并声明枚举变量
```

第三种方式：直接定义枚举类型变量。

```
enum  {枚举数据表}  变量表;
```

例如：

```
enum {red, yellow, blue,white,black} c1, c2;           //这里的枚举类型名可以省略
```

说明：枚举类型常量可以赋值给枚举类型变量，枚举类型数据还可以进行关系运算，只有相同枚举类型的数据才能进行关系运算，枚举类型数据的关系运算就是对转化成枚举数据的值进行比较。

2.3.3 算术运算符

C++ 语言的运算符分六类，分别是算术运算符、关系运算符、逻辑运算符、位运算符、赋值运算符和其他运算符。学习运算符的方法如下：首先，掌握每个运算符有什么功能，每个运算符需要几个操作数，对于操作数的类型有什么要求。其次，掌握运算符的优先级，当一个表达式中有多个运算符时，哪个运算符优先。比如含有加、减、乘、除的算术表达式，我们知道先乘、除，后加、减，也就是说乘、除运算符的优先级高于加、减运算符的优先级。在一个表达式中当运算符优先级一样时，表达式是从左到右运算，还是从右到左运算，这就是运算符的结合方向问题。比如在只有加、减运算符的表达式中，是从左到右进行计算的，那么结合方向就是从左至右结合。最后，还要掌握运算符的运算结果是什么数据类型。比如两个整数数据按位与运算，其结果是整型数据；两个整数进行关系运算，其运算结果则是布尔类型。运算符的优先级、功能和结合方向如表 2.8 所示。

表 2.8 运算符的优先级、功能和结合方向

优先级	运 算 符	功能说明	结合方向
1	()	括号改变优先级，括号中的先运算	从左至右
	::	作用域运算符，说明是哪个类的成员	
	[ ]	定义数组指定长度或数组下标	
	.	通过结构变量或类的对象访问成员	
	->	通过指向结构变量或指向类的对象指针访问成员	
	.*	通过对象和指向类的成员的指针访问对象的成员	
	->*	通过指向对象的指针和指向类成员的指针来访问对象的成员	
2	++,--	变量增 1，变量减 1	从右至左
	+,-	取正数，取负数	
	&	取变量或对象的地址	
	*	通过指针间接访问变量或对象	
	!	逻辑非	
	~	按位取反	
	()	强制类型转换	
	sizeof	取变量占内存字节数	
	new	动态申请堆内存空间	
	delete	释放堆内存空间	
3	*,/,%	乘法、除法、取余数	从左至右
4	+,-	加法、减法	
5	<<,>>	左移位、右移位	
6	<,>,<=,>=	小于，大于，小于或等于，大于或等于	

续表

<table>
<tr><th>优先级</th><th>运 算 符</th><th>功 能 说 明</th><th>结合方向</th></tr>
<tr><td>7</td><td>==,!=</td><td>等于、不等于</td><td rowspan="6">从左至右</td></tr>
<tr><td>8</td><td>&</td><td>按位与</td></tr>
<tr><td>9</td><td>^</td><td>按位异或</td></tr>
<tr><td>10</td><td>|</td><td>按位或</td></tr>
<tr><td>11</td><td>&&</td><td>逻辑与</td></tr>
<tr><td>12</td><td>||</td><td>逻辑或</td></tr>
<tr><td>13</td><td>?:</td><td>条件运算符(三个操作数)</td><td rowspan="5">从右至左</td></tr>
<tr><td rowspan="4">14</td><td>=</td><td>简单赋值</td></tr>
<tr><td>+=,-=,*=,/=,%=</td><td>算术运算赋值</td></tr>
<tr><td>&=、^=、|=</td><td>按位运算赋值</td></tr>
<tr><td><<=,>>=</td><td>移位运算赋值</td></tr>
<tr><td>15</td><td>,</td><td>逗号运算符</td><td>从左至右</td></tr>
</table>

1. 基本算术运算符

基本算术运算符有：+(加法)、-(减法)、*(乘法)、/(除法)、%(取余数)。每个运算符需要两个操作数,称为双目运算符。需要说明的是,整数的除法是整除运算,即两个整数相除结果仍然是整数。

把"+"看成取正数,把"-"看成取负数时,"+"或"-"就只需要一个操作数,称其为单目运算符。单目运算符的优先级是2级,并且是从右至左的结合方向,乘、除和取余运算符的优先级(3级)高于加、减运算符的优先级(4级)。取余数运算的方法如下:

余数=操作数1 % 操作数2

余数=操作数1-操作数2×整数商(余数小于操作数2)

说明:要求取余数运算的两个操作数必须是整数,余数的符号和操作数1的符号一致。

例如:

```
5%2                              //余数是1
-5%2                             //余数是-1
1%10=1                           //余数是1
5%1=0                            //余数是0
5.5%2                            //提示语法错误,因为浮点数不能做取余数运算
```

通常使用取余数运算符来判断一个整数是否为另一个整数的整数倍,如果整数n是4的整数倍,那么n%4结果为0,否则结果不为0。

2. 变量增1(++)、减1(--)运算符

前置:++i,--i,先执行i=i+1或i=i-1运算,再使用i的值。

后置:i++,i--,先使用i的值,再执行i=i+1或i=i-1运算。

例如：

```
j=3;  k=++j;                    //k 值为 4,j 变量值为 4
j=3;  k=j++;                    //k 值为 3,j 变量值为 4
j=3;  cout<<++j<<endl;          //输出 4,j 变量值为 4
j=3;  cout<<j++<<endl;          //输出 3,j 变量值为 4
a=3;b=5;c=++a*b;                //c=20,a=4,b=5
a=3;b=5;c=a++*b;                //c=15,a=4,b=5
```

说明：

- 编译的贪吃特征。所谓贪吃，是指只要能理解成为操作符，就尽量多地读入字符。例如：

```
int a = 3, b = 5, c;
c = a ++ b;                     //错：理解为 a++    b
c = a +++ b;                    //对：理解为 a++   +b
c = a ++++ b;                   //错：理解为 a++ ++b
c = a +++++ b;                  //错：理解为 a++ ++ +b
```

- ＋＋或 －－运算符不能用于常量和表达式，例如5＋＋或(a＋b)＋＋会提示语法错误。

3. 求平方和算术平方根

在案例3中，环形的铺地面积＝大圆面积－小圆面积，其中圆形面积＝$\pi\times r^2$，程序中用rad×rad得到半径的平方。如果程序头部分有＃include ＜cmath＞或＃include ＜math.h＞预处理命令，则可以使用求指数函数，函数原型为：

```
float pow(float x, float y);
```

x为底数，y为指数，函数的返回值为x的y次幂。计算半径的平方也可以调用函数pow(rad,2)求得。求一个实数的算术平方根，可以使用求平方根的函数，函数原型为：

```
double sqrt(double x);
```

函数的返回值为x的算术平方根。

2.3.4　上机练习

【上机目的】

- 掌握常量的表达形式及常量符号的定义格式，学会写简单的程序代码，完成数据处理功能。
- 掌握算术运算符的功能、优先级和结合方向。

1. 编程计算“好好学习，天天向上”的力量有多强大。

1951年，毛主席的题词“好好学习，天天向上！”成为激励一代中国人奋发图强的经典短语，那么“天天向上”力量有多强大呢？我们用程序算一算，一年365天，以第一天的能力值为基数，记作1.0。如果好好学习，能力值相比前一天增加千分之一；如果没有学习，那么能力值相比前一天下降千分之一，算一算每天学习和每天放任的情况下，一年后能力值各是多少呢？

根据题目，每天学习，天天向上的力量是$(1+0.001)^{365}$，每天不学习，放任后的能力值是$(1-0.001)^{365}$，将能力值变化的比率定义成一个常量符号，程序代码如下：

```
#include <iostream>
#include <cmath>
using namespace std;
```

```
int main()
{
    const double RATE=0.001;                    //能力值变化比率
    double cp=1.0;                              //能力值基数
    double cp_up,cp_down;                       //学习、放任后的能力值
    cp_up=pow((cp+RATE),365);                   //每天学习,pow是cmath里的指数函数
    cp_down=pow((cp-RATE),365);                 //每天放任
    cout<<"好好学习,能力值:"<<cp_up<<endl;
    cout<<"每天不学,能力值:"<<cp_down<<endl;
    return 0;
}
```

```
好好学习，能力值:1.44025
每天不学，能力值:0.69407
```

图 2.11　能力值变化比率为 1‰结果比较

程序运行结果如图 2.11 所示。

每天学习 1‰，一年后将提高约 44%，每天不学，能力值下降到约为 69.4%，似乎差距不是很大。

如果好好学习，能力值相比前一天增加 5‰；如果没有学习，能力值每天下降 5‰，算一算每天学习和每天放任的情况下，一年后能力值各是多少？

如果好好学习，能力值相比前一天增加 1%；如果没有学习，能力值每天下降 1%，算一算每天学习和每天放任的情况下，一年后能力值各是多少？

2. 编写程序，不借助中间变量完成两个变量数据值的交换。

【思考与练习】

1. 简答题

(1) 常量有几种？

(2) 字符常量和字符串常量有何区别？

(3) 说明学习运算符的方法。

(4) 算术运算符中增 1(++)和减 1(−−)既可以放在变量前面，也可以放在变量后面，说明两者有何区别？

(5) 如何定义枚举类型？什么是枚举常量？枚举常量的值是如何确定的？

2. 单选题

(1) 在程序执行过程中其值保持不变的称为(　　)。

A. 常量　　B. 变量　　C. 关键字　　D. 数组

(2) 下列各运算符中，(　　)运算的结合方向是从左至右。

A. ?:　　B. =　　C. >=　　D. +=

(3) 如果下面的变量都是 int 类型，则输出的结果是(　　)。

```
sum=pad=5;
pAd=sum++,pAd++,++pAd;
cout<<pad;
```

A. 7　　B. 6　　C. 5　　D. 4

(4) 若以下变量均是整型，且

```
num=7,sum=7;
```

则执行

```
sum=num++;sum++;++num;
```

语句后,sum 的值为(　　)。

A. 7　　B. 8　　C. 9　　D. 10

2.4 案例 4——闰年判断

2.4.1 问题描述及程序代码

1. 问题描述

从键盘上输入年份,判断这一年是否为闰年,如果是,输出“本年度是闰年”;否则输出“本年度是平年”。

闰年分为普通闰年和世纪闰年。普通闰年的条件是:公历年份不是 100 的整数倍但是 4 的整数倍的,如 2004 年、2020 年,就是普通闰年。世纪闰年的条件是:公历年份是 100 的整数倍且是 400 的整数倍的,就是世纪闰年,如 1900 年不是世纪闰年,而 2000 年是世纪闰年。

判断是否为闰年的流程如图 2.12 所示。

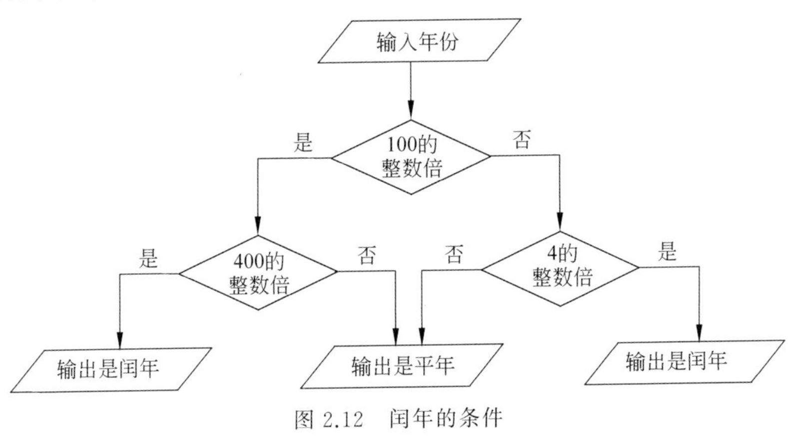

图 2.12　闰年的条件

输入用例 1:

```
输入年份:2020
输出结果:2020 年是闰年
```

输入用例 2:

```
输入年份:2021
输出结果:2021 年是平年
```

输入用例 3:

```
输入年份:1800
输出结果:1800 年是平年
```

输入用例 4：

```
输入年份：2000
输出结果：2000 年是闰年
```

2. 程序代码

```
#include <iostream>
using namespace std;
int main()
{
    int year;
    cout<<"输入年份：";
    cin>>year;
    cout<<year<<"年是"<<
    ((year%100!=0&&year%4==0||year%400==0)?"闰年":"平年")<<endl;
    return 0;
}
```

3. 程序分析

输入年份对 100 取余数不为 0，而对 4 取余数为 0，此时表示年份数不是 100 的整数倍，但是 4 的整数倍。年份对 400 取余数等于 0 时，表示是 400 的整数倍。上面表达式中用到了条件运算符(?:)、关系运算符(等于运算符==和不等于运算符!=)以及逻辑运算符(逻辑与运算符 && 和逻辑或运算符||)。下面介绍这三类运算符的用法及注意事项。

2.4.2 条件运算符

1. 条件运算符(?:)

条件运算符的一般形式为：

```
expr1?expr2:expr3
```

功能：如果表达式 expr1 是非 0 值，则表达式结果是表达式 expr2 的执行结果；否则是表达式 expr3 的执行结果。

结合性：自右至左。

优先级：13 级。

执行过程，相当于条件语句：

```
if(expr1)
    expr2;
else
    expr3;
```

【例 2.1】 求 a+|b|的值。

```
#include <iostream>
using namespace std;
int main()
```

```
{
    int a,b;
    cout<<"输入 a 和 b 的值:";
    cin>>a>>b;
    cout<<"a+|b|=" <<(b>0?a+b:a-b);
    return 0;
}
```

程序代码中的

```
cout<<"a+|b|="<<(b> 0?a+b:a-b);
```

语句等价于条件语句：

```
if (b>0)
    cout<<"a+|b|="<<a+b;
else
    cout<<"a+|b|="<<a-b;
```

2. 条件运算符表达式结果的数据类型

如果 expr1、expr2、expr3 类型不相同，条件运算符表达式结果的数据类型是三个表达式中较高的数据类型。因为不同类型的变量所占的内存空间大小不一样，占内存空间大的数据类型称为较高的数据类型。

【例 2.2】 分析如下程序段的运行结果，理解条件运算符表达式结果的数据类型。

```
#include <iostream>
using namespace std;
int main()
{
    int a=10;
    double b=5.3;
    cout<<sizeof(a>b?a:b)<<endl;
    return 0;
}
```

运行结果输出 8。

sizeof 是求表达式或数据类型的内存空间大小的运算符。使用方法为：sizeof(数据类型)或sizeof(表达式)或 sizeof(变量)。变量 a 是 int 型，变量 b 是 double 型，由条件运算符组成条件表达式，条件表达式结果的数据类型是 double 型。

2.4.3　关系运算符

1. 关系运算符的种类

关系运算符包含<、<=、>=、>、==、!=(分别为小于、小于或等于、大于或等于、大于、等于、不等于)。

结合方向：自左至右。

优先级别：<、<=、>=和>为 6 级，==和!=为 7 级。

例如：

```
int a=3,b=2,c=1,d,f;
```

语句声明了 5 个变量，a、b、c 变量赋初值 3、2、1。

a＞b 的结果是 true。

(a＞b)＝＝c 的结果是 true。

在 b＋c＜a 表达式中，由于算术运算符的优先级高于关系运算符，所以先计算 b＋c 的值得 3，而 3＜3 结果是 false。

在 d＝a＞b 表达式中，由于赋值运算符的优先级低于关系运算符，所以先计算 a＞b 结果为 true，而 true 值为 1，赋值给 d，d 变量的值就是赋值表达式的值，因此结果是 1。

在 f＝a＞b＞c 表达式中，由于关系运算符的优先级高于赋值运算符，且结合方向从左至右，a＞b 结果为 true，值是 1，1 和 c 变量同样是进行关系运算，1＞ c 结果为 false，值是 0，将数值 0 赋值给 f 变量，f 的值为 0，因此表达式的值为 0。

2. 关系运算要注意的问题

(1) 关系运算表达式的值

例如，若

```
a=0; b=0.5; x=0.3;
```

则 a＜＝x＜＝b 的值为 0。因为表达式中有两个关系运算符＜＝，结合方向为从左至右，首先计算 a＜＝x表达式，运算结果为 true，true 值是 1，1＜＝b 表达式结果为 false，false 的值为 0。

例如，关系运算 5＞2＞7＞8 在数学中是不成立的，而在 C++ 中是合法的，因为这是一个关系表达式，因此其值为 0。

例如：

```
int i=1, j=7,a;  a=i+(j%4!=0);
```

则 a＝2。

字符可以与整型数据进行关系运算，例如，'a'＞0 结果为 1，因为这里是使用字符 a 的 ASCII 值 97 和 0 进行关系运算，而 97 大于 0，因此结果为 1。

而'A'＞100 结果为 false，因为'A'的 ASCII 值是 65，65 小于 100，因此结果为 0。

(2) 应避免对实数作相等或不等的判断。

【例 2.3】 浮点数相等或不等的比较。分析下列程序的执行结果。

```
#include<iostream>
#include <iomanip>
using namespace std;
int main()
{
    float f1 = 7.12345678;
    float f2 = 7.12345679;
    cout<<((f1!=f2)?"not same\n" :"same\n")<<endl;   //输出结果为 same
    float g = 1.0/3.0;
    double d = 1.0/3.0;
    cout<<setprecision(15)<<g<<endl;                 //单精度浮点型保留 15 位有效数字
    cout<<setprecision(15)<<d<<endl;                 //双精度浮点型保留 15 位有效数字
    cout<<(g==d ? "same\n" : "not same\n");          //输出结果为 not same
```

```
    return 0;
}
```

从字面常量上看，7.12345678 和 7.12345679 是不同的两个数，赋给了两个变量 f1 和 f2，判断两个变量 f1 和 f2 是否相等时，输出结果却是相同。g 和 d 从数学意义上看都是 1/3，判断 g 和 d 是否相等时，输出结果是不同的。这两个结果充分说明，两个浮点数不能直接进行相等或不等地比较，实数的相等或不等的关系运算，可以使用两个数差值的绝对值是否小于 10^{-6} 来判断。

【例 2.4】 浮点数相等或不等比较的正确做法。分析下列程序的运行结果。

```
#include<iostream>
#include <iomanip>
#include <cmath>
using namespace std;
int main()
{
    double d1=123456789.9*9;
    double d2=1111111109.1;
    cout<<fixed<<setprecision(12)<<d1<<endl;     //保留 12 位小数
    cout<<fixed<<setprecision(12)<<d2<<endl;     //保留 12 位小数
    cout<<(d1==d2 ? "same\n" : "not same\n");
    cout<<(abs(d1-d2)<1e-6 ? "same\n" : "not same\n");
    return 0;
}
```

(3) 注意区分“=”与“==”

“=”是赋值符，而“==”是关系运算符。

```
int a=0,b=1;
if(a=b)
    cout<<"a  equal  to  b";
else
    cout<<"a  not  equal  to  b";
```

说明：if(a=b)括号里的条件是赋值语句，b 变量值为 1，赋值给 a 变量，a 变量值是 1，则表达式值就是 1，因此条件非 0(即真)，从而输出字符串“a equal to b”，可见并没有将 a 和 b 变量进行相等比较的关系运算。

2.4.4 逻辑运算符

1. 逻辑运算符的种类

逻辑运算符又称布尔运算符，用来表示日常交流中的“除非”“并且”“或者”等思想。逻辑运算符包含三种运算符，分别是!(逻辑非运算符)、&&(逻辑与运算符)和||(逻辑或运算符)。!(逻辑非运算符)是单目运算符，优先级是 2 级，结合方向是从右至左。&&(逻辑与运算符)优先级是 11 级，结合方向是从左至右。||(逻辑或运算符)优先级是 12 级，结合方向是从左至右。

- a<=x && x<=b，表示变量 x 大于或等于变量 a 并且小于或等于变量 b。
- a>b&&x>y，表示变量 a 大于变量 b 并且变量 x 大于变量 y。
- a==b||x==y，表示变量 a 等于变量 b 或者变量 x 等于变量 y。
- !a||a>b，表示 a 为假(非 a 为真)或者 a 大于 b。

逻辑运算的真值如表 2.9 所示。

表 2.9 逻辑运算的真值表

a	b	! a	! b	a&&b	a||b
真	真	假	假	真	真
假	真	真	假	假	真
真	假	假	真	假	真
假	假	真	真	假	假

2. 逻辑运算应注意的问题

(1) 短路特性

逻辑表达式求解时,并非所有的逻辑运算符都被运行到,只是在必须运行下一个逻辑运算符才能求出表达式的解时,才运行下一个运算符。

例如,a&&b&&c,只在 a 为真时,才需要判别 b 的值;只在 a、b 都为真时,才需要判别 c 的值。反过来说,如果 a 为假,那么无论 b 和 c 是真还是假,表达式结果都为假,因此当 a 为假时,不用运行表达式 b 和 c。如果 a 为真、b 为假,那么无论 c 为真还是假,表达式的值都是假,因此,当 a 为真、b 为假,不用运行表达式 c。这种现象称为逻辑运算符的短路特性。

例如,a||b||c,只在 a 为假时,才需要判别 b 的值;只在 a、b 都为假时,才需要判别 c 的值。反过来说,如果 a 为真,那么无论 b 和 c 是真还是假,表达式的值都为真。因此当 a 为真时,不用运行表达式 b 和 c。如果 a 为假、b 为真,那么无论 c 为真还是假,表达式的值都是真,所以如果 a 为假、b 为真,不用运行表达式 c。

【例 2.5】 逻辑运算符的短路现象。分析下列程序代码,写出表达式的值以及变量 m 和 n 的值。

```
#include <iostream>
using namespace std;
int main()
{
    int a,b,c,d,m,n;
    a=1;b=2;c=3;d=4;m=1;n=1;
    cout<<((m=a>b)&&(n=c>d))<<endl;
    cout<<m<<endl;
    cout<<n<<endl;
    return 0;
}
```

结果分析:输出结果表达式的值为 0,m 值为 0,n 的值为 1,可见 n=c>d 并没有执行到,因为第 1 条输出语句中 m=a>b 的结果为 0,那么逻辑与运算符右边的表达式的值无论是 0 还是 1,整个表达式的结果都为 0,因此出现了短路,表达式 n=c>d 不会被执行到。

短路求值的妙用如下。

- 避免除 0 的恶果,例如:

```
if(b && a / b>2)
    cout << "OK\n";
```

如果 b 为 0,那么 a/b>2 这个表达式就不用再执行了,否则 0 作除数,后果很严重。

- 避免不必要的求值,例如:

```
if(a==0 || b=func())  cout<<"useless\n";
```

如果 a 等于 0,那么就不必要调用 func()函数给变量 b 赋值了。

(2) !=和=!的区别

!=是关系运算符不等于,=!是赋值运算,对赋值运算符后面的表达式求逻辑非后再赋给左值。例如:

```
int x = 3;
if(x!=9)  cout << "not 9\n";
```

表示如果变量 x 不等于 9,则输出"not 9"字符串。

```
if(x=!9)  cout << "impossible\n";
```

表示输出语句不会执行到,因为!9 的结果是 0,x 变量赋值为 0,就相当于表达式的值为 0,即条件为假,后面语句不会执行到。另外,条件表达式(x!=0)与(x)等价,表示变量 x 为非 0。

(3) 不等式连写的错误

这一点非常重要,而且会经常用到,如果要判断某个数是否介于两个数之间,不能把不等式连写。例如:

```
int a = -1, b = 0, c = 1;
```

不等式 a<b<c 的结果为假,因为 a<b 是真值,结果值为 1,而 1<c 为假值。如果要判断变量 b 是否在变量 a 和变量 c 的开区间中,应该使用逻辑与运算符"&&"把不等式写成如 a<b && b<c 的形式。

2.4.5 上机练习

【上机目的】

- 掌握条件运算符、关系运算符和逻辑运算符的用法。
- 掌握输出语句中字符串常量和变量的输出格式。

1. 修改案例 4 的输出语句,实现如果是闰年,输出 2 月份有 29 天,否则输出 2 月份有 28 天。如输入年份:2021,则输出"2021 年 2 月份有 28 天"。

2. 定义两个变量 a 和 b,从键盘上输入两个数,使用条件运算符,如果 a 大于 b,则输出两个数的和,否则输出两个数的差。

3. 学生成绩为大于或等于 90 但小于或等于 100 的为优秀。输入学生成绩,根据成绩判断是否优秀并输出结果,如果是,输出"优秀";否则输出"一般"。

【思考与练习】

1. 简答题

(1) 说明三目运算符的格式和功能。

(2) 如何判断一个数值类型的变量 x 在[a,b]区间内? 写出其表达式。

(3) 写出所有逻辑运算符和关系运算符。

(4) 运算符"="和"=="有什么区别?

(5) 运算符"!="和"=!"有什么区别?

2. 单选题

(1) 下列不属于C++运算符的是(　　)。

A. ++　　B. #　　C. *　　D. %

(2) 算术运算符、赋值运算符、逻辑运算符和关系运算符的运算优先级按从高到低依次为(　　)。

A. 算术运算符、赋值运算符、关系运算符、逻辑运算符

B. 算术运算符、关系运算符、逻辑运算符、赋值运算符

C. 关系运算符、逻辑运算符、赋值运算符、算术运算符

D. 关系运算符、算术运算符、逻辑运算符、赋值运算符

3. 程序分析

分析下列程序的执行结果。

```
#include<iostream>
#include <iomanip>
using namespace std;
int main()
{
    int a,b,c,d,e,f,h;
    a=10;b=20;c=30;
    d=!a&&b++&&c;
    cout<<a<<','<<b<<','<<c<<endl;
    e=a||--b||c||b++;
    cout<<a<<','<<b<<','<<c<<endl;
    f=a-10&&--b||c||b++;
    cout<<a<<','<<b<<','<<c<<endl;
    h=--a||b&&c||++b;
    cout<<a<<','<<b<<','<<c<<endl;
    cout<<d<<','<<e<<','<<f<<','<<h<<endl;
    return 0;
}
```

2.5 案例5——数字简单加密

2.5.1 问题描述及程序代码

1. 问题描述

无符号短整型数据的变量占2个字节。输入一个无符号短整型数据,完成对此数的加密。这里的加密规则:通过将高字节与低字节进行交换来对数据进行加密。对于加密后的数字,同样可以用此加密程序进行解密。

测试用例 1：

```
输入数据：255
输出结果：65280
```

测试用例 2：

```
输入数据：32768
输出结果：128
```

2. 程序代码

```
#include <iostream>
using namespace std;
int main()
{
    unsigned short x;
    cout<<"输入短整型数据：";
    cin>>x;
    //把 x 左移 8 位的结果与 x 右移 8 位的结果按位或运算
    x=(x<<8)|(x>>8);
    cout<<x<<endl;
    return 0;
}
```

3. 程序分析

本程序使用了移位运算符和按位或运算符，来完成对短整型数据的加密操作，加密后的数值与原来的数值完全不一样了。那么 C++ 语言中的位操作有哪些呢？它们的功能、优先级和结合方向怎样？对于操作数的数据类型有什么要求？位运算的结果是什么类型的数据？理解这些内容后，自然也就明白了把变量 x 左移 8 位的结果与变量 x 右移 8 位的结果按位或运算后，就是将一个短整型数据的高字节与低字节进行交换了。

2.5.2　移位运算符

1. 移位运算符的种类

移位运算符有两种：左移位运算符(<<)、右移位运算符(>>)。

优先级别：5 级。

结合方向：自左至右。

操作数的数据类型：只有整型数据才能做移位运算。

执行结果的数据类型：移位运算执行结果的数据类型依然是整型。

2. 移位操作的规则

(1) 左移运算(<<)

格式如下：

```
变量=变量(或整数常量)<< n;
```

n 是整型变量或常量，或是整型表达式，表示把变量或整数常量值左移动 n 位并赋值给变量，赋值运算符左边的变量与右边的变量既可以相同，也可以不同。如果是同一个变量，也可以写成：

```
变量<<=n;
```

“<<=”是复合赋值运算符，表示把变量左移 n 位后赋值给该变量。

操作规则：左移后，低位补 0，高位舍弃。

例如，在案例 5 中，

```
unsigned short x;
```

语句定义了无符号短整型变量 x，x 变量占 2 个字节，2 个字节是 16 位，如果输入 x 的值是 255，x<<8 的操作如图 2.13 所示。

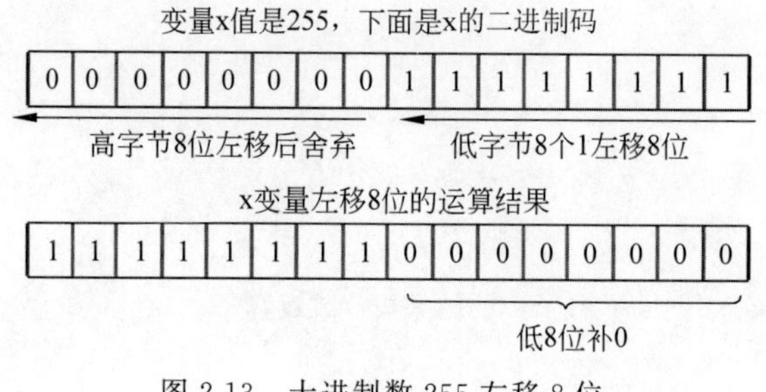

图 2.13　十进制数 255 左移 8 位

(2) 右移运算(>>)

格式如下：

```
变量=变量(或整数常量)>>n;
```

n 是整型变量或常量，或是整型表达式，表示把变量或整数常量值右移动 n 位赋值给变量，赋值运算符左边的变量与右边的变量既可以相同，也可以不同。如果是同一个变量，也可以写成：

```
变量>>=n;
```

“>>=”是复合赋值运算符，表示把变量右移 n 位后赋值给该变量。

操作规则：右移后，无符号数高位补 0，有符号数高位补符号位，低位舍弃。

变量 x 的值 255，右移 8 位的操作如图 2.14 所示。

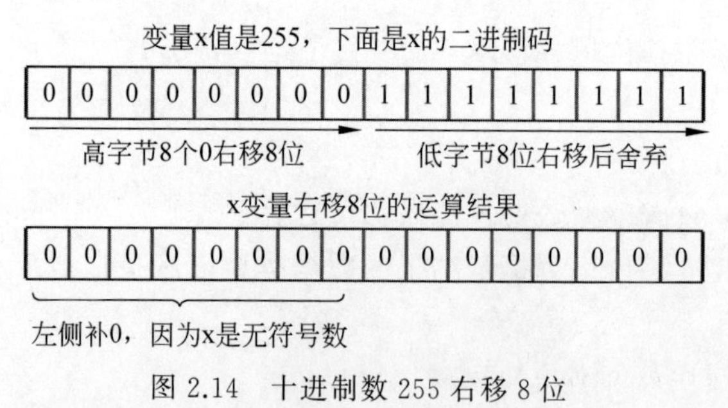

图 2.14　十进制数 255 右移 8 位

例如：

```
short int a = -10;
a >>= 2;            //等价于 a=a>>2
```

存储及右移操作的运算结果如图 2.15 所示。

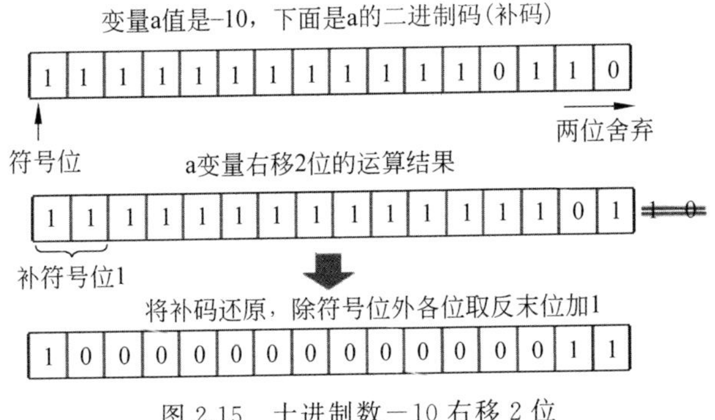

图 2.15　十进制数－10 右移 2 位

从上面运算结果看，－10 右移 2 位后，值为－3。总结一下，左移 1 位是乘以 2，左移 2 位是乘以 2^2，左移 3 位是乘以 2^3，……，左移 n 位是乘以 2^n。同理，右移 1 位是整除 2，右移 2 位是整除 2^2，右移 3 位是整除 2^3，……，右移 n 位是整除 2^n。－10 整除 4 的结果是－3，10 整除 4 的结果是 2。整除就是一个数除以另一个数的商向下取整。

2.5.3　逻辑位运算符

1. 逻辑位运算符的种类

逻辑位运算符有四种：逻辑位取反(～)、逻辑位与(&)、逻辑位异或(^)和逻辑位或(|)。逻辑位运算也称为按位运算，因此，逻辑取反也称为按位取反，逻辑位与也称为按位与，逻辑位异或也称为按位异或，同样逻辑位或也称为按位或。

优先级：按位取反(～)是单目运算，优先级为 2 级，按位与(&)优先级为 8 级，按位异或(^)优先级为 9 级，按位或(|)优先级为 10 级。除了按位取反(～)结合方向从右至左外，其他三个运算符是从左至右的结合方向。操作数的数据类型是整型，操作结果的数据类型也是整型。

2. 逻辑位运算符的运算规则和用途

(1) 逻辑位取反(～)

运算规则：对一个二进制数按位取反，即是对一个整数的每个二进制位(包括符号位在内)，由 0 变 1，由 1 变 0。

例如，

025：　0000000000010101(2 个字节)

～025：1111111111101010(2 个字节)

(2) 逻辑位与(&)

运算规则：将两个操作数的对应二进制位进行按位与运算。

例如，计算 3 & 5：

3：　　0 0 0 0 0 0 1 1(1 个字节)

5：　　0 0 0 0 0 1 0 1(1 个字节)

3 & 5：0 0 0 0 0 0 0 1(1 个字节)

用途：将某一位设置为 0，其他位不变。例如，将 char 型变量 a 的最低位设置为 0。

```
a& =0376;
```

八进制 376 是二进制数 11111110。

取出指定位，例如，有：

```
char c;
int a;
```

要取出 a 的低字节存储在变量 c 中，可编写如下赋值语句：

```
c = a & 0377;
```

(3) 逻辑位异或(^)

运算规则：将两个操作数的对应二进制位进行按位异或运算。按位异或的运算规则是，若对应位的值相同，则结果该位为 0；若对应位的值不同，则结果该位为 1。

例如，计算 071^052：

```
071:        0 0 1 1 1 0 0 1
052:        0 0 1 0 1 0 1 0
-------------------------------
071^052:    0 0 0 1 0 0 1 1
```

用途：使特定位翻转，因为一个二进制位与 0 进行异或运算时，该位的值保持不变；与 1 进行异或运算时，是对该位的值取反。

例如，要使 01111010 的低四位翻转：

```
        0 1 1 1 1 0 1 0
^       0 0 0 0 1 1 1 1
------------------------
结果：  0 1 1 1 0 1 0 1
```

异或的四个性质如下：

- 任意一个变量 x 与其自身进行异或运算，结果为 0，即 x^x=0。
- 任意一个变量 x 与 0 进行异或运算，结果不变，即 x^0=x。
- 异或运算具有可结合性，即 a^b^c=(a^b)^c=a^(b^c)。
- 异或运算具有可交换性，即 a^b=b^a。

(4) 逻辑位或(|)

运算规则：将两个操作数的对应二进制位进行按位或运算。

例如，计算 3 | 5：

```
3         0 0 0 0 0 0 1 1
5:        0 0 0 0 0 1 0 1
----------------------------
3 | 5:    0 0 0 0 0 1 1 1
```

对于案例 5，把变量 x 左移 8 位，右移 8 位，再按位或运算，就实现了对一个数据的高字节与低字节进行交换的目的。

用途：将某些位设置为 1，其他位不变。

例如，将 int 型变量 a 的低字节设置为 1，其他位保持不变，可编写如下赋值语句：

```
a | =0xff;
```

2.5.4　赋值运算符

1. 赋值运算符的种类

赋值运算符的优先级为14级，结合方向是自右至左结合。

(1) 简单赋值运算符

赋值符号(=)格式如下：

```
变量名=表达式;
```

作用：将一个数据(可以是常量、变量或表达式)赋给一个变量。

(2) 复合赋值运算符

种类：+=、-=、*=、/=、%=、<<=、>>=、&=、^=、|=。

含义如下：

```
a+=3;           //等价于 a=a+3;
b%=6;           //等价于 b=b%6;
x*=x+y;         //等价于 x=x*(x+y);
```

2. 赋值运算符的注意事项

- 左侧必须是变量，不能是常量或表达式。例如：

```
3=x-2*y;    (×)
a+b=3;      (×)
```

- 赋值转换规则：使赋值运算符右边表达式值自动转换成其左边变量的数据类型。例如：

```
float f;
int i;
i=10;
f=i;                    //右边表达式类型转换成赋值运算符左边的数据类型
```

f=10，把10转换成float类型的数据。又如：

```
int i;
i=2.56;                 //结果 i=2; 这里进行了自动隐式数据类型转换，小数位被舍掉
```

- 赋值表达式的值与变量值相等，且可嵌套。例如：

```
a=b=c=5
a=(b=5)
a=5+(c=6)
a=(b=4)+(c=6)
```

2.5.5　上机练习

【上机目的】

- 掌握移位运算符的种类及其运算规则。
- 掌握逻辑位运算符的种类及其运算规则。

1. 输入两个整型变量a和b的值，不借助中间变量，使用逻辑位异或运算，完成a和b的值交

换。下面是程序的代码，请读者根据逻辑异或运算的四个性质，分析为什么进行逻辑位异或运算就能实现两个整型变量的交换。

```
#include<iostream>
#include <iomanip>
using namespace std;
int main()
{
    int a,b;
    cout<<"输入变量 a 和 b 的值: ";
    cin>>a>>b;
    cout<<"交换前 a="<<a<<",b="<<b<<endl;
    a = a ^ b;
    b = a ^ b;
    a = a ^ b;
    cout<<"=======================" <<endl;
    cout<<"交换后 a="<<a<<",b="<<b<<endl;
    return 0;
}
```

2. 编写程序，利用逻辑位运算符判断一个数是否为偶数。

3. 编写程序，输入一个整数，将此数对应二进制数的低四位设置为 1。

【思考与练习】

1. 简答题

(1) 位运算符有哪些？它们各有什么特点？

(2) 逻辑运算符和逻辑位运算符有什么区别？

(3) 一个整数 n 乘以 16 的最高效的实现方式是什么？

(4) 利用位运算如何取得无符号整数数据的最大值？

(5) 说明关系表达式(n &(n−1))==0 的含义。

2. 单选题

(1) 在位运算中，操作数每左移一位，其结果相当于(　　)。

A. 操作数乘以 2　　B. 操作数除以 2　　C. 操作数除以 4　　D. 操作数乘以 4

(2) 已知：

```
int a=-3, b=5;
```

则下列表达式的值为 1 的是(　　)。

A. b%=a　　B. b*=a　　C. b%=(a−1)　　D. b+=a

(3) 在下列各运算符中，(　　)不能作用于浮点数。

A. /　　B. &&　　C. !　　D. &

(4) 在下列各运算符中，(　　)运算的结合性从左到右。

A. ?:　　B. =　　C. >=　　D. +=

(5) 表达式 0x13 & 0x17 的值是(　　)。

A. 0x17　　B. 0x13　　C. 0xf8　　D. 0xec

2.6 案例6——依据身份证号码计算年龄

2.6.1 问题描述及程序代码

1. 问题描述

用户从键盘输入姓名和身份证号码，输出姓名、出生年月及当前的年龄。

测试用例：

```
输入姓名：章翠花
身份证号码：620102196012093468
```

输出结果：

```
姓名：章翠花
出生年月：1960年12月09日
年龄：61
```

2. 程序代码

```
#include <string.h>
#include <windows.h>
using namespace std;
int main()
{
    char name[20];                          //姓名
    char id[19];                            //身份证号码
    cout<<"请输入姓名：";
    cin>>name;                              //输入姓名
    cout<<"身份证号码：";
    cin>>id;                                //输入身份证号码
    cout<<"*********************************"<<endl;
    cout<<"姓    名："<<name<<endl;
    cout<<"身份证号："<<id<<endl;
    cout<<"出生年月："<<id[6]<<id[7]<<id[8]<<id[9]<<"年"
        <<id[10]<<id[11]<<"月"<<id[12]<<id[13]<<"日"<<endl;
    //下面是获取年份段的4个字符
    char year[5]="";
    int i=0;
    while(i<4)
    {
        year[i]=id[6+i];                    //出生年份从身份证号码第7位开始
        i++;
    }
    //下面是取得系统时间 使用了windows的API函数
    SYSTEMTIME st;                          //定义了结构类型的变量st
```

```
    GetLocalTime(&st);                    //当前系统时间
    int iyear=atoi(year);                 //将年份字符串转换成整型数据
    cout<<"年    龄: "<<st.wYear-iyear<<endl;        //年龄=当前年份-出生年份
    cout<<"********************************" <<endl;
    return 0;
}
```

3. 程序分析

本程序中的姓名和身份证号码两个变量既不是数值型数据，也不是字符类型数据，前面我们讲到的基本数据类型已经不能满足要求，那么就需要定义数据类型。代码中首先是定义了两个字符数组，分别存储姓名和身份证号码。因为身份证号码是由 18 位数字字符或字母组成的有特定含义的字符串，第 7～14 位表示出生年月日，因此可以通过获取 8 位数组元素得到出生日期。年龄需要通过计算得到，先获取系统日期，用系统日期的年份减去出生年份计算出年龄。通过本案例可以了解字符串的定义方法，如何访问字符串中的字符，如何取得字符串的子串，怎样把数字字符串转换成数值，怎样取得系统日期等知识点。程序的运行结果如图 2.16 所示。

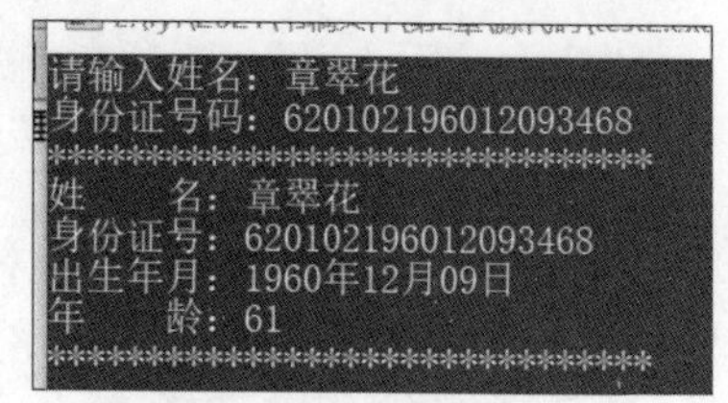

图 2.16　案例 6 的运行结果

2.6.2　数组

1. 数组的定义

数组是相同类型数据的集合，这些相同类型的数据称为数组元素。数组元素存储在连续的内存存储单元中，数组的长度是确定的，数据元素由统一的数组名和唯一的数组下标来表示。

数组定义的一般格式为：

数据类型　数组名[整型常量表达式]

数据类型既可以是基本类型，也可以是自定义类型。数组名是用户命名的标识符，中括号“[ ]”里面是整型常量表达式，在数组定义语句中表示数组的长度；在其他语句中表示数组元素的下标，一个中括号表示一维数组，两个中括号表示二维数组。应根据实际问题的需要定义数组的长度，因为数组长度过长会浪费内存空间，长度过短又会不够用。

案例 6 中姓名字符串数组的长度是 20，表示最多可以给长度不超过 20 个字符的姓名使用，一个汉字是两个字节，所以此字符数组存储的姓名不能超过 9 个汉字，如果存 10 个汉字，就占满字符数组空间，没有字符串结束标志'\0'的存储位置了。同样，身份证的数字或字母长度是 18，这里定义数组的长度是 19，因为要存储字符串结束标志'\0'，所以多申请了 1 个字节的空间。

例如，案例 6 中 char name[20]元素类型是 char 类型，name 是数组名，20 是数组长度或者称为维界，表示定义了一个数组名为 name、数组长度是 20 的字符数组。编译时分配连续内存，连续内存字节数等于数组元素个数乘以每个数组元素所占空间的大小，公式如下：

内存字节数＝数组长度×sizeof(数据元素类型)

二维数组定义的一般格式为：

数据类型　数组名[整型常量表达式 1][整型常量表达式 2]

数组元素的个数等于常量表达式 1 乘以常量表达式 2，编译时同样分配连续内存，其大小是：

内存字节数＝数组元素个数×sizeof(元素数据类型)

例如：

```
int b[3][4];
```

语句定义整型二维数组，b 是数组名，两个维界分别是 3 和 4，总共有 12 个数组元素，所占空间大小是 12×4＝48 字节。

2. 数组元素的表示方法

数组元素的表示方法为：

```
数组名[下标];
```

或使用指针表示法：

```
*(数组名+下标);
```

数组名是指针常量，通过指针访问数组元素。

用数组名[下标]，表示数组中的每个数据，数组元素是从 0 下标开始的，即数组名[0]表示数组的第 1 个数据，数组名[1]表示数组的第 2 个数据，……，数组名[数组长度－1]表示数组的最后一个数据。例如：

```
char name[20], id[19]="620102196012093468";
```

语句定义了两个数组，即 name 和 id 数组，它们在内存中分配的连续内存单元的示意图如图 2.17 所示，其中 id 数组在定义时赋给了初值。

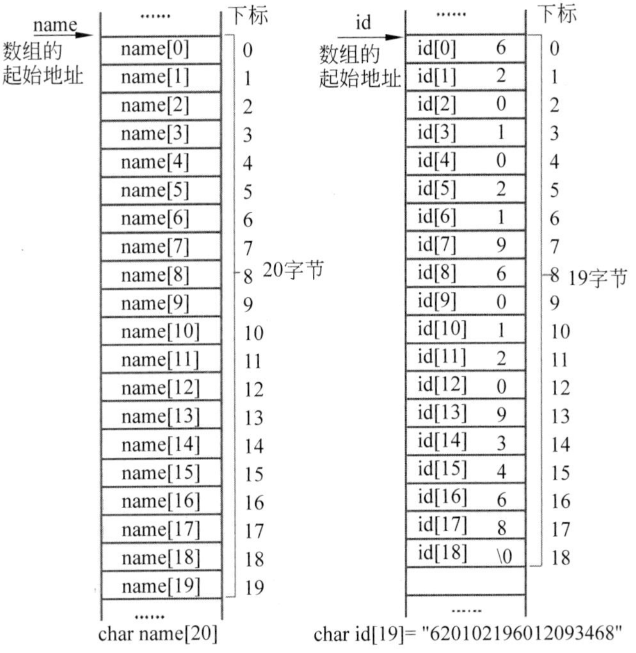

图 2.17　字符数组和整型数组的内存存储示意图

二维数组元素用下标表示：数组名[行下标][列下标]，如 b[1][2]表示二维数组中第 2 行、第 3 列的数组元素，C 或 C++ 语言的二维数组在内存中是按行优先存储，在多维数组中又称为低下标优先存储。

3. 数组的赋初值

在数组定义语句中用赋值符号和花括号“{}”为数组赋初值，例如：

```
int array1[5]={1, 2, 3, 4, 5};
```

等价于 array1[0]=1，array1[1]=2，array1[2]=3，array1[3]=4，array1[4]=5。

又如：

```
int b[3][4]={{1, 10,30},{20,200,30,32},{21,25}};
```

等价于：

b[0][0]=1　　b[0][1]=10　　b[0][2]=30　　b[0][3]=0
b[1][0]=20　　b[1][1]=200　　b[1][2]=30　　b[1][3]=32
b[2][0]=21　　b[2][1]=25　　b[2][2]=0　　b[2][3]=0

如果这样赋初值：

```
int b[3][4]={1, 10,30,20,200,30,32,21,25};
```

等价于：

b[0][0]=1　　b[0][1]=10　　b[0][2]=30　　b[0][3]=20
b[1][0]=200　　b[1][1]=30　　b[1][2]=32　　b[1][3]=21
b[2][0]=25　　b[2][1]=0　　b[2][2]=0　　b[2][3]=0

初值列表里的 9 个数据分别为从 0 下标开始的 9 个数组元素赋值。

说明：

- 如果数组没有赋初值时，则其元素值为随机值。
- 如果对 static 类型的数组元素没有赋初值，系统会自动赋为 0 值。例如：

```
static int array2[5];
```

等价于：

```
array2[0]=0;
array2[1]=0;
array2[2]=0;
array2[3]=0;
array2[4]=0;
```

- 只为部分数组元素赋初值，其他数组元素为 0。例如：

```
int array3[5] = {1, 2, 3};
```

等价于：

```
array3[0]=1;
array3[1]=2;
array3[2]=3;
array3[3]=0;
```

```
array3[4]=0;
```

● 逗号之间必须有数据。例如：

```
int array2[5] = {1,, 2, 3, 4 };
```

语句会出现语法错误。

● 当为全部数组元素赋初值时，定义数组时可不指定数组长度。例如：

```
int array4[] = {1,2,3,4,5,6};
```

语句在编译时系统会根据初值个数确定数组的长度为 6。

● 赋初值时会进行越界检查。例如：

```
int array5[5] = {1, 2, 3, 4, 5,6};
```

语句定义数组长度为 5，赋初值时提供了 6 个数据，会出现语法错误，提示“[Error] too many initializers for 'int [5]'”错误信息。

● 使用数组元素时不会做越界检查。例如：

```
int array6[5] = {10, 20, 30, 40, 50};
array6[5] = 60;
```

修改了下标为 5 的数组元素(数组中的第 6 个元素)，这里不会有任何提示信息，因此使用时需要注意，因为 array6[5]可能是另一个变量的存储空间，这样无意中另一个变量被修改，从而造成程序错误。

4. 数组的赋值

● 不能通过复制来创建数组。例如：

```
int a[5] = {1,2,3,4,5}, c[5];
int b[5] = a;
```

语句错误，无法将 a 数组赋值给 b 数组。

● 无法整体复制和局部复制。例如：

```
c = a;
```

语句错误，无法用一个数组给另一个数组赋值。

● 无法动态扩容和随意增减元素。例如：

```
a[8] = 10;
```

语句没有错误，但是使用了越界元素。

```
for(int i=0; i<=5; ++i)
    a[i] = i+1;
```

循环语句虽然没有语法错误，但是对数组 a 进行了越界赋值。

● 数组名不可以比较，对数组比较正确的做法是对数组元素进行一一对比。

```
if(a==c) a[0] = 2;
```

语句并不是比较两个数组是否一样，因为数组名是指针常量，a 和 c 是两个数组的地址，而两个地址永远是不相等的。

● 初始化不灵活，如果每个数组元素初值是一样的，无法在初始化时统一用一个数据为每个数组元素赋初值。

```
int a[5] = {1};
```

表示 a[0]为 1，其他数组元素都为 0，如果想对数组中的每个数据元素都赋同一个值，需要使用循环语句完成。

```
for(int i=0; i<5; ++i)
    a[i] = 1;
```

此循环语句表示数组中的五个数组元素的值都是 1。

5. 字符数组

字符数组就是指数组元素是字符的数组。在赋初值、赋值和输入、输出语句中与数值数组有明显的不同。

(1) 赋初值

字符数组赋初值可以有三种形式，例如：

```
char  s1[6]={"hello"};
char  s2[6]="hello";
char  s3[5]={'h','e','l','l','o'};
```

说明：s1，s2 数组长度必须是 6，因为用双引号("")括起来的字符串，最后有个'\0'字符作为字符串结束的标记，所以"hello"字符串的长度是 5，加上字符'\0'是 6 个字节的空间大小，所以数组长度至少是 6。而 s3 是 5 个字符的字符数组，但不是字符串，因为没有字符串结束标志'\0'字符。

数值数组赋初值，必须是逐个元素的给定。例如：

```
double price[4]={3.5,45.6,100,235.8};         //四个元素都赋了初值
```

(2) 赋值不同

无论是数值数组还是字符数组的赋值都不能整体赋值，必须对数组元素逐个赋值。对于字符数组，逐个数组元素赋值会很麻烦，因此需要调用字符串处理函数 strcpy 函数给字符数组进行赋值。字符串处理函数在 string.h 头文件或 cstring 文件中，因此在程序开始要加入文件包含预处理命令：

```
#include <string.h>
```

或

```
#include <cstring>
```

strcpy 函数原型 1：

```
char * strcpy(char * dest1,char * src2);
```

其功能是把 src2 字符串变量赋值给 dest1 字符串变量。

strcpy 函数原型 2：

```
char * strcpy(char * dest1,const char * src2);
```

其功能是把 src2 字符串常量赋值给 dest1 字符串变量。两者都是把字符串 src2 中的内容连

同字符串结束标志一起复制到 dest1 中，这样 dest1 在内存中就存放了 src2 的内容。对于数值数组的赋值不可以使用这个函数，只能是使用赋值运算符，逐个元素地赋值。例如：

```
price[0]=3.7; price[1]=55.6; price[2]=105.5; price[3]=245.8;
```

（3）输入格式不同

字符数组的输入是直接在提取运算符后面跟数组名。例如：

```
cin>>s1;
```

数值数组的输入是在提取运算符后面跟数组元素。例如：

```
cin>>price[0]>>price[1]>>price[2]>>price[3];
```

语句，可以拼接输入数组元素。输入语句中，不能使用数组名。从键盘上输入数据时，要用空格分隔四个数值。

（4）输出结果不同

如果在输出流对象 cout 的插入运算符后面跟字符数组名，会输出从此地址开始到'\0'结束的字符串。如果插入运算符后面跟的是数值数组名，会输出数组第一个元素的内存地址，是十六进制的长整型数据。例如：

```
cout<<s1<<endl;
```

显示器上输出“hello”字符串。

```
cout<<price<<endl;
```

会输出 price[0]的内存地址。

2.6.3　字符串处理函数

1. 获取字符串长度

函数原型：

```
unsigned int strlen(char * s)
```

功能：函数返回值是字符串的实际长度，计算字符串 s 的实际长度(不含字符串结束标志'\0')。例如：

```
char s1[6]={"hello"};
```

strlen(s1)的值是 5，sizeof(s1)的值是 6。

2. 字符串复制

函数原型 1：

```
char * strcpy(char* dest, const char * src);
```

或

```
char * strcpy(char* dest, char * src);
```

功能：把源字符串 src 中的字符串复制到目的字符数组 dest 中，字符串结束标志'\0'也一同复制，并返回指向 dest 的指针。例如：

```
char a[10],b[]={"COPY"};                //定义字符数组 a 和 b,b 数组赋初值
strcpy(a,b);                            //用字符串 b 给字符数组 a 赋值
cout<<a<<endl;                          //输出结果: COPY
```

函数原型 2:

```
char * strncpy(char * dest, const char * src, int n);
```

功能:把 src 所指向的字符串从 src 地址开始的前 n 个字符复制到 dest 字符数组中,并返回被复制后的字符串 dest。但是仅复制字符,字符串后没有字符串结束标志,因此,需要自己添加结束标志字符'\0'。例如:

```
char name[]={"ChinaNet"},destin[20];
strncpy(destin,name,3)                  //复制 3 个字符
destin[3]= '\0';                        //添加字符串结束标志
cout<<destin<<endl;                     //输出结果 Chi
```

3. 字符串连接

函数原型:

```
char * strcat(char * dest, const char * src);
```

功能:把 src 字符串(包括'\0')复制到 dest 字符串后面(删除原来 dest 字符串末尾的'\0')。要保证 dest 数组足够长,可以容纳被复制进来的 src 字符串的内容。src 字符串中原有的字符不变。返回指向 dest 的指针。例如:

```
char d[20] = "Come on!";
char * s = "Baby";
strcat(d,s);                        //将字符串"Baby"连接在"Come on!"字符串后面
cout << d << endl;                  //输出结果是"Come on!Baby"
```

4. 字符串比较

函数原型 1:

```
int strcmp(const char * s1,const char * s2);
```

功能:用于比较两个字符串并根据比较结果返回整数,基本形式为 strcmp(str1,str2),若 str1 与 str2 相等,则返回 0;若 str1<str2,则返回−1;若 str1>str2,则返回 1。

返回值如下:

- 串 1=串 2,返回 0。
- 串 1>串 2,返回 1。
- 串 1<串 2,返回−1。

注意:当对两个字符串进行比较时,若出现不同字符,则以第一个不同的字符的比较结果作为最终结果。例如:

```
char s1[]="Hello,Programmers!";
char s2[]="Hello,Programmers!";
int r= strcmp(s1,s2);               //值为 0
char s3[]="HelloWorld";
```

```
char s4[]="HelloBike";
int k= strcmp(s3,s4);                //返回值 1
```

s3 与 s4 比较，s3 中第 1 个不同的字符是 W，与 s4 中对应的字符是 B，W 的值大于 B 的值，因此返回 1。

函数原型 2：

```
int strncmp(const char * str1, const char * str2, size_t n);
```

功能：把 str1 和 str2 进行比较，最多比较前 n 个字符，若 str1 与 str2 的前 n 个字符相同，则返回 0；若 str1 的前 n 个字符大于 str2 的前 n 个字符，则返回 1；若 str1 的前 n 个字符小于 str2 的前 n 个字符，则返回 −1。

5. 字符串大小写转换

函数原型：

```
char * strupr(char * s);
```

功能：将 s 字符串中出现的小写字母转换成大写字母。

例如：

```
char str[]="HelloBike";     cout<<strupr(str)<<endl;
```

运行结果：

```
HELLOBIKE
```

函数修改了 str 字符串，再次输出 str 时，所有的字母都大写。

函数原型：

```
char * strlwr(char * s);
```

功能：将字符串 s 中出现的大写字母转换成小写字母。

例如：

```
char str[]="HelloBike"; cout<<strlwr(str)<<endl;
```

运行结果：

```
hellobike
```

同样，函数修改了 str 字符串，再次输出 str 时，所有字母都小写。

6. 取子串

string.h 头文件中并没有取子串的函数，案例中出生年份恰恰是身份证号码字符串中的一个子串，程序中使用了一个 while 循环语句完成。

```
char year[5]="";
int i=0;
while(i<4)
{
    year[i]=id[6+i];
```

```
    i++;
}
```

虽然在此还没介绍流程控制语句中的循环语句，但是此处循环语句就等价于：

```
year[0]=id[6];year[1]=id[7];year[2]=id[8];year[3]=id[9];
```

等于把身份证号 id 字符串中的一部分字符复制到了 year 字符数组中，year 依然是个字符串。还可以使用 strncpy 函数，该函数是从某个位置开始，取 n 个字符，那么取出年份字符串可以这样写：

```
strncpy(year,&id[6],4);          //从第 7 个字符开始复制 4 个字符到字符数组 year 中
year[4]='\0';                    //在年份数组最后要加上字符串结束标记'\0'
```

7. 字符串转换函数

将数字字符串转换成整型，函数原型为：

```
int atoi(const char * nptr);
```

功能：把数字字符串 nptr 转换成整型数，如果 nptr 不能转换成整型数，或者 nptr 为空字符串，那么将返回 0；如果 nptr 是实数字符串，函数只返回整数部分；如果字符串中含非数字字符，只返回不可转换字符前的数据的整数值。

例如：

```
char str[] = "12345.67";
int n = atoi(str);
```

语句运行结果 n 的值为 12345。

例如：

```
char str[] = "12$345.67";
int n = atoi(str);
```

语句运行结果 n 的值为 12。

例如：

```
char str[] = "abcd";
int n = atoi(str);
```

语句运行结果 n 的值为 0。

2.6.4 获取系统当前日期

1. 利用 Windows 的 API

API 是 Application Programming Interface 的缩写，即应用程序接口。是操作系统向编程人员提供了“程序与操作系统的接口”，大多数操作系统的程序接口是由一组系统调用(system call)组成，每一个系统调用都是一个能完成特定功能的子程序。

SYSTEMTIME 是 API 中定义的结构类型，SYSTEMTIME 结构类型定义如下：

```
typedef struct _SYSTEMTIME
{
```

```
    WORD wYear;                    //年
    WORD wMonth;                   //月
    WORD wDayOfWeek;               //星期,0 为星期日,1 为星期一,2 为星期二,……
    WORD wDay;                     //日
    WORD wHour;                    //时
    WORD wMinute;                  //分
    WORD wSecond;                  //秒
    WORD wMilliseconds;            //毫秒
}SYSTEMTIME, * PSYSTEMTIME, * LPSYSTEMTIME;
```

而

```
SYSTEMTIME st;
```

语句是声明了一个结构类型的变量。

GetLocalTime 是一个 Windows 的 API 函数,用来获取当地的当前系统日期和时间。

函数原型为:

```
void GetLocalTime(LPSYSTEMTIME lpSystemTime);
```

形参类型 LPSYSTEMTIME 是指向 SYSTEMTIME 类型变量的指针类型。形参是指针类型,那么调用函数的时候实参应是变量的地址,st 是 SYSTEMTIME 的变量,因此 GetLocalTime(&st);语句中实参使用了取地址符 &,把 st 变量的地址传递给形参变量,函数调用后,st 就是当前的系统时间,st. wYear 是当前系统时间的年份。

2. 使用 C 语言的库函数

用 C 语言的库函数也可以获取当前的系统时间。使用前在程序开头部分添加文件包含预处理命令,#include <ctime>,因为需要使用这个文件中的 time 函数。

```
time_t currentTime=time(NULL);
```

语句是声明 time_t 类型的变量 currentTime,用 time(NULL)函数的返回值给 currentTime 变量赋初值,currentTime 即为当前的系统时间。

系统时间是从 1900 年 1 月 1 日 0 时 0 分 0 秒开始计算,当前系统时间 currentTime 是以秒为单位的值。使用 localtime()函数可以将 currentTime 变量转换成 tm 结构类型的变量,并返回指向 tm 结构类型变量的指针。

```
tm * t= localtime(&currentTime);
```

语句定义 tm 类型指针 t,并赋初值为当前系统时间。

tm 结构类型的定义如下:

```
struct tm
{
    int tm_sec;                    //秒的取值 [0,59]
    int tm_min;                    //分钟的取值 [0,59]
    int tm_hour;                   //小时的取值[0,23]
    int tm_mday;                   //日期取值[1,31]
    int tm_mon;                    //月份取值[0,11]
    int tm_year;                   //年份是从 1900 开始的
```

```
    int tm_wday;                    //星期取值[0,6]
    int tm_yday;                    //当前日期与本年度 1 月 1 日的差值 [0,365]
    int tm_isdst;                   //使用夏令时标记
};
```

因此用如下语句取得系统时间的年份。

```
int year=t-> tm_year+1900;
```

2.6.5 string 类

在 C++ 语言中有两种字符串。一种是从 C 语言兼容过来的,我们称其为 C-字符串,简称 C-串,案例 6 的程序代码中使用的字符串就是这种类型的。另一种是 string 类型,它是一种自定义的类型,其自动处理内存空间占用问题,需要多少用多少,使用很方便。因此在 C++ 中用到字符串的时候更多地使用 string 类型字符串,下面介绍几种字符串处理方法。

1. 字符串可以直接赋值和拼接

加号"+"可以将字符串拼接,代码段如下:

```
string str1,str2;            //声明两个字符串对象
str1="Tangshan";             //可以直接赋值,不必使用 strcpy 函数
str2=" Teacher College";     //可以直接赋值,不必使用 strcpy 函数
cout<<str1+str2<<endl        //加号"+"表示字符串连接,输出结果为 Tangshan Teacher College
```

2. 两个字符串的比较

使用关系运算符比较两个字符串,代码段如下:

```
string str1,str2;            //定义两个字符串对象
str1="Tangshan";             //可以直接赋值
str2="Tangshan";
if(str1==str2)               //使用关系运算符比较,不必使用 strcmp 函数
    cout<<"相同";
else
    cout<<"不同"<<endl;
```

输出结果为:相同。

3. 求字符串长度

用 string 类的成员函数 length()获取字符串长度。例如:

```
string str3 = "HelloWorld!";
cout << str3.length() << endl;                    //输出结果为: 11
```

4. string 字符串转换成 C 串

通过 string 类的成员函数 c_str()能够把 string 对象转换成 C-字符串。例如下面程序代码段:

```
string op1 = "35",op2="78";
cout<<atoi(op1.c_str())+ atoi(op2.c_str()) <<endl;    //输出结果为: 113
```

5. 取子串

string 类的成员函数 substr(i,k)，函数的功能是返回从下标为 i 的位置开始的 k 个字符的字符串。例如：

```
string str1,str2;                //定义两个字符串对象
str1="Tangshan";                 //可以直接赋值
str2=str1.substr(1,3);           //从下标为 1 的位置开始取 3 个字符
cout<<str2<<endl;                //输出 ang
```

取字符串的前 i 个字符的语句为：

```
str=str.substr(0,i);
```

取字符串的后 i 个字符的语句为：

```
str=str.substr(str.length()-i,i);
```

6. 查找字符或字符串

查找字符的重载函数原型 1 如下：

```
int find(char c, int pos = 0) const
```

功能：本函数是从 pos 开始查找字符 c 在当前字符串的位置。

查找字符串的重载函数原型 2 如下：

```
int find(const char * s, int pos= 0) const
```

功能：本函数是从 pos 开始查找字符串 s 在当前字符串中的位置。

查找字符串的重载函数原型 3 如下：

```
int find(const char * s, int pos, int n) const;
```

功能：本函数是从 pos 开始查找字符串 s 中前 n 个字符在当前字符串中的位置。例如：

```
string str="36.5+47.8";
int k=str.find('+');                 //k 的值为 4,位置是从 0 开始的
cout << str.find("36.5") << endl;    //输出结果为 0
```

7. 用 string 字符串完成本案例的功能

string 类功能非常强大，还有很多方法，可以边用边查。在案例 6 中如果使用 string 类声明字符串，程序代码可以修改如下：

```
#include<iostream>
#include <windows.h>
using namespace std;
int main()
{
    string name;
    string id;
    cout<<"请输入姓名: ";
    cin>>name;                       //输入姓名
    cout<<"身份证号码: ";
```

```
    cin>>id;                                //输入身份证号码
    cout<<"******************************" <<endl;
    cout<<"姓    名: " <<name<<endl;
    cout<<"身份证号: " <<id<<endl;
    cout<<"出生年月: "<< id.substr(6,4) <<"年"<<id.substr(10,2)
    <<"月"<< id.substr(12,2)<<"日"<<endl;
    //下面是取年份段的 4 个字符
    string year;
    year=id.substr(6,4);
    //下面是取得系统时间 使用了 windows 的 API 函数
    SYSTEMTIME st;                          //定义了系统时间对象
    GetLocalTime(&st);                      //获取当前系统时间
    int iyear=atoi(year.c_str());           //将年份字符串转换成整型数据
    cout<<"年    龄: "<<st.wYear-iyear<<endl;        //年龄=当前年份-出生年份
    cout<<"******************************" <<endl;
    return 0;
}
```

2.6.6 上机练习

【上机目的】

- 掌握数值数组的定义、赋初值、赋值及数组元素的输入和输出。
- 掌握字符数组的定义、赋初值、赋值及数组元素的输入和输出。
- 掌握两种获取当前系统日期和时间的方法。

1. 把案例 6 中系统时间的获取,改写成使用 C 语言中的 time 函数完成。

2. 分别使用案例 6 中介绍的获取当前系统时间的两种方法,输出当前的系统日期。例如:当前日期 2021 年 1 月 28 日,输出"2021/1/28"的格式。

3. 一个学习小组里有三个学生,每个学生学习三门课程,编程实现输入每个学生的姓名及其每门课程的成绩,输出每个学生的总分和平均分。

4. 输入一个求和表达式,输出两个数的和,例如输入"36.5+470.8",输出结果"36.5+470.8=507.3";输入"360.5+470.8"时,输出结果"360.5+470.8=831.3",要求输入数据是 string 类型声明的字符串。

【思考与练习】

1. 简答题

(1) 什么是数组类型? 如何定义一个数组?

(2) 数组的赋初值和赋值有什么区别?

(3) 字符数组和数值数组有什么区别?

(4) 写出 5 个 C-串的处理函数,并说明其功能。

(5) 写出 5 个 string 类字符串的处理函数,并说明其功能。

2. 单选题

(1) 在 int b[ ][3]={{1},{3,2},{4,5,6},{0}}中,数组元素 b[1][2]的值是(　　)。

A. 0　　B. 5　　C. 6　　D. 2

(2) 下列程序段中对数组定义错误的是(　　)。

A. int a[10+2];

B. int length=10;int a[length];

C. int const length=10;int a[length];

D. int a[12];

(3) 以下声明语句错误的是(　　)。

A. int a[]={1,2};

B. char *a[3];

C. char s[10]="test";

D. int n=5,a[n];

(4) 对字符数组进行初始化时(　　)是正确的。

A. char s1[5]="abcde";

B. char s2[ ]="xyz";

C. char s3[][3]={ "ab","abc","abcd"};

D. char s4[2][3]={"xyz","mnp"};

本章小结

本章详细介绍了基本数据类型的种类。用数据类型声明变量的意义在于给变量分配存储空间、确定变量的取值范围及数据可以进行哪些运算。基本数据类型包括整型、浮点型、字符型、布尔型和空值型,在部分基本类型前面还可以加修饰符,如 unsigned、long、short。

数据可分为变量和常量两大类。常量是指在程序执行过程中其值不变的量,分为字面常量和符号常量。变量是程序中用于存储数据的单元,对应于某个内存空间。使用变量时应遵循“先声明,后使用”的原则。

C++ 中运算符的种类十分丰富,学习运算符应该从运算符的功能、优先级、结合方向、运算符对应操作数的个数、运算符对操作数类型的要求及运算结果的数据类型六个方面来理解和掌握,用运算符把操作数连接起来就是表达式。

数组是两个或若干相同类型数据组成的集合,数组中的数据元素通过数组下标来访问。数组可以有一维到多维的多种类型,一维数组最常见。字符数组也很常用,一维字符数组可以用来保存字符串,二维字符数组可以理解为字符串数组。本章详细介绍了数组的定义方法及使用时的注意事项,字符数组和数值数组在赋初值、赋值、输入和输出语句中的区别;比较了 C-串和 string 类字符串的区别,也介绍了两种字符串类型各自的字符串处理函数。本章内容和细节比较多,也是程序设计的基础,要求熟练掌握本章内容,才能在后面章节知识的学习中做到得心应手、游刃有余,随心所欲地把自己的想法用程序代码表达出来。

程序练习题

1. 输入一个三位整数,输出各位数字的累加和。例如输入 358,输出 3+5+8=16。

2. 定义一个长度是 10 的整型数组,将数组中的元素进行逆置。数组中第一个数据元素与最后一个交换,第二个与倒数第二个交换,第三个与倒数第三个交换,……,以此类推。例如:

```
int a[10]={10,20,30,40,50,60,70,80,90,100};
```

交换后数组元素 a[0]～a[9]的值是 100,90,80,70,60,50,40,30,20, 10。

3. 华氏温度转换为摄氏温度的计算公式如下：c=(f－32)×5/9,其中 c 表示摄氏温度,f 表示华氏温度。输入一个摄氏温度,编程输出其华氏温度。

4. 从键盘上输入一个字符,这个字符如果是小写字母,则转换成对应的大写字母输出;如果不是小写字母,则原样输出,使用条件运算符完成此功能。

5. 你现在要开发一个搜索引擎,每天抓取 10 万个网页,每个网页文件平均大小为 1000 个汉字,编程计算你准备采购多大的硬盘用来存放抓取的网页文件? 要求能保存至少一年的数据。

提示：1 个汉字用 2 个 byte 的存储,1 个网页文件为 1000×2＝2000byte 的存储量,每天 10 万个网页的大小＝100000×2000byte,那么计算一年的数据＝365×每天的数量,一共需要是多大的存储空间?

第3章

流程控制语句

在程序设计语言中，流程控制语句用于确定程序的执行顺序。C++ 语言提供了三种基本控制结构。顺序结构是指按先后顺序依次执行程序中的语句；分支结构是指根据给定的条件有选择地执行程序中的语句；循环结构是指按给定规则重复地执行程序中的语句。本章对 C++ 语言的程序流程控制语句进行详细讲解。

3.1 程序流程描述的方法

3.1.1 程序流程的描述方式

在 C++ 语言中有五种常用的程序流程描述方式：自然语言、传统流程图、N-S 流程图、伪代码和程序设计语言。

1. 自然语言

在 1.1 节我们讲过什么是计算机程序，计算机程序是为了完成某项任务、解决某个问题，计算机要执行的一系列指令（步骤）。如果操作步骤都是顺序执行的，那么用自然语言描述通俗易懂，比较直观且容易理解。比如案例 3 中计算泳池栏杆造价用自然语言描述为：先输入泳池的半径，计算泳池的周长，然后用栏杆单价乘以泳池的周长，计算出泳池周围栏杆的造价，最后输出计算结果。显然，自然语言可以把操作步骤说明得很清晰，但是，如果程序中包含了分支结构和循环结构，并且执行步骤较多时，使用自然语言描述就会显得不那么清晰明了。

2. 传统流程图

程序传统流程图是用一系列特定图形符号（如表 3.1 所示）、流向线和文字说明描述程序的执行步骤，控制语句的执行顺序，是程序分析和过程描述的基本方式。这种方法能够克服复杂程序用自然语言描述不直观的缺点。

表 3.1　传统流程图常用的特定图形符号

序号	图 形 符 号	名　　称	含　　义
1		起止框	程序的开始或结束
2		处理框	数据的各种处理和运算操作过程
3		输入/输出框	数据的输入和结果的输出
4		注释框	添加程序注释
5		流向线	程序的执行路径
6		判断框	根据条件的不同，选择不同的操作
7		连接点	转向流程图的其他位置或从其他位置转入

三种基本程序流程结构为：顺序结构、分支结构（单分支、二分支、多分支）和循环结构。循环结构是在一定条件下反复执行某段程序的流程结构，被反复执行的程序段称为循环体。三种基本结构可以用传统流程图明晰地表达，如图 3.1～图 3.6 所示。

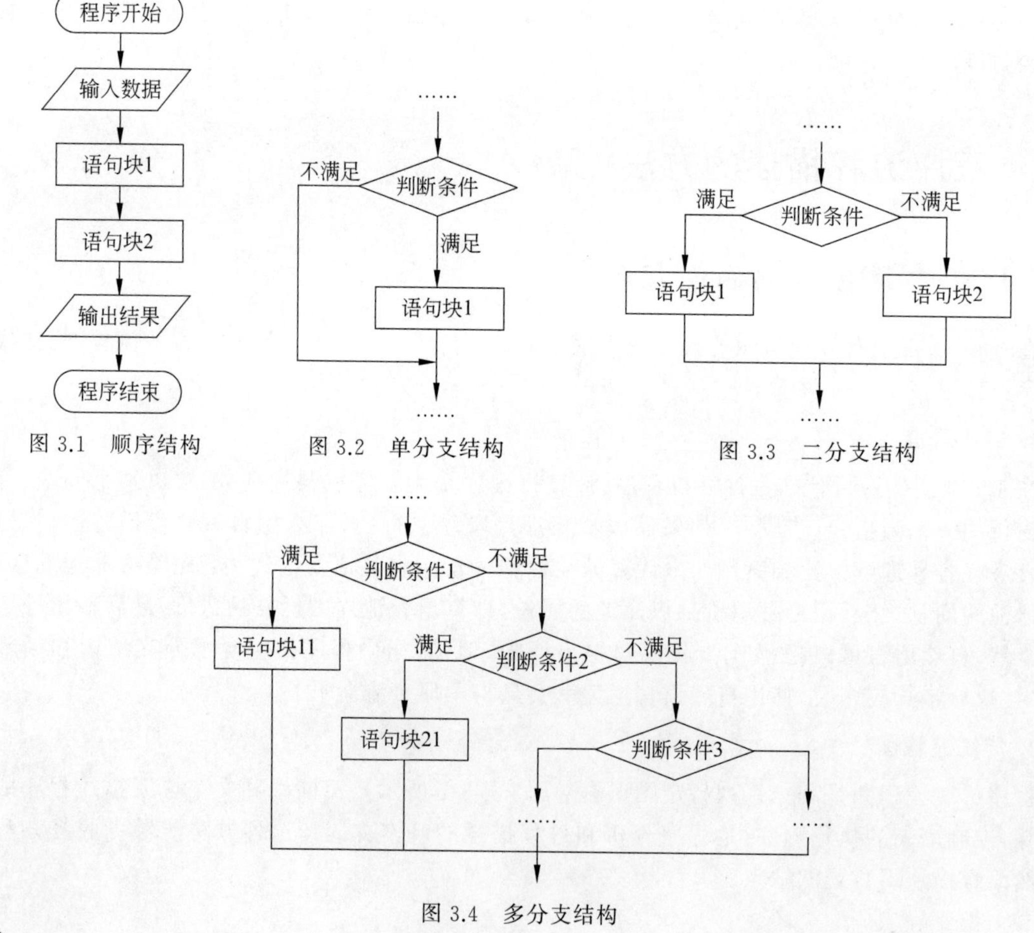

图 3.1　顺序结构

图 3.2　单分支结构

图 3.3　二分支结构

图 3.4　多分支结构

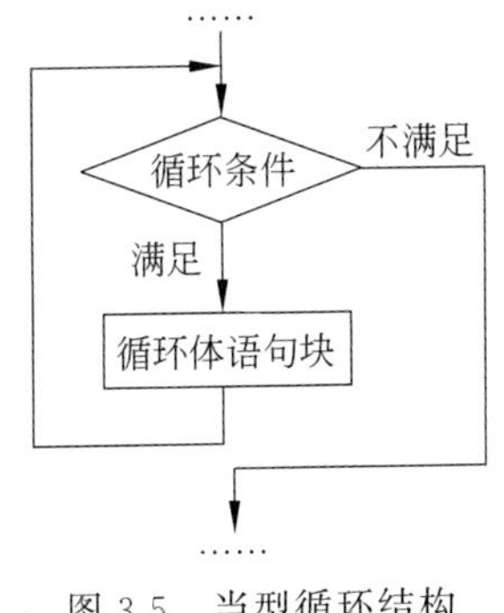

图 3.5　当型循环结构

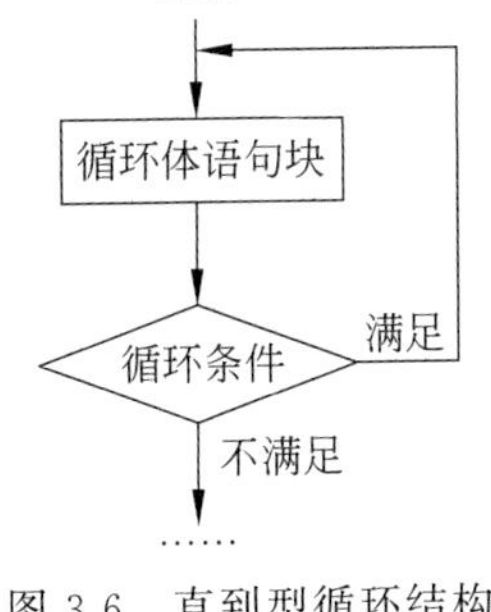

图 3.6　直到型循环结构

当型循环结构是指若条件满足时执行循环体语句;若条件不满足时,退出循环,执行循环体后面的语句。直到型循环结构是指先执行循环体语句块,如果条件满足,就继续执行循环体语句块,直到条件不满足的时候退出循环。

3. N-S 流程图

N-S 流程图又叫盒图,是美国学者 I. Nassi 和 B. Shneiderman 提出的一种在流程图中完全去掉流向线的图,将全部程序写在一个矩形框内,从而避免在描述大型复杂算法时,图中的流向线较多,影响了用户对程序的阅读和理解。N-S 流程图使用矩形框来表达各种处理步骤。顺序结构、分支结构及循环结构的 N-S 流程图如图 3.7～图 3.12 所示。

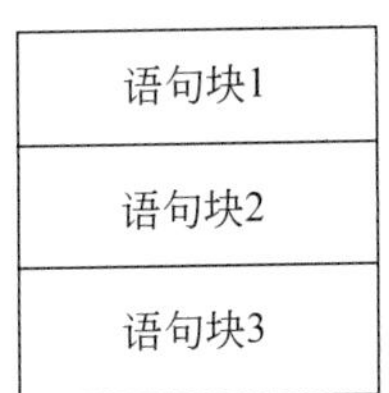

图 3.7　顺序结构

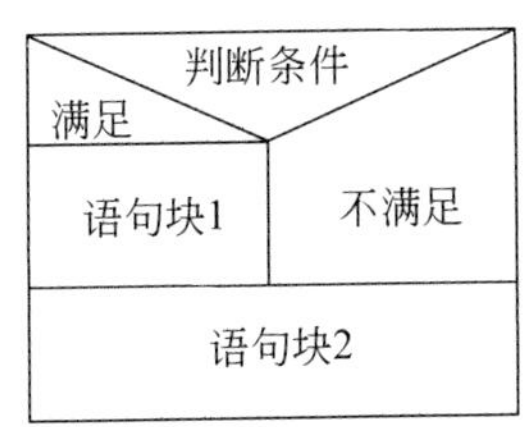

图 3.8　单分支结构

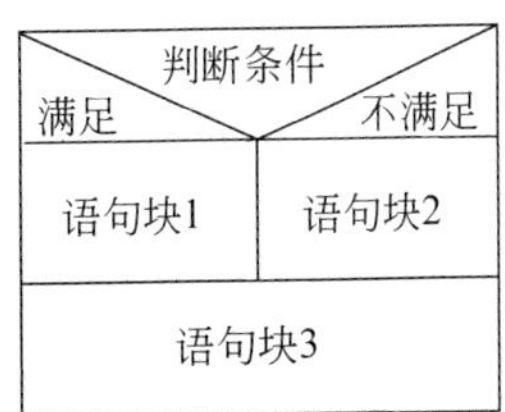

图 3.9　二分支结构

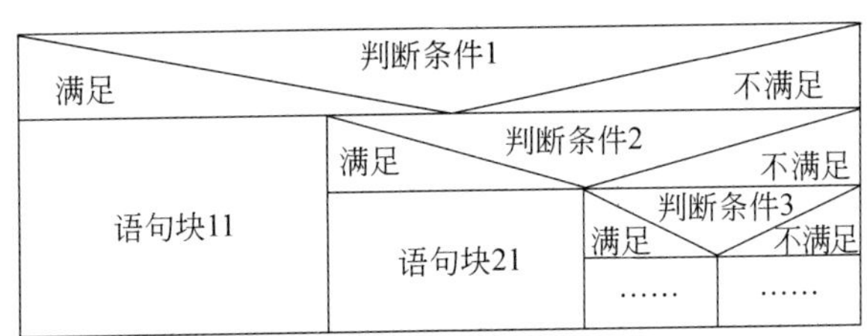

图 3.10　多分支结构

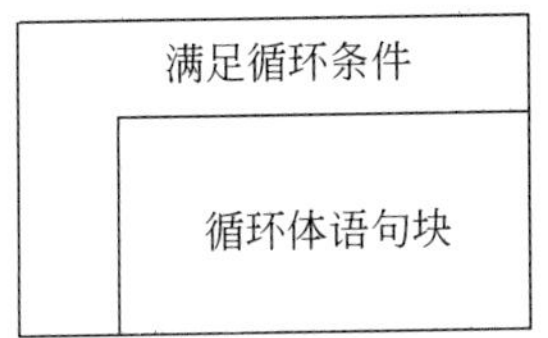

图 3.11　当型循环结构

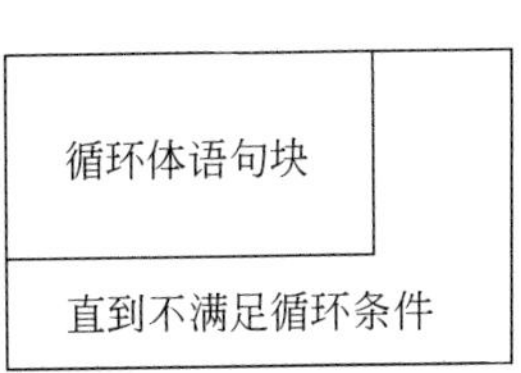

图 3.12　直到型循环结构

4. 伪代码

伪代码是在更简洁的自然语言描述中，用程序设计语言的流程控制结构来表示处理步骤的执行流程，用自然语言和各种符号来表示所进行的各种处理及所涉及的数据。它是介于程序代码和自然语言之间的一种描述方法。这样描述的程序书写紧凑、自由，在表达分支结构和循环结构时易于理解，同时也更有利于流程向程序的转换。顺序结构、分支结构及循环结构的伪代码描述形式如图 3.13～图 3.18 所示。

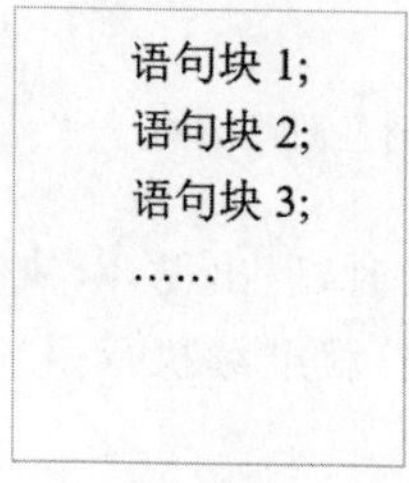

图 3.13　顺序结构

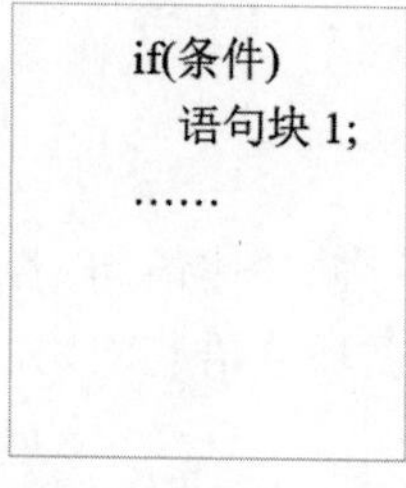

图 3.14　单分支结构

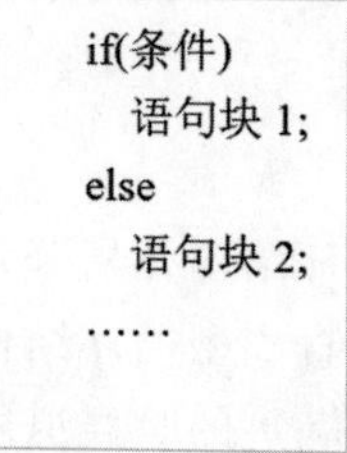

图 3.15　二分支结构

```
if(条件 1)
   语句 11;
else if(条件 2)
   语句 21;
else if(条件 3)
   语句块 31;
else if ……
else 语句 n;
```

图 3.16　多分支结构

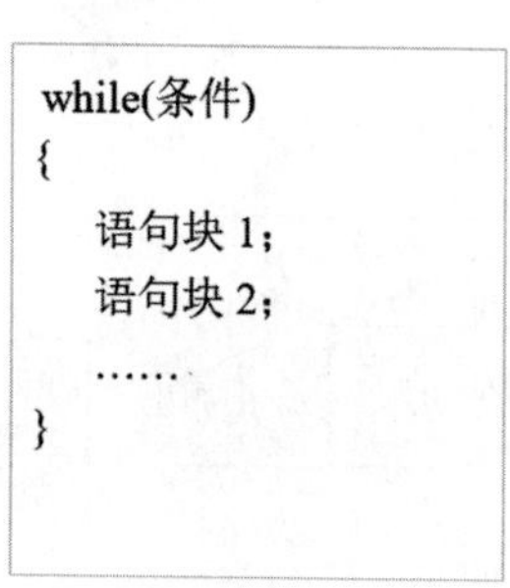

图 3.17　当型循环结构

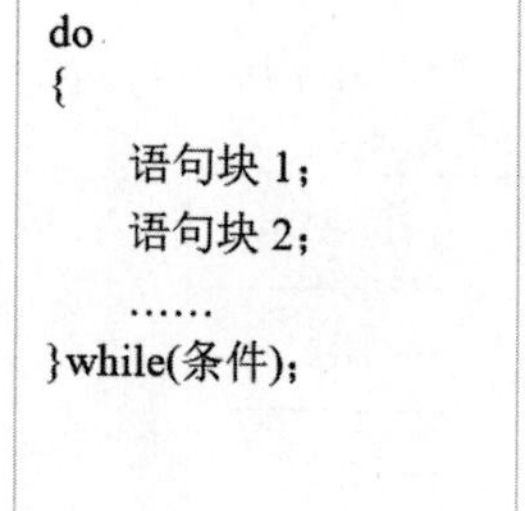

图 3.18　直到型循环结构

5. 程序设计语言

程序最终是需要在计算机上运行的，因此程序设计语言是程序的最终描述形式。无论用何种方法描述，都是为了将其更方便地转化为计算机程序。

3.1.2　判断素数的程序流程描述

1. 素数的定义

素数也称为质数，指的是在大于数字 1 的自然数中，除了可以被数字 1 以及该数字本身整除之外，再也不能够被其他任何自然数整除的数。如果还可以被其他自然数整除，则称该自然数为合数。

2. 自然语言描述

【例 3.1】 判断一个自然数 n 是否是素数(n＞＝2)，有如下步骤。

步骤 1：输入 n 的值。

步骤 2：设置变量 i 的值为 2。

步骤 3：求解 r=n%i；若 r=0 转向步骤 6，否则执行步骤 4。

步骤 4：变量 i 的值自加 1。

步骤 5：判断 i<n 是否成立；若为真则转向步骤 3，否则执行步骤 6。

步骤 6：判断 i<n 是否成立；若为真则输出"合数"，否则输出"素数"。

3. 用程序传统流程图描述

判断一个数 n 是否是素数(n>=2)，如图 3.19 所示。

4. 用 N-S 流程图描述

判断一个数 n 是否是素数(n>=2)，如图 3.20 所示。

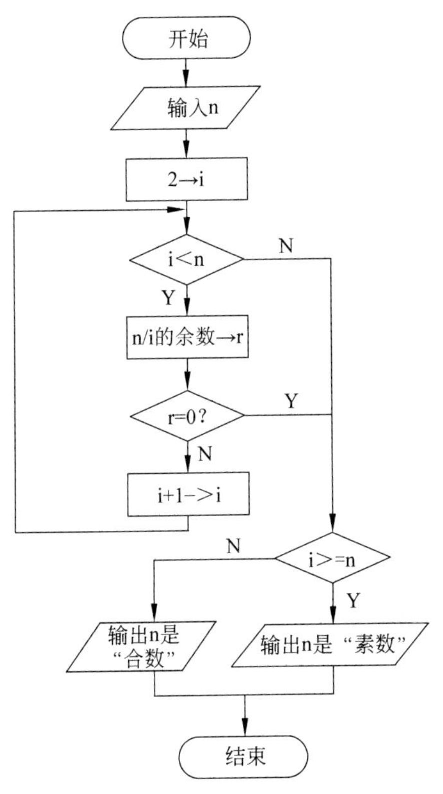

图 3.19　判断素数的传统流程图

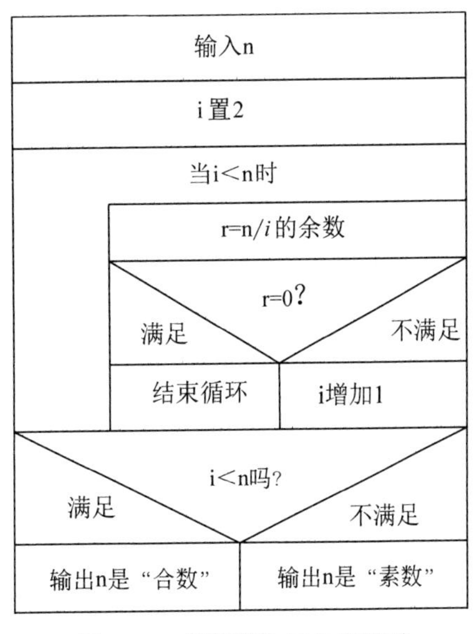

图 3.20　判断素数 N-S 流程图

5. 用伪代码描述

判断自然数 n 是否为素数的伪代码描述如下：

```
input n;
i 置为 2;
while(i<n)
{
    r=n/i 的余数;
    if(r=0)
```

```
        break;
        else
            i= i+1;
    }
    if(i<n)
        output  "n是合数";
    else
        output  "n是素数";
```

6. C++ 语言写出程序

判断自然数 n 是否为素数的 C++ 语言代码描述如下：

```
#include<iostream>
using namespace std;
int main()
{
    int n,i,r;
    cout<<"输入大于或等于 2 的自然数 n:";
    cin>>n;                                   //输入 n
    i=2;
    while(i<n)
    {
        r=n%i;
        if(r==0)
            break;
        else
            i++;
    }
    if(i<n)
        cout<<n<<"是合数"<<endl;      //输出 n 是合数
    else
        cout<<n<<"是素数"<<endl;      //输出 n 是素数
}
```

【思考与练习】

1. 简答题

(1) 写出传统流程图中常用的特定图形符号，并说明其意义。

(2) 分别用自然语言、传统流程图、N-S 流程图、伪代码描述下面程序的执行过程：

输出 1000 以内的完全平方数，并要求每行输出 6 个数。完全平方数指的是一个整数可以等于另一个整数的平方。例如 1＝1×1，4＝2×2，9＝3×3 等，以此类推。若一个数能表示成某个整数的平方的形式，则称这个数为完全平方数，那么 1、4、9、16、……就是完全平方数。

2. 写程序功能

(1) 图 3.21 为一个程序的传统流程图，写出它所表示的函数。

(2) 图 3.22 为一个程序的传统流程图，写出程序的功能。

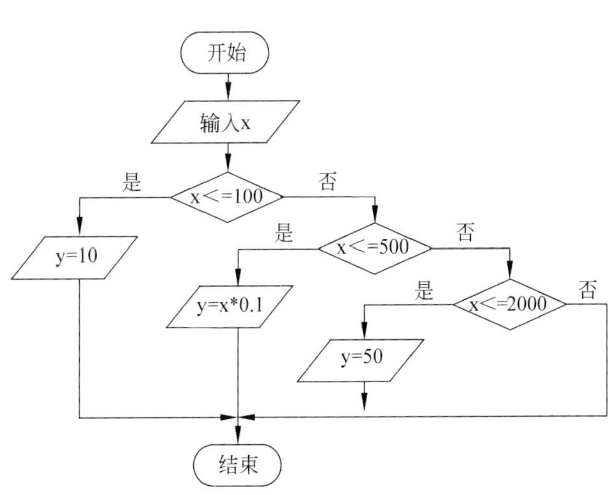

图 3.21　程序的传统流程图(一)

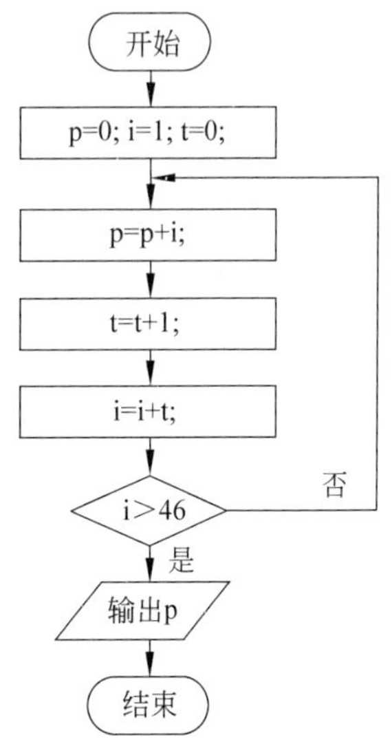

图 3.22　程序的传统流程图(二)

3.2　案例 7——阶梯水价

3.2.1　问题描述及程序代码

1. 问题描述

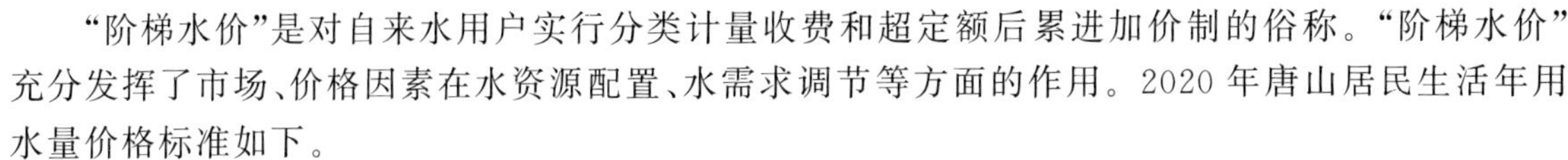

“阶梯水价”是对自来水用户实行分类计量收费和超定额后累进加价制的俗称。“阶梯水价”充分发挥了市场、价格因素在水资源配置、水需求调节等方面的作用。2020 年唐山居民生活年用水量价格标准如下。

第一阶梯：0～120(含)m^3，水价为 5 元/m^3(其中，水费为 3.5 元/m^3，污水处理费为 1.5 元/m^3)。

第二阶梯：120～180(含)m^3，水价为 6.75 元/m^3(其中，水费为 5.25 元/ m^3，污水处理费为 1.5 元/m^3)。

第三阶梯：180m^3 以上，水价为 12 元/m^3(其中，水费为 10.5 元/m^3，污水处理费为 1.5 元/ m^3)。题目要求编写程序，输入某居民用户 2020 年的用水量，输出该用户本年度应缴费金额。

测试用例 1：

```
输入
年用水量(立方米): 35
输出
您应缴水费: 175 元
```

测试用例 2：

```
输入
年用水量(立方米): 135
输出
您应缴水费: 701.25 元
```

测试用例 3：

```
输入
年用水量(立方米)：190
输出
您应缴水费：1125 元
```

2. 程序代码

```
#include<iostream>
using namespace std;
int main()
{
    const float price1=5.0;                              //第一阶梯单价
    const float price2=6.75;                             //第二阶梯单价
    const float price3=12;                               //第三阶梯单价
    float bound1=120 * price1;                           //第二阶梯用水量的基数
    float bound2=120 * price1+(180-120) * price2;        //第三阶梯用水量的基数
    float cons;                                          //年度用水量
    float total;                                         //缴费金额
    cout<<"请输入本年度用水量：";
    cin>>cons;
    if(cons<=120)                                        //如果小于或等于 120 立方米
        total=price1 * cons;                             //第一阶梯单价×用水量
    //120 立方米以内的单价属于第一阶梯单价,超出部分为第二阶梯单价
    else if(cons<=180)                                   //用水量在第二阶段
        total=bound1+(cons-120) * price2;
    //120 立方米以内的单价属于第一阶梯单价,120~180 立方米的单价属于第二阶梯单价
    //超出 180 立方米的属于第三阶梯单价
    else total=bound2+(cons-180) * price3;
    cout<<"您本年度需要缴费："<<total<<"元"<<endl;     //输出计算结果
}
```

3. 程序分析及运行结果

本程序根据输入用水量的多少计算缴费金额，因为用水量不同，水的单价也不一样，所以程序采用分支结构，使用条件语句完成。在 C++ 语言中分支结构的语句有两种，一种是条件语句，即 if 语句；另一种是开关语句，即 switch 语句。它们都可以用来实现多分支结构。分支结构具有一定的语句控制能力，可以根据输入的数据和给定的条件来决定执行哪些语句，不执行哪些语句。就像本案例一样，给定了三个条件，输入的数据满足不同的条件，就用到不同的计算公式。

3.2.2　条件语句

1. 条件语句的语法格式

条件语句的一般格式如下：

```
if(条件 1)
    语句块 1;
```

```
else if(条件 2)
    语句块 2;
else if(条件 3)
    语句块 3;
    ……
else if(条件 n)
    语句块 n;
else
    语句块 n+1;
```

if、else if 和 else 是关键字，条件 1、条件 2、条件 3、……、条件 n 是表达式，既可以是关系表达式、逻辑表达式，也可以是其他表达式。语句块 1、语句块 2、语句块 3、……、语句块 n、语句块 n+1，每个语句块既可以是一条语句，也可以是用花括号“{}”括起来的多条语句。用花括号“{}”括起来的多条语句也叫复合语句，复合语句在语法上相当于一条语句，执行的时候会把复合语句每一条语句都执行完成。复合语句内可以有声明语句，有声明语句的复合语句叫分程序或语句块。语句块通常可以作为 if 体、else 体或循环体语句。

在条件语句中，至少有一个 if 条件，else if 可以有零个、一个或多个，else 可以有零个或一个。如果 else if 和 else 都省略，那么这种条件语句就是单分支语句。

2. 单分支

单分支的语句形式：

```
if(条件表达式) 语句块 1;
```

其传统流程图如图 3.2 所示。

【例 3.2】 编写程序完成输入一个数据 n，求 n 的绝对值并保存在 n 变量中，在显示器上输出数据 n 值。提示如果 n 是正数，则输出 n 本身；如果 n 是负数，那么对 n 取负数，然后还是输出 n。代码如下：

```
#include<iostream>
using namespace std;
int main()
{
    double n;
    cout<<"输入数据 n:";
    cin>>n;
    if(n<0)
    n=-n;
    cout<<n<<endl;
    return 0;
}
```

【例 3.3】 编写程序完成输入一个正整数 n，输出 n 的所有因数(当整数 a 除以整数 b(b≠0)的商为 c，c 正好是整数，余数为 0 时，就说 b 是 a 的因数)。比如数据 n 的值是 30，那么 1、2、3、5、6、10、15 和 30 都是 30 的因数，本案例用单分支结构完成。直观地理解，若是因数的时候输出因数，否则就不需要处理。程序包含循环结构和单分支结构，流程图描述如图 3.23 所示。

程序代码如下：

```
#include<iostream>
using namespace std;
int main()
{
    int n;
    cout<<"请输入一个整数:";
    cin>>n;
    for(int i=1;i<=n;i++)
        if(n%i==0)
            cout<<i<<"\t";
    cout<<endl;
    return 0;
}
```

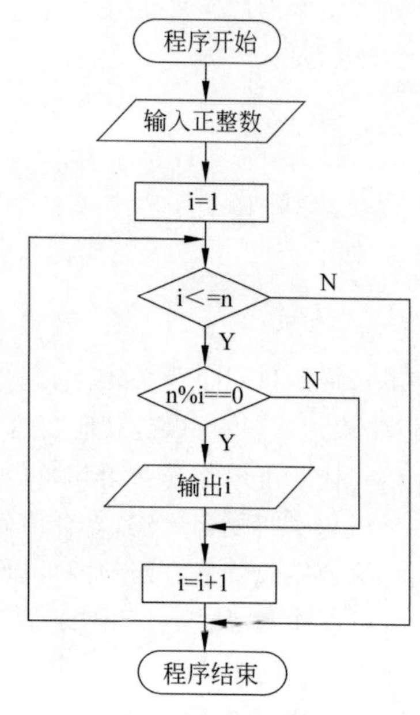

图 3.23　输出正整数 n 的因数流程图

3. 二分支

二分支的语句形式：

```
if(条件表达式)
    语句块 1;
else
    语句块 2;
```

其传统流程图如图 3.3 所示。

【例 3.4】 当学生用户登录学生基本信息管理系统时，需要验证用户名和登录密码。如果用户名和密码都正确，进入系统，显示“登录成功!”提示信息。若两者有一个不正确，则不能进入系统，且显示器上提示“用户名或密码错误!”。

说明：本案例属于二分支结构语句。假设用户名是“Feng”，密码是“PPNN13mod”(网上看到的一个很文艺的密码 PPNN13moddkstFeb1，这一大串字符看似很晕，实际是杜牧的一句诗，“娉娉袅袅十三余，豆蔻梢头二月初。”这个程序员是不是很有诗情画意？暂且借用这个密码)。

本程序定义字符串使用字符数组，对于字符串的比较使用 strcmp 函数，判断用户名正确且密码正确，使用逻辑与运算符。程序代码如下：

```
#include<iostream>
#include <string.h>
using namespace std;
int main()
{
    char userName[30];                          //用户名
    char pass[30];                              //密码
    cout<<"请输入用户名: ";
    cin>>userName;                              //输入用户名
    cout<<"请输入密码: ";
    cin>>pass;                                  //输入密码
    //下面判断如果用户名是"Feng"并且密码是"PPNN13mod"
    if(!strcmp(userName,"Feng")&&!strcmp(pass,"PPNN13mod"))
        cout<<"登录成功!";
    else                                        //任何一个不正确
```

```
        cout<<"用户名或密码错误!";
    return 0;
}
```

因为根据上面程序的条件不能确切知道到底是用户名错误还是密码错误,现在对该代码进行修改。在二分支语句中嵌套了二分支语句,首先判断用户名是否正确,如果用户名正确,再看密码是否正确,只有二者都正确的情况下,才会提示“登录成功!”。

```
if(!strcmp(userName,"Feng"))            //用户名正确
    if(!strcmp(pass,"PPNN13mod"))       //密码正确
        cout<<"登录成功!";
    else                                //密码不正确
        cout<<"用户密码错误!";
else                                    //用户名不正确
    cout<<"用户名错误!";
```

分支嵌套说明:在分支嵌套中需要注意 else 子句如何与 if 子句的匹配问题。

【例 3.5】 if 子句和 else 子句的匹配问题。

```
if(x>0)
    if(x < 50)
          cout<<"OK!\n";
else
    cout<<"NOT OK!\n";
```

阅读本段代码,else 子句前面有两个 if 子句,如果把 else 子句看成和第一个 if 子句匹配,那么就是一个二分支结构中嵌套了一个单分支结构;如果把 else 子句看成和第二个 if 子句匹配,那么就是一个单分支结构中嵌套了一个二分支结构。这样对于给定的 x 值,输出结果就不一样了。比如 x 的值是−100,如果把 else 子句理解为和第一个 if 子句匹配,那么输出“NOT OK!”;如果把 else 子句理解为和第二个 if 子句匹配,那么什么也不输出。同理,如果 x 的值是 80,如果把 else 子句理解为和第一个 if 子句匹配,那么什么也不会输出;如果 else 子句和第二个 if 子句匹配,那么就会输出“NOT OK!”。程序在相同的输入情况下,不可能输出不同的结果。那么在出现这样语句的情况下,else 子句到底与哪个 if 子句匹配呢? 记住 else 子句从属于最近的 if 子句,本案例中 else 子句和第二个 if 子句匹配。如果想让 else 子句与第一个 if 子句匹配,应用加花括号{}来实现,修改如下:

```
if(x>0)
{
    if(x < 50)
        cout<<" x is OK\n";
}
else
    cout<<" x is not OK\n";
```

4. 多分支

多分支结构的传统流程图如图 3.4 所示。多分支语句里至少有一个 else if 关键字,是在同一个表达式可能有多个选择的情况下,根据条件选择执行不同的语句块。案例 7 就是根据用水量的

多少,有三种计算缴费的标准,所以这是三分支语句,有时候可能有更多的分支。

【例 3.6】 输入一个百分制的学生成绩 score,请把百分制成绩转换成五分制的字符,转换规则如下:

如果输入的成绩不是 0~100 分,则输出"成绩无效";否则,若成绩在 60 分以下输出"E";若成绩大于或等于 60 分且小于 70 分输出"D";若成绩大于或等于 70 分且小于 80 分输出"C";若成绩大于或等于 80 分且小于 90 分输出"B";若成绩大于或等于 90 分且小于或等于 100 分输出"A"。程序传统流程图如图 3.24 所示。

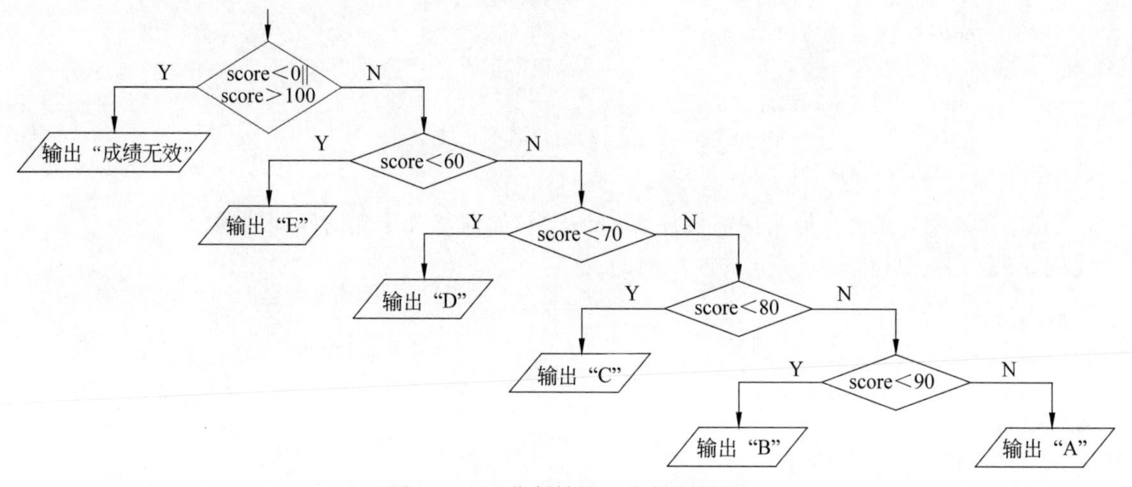

图 3.24 百分制转换五分制流程图

根据画好的传统流程图,再写程序代码就会感觉简单多了,代码如下:

```
#include<iostream>
using namespace std;
int main()
{
    int score;                              //声明成绩变量
    cout<<"请输入学生成绩[0~100]";          //提示信息
    cin>>score;                             //输入语句
    if(score<0||score>100)
        cout<<"成绩无效! \n";
    else if(score<60)
        cout<<"E\n";
    else if(score<70)
        cout<<"D\n";
    else if(score<80)
        cout<<"C\n";
    else if(score<90)
        cout<<"B\n";
    else
        cout<<"A\n";
    return 0;
}
```

多分支语句中含有多个 else if 子句,从代码上看程序的可读性较差,通常多分支语句可以转换成开关语句，即用 switch 语句完成。

3.2.3 上机练习

【上机目的】

- 熟悉分支结构中条件语句的用法。
- 掌握条件语句的三种分支语句的格式。
- 掌握条件语句的嵌套和多分支语句之间的区别。

1. 上机调试阶梯水价案例，要求先把收费标准中每个阶段水价及水量标准从键盘输入，再输入用户的用水量，计算用户的缴费金额。这样程序就可以适用于不同年份、不同地区有阶段水价或水量标准调整的情况。

2. 用户登录的案例中，第一种方法可以“提示用户名或密码不正确”，第二种方法用 if 嵌套语句实现时，可以提示“用户名错误”或“密码错误”。请修改程序，完成当用户名和密码都错误时给出“用户名且密码错误”的提示信息。

3. 一元二次方程 $ax^2+bx+c=0$，a 是二次项系数，b 是一次项系数，c 是常数项。编写程序要求从键盘输入 a、b、c 三个数，如果 a 为 0，输出“不是一元二次方程!”，否则求出一元二次方程的解。若判别式大于 0，有两个不等实数根，输出两个不等实数根的值；若判别式等于 0，有两个相等的实数根，输出相等实数根的值；若判别式小于 0，有两个共轭复数根，输出两个共轭复数根。

4. 编写程序完成从键盘上输入一个字符，输出这个字符是字母、数字、空格还是其他字符。

【思考与练习】

1. 简答题

(1) else 子句如何与 if 子句相匹配？

(2) 分别用单分支结构、二分支结构和多分支结构写一个程序。

2. 单选题

(1) 有语句

```
int a=1,b=2,c=3;
if(a>c)
    b=a; a=c; c=b;
```

则 c 的值为(　　)。

A. 1　　B. 2　　C. 3　　D. 不一定

(2) 条件语句的格式：

```
if(条件表达式) 语句块 1;
else 语句块 2;
```

其中“条件表达式”为(　　)。

A. 是关系表达式　　B. 必须是逻辑表达式

C. 必须是关系表达式或逻辑表达式　　D. 可以是任何合法的表达式

3. 程序分析

(1) 写出运行结果。

```
int a=4,b=3,c=5,t=0;
if(a<b)t=a;a=b;b=t;
if(a<c)t=a;a=c;c=t;
cout<<a<<b<<c;
```

(2) 写出运行结果。

```
int a=4,b=3,c=5,t=0;
if(a<b){t=a;a=b;b=t;}
if(a<c){t=a;a=c;c=t;}
cout<<a<<b<<c;
```

3.3 案例8——车牌查询

3.3.1 问题描述及程序代码

1. 问题描述

车牌是标识车辆身份的号牌，车的车牌号就像人的身份证号一样，其主要作用是通过车牌号可以知道该车辆的所属地区。车牌号的第一个是汉字表示省或直辖市，比如河北省是冀，河南省是豫，北京市是京等。汉字后面第一个字母表示本省的省辖市，河北省车牌号的第一个字母代表的城市如下：A—石家庄市，B—唐山市，C—秦皇岛市，D—邯郸市，E—邢台市，F—保定市，G—张家口市，H—承德市，J—沧州市，R—廊坊市，T—衡水市。现在输入河北省的车牌号，输出该车辆所属的城市。

测试用例1：

```
输入车牌号：A001
输出：石家庄市
```

测试用例2：

```
输入车牌号：B6666
输出：唐山市
```

测试用例3：

```
输入车牌号：M9107
输出：不是河北省的车辆
```

2. 程序代码

```
#include <iostream>
using namespace std;
int main()
{
    char vlpn[10];                              //车牌号码
    cout<<"请输入车牌号码:";                     //提示信息
```

```
    cin>>vlpn;
    char letter;                                     //第一个字母
    letter=vlpn[0];
    switch(letter)
    {
        case  'A': cout<<"石家庄市\n"; break;
        case  'B': cout<<"唐山市\n"; break;
        case  'C': cout<<"秦皇岛市\n"; break;
        case  'D': cout<<"邯郸市\n"; break;
        case  'E': cout<<"邢台市\n"; break;
        case  'F': cout<<"保定市\n"; break;
        case  'G': cout<<"张家口市\n"; break;
        case  'H': cout<<"承德市\n"; break;
        case  'J': cout<<"沧州市\n"; break;
        case  'R': cout<<"廊坊市\n"; break;
        case  'T': cout<<"衡水市\n"; break;
        default:  cout<<"不是河北省的车辆！\n";
    }
    return 0;
}
```

3. 程序分析及运行结果

本程序案例同样是属于多分支，是根据车牌号码首字母的不同，执行不同的输出语句。如果使用条件语句，也完全能够实现此功能，但是会有很多项 else if 子句，程序的可读性较差，这里使用了开关语句，即 switch 语句，程序代码就很清晰，一目了然。下面介绍开关语句的语法格式及其注意事项。

3.3.2　开关语句

1. 开关语句的语法格式

开关语句具有如下一般格式：

```
switch(整数表达式)
{
    case 整常量表达式 1: 语句序列 1;   break;
    case 整常量表达式 2: 语句序列 2;   break;
    case 整常量表达式 3: 语句序列 3;   break;
    ……
    case 整常量表达式 n: 语句序列 n;   break;
    default: 语句序列 n+1;
}
```

等价于条件语句：

```
if(整数表达式==整常量表达式 1)
    语句序列 1;
else if(整数表达式==整常量表达式 2)
    语句序列 2;
```

```
else if(整数表达式==整常量表达式 3)
    语句序列 3;
    ……
else if(整数表达式==整常量表达式 n)
   语句序列 n;
else
    语句序列 n+1;
```

开关语句的流程图如图 3.25 所示。

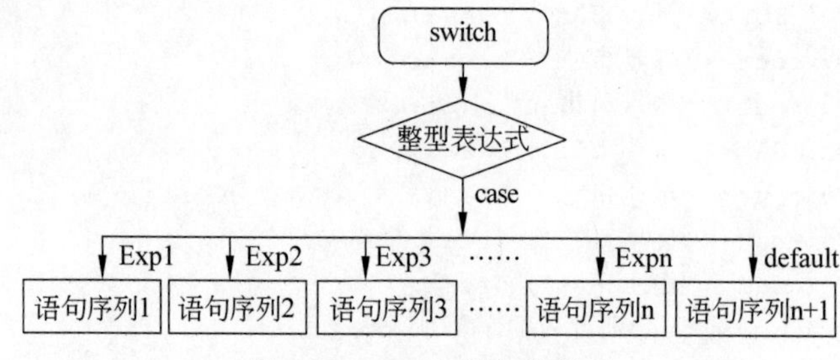

图 3.25　switch 语句流程图

根据本案例的问题描述和 switch 语句的流程图，画出本案例流程图如图 3.26 所示。

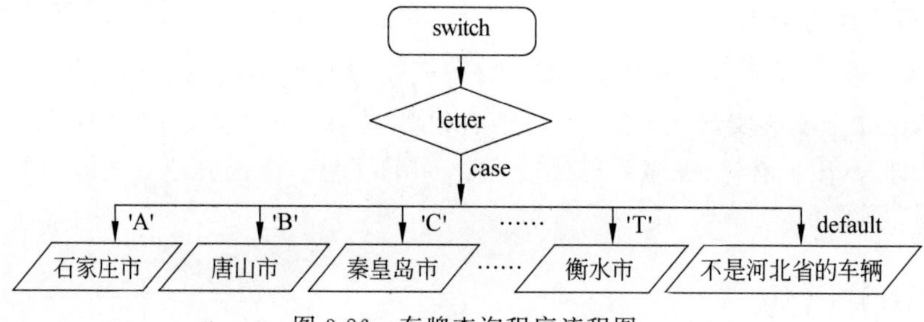

图 3.26　车牌查询程序流程图

2. 开关语句的几点说明

- switch 后面的表达式是整型表达式，一定要含有变量，而 case 后面的表达式必须是整型常量表达式，不允许出现变量，字符常量也是整型常量，因为字符类型是整型的子集。
- 开关语句可以嵌套使用。
- break 是转向语句，在 case 子句中既可以使用 break 语句跳出 switch 语句，也可以没有 break 语句。如果有 break 就结束 switch 语句；如果没有 break 语句就接着执行下一个 case 子句。
- default 子句既可以有，也可以没有，并且可以放在 switch 语句的任何位置。

3. 开关语句的应用案例

【例 3.7】 使用开关语句编程实现输入年、月、日，输出这一天是本年度的第多少天。

```
#include <iostream>
using namespace std;
int main()
{
```

```
    int year,month,day;                                  //年、月、日
    int sumdays;                                         //本月前过了多少天
    int days;                                            //本年度的第多少天
    cout<<"输入年月日：";                                 //提示信息
    cin>>year>>month>>day;                               //输入年月日
    if(year<0||month<1||month>12||day<0||day>31)         //判断日期的有效性
     {
         cout<<"无效日期！\n";
        return 0;
     }
    else
        switch(month)
        {
            case 1:sumdays=0;  break;                    //输入的月份是1月份
            case 2:sumdays=31;  break;                   //2月份
            case 3:sumdays=59;  break;                   //3月份,先按平年计算
            case 4:sumdays=90;  break;                   //4月份
            case 5:sumdays=120;  break;                  //5月份
            case 6:sumdays=151;  break;                  //6月份
            case 7:sumdays=181;  break;                  //7月份
            case 8:sumdays=212;  break;                  //8月份
            case 9:sumdays=243;  break;                  //9月份
            case 10:sumdays=273;  break;                 //10月份
            case 11:sumdays=304;  break;                 //11月份
            case 12:sumdays=334;                         //12月份最后一个语句不需要break;
        }
    //本月前的天数+日期的日
    days=sumdays+day;
    //下面判断是否闰年,月份是否在3月以后,
    //如果是闰年并且月份在3月以后,总天数加1
    //闰年条件：400的整数倍或不是整百的数时是4的整数倍
    if(year%400==0||(year%100!=0&&year%4==0))            //如果是闰年
        if(month>2)                                      //如果月份是2月以后日期
            days++;                                      //天数加1
    cout<<year<<"年"<<month<<"月"<<day<<"日是本年度的第"<<days<<"天。\n";
    return 0;
}
```

运行程序：

输入年月日：2020 12 31

输出结果：

2020年12月 31日是本年度的第366天

3.3.3　上机练习

【上机目的】

- 掌握开关语句的语法格式。

● 掌握多分支条件语句和开关语句之间的区别。

1. 编写程序，利用开关语句实现实数的加、减、乘、除四则运算。输入数据的格式为：

操作数 1　运算符　操作数 2

2. 题目要求如例 3.6，将输入百分制成绩转换成五分制成绩，用开关语句完成多分支功能。

【思考与练习】

1. 单选题

(1) 下列关于开关语句的描述中，(　　)是正确的。

A. 开关语句中 default 子句既可以没有，也可以有一个

B. 开关语句中的每个语句序列中必须有 break 语句

C. 开关语句中 default 子句只能放在后面

D. 开关语句中 case 子句后面的表达式是整型表达式

(2) 下面有关 break 语句的描述中，(　　)是错误的。

A. break 语句可用于循环体内，它将退出本重循环

B. break 语句可用于开关语句中，它将退出本开关语句

C. break 语句可用于 if 体内，它将退出 if 语句

D. break 语句在一个循环体内可以出现多次

(3) 执行以下代码的结果是(　　)。

```
int i(5);
switch(i)
{
    case 0:  cout<<"0"<<' '
    default:  cout<<"default"<<' ';
    case 1:  cout<<"1"<<' ';
}
```

A. 屏幕无任何显示　B. default 1　C. default　D. 0 default 1

2. 程序分析

分析程序的执行结果。

```
#include <iostream>
using namespace std;
void main()
{
    int a(1),b(6),c(4),d(2);
    switch(a++)
    {
        case 1:c++;d++;
        case 2:switch(++b)
            {
                case 7:c++;
                case 8:d++;
            }
        case    3:c++;d++;
```

```
            break;
        case 4:c++;d++;
    }
    cout<<c<<','<<d<<endl;
}
```

3.4 案例 9——猜数小游戏

3.4.1 问题描述及程序代码

1. 问题描述

系统自动生成一个 1～20 的随机数，游戏玩家猜数，程序根据玩家猜数给出相应的提示，如果猜的数比生成的随机数大，提示“您猜大了！”；如果猜的数比随机数小，提示“您猜小了！”；如果猜的数正好是随机数，提示“恭喜您猜对了！”。然后根据所猜次数，程序给出评价，如果猜数少于 4 次，显示器上提示“太棒了！ 只用了 x 次”；如果猜数大于或等于 4 次小于 8 次，程序会提示“加油哦！ 用了 x 次”；如果需要猜测 8 次以上，提示“运气较差呀！ 用了 x 次”，x 表示实际猜测的次数，直到猜中后游戏结束。

根据问题描述，首先画出程序传统流程图，如图 3.27 所示。接着依据程序流程图能非常清晰地转化成程序代码。

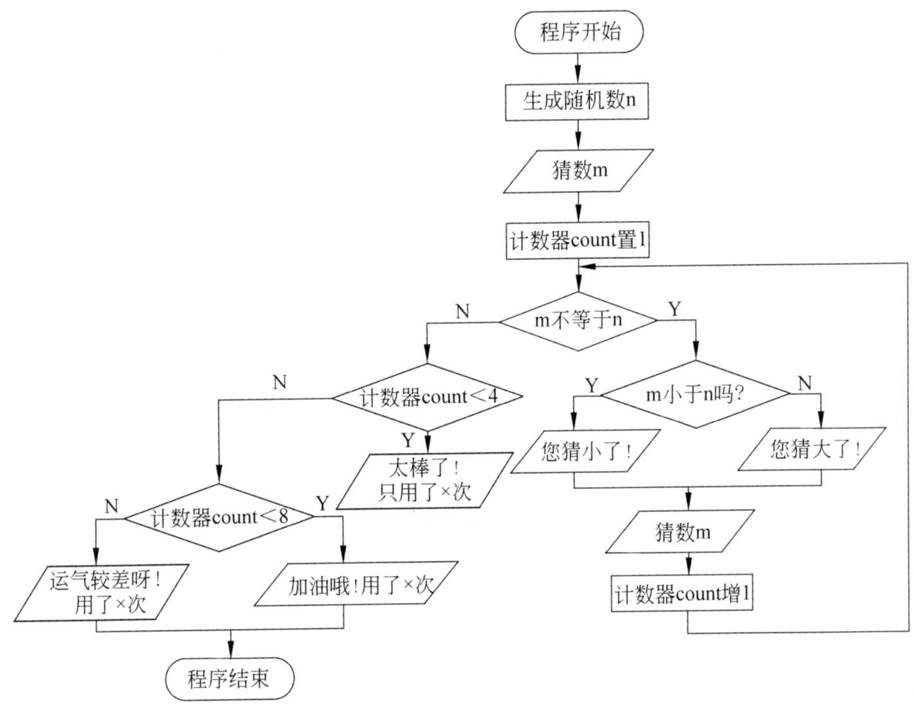

图 3.27 猜数小游戏流程图

从流程图中看，程序包含二分支结构和循环结构，可见多种结构之间是可以互相嵌套的。

2. 程序代码

```
#include <iostream>
#include <time.h>
using namespace std;
int main()
{
    srand(time(0));                                  //设置随机种子
    //生成一个随机数
    int n=rand()%20+1;                               //闭区间[1,20]
    int m;                                           //声明猜数变量
    int count=1;                                     //计数器
    cout<<"输入一个 1～20 的整数:";
    cin>>m;                                          //输入数据
    while(m!=n)                                      //猜数不正确
    {                                                //花括号里是循环体
        if(m<n)                                      //猜数小于随机数
            cout<<"您猜小了!"<<endl;
        else                                         //猜数大于随机数
            cout<<"您猜大了!"<<endl;
        cout<<"输入一个[1,20]区间的整数:";              //提示输入
        cin>>m;                                      //接着猜数
        count++;                                     //计数器增 1
    }
    if(count<4)                                      //猜数少于 4 次
        cout<<"太棒了! 只用了"<<count<<"次就猜对了!"<<endl;
    else if(count<8)                                 //猜数大于或等于 4 小于 8 次
        cout<<"加油啊! 用了"<<count<<"次!"<<endl;
    else                                             //猜数大于或等于 8 次
        cout<<"运气较差呀! 用了"<<count<<"次"<<endl;
    return 0;
}
```

3. 程序分析及运行结果

在本程序中,有两个新的知识点。首先介绍如何让系统生成一个随机数,本案例是通过调用随机数生成函数完成的。其次,输入数据并与系统生成的随机数进行比较的操作会重复执行,把这些具有规律性的重复操作的语句称为循环体,能否继续重复,取决于循环的终止条件,本案例中循环终止的条件是输入数据和系统生成的随机数相等。程序测试如图 3.28 所示。

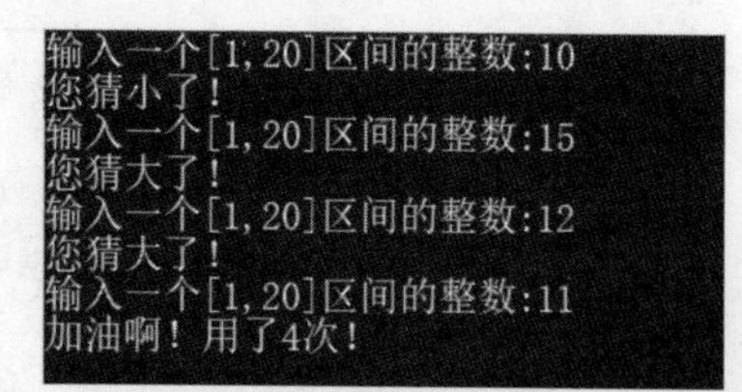

图 3.28 程序执行结果

3.4.2 生成随机数

1. 生成伪随机数

C++ 语言里的 rand()函数能够生成伪随机数,此函数不需要参数,其返回值是一个 0 至最大整数之间的任意整数。之所以称为伪随机数,因为默认是以 1 为随机种子(即起始值),随机数生

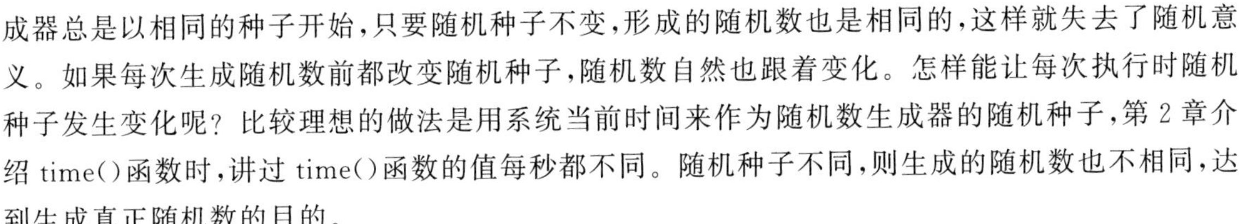

成器总是以相同的种子开始，只要随机种子不变，形成的随机数也是相同的，这样就失去了随机意义。如果每次生成随机数前都改变随机种子，随机数自然也跟着变化。怎样能让每次执行时随机种子发生变化呢？比较理想的做法是用系统当前时间来作为随机数生成器的随机种子，第 2 章介绍 time()函数时，讲过 time()函数的值每秒都不同。随机种子不同，则生成的随机数也不相同，达到生成真正随机数的目的。

2. 用系统的时间作为随机种子

在 time.h 头文件或 ctime 文件中，time(NULL)函数可以返回当前的系统时间，返回值是一个大整数。此值就是从 1900 年 1 月 1 日 0 点 0 分 0 秒那一时刻起经过的秒数，这样就能保证两次程序被调用时，不是同一个时刻点，因此每次随机种子发生了变化。因为函数 srand(time(NULL))用不同的数作为随机种子，rand()函数生成的随机数就会每次都发生改变。

3.生成一个 a～b 的整数

假如随机数是 n，n 是从 0 到无穷大(整数范围内)之间的一个值，把数值 n 确定在 a～b 内，分为以下 4 种情况。

- [a，b)左闭右开区间：n%(b－a)＋a；
- (a，b) 左开右开区间：n%(b－a－1)＋(a＋1)；
- (a，b] 左开右闭区间：n%(b－a)＋(a＋1)；
- [a，b] 左闭右闭区间：n%(b－a＋1)＋a；

程序中生成 [1，20]闭区间的随机数，代入第 4 种情况，n%(20－1＋1)＋1 即 n%20＋1 就是符合要求的随机数。

3.4.3　循环语句

C++ 语言提供了三种循环语句：while 循环语句、do-while 循环语句和 for 循环语句，三种循环语句的语法格式不一样。大多数情况下，它们之间可以相互替代，都是根据循环条件来判断是否执行循环体语句。循环体是多条语句时，一定要用花括号“{}”括起来，组成复合语句，并且在循环体语句中要修改循环控制变量，以便能使循环条件为假，从而结束循环。

1. while 循环语句

while 循环语句的一般格式如下：

```
while (循环条件)
    循环体语句;
```

while 是关键字，循环体语句既可以是一条语句，也可以是复合语句，还可以是空语句。while 循环语句的流程图如图 3.5 所示。

循环条件可以是任何合法的表达式，当循环条件非 0 时，执行循环体语句，否则退出循环语句，执行循环语句后面的语句。需要注意的是，循环条件和循环体语句整体构成 while 循环语句，因此在 while(循环条件)后面不能加分号，如果添加分号，表明循环体语句是空语句。当条件非 0 且循环体语句又是空语句时，循环语句就会无限循环地运行，这种循环又称死循环，导致程序不能结束。

说明：

- while 循环语句先执行循环条件的计算，循环条件非 0，则执行循环体，否则循环体语句一次都不执行，直接执行循环语句后面的语句。
- 循环体语句里一定要包含修改循环控制变量的语句。例如本案例中，数据 m 是循环控制变量。在循环体中，每次循环都需要输入 m，这样输入数据 m 与随机数 n 的值就有相等的时候。若两个变量的值相等，则循环条件 m!=n 为假，结束循环。

【例 3.8】 求 10 个整数的平均值。整型数组 grade[10]是 10 个学生某门课程的成绩，使用 while 循环语句写程序，求本门课程的平均分。

若不使用循环语句，总成绩变量赋值如下：

```
sum=grade[0]+grade[1]+grade[2]+ ……+grade[9];
```

10 个数组元素相加，也能完成求总成绩的计算，平均分=总成绩/人数，求出平均分。但是假如不是 10 个学生，而是 100 个、1000 个，甚至更多的学生呢？通过分析发现，向总成绩 sum 变量中增加每个学生成绩的操作是不断重复的操作，第 1 次加的是 grade[0]，第 2 次加的是 grade[1]，第 3 次加的是 grade[2]，……，第 10 次加的是 grade[9]，那么数组下标就是循环控制变量，从数组下标为 0 的数组元素开始，加到下标值为 9 的数组元素，当下标值为 10 的时候结束循环。上面的 10 个数组元素相加求和的表达式，就可以用下面的循环语句完成了。程序代码如下：

```
#include <iostream>
using namespace std;
int main()
{
    int grade[10]={95,78,89,75,90,67,69,84,67,91};      //给每个数组元素赋初值
    int i=0;                        //i 作为循环控制变量
    int sum=0;                      //sum 为所有学生成绩的总和,初值为 0
    while (i<10)                    //循环 10 次,i 的值取到 10 时条件为假,退出循环
    {
        sum=sum+grade[i];           //将 10 个数组元素加入 sum 变量
        i++;                        //循环控制变量加 1
    }
    cout<<"总成绩是: "<<sum<<endl;
    cout<<"平均分是: "<<sum*1.0/10<<endl;
    //乘以 1.0 是为了把总成绩转换成 double 型数据,否则除法运算是整除
    return 0;
}
```

循环变量 i 从 0 开始，每次加 1，一直到 i 的值为 10 不满足循环条件时结束，整个过程把 grade[i]的值累加到 sum 变量。i 为 10 时，循环条件 i<10 为假，结束循环，可见计算了 grade[0]至 grade[9]共 10 个数组元素的和。循环结束后，再用总成绩除以总人数就求得平均成绩，sum * 1.0 是一个整数和一个 double 型数据做乘法运算，结果为 double 型数据，double 型数据除以总人数，结果依然是 double 型数据，因此平均分是 double 型数据。

2. do-while 循环语句

do-while 循环语句的一般格式如下：

```
do
```

```
    循环体语句;
while(循环条件);
```

do 和 while 是关键字,循环体语句既可以是一条语句,也可以是复合语句,还可以是空语句,do-while 循环语句的流程图如图 3.6 所示。

do-while 循环语句与 while 循环语句在执行顺序上是不同的,do-while 循环语句先执行循环体语句,后判断循环条件。当循环条件非 0 时,继续执行循环体语句。当循环条件为 0 时,退出循环,换句话说,do-while 语句中循环体至少执行 1 次。如果把例 3.8 用 do-while 循环语句来实现,程序代码如下:

```
int grade[10]={95,78,89,75,90,67,69,84,67,91};       //给每个数组元素赋初值
int i=0;                                             //i 作为循环控制变量
int sum=0;                                           //sum 为所有学生成绩的总和
do
{
    sum=sum+grade[i];
    i++;
}while(i<10);
cout<<"总成绩是: "<<sum<<endl;
cout<<"平均分是: "<<sum*1.0/10<<endl;
//乘以 1.0 是为了把总成绩转换成 double 型数据,否则除法运算是整除
```

说明:do-while 整体是一个循环语句,在 while(循环条件)后面需要加分号,这个程序段运算结果与 while 循环语句的执行结果是一样的。

下面比较程序段例 3.9 和例 3.10 两者之间的异同。

【例 3.9】

```
int i, sum=0;
cin>>i;
while(i<=10)
{
    sum+=i;
    i++;
}
cout<<"sum="<<sum<<endl;
```

【例 3.10】

```
int i, sum=0;
cin>>i;
do
{
    sum+=i;
    i++;
} while(i<=10);
cout<<"sum="<<sum<<endl;
return 0;
```

两个程序段都是先输入 i 的值,循环条件都是小于或等于 10,循环体语句也一样,都是把 i 的值累加到 sum 变量,然后修改循环控制变量,最后输出 sum 的值。

分析程序如果输入 i 的值小于或等于 10 时,两者的执行结果是一样的,都是从 i 到 10 连续整数的累加和。但是,如果输入 i 的值大于 10,例 3.9 中的循环体不会执行,输出结果为 0。例 3.10 则不同,因为循环体至少执行了 1 次,然后才判断循环条件,因此即使条件不满足,最后的输出结果也是 i 的值。

3. for 循环语句

for 循环语句的格式如下:

```
for (表达式 1;表达式 2;表达式 3)
    循环体语句;
```

for 是关键字,循环体语句既可以是一条语句,也可以是复合语句,还可以是空语句。for 循环语句的流程图如图 3.5 所示。for 语句的执行过程是:先执行表达式 1,且表达式 1 仅执行 1 次,紧接着执行表达式 2,如果表达式 2 的值非 0,则执行循环体语句。循环体语句执行完后,执行表达式 3,接着继续执行表达式 2,判断表达式 2 的值是否为真,如果表达式 2 非 0,继续执行循环体,以此类推,直到表达式 2 的值为 0,退出循环,执行循环语句后面的语句。具体说明如下:

- 表达式 1——在循环前仅执行一次。
- 表达式 2——非 0 时,执行循环体语句。
- 表达式 3——每次循环体执行完成后,执行表达式 3。

三个表达式之间用分号";"分隔,一般情况下表达式 1 用来初始化循环控制变量,表达式 2 作为循环控制条件,表达式 3 用来修改循环控制变量。表达式 1、表达式 2 和表达式 3 都可以省略,但是表达式之间的分号不能省略。

例如:

```
表达式 1;
for(;表达式 2;)
{
    循环体语句;
    表达式 3;
}
```

等价于:

```
表达式 1;
while(表达式 2)
{
    循环体语句;
    表达式 3;
}
```

可见,for 和 while 循环语句基本上是一样的,可以互相替换,但从使用经验上来说,for 循环语句通常用在有固定循环次数的循环语句中,而 while 语句则用在满足某种条件时才循环的语句中,它们都是先判断条件,若条件表达式为真,再执行循环体语句。所以,如果一开始条件就不满足,循环体语句就一次也不执行。

例如:

```
for(int i=1; i<=10; i++)
    cout<<"hello.\n";
```

表达式 1:int i=1;声明循环控制变量并赋初值为 1。表达式 2:是关系表达式 i<=10,作为循环条件。表达式 2 可以是任何合法的表达式,只要其值非 0,就执行循环体语句。表达式 3:i++用来修改循环控制变量。循环体语句:

```
cout<<"hello.\n";
```

这段代码的功能就是在显示器上输出 10 行"hello."。

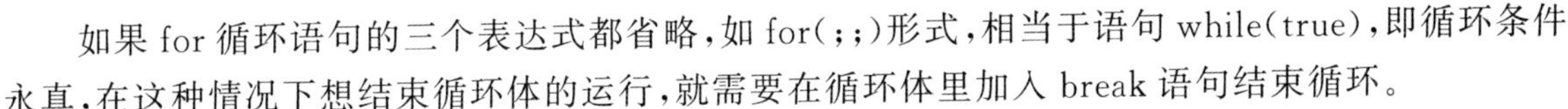

如果for循环语句的三个表达式都省略，如for(;;)形式，相当于语句while(true)，即循环条件永真，在这种情况下想结束循环体的运行，就需要在循环体里加入break语句结束循环。

4. 循环语句的应用案例

【例3.11】 输入年、月、日，计算天数。使用循环语句编程实现输入年、月、日，输出这一天是本年度的第多少天。

题目分析：根据输入的月份，把本月之前每个月的天数相加，再加上本月已经过去的天数，最后还要考虑本年度是否闰年，如果本年度是闰年并且输入的月份是在2月份以后，还要在前面计算出的天数后加1，因为闰年的2月份是29天。因此需要定义一个数组monthdays来记录一年中每个月的天数。程序代码如下：

```
#include <iostream>
using namespace std;
int main()
{
    //定义长度为13的数组,浪费1个数据的空间,为的是monthdays[1]
    //存储1月份的天数31天,monthdays[2]存储2月份的天数28天,按平年算……
    int monthdays[13]={0,31,28,31,30,31,30,31,31,30,31,30,31};
    int year,month,day;                                 //年、月、日
    int days=0;                                         //本年度的第多少天
    cout<<"输入年月日: ";                                //提示信息
    cin>>year>>month>>day;
    if(year<0||month<1||month>12||day<0||day>31)
    {
         cout<<"无效日期! \n";
        return 0;
    }
    else
    {
        for(int i=1;i<month;i++)                        //循环次数为输入月份减1
            days=days+monthdays[i];                     //已过月份的天数
        days+=day;                                      //加上本月已过的天数
    //闰年条件: 整除400或不能整除100的数且能整除4
    if(year%400==0||(year%100!=0&&year%4==0))           //如果是闰年并且月份是2月以后
        if(month>2)
            days++;                                     //天数加1
    cout<<year<<"年"<<month<<"月"<<day<<"日是本年度的第"<<days<<"天。\n";
    }
    return 0;
}
```

【例3.12】 求下列分数序列的前15项之和。

2/1,3/2,5/3,8/5,13/8,21/13,…

题目分析：查看分数序列每一项的分子和分母的值，很容易发现分子和分母的变化规律，如果用m表示分子，n表示分母，从第二项开始，分数的分子m就是前一项分数的分子m和分母n的和，分数的分母n是前一项分数的分子m，以后的每一项分数都是如此的规律，所以如果用sum变量表示所有项的累加和，那么从第一项开始，把m/n的值加到sum后，就要修改分子m和分母n的值作为下一项分数的分子和分母。用下列代码完成：

```
mOld=m;                    //把用过的 m 保存到 mOld 变量中
m=m+n;                     //下一个分数分子 m 的值为原来分数分子 m 和分母 n 之和
n=mOld;                    //下一个分数分母的值 n 为原来分数的分子 m
```

程序代码如下：

```
#include <iostream>
using namespace std;
int main()
{
    float m=2,n=1;         //定义分子、分母并赋初值
    float sum=0;           //定义累加和并赋初值
    int i=1;               //定义循环控制变量
    float mOld;            //用来保存当前分子 m 的值
    while(i<=15)           //循环条件
    {
        sum+=m/n;          //累加分数值
        mOld=m;            //把用过的 m 保存到 mOld 变量中
        m=m+n;             //下一项分数分子 m 的值为当前项分数分子 m 和分母 n 之和
        n=mOld;            //下一项分数分母的值 n 为当前项分数的分子 m
        i++;               //修改循环控制变量
    }
    cout<<"分数序列前 15 项之和是:"<<sum<<endl;
    return 0;
}
```

3.4.4 上机练习

【上机目的】

- 掌握 while、do-while 和 for 循环语句的语法格式。
- 熟练使用循环语句编写简单程序。

1. 从键盘上输入 10 个整数，输出 10 个数中的最大值。

2. 使用 while 循环语句，采用辗转相除法，求两个正整数的最大公约数和最小公倍数。例如：

```
输入：25 50
输出：最大公约数是 25,最小公倍数是 50。
输入：36 24
输出：最大公约数是 12,最小公倍数是 72。
输入：7  39
输出：最大公约数是 1,最小公倍数是 273。
```

3. 输入一个正整数，计算此正整数所有因数之和(不包括自身，如果此数是素数，则因数之和为 1)。

例如：

```
输入：36
输出：1+2+3+6+12+18=42
输入：28
输出 1+2+4+7+14=28
```

4. 输入一个正整数，计算每一位数字的和。

例如：

```
输入：23456
输出：20
输入：343434
输出：21
```

5. 从键盘上输入字符串，统计字符串中大小写字母、数字字符、空格和其他字符的个数，并在屏幕上输出。

例如：

```
输入：PPNN13% dkstFeb1 (flzx3000c)
输出：大小写字母 16 个；  数字字符 7 个；  空格 2 个；其他字符 3 个。
```

6. 凯撒密码：设想在某些情况下给朋友传递字条信息，但不希望在传递中途被第三方看懂这些信息，因此需要对字条信息进行加密。传统的加密算法有很多，这里介绍一种非常简单的加密算法——凯撒密码。凯撒密码是古罗马凯撒大帝用来对军事情报进行加密的算法，它采用了替换方法，对信息中的每一个大小写字母循环替换为字母表序列中该字符后面第三个字符，若字符不是大小写字母不变，对应关系如下。

例如：

```
明文：ABCDEFGHIJKLMNOPQRSTUVWXYZ
密文：DEFGHIJKLMNOPQRSTUVWXYZABC
明文：I am a boy
密文：L dp d esb
```

编写一个程序，完成对输入的字符串进行加密。

【思考与练习】

1. 简答题

(1) while 循环语句和 do-while 循环语句有什么区别？

(2) 说明 for 循环语句的语法格式和执行过程。

2. 单选题

(1) 下列 do-while 循环语句的循环次数是(　　)。

已知：

```
int i=5; do { cout<<i--<<endl;i--;} while(i!=0);
```

A. 0　　B. 1　　C. 5　　D. 无限

(2) 现已定义整型变量：

```
int i = 3;
```

执行循环语句：

```
while(i-- >0);
```

i 的值为(　　)。

A. 1　　B. 0

C. －1　　D. 以上三个答案均不正确

(3) 执行下列语句,输出的结果是(　　)。

```
int i=0;
while(i<25) i+=3;
cout<<i;
```

A. 24　　B. 25　　C. 27　　D. 28

(4) for(int x＝0,y＝0;!x&&y＜＝5;y＋＋);语句执行循环的次数是(　　)。

A. 0　　B. 5　　C. 6　　D. 无次数

(5) 下列关于 do-while 循环语句叙述正确的是(　　)。

A. do-while 循环语句不可以转换为等价的 while 循环

B. do-while 循环语句所构成的循环只能用 break 语句跳出

C. do-while 循环语句所构成的循环只有在 while 后面的表达式为零时才结束

D. do-while 循环语句先执行循环体后判断条件

3. 程序分析

分析下列程序,说明程序的功能。

(1) 程序一:

```
#include <iostream>
using namespace std;
int main()
{
    int num[10]={10,1,-20,-203,-21,2,-2,-2,11,-21};
    int sum=0,i;
    for(i=0; i<=9;i++)
        if(num[i]>0)
            sum+=num[i];
    cout<<"sum="<<sum;
    return 0;
}
```

(2) 程序二:

```
#include <iostream>
using namespace std;
int main()
{
    int n=0;
    cout<<"请输入字符,以输入'#'字符结束: ";
    char c;
    cin>>c;
    while(c!='#')
    {
        n+=(c>='0'&&c<='9'?1:0);
        cin>>c;
    }
    cout<<"输入了"<< n <<" 个数字"<<endl;
    return 0;
}
```

3.5 案例 10——寻找素数

3.5.1 问题描述及程序代码

1. 问题描述

输入两个大于 1 的自然数 a 和 b，查找[a，b]区间上有哪些素数，并在显示器上输出，要求每行输出 6 个数。

题目分析：在 3.1.2 节中，介绍了判断整数 n 是否为素数的条件，并画出了流程图。主要思路就是在 2 到 n－1 之间只要找到一个数是 n 的因数，那么 n 一定不是素数，就不需要继续找其他的因数了。如果在 2 到 n－1 之间的每个数都不是 n 的因数，那么 n 就是素数。对于每一个数据 n 都是这样判断，在本案例中，要判断是否为素数的 n 的取值范围是 a≤n≤b，因此要用双重循环来实现程序的功能。画出程序流程图，如 3.29 所示。

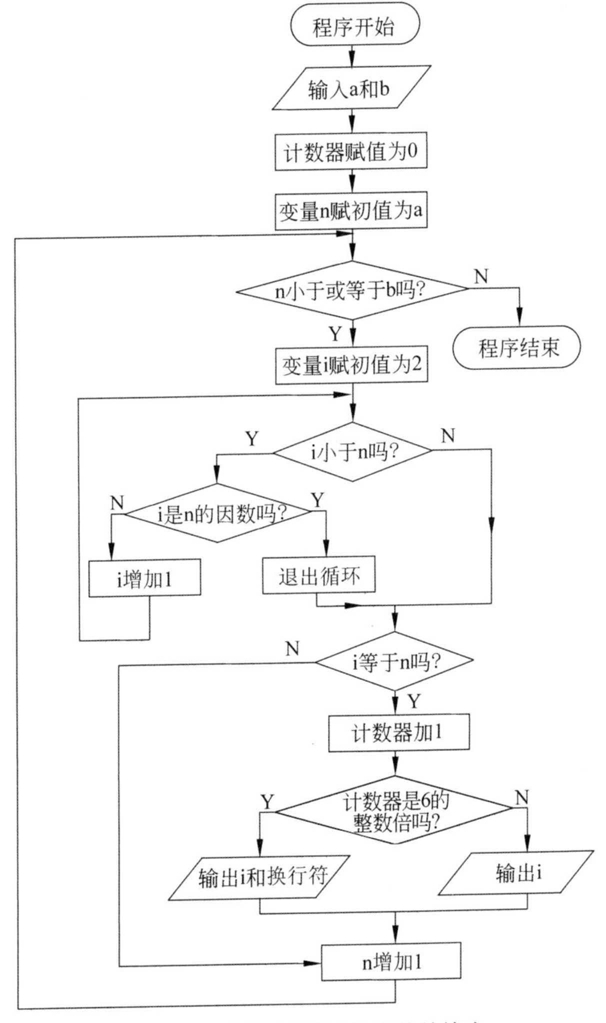

图 3.29 求[a，b]区间的素数并输出

2. 程序代码

```
#include <iostream>
using namespace std;
int main()
{
    int a,b;                            //[a,b]区间 声明变量
    int numsCount=0;                    //声明计数器,记录素数个数
    cout<<"输入整数[a,b]区间 a 和 b 的值:";
    cin>>a>>b;                          //输入数据
    for(int n=a;n<=b;n++)               //对于[a,b]区间的每一个数进行判断
    {
        int i=2;                        //i 作为循环控制变量
        while(i<n)
        {
            if(n%i==0)                  //i 是 n 的因数
                break;                  //退出循环
            else                        //i 不是 n 的因数
                i++;                    //看下一个数是不是 n 的因数
        }
        //两种情况退出循环,一种是通过 break; 语句退出循环
        //另一种是 i 等于 n 时退出循环,只有这种情况下 n 是素数
        if(i==n)                        //不是 break 语句退出循环的情况
        {
            numsCount++;                //找到 1 个素数
            if(numsCount%6==0)          //是 6 的整数倍
                cout<<n<<endl;          //输出 n 和换行符
            else
                cout<<n<<"\t";          //输出 n 和制表符
        }
    }
    return 0;
}
```

3. 程序分析及运行结果

本程序案例用到了双重循环,即循环语句中嵌套了循环语句。双重循环语句的执行顺序是内循环执行结束方可继续执行外循环。在开关语句的 case 子句中用到过 break 语句,用于退出开关语句。在循环语句中的 break 语句也是退出循环语句,用于退出本重循环。比如本案例中在内循环的循环体中出现 break 语句,只是退出内循环,接着执行位于外循环的循环体中的内循环语句后面的语句。例如,输入:

```
100,200
```

运行结果如图 3.30 所示。

```
输入整数[a,b]区间a和b的值:100 200
101     103     107     109     113     127
131     137     139     149     151     157
163     167     173     179     181     191
193     197     199
```

图 3.30 [100,200]区间的素数

3.5.2 多重循环

1. 多重循环的格式

多重循环是指在某个循环语句的循环体内还有循环语句,又称循环语句的嵌套。前面讲过的

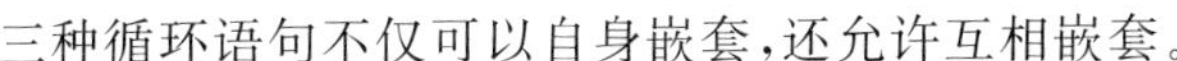

三种循环语句不仅可以自身嵌套，还允许互相嵌套。

(1) do-while 循环的自身嵌套：

```
do
{
    外循环体语句;
    do
    {
        内循环体语句;
    } while(内循环条件);
    外循环体语句;
}while(外循环条件);
```

(2) for 循环嵌套 while 循环：

```
for(expr1;expr2;expr3)
{
    外循环体语句;
    while(内循环条件)
    {
        内循环体语句;
    }
    外循环体语句;
}
```

(3) 三重循环：

```
for(expr1;expr2;expr3)
{
    外循环体语句;
    for(expr1;expr2;expr3)
    {
        中循环体语句;
        while(内循环条件)
        {
            内循环体语句;
        }
        中循环体语句;
    }
    外循环体语句;
}
```

(4) for 循环嵌套 while 循环和 do-while 循环：

```
for(expr1;expr2;expr3)
{
    外循环体语句;
    while (内循环条件)
    {
        内循环体语句;
    }
    外循环体语句;
    do
    {
        内循环体语句;
    }while(内循环条件);
    外循环体语句;
}
```

本案例的双重循环是 for 循环语句里嵌套了 while 循环语句，用于完成对给定区间的每一个数是否为素数的判断。

2. 多重循环的应用案例

【例 3.13】 乘法口诀表。用循环语句完成在显示器上输出九九乘法口诀表，如图 3.31 所示。

1×1=1								
1×2=2	2×2=4							
1×3=3	2×3=6	3×3=9						
1×4=4	2×4=8	3×4=12	4×4=16					
1×5=5	2×5=10	3×5=15	4×5=20	5×5=25				
1×6=6	2×6=12	3×6=18	4×6=24	5×6=30	6×6=36			
1×7=7	2×7=14	3×7=21	4×7=28	5×7=35	6×7=42	7×7=49		
1×8=8	2×8=16	3×8=24	4×8=32	5×8=40	6×8=48	7×8=56	8×8=64	
1×9=9	2×9=18	3×9=27	4×9=36	5×9=45	6×9=54	7×9=63	8×9=72	9×9=81

图 3.31 九九乘法口诀表

分析题目要求，用循环语句完成打印乘法口诀表，如果没有这个要求，你也许认为这很简单，用 9 条输出语句，输出 9 行字符串，太容易了。这样想就远离了程序设计思维。本案例忽略表格线的输出，看乘法口诀表的规律，发现乘法口诀表一共输出 9 行，第 1 行输出 1 个算式，第 2 行输出 2 个算式，第 3 行输出 3 个算式，……，第 9 行输出 9 个算式，如果 i 是行号，第 i 行输出 i 个算式。每一行中的 i 个算式也有规律，从第 1 个到第 i 个算式中，第 1 个算式中第 1 个乘数是 1，第 2 个乘数是 i；第 2 个算式中第 1 个乘数是 2，第 2 个乘数也是 i；第 3 个算式中第 1 个乘数是 3，第 2 个乘数还是 i，……，第 i 个算式的第 1 个乘数是 i，第 2 个乘数也是 i。可见，若每一行中第 1 个乘数是 j，j 是从 1 开始增加，一直到值为 i 停止，这样的操作也符合循环结构的运行条件。根据分析写出程序代码如下：

```
#include <iostream>
using namespace std;
int main()
{
    //输出 9 行,循环 9 次
    for(int i=1;i<=9;i++)
    {
        for(int j=1;j<=i;j++)                           //每一行输出 i 个算式,循环 i 次
            cout<<j<<"×"<<i<<"="<<j*i<<"\t";   //每次输出一个算式
        cout<<"\n";                                      //每行输出一个换行符
    }
    return 0;
}
```

本程序案例运行结果如图 3.32 所示。

```
1×1=1
1×2=2  2×2=4
1×3=3  2×3=6  3×3=9
1×4=4  2×4=8  3×4=12 4×4=16
1×5=5  2×5=10 3×5=15 4×5=20 5×5=25
1×6=6  2×6=12 3×6=18 4×6=24 5×6=30 6×6=36
1×7=7  2×7=14 3×7=21 4×7=28 5×7=35 6×7=42 7×7=49
1×8=8  2×8=16 3×8=24 4×8=32 5×8=40 6×8=48 7×8=56 8×8=64
1×9=9  2×9=18 3×9=27 4×9=36 5×9=45 6×9=54 7×9=63 8×9=72 9×9=81
```

图 3.32 乘法口诀表

【例 3.14】 数组的冒泡排序。定义一个长度为 10 的整型数组，从键盘上输入 10 个数据，用冒泡排序法对 10 个数据按照从小到大的顺序进行排序，把排序后的结果输出到显示器上。

排序是把一个任意的序列重新排列成有序的序列，在数据处理中占有很重要的地位。排序的方法很多，有插入排序、选择排序、交换排序、归并排序等。冒泡排序是一种交换排序，也是一种很简单的排序算法。冒泡排序的基本思想是：两个相邻的数据进行比较，如果反序则交换，直到没有反序为止。

比如本案例中要求将 10 个数按从小到大排序，那么从第 1 个数开始，如果第 1 个数比第 2 个数大，两个数就交换；如果第 1 个小于或等于第 2 个数则不需要交换。接着比较第 2 个数和第 3 个数，如果第 2 个数比第 3 个数大，两个数就交换；如果第 2 个小于或等于第 3 个数则不需要交换，……，最后第 9 个数和第 10 个数也如此操作，把 10 个数做一趟比较和交换之后，可以确定的是

第 10 个数一定是最大的数。接下来要进行第二趟比较和交换，和第一趟一样，从头开始，但是这次仅需要比较到第 9 个数就可以了，那么第二趟比较的结果，确定了第 9 个数是第二大数，以此类推，最后一趟是两个数进行比较，如果第 1 个数大于第 2 个数就进行交换。因此 10 个数排序，最坏的情况需要比较和交换 9 趟。下面是 10 个数据的冒泡排序过程。

初始数据：	23	4	6	56	7	32	100	9	78	1
第一趟排序结果：	4	6	23	7	32	56	9	78	1	100
第二趟排序结果：	4	6	7	23	32	9	56	1	78	100
第三趟排序结果：	4	6	7	23	9	32	1	56	78	100
第四趟排序结果：	4	6	7	9	23	1	32	56	78	100
第五趟排序结果：	4	6	7	9	1	23	32	56	78	100
第六趟排序结果：	4	6	7	1	9	23	32	56	78	100
第七趟排序结果：	4	6	1	7	9	23	32	56	78	100
第八趟排序结果：	4	1	6	7	9	23	32	56	78	100
第九趟排序结果：	1	4	6	7	9	23	32	56	78	100

```
int arr[10]={23,4,6,56,7,32,100,9,78,1};
```

第一趟：从 arr[0]比较到 arr[9]，10 个数参与比较。

第二趟：从 arr[0]比较到 arr[8]，9 个数参与比较。

第三趟：从 arr[0]比较到 arr[7]，8 个数参与比较。

……

第九趟：arr[0]和 arr[1]进行比较，2 个数参与比较。

比较趟数是外循环，可见内循环数据的比较次数和外循环趟数相关。程序代码如下：

```
#include <iostream>
using namespace std;
int main()
{
    int arr[10];
    cout<<"请输入 10 个整数:";
    for(int i=0;i<10;i++)                  //输入 10 个数据元素
        cin>>arr[i];
    for(int i=1;i<=9;i++)                  //比较 9 趟
        for(int j=0;j<10-i;j++)            //每一趟进行比较的数据少 1 个
            if(arr[j]>arr[j+1])            //前一个数大于后一个数
            {
                int t=arr[j];              //借助中间变量把两个数交换
                arr[j]=arr[j+1];
                arr[j+1]=t;
            }
    for(int i=0;i<10;i++)                  //输出交换后的 10 个数组元素
        cout<<arr[i]<<"\t";
    cout<<endl;
}
```

10 个数进行排序最多需要比较 9 趟，如果是 n 个数的序列进行排序，最多需要比较 n－1 趟。

按上面程序的代码，假如初始数据序列就是一个基本有序的序列，在比较和交换一趟或两趟之后，就已经是有序序列了，那么后面的多趟比较还要进行，如果在序列有序后，高效的做法是结束排序。例如 10 个数据的序列如下：

```
int arr[10]={4,6,1,56,7, 9,23,,32,100, 78};
```

初始数据：	4	6	1	56	7	9	23	32	100	78
第一趟结果：	4	1	6	7	9	23	32	56	78	100
第二趟结果：	1	4	6	7	9	23	32	56	78	100
第三趟结果：	1	4	6	7	9	23	32	56	78	100

从上面的序列比较过程中发现，第二趟比较完，就是有序序列了，因为第三趟的比较结果没有任何数据需要进行交换，可见如果没有数据需要进行交换，就是有序序列的条件，也就不需要再进行后面的比较，这样就可以提高程序的执行效率。因此如果设置一个标记，像开关一样，开关处于打开状态需要进行下一趟比较，在比较前先把开关关闭，如果有数据交换，则把开关再次打开；如果没有交换，开关就处于关闭状态，则不需要进行下一趟比较。程序代码修改如下：

```
bool flag=true;                         //flag是开关，初始值开关处于打开状态
for(int i=1;i<=9&&flag;i++)             //循环需要两个条件都为真值时方可执行循环体
    for(int j=0;j<10-i;j++)             //每一趟比较的数据元素的个数少 1 个
    {
        flag=false;                     //将开关关闭
        if(arr[j]>arr[j+1])             //前一个数大于后一个数
        {
            int t=arr[j];               //借助中间变量把两个数交换
            arr[j]=arr[j+1];
            arr[j+1]=t;
            flag=true;                  //如果有数据交换，开关打开
        }
    }
```

3.5.3 转向语句

在案例 10 中，当找到整数 n 的因数就退出本重循环，使用了 break 语句，break 语句是一种转向语句。C++ 语言提供了 goto、break 和 continue 三种转向语句。它们会改变语句的执行顺序，多数情况下可以通过改变循环条件来避免使用转向语句。例如：

```
while(i<n)
{
    if(n%i==0)                          //i 是 n 的因数
        break;                          //退出循环
    else                                //i 不是 n 的因数
        i++;                            //看 i 的下一个数是不是 n 的因数
}
```

这段代码有两种情况退出循环。一种是通过 break 语句退出循环；另一种是正常退出循环，即 i 的值等于 n 时退出。在 i 的值等于 n 时，说明不是通过 break 语句退出循环的，也就是说一直没有找到 n 的因数 i，在这种情况下 n 是素数。这和修改 while 语句的循环条件，去掉 break 语句的

功能是一样的，下面是修改后的代码，完成同样的功能。

```
while ((i < n) && (n %i != 0))
i++;
```

比较两段代码，可以看出，修改了循环条件后，代码的可读性更好。

1. goto 语句

goto 语句一般格式如下：

```
goto 语句标号;
```

goto 语句也叫无条件转向语句，其中 goto 是关键字，语句标号是一种用来表示语句位置的标识符，按标识符的命名原则来命名。语句标号既可以放在一条语句的左边用冒号"："分开，也可以放在一条语句的前一行，语句标号后面的冒号不能省略。goto 语句标号可以出现在本函数的任何位置，同一个函数内语句标号是唯一的。因为 goto 语句太随意，尽量避免使用，只有使用 goto 语句能简化程序的情况下，才使用 goto 语句。比如在多重循环的最里层循环体中，找到满足条件的数据时，需要跳出其外面的每一重循环，这时就可以用到 goto 语句。

【例 3.15】 求三位数的整数的各个数字之和。从键盘上输入一个三位数的整数 n，求出各位数字的和。

如输入 123，输出 6；输入 456，输出 15。第 2 章介绍取余数运算符后，程序很容易写出来，如果把一个三位数看成是"ijk"形式，i 表示百位数字，j 表示十位数字，k 表示个位数字，用如下方法求出 i、j 和 k 的值。

```
i=n/100;
j=n/10%10;
k=n%10;
```

最后输出 i、j 和 k 三个数字相加的和。

本案例同样也可以用循环语句完成，i 是百位数字，其取值范围是[1,9]，j 和 k 的取值范围是[0,9]，利用三重循环，如果 i＊100＋j＊10＋k 的值等于输入数据 n，那么就找到了整数 n 的每一位的数字，输出 i、j 和 k 三个数字相加的和，使用 goto 语句，转向最外重循环语句后面的语句，结束程序。程序代码如下：

```
#include <iostream>
using namespace std;
int main()
{
    int n;                                  //三位整数
    int i,j,k;                              //三位数的百位、十位和个位
    cout<<"输入整数 n:";
    cin>>n;
    for(int i=1;i<=9;i++)                   //从 1 循环至 9
        for(int j=0;j<=9;j++)               //从 0 循环至 9
            for(int k=0;k<=9;k++)           //从 0 循环至 9
              if(i * 100+j * 10+k==n)       //如果 i×100+j×10+k 等于 n
              {
```

```
            cout<<n<<"的三位数字之和是:"<<i+j+k<<endl;
            goto end;                    //找到后结束循环,结束程序
        }
    end:
    return 0;
}
```

说明:使用多重循环比用取余数运算计算三位数字之和的效率要低得多,不提倡使用循环完成本程序的功能。

2. break 语句

break 除了用于 switch 语句中,还用于退出本重循环的循环体语句中。for 循环语句的循环体中执行 break 语句后,程序流程转向如图 3.33 所示。例如:

```
for(int i;;)
{
    for(int j;;)
    {
        ……
          if(i==1)
            break;                         //结束内循环
        ……
    }
    a=1;                                   //执行 break 语句后,跳到该语句接着执行
        ……
}
```

3. continue 语句

continue 语句的功能是用于结束本次循环,跳过循环体中尚未执行的语句,进行下一次是否执行循环体语句的条件判断,仅用于循环语句中。for 循环语句的循环体中运行到 continue 语句后,程序流程转向如图 3.34 所示。

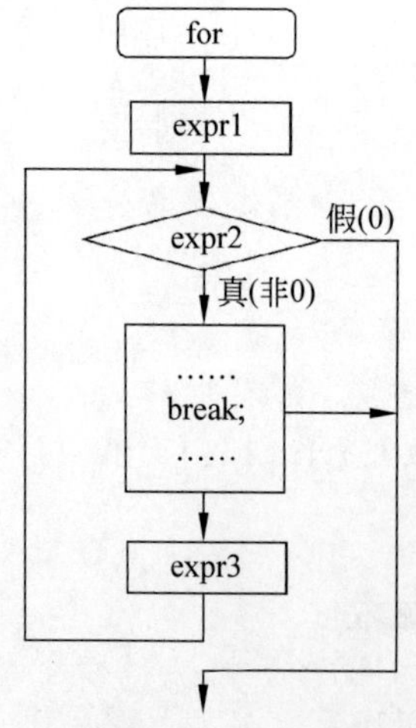

图 3.33 for 循环语句中执行 break 语句后,程序流程转向图

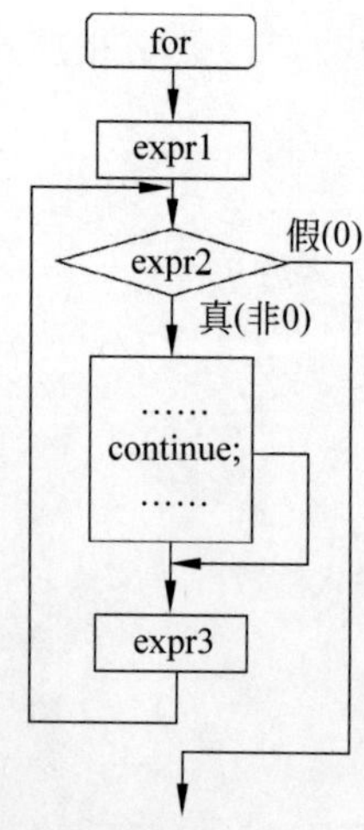

图 3.34 for 循环语句中执行 continue 语句后,程序流程转向图

说明：continue 语句一般是用在条件判断后执行，通常情况下通过反条件，可以免去 continue 语句的使用。

```
for(int n=100; n<=200; ++n)
{
    if(n%3==0)
        continue;                    //如果 n 是 3 的整数倍，循环体后面的语句不执行
    cout<<n<<endl;                   //n 不是 3 的整数倍，这条语句才能被执行
}
```

免去 continue 语句的情形如下：

```
for(int n=100; n<=200; ++n)
    if(n%3!=0)                       //如果 n 不是 3 的整数倍，输出整数 n
        cout<<n<<endl;
```

3.5.4 上机练习

【上机目的】

- 熟练掌握多重循环语句的使用方法。
- 掌握转向语句的用法及免去 break 语句和 continue 语句对应的修改。

1. 由 20 个正整数排成一圈，编写一个程序找出连续的 4 个数，其和是最大的(不小于圈上任何其他连续的 4 个数之和)。

提示：定义一个 int 型数组存放 20 个正整数，使用循环语句，从第一个数开始，求连续 4 个数的和，由于将数组看成是“圈状”的，所以从倒数第三个开始，连续的 4 个数求和时，第四个数应该是数组中的第一个数组元素，即最后一个数据元素的“后继”是第一个数据元素，因此要用到取余运算。从累加出的 20 个不同和数中找出的最大值，最后输出连续的 4 个数据元素的值。

2. 设计一个程序，用于把最近 20 天的气温值以柱形图的形式显示出来。假设气温为 22～35℃(取整)，温度的高低由“*”组成的“柱”的高低来表示。提示：在“文本模式”的“字符屏幕”上“画图”时，通常将“字符屏幕”与程序中的一个二维字符数组建立对应关系，然后按某种计算方法(或计算公式)算出应该在“字符屏幕”的哪些位置处画“*”，最后将已准备好的当前字符数组各元素的值显示到“字符屏幕”上。假设近 20 天的温度值是 28、26、25、32、34、22、27、27、27、32、32、35、27、30、35、23、35、29、25 和 23，输出结果如图 3.35 所示，最上一行是每天的温度值，左侧是温度的刻度值，最下一行是第几天。

【思考与练习】

1. 简答题

(1) break 语句和 continue 语句在循环体中出现，功能上有什么不同?

(2) 编写一个程序，需要用到二重循环完成其功能。

2. 单选题

(1) 有如下程序段：

```
int k=10;
while (k=0) k=k-1;
```

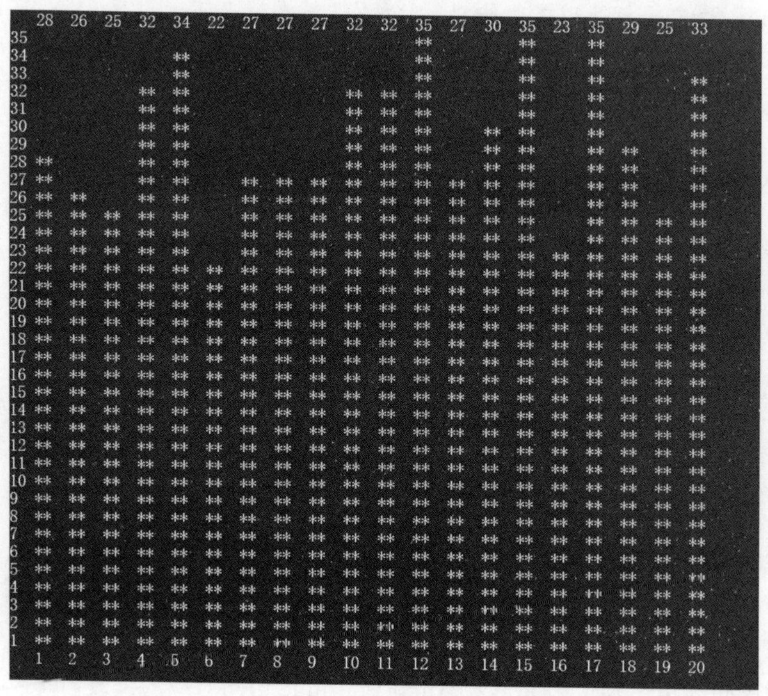

图 3.35　某地 20 天的气温柱状图

则下面描述正确的是(　　)。

A. while 循环体语句执行 10 次　　B. 循环体语句执行无限次

C. 循环体语句一次也不执行　　D. 循环体语句执行一次

(2) 有以下程序段：

```
int x=0,s=0;
while (!x!=0) s+=++x;cout<<s;
```

则(　　)。

A. 运行程序段后输出 0　　B. 运行程序段后输出 1

C. 程序段中的循环条件表达式非法　　D. 程序段执行无限次

(3) 下列程序段的运行结果是(　　)。

```
int x=0,y=0;
while(x<15) y++,x+=++y;
cout<<y<<","<<x;
```

A. 20,7　　B. 6,12　　C. 20,8　　D. 8,20

(4) 下面程序段的运行结果是(　　)。

```
int n=0;
while (n++<2); cout<<n;
```

A. 2　　B. 3　　C. 4　　D. 有语法错误

(5) 下面关于 for 循环的正确描述是(　　)。

A. for 循环只能用于循环次数已经确定的情况

B. for 循环是先执行循环体语句,后判断循环条件表达式

C. 在 for 循环中,不能用 break 语句退出循环体

D. for 循环的循环体语句中,可以包含多条语句,但必须用花括号括起来

(6) 执行语句 for(int i=1;i++<4;);后变量 i 的值是(　　)。

A. 3　　B. 4　　C. 5　　D. 不确定

3. 程序分析

分析程序,写出程序的执行结果。

(1) 程序一:

```
#include <iostream>
using namespace std;
int main()
{
    int i(1),a(0);
    for(;i<=5;i++)
    {
        do{
            i++;
            a++;
        }while(i<3);
        i++;
    }
    cout<<a<<","<<i<<endl;
    return 0;
}
```

(2) 程序二:

```
#include <iostream>
using namespace std;
int main()
{
    int i=0;
    while(++i)
    {
        if(i==14) break;
        if(i%3!=1) continue;
        cout<<i<<" ";
    }
    return 0;
}
```

(3) 程序三:

```
#include <iostream>
#include <string.h>
using namespace std;
int main()
{
```

```
    char ch[]="abc",x[3][4];
    int i;
    for(i=0;i<3;i++) strcpy(x[i],ch);
    for(i=0;i<3;i++) cout<<&x[i][i];
    return 0;
}
```

3.6 案例11——银行取款

3.6.1 问题描述及程序代码

1. 问题描述

公司老板每个月给员工发工资，需要支付现金，已知每个员工的工资金额，怎样去银行取钱，使现金每种面值的张数保证能发放给每一个员工？比如两个员工的工资分别是9876元和7654元，总金额是9876元+7654元=17530元。如果去银行提取17530元，通常银行会以最少张数优先给用户支出现金，17530元会按175张100元、1张20元和1张10元或3张10元的方式支出。显然这样没办法直接发放给两个员工。因为第一个员工需要98张100元、1张50元、1张20元、1张5元和1张1元，这是币值张数最少的发放方案。而另一个员工则需要76张100元、1张50元和4张1元，同样这也是币值张数最少的发放方案。现在每个员工的工资金额保存在一个文本文件salary.txt里，文件格式如图3.36所示；输出结果也保存在一个文本文件consult.txt里，文件格式如图3.37所示。要求编写程序，完成此功能。

salary.txt - 记事本
文件(F) 编辑(E) 格式(O)

12345
2089
3500
7894
3458
9037
4593

图3.36 读入文件格式

consult.txt - 记事本
文件(F) 编辑(E) 格式(O) 查看(V) 帮助(H)

序号	工资	100元	50元	20元	10元	5元	1元
1	12345	123	0	2	0	1	0
2	2089	20	1	1	1	1	4
3	3500	35	0	0	0	0	0
4	7894	78	1	2	0	0	4
5	3458	34	1	0	0	1	3
6	9037	90	0	1	1	1	2
7	4593	45	1	2	0	0	3
共计	42916	425	4	8	2	4	16

图3.37 结果文件

2. 程序代码

```
#include <iostream>                         //输入/输出流类
#include <fstream>                          //包含文件流类
using namespace std;
int main()
{
    int total[6]={0};                       //每种币值的总张数
    int sum=0;                              //工资总数
    int row=1;                              //序号
    //下面定义二维数组,第 1 列是币值,第 2 列是该币值的张数
    //共有 100 元、50 元、20 元、10 元、5 元和 1 元六种币值
    int value[6][2]={{100},{50},{20},{10},{5},{1}};
    int money;                              //每个员工的工资
    fstream infile,outfile;                 //创建文件读、写对象
    infile.open("salary.txt",ios::in);      //以读文件的方式打开
    if(!infile)
    {
        cout << "打开失败";
        abort();
    }
   outfile.open("result.txt",ios::out);     //以写文件的方式打开
   if(!outfile)
    {
        cout << "打开失败";
          abort();
    }
    //写入表头
    outfile << "\n 序号\t 工资\t100 元\t50 元\t20 元\t10 元\t5 元\t1 元\n";
      outfile<<"--------------------------------------------------\n";
    char m[100];                            //临时字符数组,用于存储工资
    while(!infile.eof())                    //只要读文件
    {
        infile.getline(m,100);              //把每一行字符读入 m 数组中
        money=atoi(m);                      //字符串转换成数字
        sum+=money;                         //工资值加入工资总额
        outfile <<row<<"\t"<< money<<"\t";  //输出序号和工资值
           row++;
      for (int i = 0;i < 6; i++)
      {
            //计算每种币值的张数,存入 value 数组的第 2 列
            //value[i][0]是币值,value[i][1]是每种币值的张数
            value[i][1] = money / value[i][0];
            money %= value[i][0];           //修改工资的值
            total[i]+=value[i][1];          //把每种币值的张数进行累加
      }
      //把一个职工工资需要的面值张数写入文件
      for (int i = 0;i < 6;i++)
```

```
            {
                outfile <<value[i][1] << "\t";
            }
              outfile<<"\n------------------------------------------------";
            outfile<<endl;
        }
        //下面进行汇总，将工资总额、每种币值的总的张数写入文件的最后一行
        outfile<<"共计\t"<<sum<<"\t";
        for(int i=0;i<6;i++)
            outfile<<total[i]<<"\t";
          outfile<<"\n------------------------------------------------";
        outfile.close();                                //关闭写文件
        infile.close();                                 //关闭读文件
        cout << "写入完毕! \n";                          //程序执行完毕
        return 0;
}
```

3. 程序分析

前面编写的程序是对从键盘输入的数据或是对变量赋值的数据进行计算处理，然后在显示器上输出处理的结果。有时候从键盘输入并非是最好的选择，例如在本案例中，假如公司有几百个职工，让程序从文本文件中直接读取工资数据，比每次手工从键盘输入工资数据方便得多。同时，让程序将处理结果写入文件，可以得到计算结果数据的永久性记录。

本程序的执行过程也是输入数据、处理数据、输出处理的结果。但是与以前不同，输入的数据来自文本文件，经过数据格式的转换及计算后，将程序的运行结果写入文本文件。遇到数据量大并且需要保存处理结果的情况，一定离不开文件操作。

3.6.2 文本文件的输入和输出

cin 是输入流 istream 类的对象，用来处理标准输入，即键盘输入。cout 是输出流 ostream 类的对象，用来处理标准输出，即显示器输出，本节我们讨论磁盘文本文件的输入和输出。

1. 文件的打开和关闭

对文件的操作始于打开文件，打开成功后才可以对文件进行读、写或修改的操作。读操作和写操作与标准设备的读写操作一样，操作结束后需要将该文件关闭。对于磁盘文件操作，需要使用文件流 fstream 类，该类在 fstream 文件中，因此在程序里要有预处理命令包含 fstream 文件。

(1) 打开文件

方法一：用 fstream 类声明一个对象，用此对象调用成员函数 open()打开指定的文件。格式如下：

```
fstream 对象名;                //声明文件操作对象
对象名.open(文件名,文件访问方式);
```

对象名按标识符的命名原则来命名，文件名是文本文件，写出文件的全名，如果文件不在工作路径下，还需要指定文件路径，文件名是字符串类型。文件访问方式包含文件读、写、可读可写、二进制数据模式等，文件访问方式的常量如表 3.2 所示。

表 3.2 文件访问方式的常量

方 式 名	用 途
ios::in	以输入(读)的方式打开文件
ios::out	以输出(写)的方式打开文件
ios::app	以输出(写)追加方式打开文件
ios::ate	文件打开时,文件指针位于文件尾,如果有文件,清空该文件,如果文件不存在,则创建新文件
ios::trunc	如果文件存在,将其长度截断为0,并清除原来的内容;如果文件不存在,则创建新文件
ios::binary	以二进制的方式打开文件,默认时为文本文件
ios::in|ios::out	以可读和可写的方式打开文件
ios::out|ios::binary	以二进制写方式打开文件
ios::in|ios::binary	以二进制读方式打开文件
ios::in|ios::out|ios::binary	以二进制读和写的方式打开文件

说明:ios::app 方式和 ios::ate 方式有区别,ios::app 方式只允许将数据添加到文件尾,ios::ate 方式是打开文件时将文件指针指向文件尾。

例如,读取工作路径下 salary.txt 文件的内容可以通过如下操作实现。

```
fstream infile,outfile;                    //声明文件流对象,infile 和 outfile 是对象名
infile.open("salary.txt",ios::in);         //以读文件的方式打开 salary.txt 文件
outfile.open("result.txt",ios::out);       //以写文件的方式打开 result.txt 文件
```

在多种打开方式中,除了 ios::app 和 ios::ate 方式外,其余的方式在刚打开文件时,文件的读写指针都是指向文件头。

声明文件对象时也可通过调用构造函数,将文件名和访问方式作为带参构造函数的实参,即将上述两条语句合并成一条语句,格式如下:

```
fstream 对象名(文件名,文件访问方式);
```

例如:

```
fstream infile("salary.txt",ios::in);
```

语句是声明文件流对象 infile,并以读方式打开 salary.txt 文件。

```
fstream outfile("result.txt",ios::out);
```

语句是声明文件流对象 outfile,并以写方式打开 result.txt 文件。

方法二:读文本文件的打开方式,格式如下:

```
ifstream 对象名;
```

使用读文件操作类 ifstream 声明读文件的对象。

```
对象名.open(文件名);
```

语句是用读文件对象直接打开指定文件名，可省略访问方式 ios::in。
或

```
ifstream 对象名(文件名);
```

语句也是通过构造函数完成读文件类对象的声明和文件打开。

写文本文件的打开方式也是如此：

```
ofstream 对象名;
```

使用写文件操作类 ofstream 声明写文件的对象。

```
对象名.open(文件名);
```

语句是用写文件对象直接打开指定文件名，可省略访问方式 ios::out。
或

```
ofstream 对象名(文件名);
```

语句也是通过构造函数完成写文件类对象的声明和文件打开。

(2) 关闭文件

文件操作完毕后，应及时关闭文件，关闭文件使用 close()函数完成，格式如下：

```
对象名.close();
```

语句中对象名是文件流对象。

比如读 salary.txt 文件的读入流对象 infile，读数据完毕后，关闭文件对象的操作如下：

```
infile.colse();
```

用文件流对象调用 close()函数关闭文件。

2. 文本文件的读和写操作

文件的读写操作是指从打开的文本文件中读出字符串，或是向打开的文本文件中写入字符串的操作。下面通过例 3.16 和例 3.17 程序代码来体会文本文件读和写的操作是如何实现的。

【例 3.16】 写文本文件，从键盘上输入多行文字，以"#"字符作为结束输入的标志，把输入的多行文字写入 note.txt 文件中。

```
#include <iostream>
#include <fstream>
using namespace std;
int main()
{
    int i=1;
    string s;                         //定义字符串
    ofstream outfile;                 //定义写文件流对象
    outfile.open("note.txt");         //在当前路径下打开文件,文件不存在,则创建新文件
    if(!outfile)                      //打开失败
    {
        cout<<"note.txt 文件打开失败!"<<endl;         //显示器上提示信息
        abort();                      //退出程序的运行
    }
```

```
    while(true){
        cout<<"输入第"<<i<<"行:";
        cin>>s;                         //从键盘上输入字符串
        i++;                            //行号加 1
        if(s!="#")                      //如果不是结束字符"#"
        {
              outfile<<s<<endl;         //即 outfile 与 cout 流对象一样的用法
        }
        else                            //如果是结束符"#",则退出循环
            break;
    }
    outfile.close();                    //关闭写文件对象
    cout<<"运行结束\n";
    return 0;
}
```

程序分析：程序中 iostream 文件包含了标准 I/O 流的一些定义，如 cin 输入流对象和提取运算符“>>”，cout 输出流对象和插入运算符“<<”的定义等。fstream 文件中包含了对 fstream 类和 open()、close()等成员函数的定义。用 ofstream 类声明 outfile 文件输出流对象，用 outfile 对象打开 note.txt 文件，虽然没有指定文件访问方式，但默认的访问方式为 ios::out 方式。如果工作路径下存在 note.txt 文件，则打开文件后，覆盖该文件内容。如果没有 note.txt 文件，也会创建文件。通常打开一个文件时首先检查能否成功打开，若打开成功，文件流则为非 0；若打开失败，文件流为 0。如果打开失败，则应返回一个报错信息，退出程序，结束执行。outfile<<s<<endl 语句类似于用 cout<<s<<endl 语句把字符串 s 显示到标准输出设备，只不过 outfile<<s<<endl 语句是通过文件流对象 outfile 把字符串 s 写入到与其关联的文件中。

【例 3.17】 读文本文件，把例 3.16 中写入到 note.txt 文件中的内容输出到显示器上。

```
#include <iostream>
#include <fstream>
using namespace std;
int main()
{
    fstream infile;                             //声明文件流对象
    infile.open("note.txt",ios::in);            //以读文件的方式打开文件
    if(!infile)
    {
        cout<<"文件打开失败！ \n";
        abort();
    }
    char str[100];                              //定义字符数组
    while(!infile.eof())                        //只要读文件没有结束
    {
        infile.getline(str,sizeof(str));        //读一行字符串存入 str 数组中
        cout<<str<<endl;                        //把字符串输出到标准设备显示器上
    }
    infile.close();                             //关闭文件
    return 0;
}
```

程序分析：声明文件流对象，并以读的方式打开 note.txt 文件。使用文件流类的 eof()函数判断对 note.txt 文件的访问是否结束，当访问文件结束时返回非 0 值；当访问文件没有结束时返回 0 值。如果读文件没有结束，使用文件流类的 getline()成员函数，每次从文本文件中读出一行数据，把读出的数据存放在 str 数组中，最后将 str 字符串显示在屏幕上。

3. 文件的读和写操作的应用案例

【例 3.18】 计算总分和平均分，grade.txt 文件是一个成绩单，包含学生姓名、数学和语文两门课程的成绩，原始成绩单如图 3.38 所示，从文件中读出两门课程的成绩，计算总分和平均分，并输出到显示器和结果文件 grade_end.txt 中，输出文件格式如图 3.39 所示。

grade.txt - 记事本

文件(F) 编辑(E) 格式(O) 查看(

姓名	数学	语文
冯玉芬	98	86
周树功	95	100
古瑶瑶	95	97
杨泽天	96	90
英溢卓	93	96
胡琪	95	92
陆录	66	71

图 3.38 原始成绩单

*grade_end.txt - 记事本

文件(F) 编辑(E) 格式(O) 查看(V) 帮助(H)

姓名	数学	语文	总分	平均分
冯玉芬	98	86	184	92
周树功	95	100	195	97.5
古瑶瑶	95	97	192	96
杨泽天	96	90	186	93
英溢卓	93	96	189	94.5
胡琪	95	92	187	93.5
陆录	66	71	137	68.5

图 3.39 计算平均分后的成绩单

```
#include <iostream>                                 //包含标准输入/输出流类
#include <fstream>                                  //包含文件输入/输出流类
using namespace std;
int main()
{
    fstream infile,outfile;
    infile.open("grade.txt",ios::in);               //以读文件方式打开原始成绩单文件
    if(!infile)
    {
        cout<<"打开 grade.txt 文件失败!\n";
        abort();                                    //结束程序
    }
    //以写文件方式打开结果文件 grade_end.txt
    outfile.open("grade_end.txt",ios::out);
if(!outfile)
    {
        cout<<"打开 grade_end.txt 文件失败!\n";
        abort();                                    //结束程序
    }
    char s[80];                                     //定义字符数组
    infile.getline(s,sizeof(s));                    //读文件的第一行,原始文件的文件头部分
    string head=s;                                  //字符数组转换成 string 类
    cout<<head<<"\t 总分\t 平均分"<<endl;           //显示在屏幕上
    outfile<<head<<"\t 总分\t 平均分"<<endl;        //写入文件
    while(!infile.eof())                            //从文件的第二行开始
    {
        infile.getline(s,sizeof(s));                //读一行字符串
```

```
        string str=s;                              //字符数组转换成 string 类
        int i=str.find('\t');                      //左边第一个制表符
        int j=str.rfind('\t');                     //右边第一个制表符
        cout<<str.substr(0,i)<<'\t';               //在显示器上输出姓名
        outfile<<str.substr(0,i)<<'\t';            //在文件里写入姓名
        int chinese,math;                          //语文和数学成绩
        //数学成绩,第一个制表符右侧是数学成绩
        math=atoi(str.substr(i,j-i).c_str());
        //语文成绩,第二个制表符右侧是语文成绩
        chinese=atoi(str.substr(j+1).c_str());
        cout<<math<<"\t"<<chinese<<"\t";           //输出数学和语文成绩
        outfile<<math<<"\t"<<chinese<<"\t";        //数学和语文成绩写入文件
        //下面分别在显示器和文件里输出总成绩和平均成绩
        cout<<(chinese+math)<<"\t"<<(chinese+math)*1.0/2<<endl;
        outfile<<(chinese+math)<<"\t"<<(chinese+math)*1.0/2<<endl;
    }
    infile.colse();                                //关闭读文件
    outfile.close();                               //关闭写文件
    return 0;
}
```

3.6.3　上机练习

【上机目的】

- 熟练掌握循环语句、多重循环语句的使用方法。
- 掌握文本文件的读写操作和字符串处理函数。

1. 编程将一个文本文件“file1.txt”中的内容复制到另一个文本文件“file2.txt”中。

2. 从键盘上输入一个整数 n,n 不大于 30000,在文本文件“f1.txt”中输出不大于 n 的所有 7 的整数倍,和包含 7 的数字。例如 7,14,17,21,27,37…70,71,72,73…,输出格式要求按从小到大排列的,每行一个。例如:

```
输入: 20
输出:
7
14
17
```

3.从键盘上输入 5 个学生的学号、姓名和 3 门课程的成绩,计算出总分和平均分,把输入数据、总分、平均分存入到文本文件“成绩单.txt”中。

【思考与练习】

1. 简答题

(1) 如何打开和关闭一个磁盘文本文件?

(2) 读写文本文件中的数据有哪些方法?

2. 单选题

(1) 在打开磁盘文件的访问方式常量中,(　　)是以追加方式打开文件的。

A. ios::in　　B. ios::out　　C. ios::app　　D. ios::ate

(2) 下列关于 getline()函数的描述中,(　　)是错误的。

A. 该函数所使用的终止符是换行符

B. 该函数是用于从键盘上读取字符串

C. 该函数所读取的字符串的长度是受限制的

D. 该函数读取字符串时遇到终止符便停止

本章小结

本章详细具体地介绍了程序的基本控制结构,分别是顺序结构、分支结构和循环结构。C++语言为程序员实现这些基本控制结构,提高了类型丰富、功能完善的语句,本章重点讲解各种语句的用法。变量声明语句,对数据进行计算或操作的表达式语句,对数据进行输入和输出,使用标准流对象 cin 和 cout 的输入和输出语句,对文件进行读、写的文件操作流类 fstream 的使用方法,表示语句块概念的复合语句,用于实现顺序结构中的所有操作。

分支结构可以赋予程序判断的能力。if 语句是最常见的一种分支结构,它可以根据给定的条件决定要执行哪些操作。switch 语句是 if 语句的补充,用它来实现多分支语句,可以使代码的可读性更好。

循环结构是让程序处理各类重复操作。for 语句是常用且功能强大的循环语句,有些情况下也用 while 语句或 do-while 语句代替 for 语句,可以得到更为简洁和优化的循环结构。本章通过阶梯水价案例计算水费,学习了条件语句的语法;通过车牌号查询所属地市案例,在输入车牌号码后,查询车辆所属城市,学习了开关语句的语法;在编写猜数小游戏程序的过程中,巩固了循环语句和分支语句的用法;在寻找素数的过程中介绍了多重循环语句的使用方法。银行取款案例是一个较为综合的案例,不仅有循环语句、分支语句和转向语句,还介绍了文本文件的打开和关闭,文本文件的读取和写入,使用几个字符串处理函数,完成字符串的截取,字符串转换等基本操作。

程序练习题

1. 在 2.3.4 节上机操作案例中,讨论过"好好学习,天天向上"的力量有多强大,现在进一步分析和计算"好好学习天天向上"的学习效果。一年有 365 天,一周有 5 个工作日,假如每个工作日都努力,能力值每天可以提高 1%,仅在周末两天休息,每天能力值下降 1%,一年后的能力值将如何呢?

2. 所谓"水仙花数"是指一个三位数,其各位数字的立方和等于该数本身。例如,153 是一个"水仙花数",因为 $153=1^3+5^3+3^3$。编程打印出所有"水仙花数"。

3. 用循环语句完成进度条程序的编写,要求程序运行结果如图 3.40 所示。

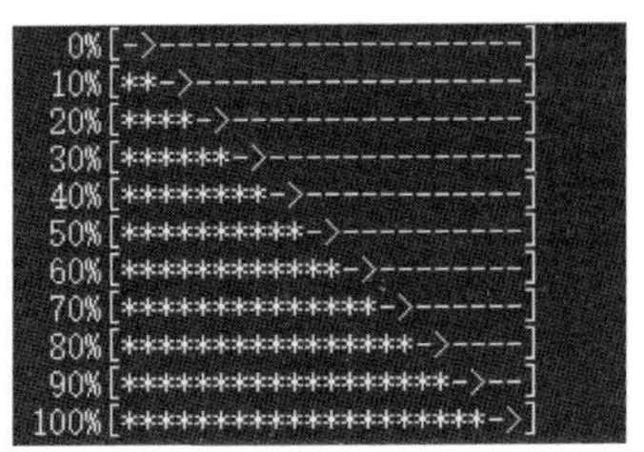

图 3.40　进度条

4. 斐波那契数列(Fibonacci sequence),又称黄金分割数列、兔子数列,是数学家列昂纳多·斐波那契于1202年提出的数列。斐波那契数列为1、1、2、3、5、8、13、21、34、……此数列第1项和第2项的数值都是1,从第3项开始,每一项的数值都等于前两项之和,递推公式为,F(1)=1,F(2)=1,F(n)=F(n-2)+F(n-1),n≥3。编写程序,实现从键盘上输入项数n,输出数列中第n项的值。

5. 假如投资的年利率为3.25%,试编写程序求出从1000元增长到5000元,需要用多少年?

第4章

函　数

函数是实现某个功能的一系列语句，是对程序代码和数据的封装，是可以独立完成某个功能的语句块。C++ 程序包含一系列函数，main 函数是组成程序的函数之一，一个程序有且仅有一个 main 函数，程序就是从 main 函数开始执行的。函数是程序设计语言的重要组成部分，使用函数可以使复杂的程序分解成若干易于处理的小模块。在 C++ 语言中，函数分为标准函数和用户定义函数两种，设计程序时常常把一个程序分解成多个函数来实现程序功能。函数有利于代码的重用，函数定义好以后，用到的时候通过函数名进行函数调用，不需要再重复编写函数体代码。每次调用通过传入不同的实参，完成对不同数据的处理。在函数执行结束时，可以返回调用函数相应的处理结果。函数的定义和调用不仅增强了程序的可靠性和可读性，更能够节省开发时间，便于管理。本章将详细介绍函数的定义、函数声明、函数的调用方式等重要的基础内容。

4.1　案例 12——计算平均分

4.1.1　问题描述及程序代码

1. 问题描述

用一个 3 行 10 列的二维浮点型数组 score，存储 10 个学生 3 门课程的成绩，第 1 行存储语文成绩，第 2 行存储数学成绩，第 3 行存储英语成绩。第 1 列是学号为 1 号学生的成绩，第 2 列是学号为 2 号学生的成绩，……，第 10 列是学号为 10 号学生的成绩，数组初始值如下：

```
score[3][10]={{87,89,67,90,95,66,97,56,78,81},
              {91,80,77,94,98,60,56,78,45,83},
              {67,94,80,78,92,68,97,59,79,100}}
```

计算每门课程的平均分。

2. 程序代码

```
#include <iostream>
using namespace std;
//定义函数,计算长度为 10 的浮点型一维数组数据元素的平均值
double avg(double ar[10])
{
    double sum=0;                                   //成绩和
    for(int i=0;i<10;i++)                           //循环 10 次计算 10 个数据的和
        sum+=ar[i];
    return sum/10;                                  //返回平均值
}
int main()
{
    //三门课程的成绩
     score[3][10]={{87,89,67,90,95,66,97,56,78,81},
                   {91,80,77,94,98,60,56,78,45,83},
                   {67,94,80,78,92,68,97,59,79,100}};
    cout<<"语文平均分: "<<avg(score[0])<<endl;      //函数调用
    cout<<"数学平均分: "<<avg(score[1])<<endl;      //函数调用
    cout<<"英语平均分: "<<avg(score[2])<<endl;      //函数调用
    return 0;
}
```

3. 程序分析及运行结果

本程序对二维数组的每一行求平均值,不定义函数也能完成,在 main 函数中使用三次 for 循环语句,分别对 score[0]、score[1]和 score[2]三个数组中的元素求和,并计算平均值。但是像本案例这样定义一个求平均值的函数,在主函数中调用该函数,使得主函数逻辑清晰,可读性更好。

4.1.2　函数的定义和函数的调用

1. 函数的定义

函数定义语法的一般形式如下：

```
数据类型　函数名(形参列表)
{
    函数体语句;
}
```

形参列表格式如下：

```
数据类型　形参变量名 1,数据类型 形参变量名 2,……, 数据类型 形参变量名 n
```

函数名前的数据类型是函数返回值类型,函数的返回值类型不是空值型时,在函数体内要有 return 语句,函数调用时,被调用函数返回值就是 return 语句后面表达式的值,从而实现函数之间的数据传递。无返回值的函数,函数返回值类型是 void 类型,不必写 return 语句。每个形参变量名前的数据类型可以相同,也可以不同。花括号“{}”括起来的语句序列称为函数体,函数体语句序列可以是 0 条、1 条或多条语句。当函数体是 0 条时,称该函数为空函数。函数的定义不能出现

在函数中，即函数不能嵌套定义。

本案例中，avg 函数定义的组成部分如图 4.1 所示。

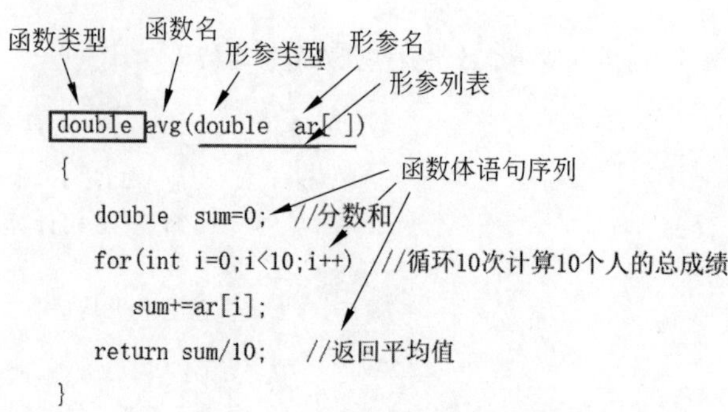

图 4.1　函数定义的组成部分

从上面函数定义的函数体语句得知，函数的功能只能是对长度为 10 的数组元素求平均值，如果数组长度超过 10 或不足 10 时，这个函数是无能为力的。因此想定义成一个求任意长度一维数组的数据元素的平均值，就需要修改形参列表。在形参列表中，添加一个表示数组长度的参数，形参的类型为整型。修改如下：

```
double avg(double ar[],int n)                //形参列表中两个形参,n 是数组的长度
{
    double  sum=0;                           //成绩和
    for(int i=0;i<n;i++)                     //循环 n 次计算 n 个数组元素的和
        sum+=ar[i];
    return sum/n;                            //返回 n 个数据的平均值
}
```

【例 4.1】　判断闰年函数。定义一个函数，其功能为依据年份判断本年度是否为闰年，如果是闰年返回 true，如果是平年返回 false。

在第 2 章案例 4 中列出了判断闰年的条件，编写程序完成输入年份，输出该年度是闰年还是平年的功能。在此把这个判断功能定义成一个函数来实现，定义函数时需要先确定函数返回值的类型，按标识符的命名原则命名函数名；再根据题意，分析函数有没有形参，有几个形参，每个形参是什么类型；最后编写函数体的语句序列。

true 或 false 是 bool 型的数据值，因此函数的返回值类型是 bool 类型，函数名通常按照见名知意的原则命名，可以命名为 isLeap；而年份是一个整型数据，因此形参变量的数据类型是整型。具体实现代码如下：

```
bool isLeap(int year)
{
    if(year%100!=0&&year%4==0||year%400==0)  //闰年条件
        return true;                         //返回 true
    else
        return false;                        //返回 false
}
```

有的函数不需要有返回值，因此返回值类型是 void 空值类型，这样在函数体内也不需要有

return 语句。

【例 4.2】 简单选择排序。定义一个函数，使用简单选择排序法，完成对长度为 n 的整型数组进行从小到大排序。

在第 3 章例 3.14 中介绍了用冒泡排序法，编写程序完成对 10 个数据元素进行从小到大排序。本例题我们先不考虑 n 个数，如果只是对 10 个数用简单选择排序，该如何完成呢？

简单选择的基本思想是：从第 1 个数开始，首先认为第 1 个数就是最小值，用第 1 个数和其他 9 个数据进行比较，如果有比最小值小的数据，就记下这个数据的位置，接着用下一个数与最小值进行比较，直到与 9 个数据比较完毕，找出 10 个数据中最小值的位置，用最小值和第 1 个数据进行交换，完成第 1 趟选择。同理，第 2 趟比较从第 2 个数开始，把第 2 个数看作是剩余数据的最小值，与其后面的 8 个数进行比较，如果有比最小值更小的数，就记下新的最小值的位置，后面的数接着与这个最小值进行比较，直到与 8 个数据比较完毕，找出 9 个数据中的最小值，再和第 2 个数据进行交换，完成第 2 趟选择，以此类推，直到第 9 趟选择，第 9 个数和第 10 个数完成比较结束。因此 10 个数据需要做 9 趟比较。下面是 10 个数据的简单选择排序过程：

初始数据：	23	4	6	56	7	32	100	9	78	1
第 1 趟排序结果：	1	4	6	56	7	32	100	9	78	23
第 2 趟排序结果：	1	4	6	56	7	32	100	9	78	23
第 3 趟排序结果：	1	4	6	56	7	32	100	9	78	23
第 4 趟排序结果：	1	4	6	7	56	32	100	9	78	23
第 5 趟排序结果：	1	4	6	7	9	32	100	56	78	23
第 6 趟排序结果：	1	4	6	7	9	23	100	56	78	32
第 7 趟排序结果：	1	4	6	7	9	23	32	56	78	100
第 8 趟排序结果：	1	4	6	7	9	23	32	56	78	100
第 9 趟排序结果：	1	4	6	7	9	23	32	56	78	100

外循环是比较的趟数，如果长度是 n 的数组，则需要比较 n－1 趟，内循环是数据的比较次数，比较数据的次数与第几趟有关。函数的定义代码如下：

```
void sort(int arr[],int n)
{
    int i,j;                              //循环控制变量
    int k;                                //本趟比较最小值数据的位置
    for(i=0;i<n-1;i++)                    //n 个数需要 n-1 趟选择
        {
            k=i;                          //假设下标为 i 的数组元素是最小值
            for(j=i+1;j<n;j++)            //从下标 i+1 的数组元素与 arr[k]进行比较
                if(arr[j]<arr[k])         //如果数组元素比最小值还小
                    k=j;                  //修改最小值的位置
            //内循环结束后,如果 i 和 k 的值不等,交换数据
            if(k!=i)                      //下标为 i 的数组元素不是最小值
            {
                int t;                    //借助中间变量,下标为 i 的数据元素与最小值交换
                t=arr[i];
                arr[i]=arr[k];
                arr[k]=t;
```

```
            }
        }
}
int main()
{
    int b[10]={23,4,6,56,7,32,100,9,78,1};  //长度是 10 的数组
    sort(b,10);         //函数调用第 1 个实参是传地址调用,第 2 个实参是传入常量值
    for(int i=0;i<10;i++)                           //输出排序结果
        cout<<b[i]<<"\t";
    cout<<endl;
    return 0;
}
```

通过函数调用,经过简单选择排序后,就把一个无序数组排序成一个从小到大的有序数组,函数并不需要有返回值,因此函数返回值类型为空值型。

2. 函数的调用

函数定义后,如果不被调用,就执行不到,函数调用才能执行到函数体语句。函数的调用既可以出现在函数定义中,也可以出现在函数调用中。函数调用的一般格式如下:

```
函数名(实参列表);
```

实参列表可以是数值、表达式、变量或变量的地址,实参是用来在调用函数时给形参进行初始化。因此要求函数调用时,实参的个数、数据类型与形参的个数、数据类型一致,即数目相等且数据类型一致。函数的调用过程如下:

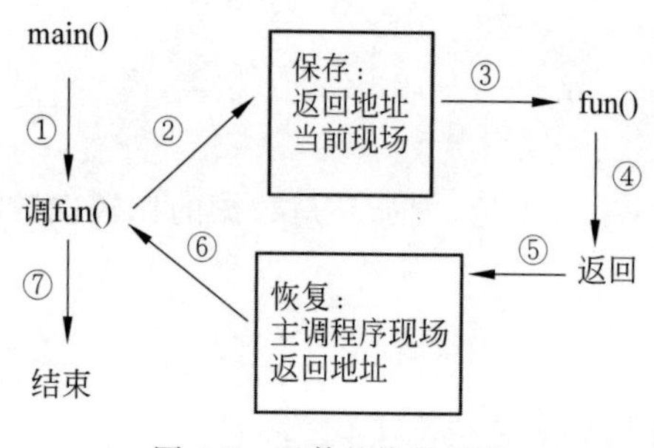

图 4.2 函数的执行过程

① 建立被调用函数的栈空间。

② 保存返回地址和当前系统的运行状态。

③ 给形参传递函数实参。

④ 执行被调用函数的函数体语句。

⑤ 将控制权和返回值转交给调用函数。

⑥ 恢复系统的运行状态,从返回地址处接着执行函数调用的下一条语句。

函数调用的执行过程如图 4.2 所示。

在 C++ 语言中函数调用分为三种调用方式,分别是传值调用、传地址调用和引用调用。

(1) 传值调用

传值调用的实现机制为:系统将实参变量的一个副本值赋值给形参变量。在被调用函数中,形参变量值是可以被修改的,但这只影响形参变量,而不影响调用函数的实参变量的值。因为在函数调用时需要给形参变量分配内存单元,因此参数传递的开销较大。

传值调用的几点说明:

- 函数定义时形参是变量。
- 在函数调用时给形参变量分配内存单元。
- 函数调用时,实参可以是常量值、变量或表达式。
- 实参数据类型必须与形参数据类型相符,如果数据类型不一致,会隐式地将实参数据类型

转换成形参数据类型。

例 4.1 判断闰年的函数调用语句 isLeap(2021)中，实参是常量值，属于传值调用。还可以定义变量 n，从键盘输入 n 的值，在用 isLeap(n)语句调用时，实参变量 n 的副本值赋值给形参变量，也属于传值调用。用 isLeap(n+4)语句调用时，是算术表达式的结果作为实参给形参变量赋值，同样属于合法调用格式。

(2) 传地址调用

传地址调用的实现机制为：系统将实参变量的地址值赋值给形参变量，显然传地址调用形参变量需要是指针变量。在被调用函数中，因为通过形参指针变量可以间接访问实参变量，因此就可以通过指针修改实参变量。在函数调用时也需要给形参指针变量分配内存单元，故参数传递同样需要有内存开销。

传地址调用的几点说明：

- 函数定义时形参是指针变量。
- 在函数被调用时给形参变量分配内存单元。
- 函数调用时，实参只能是变量的地址值。
- 实参数据类型必须与形参指针变量数据类型一致，如果数据类型不一致，会出现语法错误。

例 4.2 中对一个数组进行排序。第一个形参“int arr[]”是整型指针变量，因为数组名就是连续空间的首地址；第二个形参变量“int n”是整型变量，函数调用时，给形参 arr 赋值的是数组名 b，用常量值 10 给形参 n 赋值。数组排序函数的两个参数一个是传地址调用，另一个是传值调用。

(3) 引用调用

引用是变量的别名，声明时必须用某个已知变量或对象的名字进行初始化，用来说明该引用所代表的数据对象。引用不是变量，它自身没有值，没有地址值，也不占内存空间，因此对引用的任何操作就是对其所代表的数据对象的操作。

定义引用的格式为：

```
数据类型  &引用名=变量(或对象)名;
```

引用的数据类型要与变量或对象的数据类型一致，引用名依据标识符命名的原则命名，引用必须初始化，因为引用必须要指明是哪个变量的别名。例如：

```
int someInt = 5;             //定义变量
int &rint = someInt;         //rint 是引用名,初始化时指明 rint 是 someInt 变量的别名
```

修改引用的值，即修改了其所代表的变量值。

读者会有这样的疑问，通过变量名就可以访问到其值和地址的值，为什么还需要一个别名呢？所以引用通常不是上面的用法，声明引用并赋初值，即给变量命名一个别名，这样使用意义不大，引用通常应用在函数形参变量的声明中。例如：

```
void fun(int &a,int &b);
```

函数的形参声明两个引用。前面我们说，引用必须赋初值，函数定义的形参是引用，却没有通过赋值符号赋初值，是因为函数调用时实参变量就是形参引用的初值，因此形参是引用的函数，调用时，实参一定是相同数据类型的变量或对象名，来说明形参引用是哪个变量的别名。形参是引用的函数调用称为引用调用。

引用调用的实现机制为：用实参变量名给形参的引用赋初值，在被调用函数中使用了实参的别名，就等价于使用了实参变量。因此在被调用函数中，对于引用的修改就是直接修改了实参变量。这种调用没有给形参引用分配内存单元，不需要数据传递实参的副本值，因此引用调用具有开销小、操作灵活的特点。

引用调用的几点说明：

- 函数定义时形参一定是引用。
- 在函数被调用时不给形参引用分配内存单元。
- 函数调用时实参只能是变量名。
- 实参数据类型必须与引用数据类型一致，如果数据类型不一致，会出现语法错误。

3. 函数的定义及调用的应用案例

【例 4.3】 数据交换函数。定义一个函数，函数名为 change 用于完成两个变量值的交换，在主函数中调用该函数，在显示器上输出函数调用前和函数调用后两个变量的值。

(1) 传值调用代码及执行结果

```
#include <iostream>
using namespace std;
void change(float a, float b)                    //形参是变量
{
    float  t;
    t=a;    a=b;    b=t;                         //借助中间变量交换 a 和 b
}
int main()
{
    float x=600.5,y=67.9;
    cout<<"交换前: x="<<x<<",y="<<y<<endl;
    change(x,y);                                 //实参是变量
    cout<<"交换后: x="<<x<<",y="<<y<<endl;
}
```

程序分析：因为是传值调用，在执行 change 函数时，给形参变量 a 和 b 分配存储单元，并且用实参变量的副本值给形参变量赋初值，在函数体内是对形参变量进行交换，在函数调用结束时，形参变量 a 和 b、局部变量 t 的内存单元都释放给编译系统，可见形参变量的修改并不会影响实参变量的值，因此函数调用后实参 x 和 y 的值和函数调用前是一样的。

执行结果：

```
交换前: x=600.5,y=67.9
交换后: x=600.5,y=67.9
```

(2) 传地址调用代码及执行结果

```
#include <iostream>
using namespace std;
void change(float *p, float *q)                  //形参是指针类型
{
    float t;
```

```
    t=*p;     *p=*q;     *q=t;                //交换了指针 p 和指针 q 所指的内存单元
}
int main()
{
    float x=600.5,y=67.9;
    cout<<"交换前: x="<<x<<",y="<<y<<endl;
    change(&x,&y);                            //实参是变量的地址
    cout<<"交换后: x="<<x<<",y="<<y<<endl;
}
```

程序分析：因为函数的形参是指针变量，在调用 change 函数时，首先给形参指针变量分配存储单元，并且用实参变量的地址值给形参变量赋初值，在函数体内通过形参指针变量间接地访问了实参变量，在函数调用结束时，形参指针变量 p、q 和局部变量 t 都被释放，但是函数体语句已经修改了实参变量的值，因此函数调用后实参 x 和 y 的值和函数调用前是不同的，已经完成了实参变量 x 和 y 的交换。

执行结果：

```
交换前: x=600.5,y=67.9
交换后: x=67.9,y=600.5
```

(3) 引用调用代码及执行结果

```
#include <iostream>
using namespace std;
void change(float &a,float &b)               //形参是引用
{
    float t;
    t=a;    a=b;    b=t;
}
int main()
{
    float x=600.5,y=67.9;
    cout<<"交换前: x="<<x<<",y="<<y<<endl;
    change(x,y);                              //实参是变量
    cout<<"交换后: x="<<x<<",y="<<y<<endl;
}
```

程序分析：因为形参是引用调用，在执行 change 函数时，不会给形参引用分配存储单元，由实参变量给形参引用赋初值，即形参引用是实参的别名，在函数体内对形参引用 a 和 b 的修改就是对实参变量 x 和 y 的修改。在函数调用结束时，局部变量 t 都释放给编译系统，函数体语句已经修改了实参变量的值，因此函数调用后实参 x 和 y 的值和函数调用前也是不同的，完成了实参变量 x 和 y 的交换。

执行结果：

```
交换前: x=600.5,y=67.9
交换后: x=67.9,y=600.5
```

4.1.3 上机练习

【上机目的】

- 掌握函数定义的语法格式。
- 掌握函数的三种调用方式中,函数定义时对形参类型、函数调用时对实参类型有何要求。
- 练习使用函数定义对复杂的问题进行模块化分解,使程序逻辑更清晰,可读性更好。

1. 定义一个名为 countDays(int year,int month,int day)的函数,函数有三个形参,year 表示年份,month 表示月份,day 表示日期,函数的功能要求返回指定年、月、日是本年度的第多少天,如 2021 年 2 月 22 日,返回 53。

2. 编写一个程序,验证:任何一个充分大的偶数(大于或等于 6)总可以表示成两个素数之和。要求编写一个判断素数的函数,它有一个整型参数,当参数值为素数时,返回 true,否则返回 false。输出这个大偶数所有素数之和的组合。如 6 可以表示成 3+3=6 是两个素数之和,8 可以表示成 3+5=8 也是两个素数之和,16 可以表示成 3+13=16、5+11=16 分别是两个素数之和。

3. 编写程序求 $\sum_{k=0}^{n} k!$,k 是一个整数,要求先定义求阶乘函数,函数返回 k 的阶乘。程序输出从 0!到 n!的和。要求 n 的值由键盘输入,输入、输出均在主函数中完成。(0!=1)

例如:

```
输入: 3,输出: 10
输入: 4,输出: 34
输入: 5,输出: 154
```

【思考与练习】

1. 简答题

(1) 说明函数定义的格式,函数的返回值是如何实现的?所有的函数都有返回值吗?

(2) 函数的传值调用、传地址调用和引用调用各自有何特点?它们的实现机制是什么?

2. 单选题

(1) 设函数 fun 的定义形式为:void fun(char ch,float x){……},则以下对函数 fun 的调用语句中,正确的是(　　)。

A. fun("abc",3.0);　　B. t=fun('D',16.5);

C. fun('65',2.8);　　D. fun(32,32);

(2) 如果有如下两个函数 int max(int a,int b)和 void printMessage(char * str),下面描述正确的是(　　)。

A. 可以这样调用函数 printMessage();

B. int a=max(100,max(10,100));

C. int b=max(100,10)+printMessage("Hello,world");

D. printMessage(100);

(3) 下列函数中对调用它的函数没有起到任何作用的是(　　)。

A. void f1(double &x) {--x;}

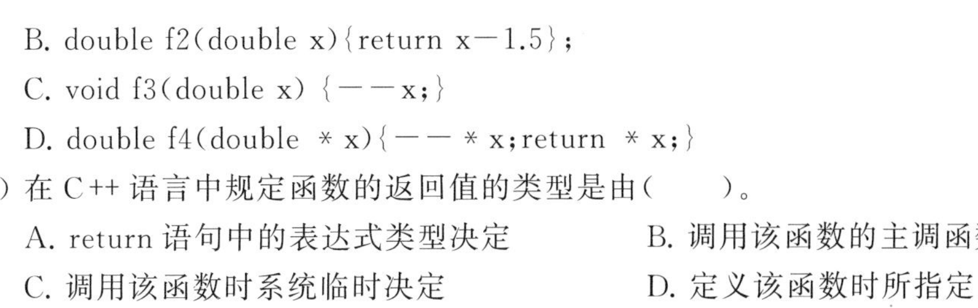

B. double f2(double x){return x—1.5};

C. void f3(double x) {——x;}

D. double f4(double *x){——*x;return *x;}

(4) 在 C++ 语言中规定函数的返回值的类型是由(　　)。

A. return 语句中的表达式类型决定　　B. 调用该函数的主调函数类型决定

C. 调用该函数时系统临时决定　　D. 定义该函数时所指定的函数类型决定

(5) 关于函数的传值调用,下列说法正确的是(　　)。

A. 形参是实参的副本　　B. 实参是形参的副本

C. 形参和实参是同一对象　　D. 形参和实参无联系

4.2 案例 13——"好好学习,天天向上"的力量

4.2.1 问题描述及程序代码

1. 问题描述

在 2.3.4 节上机练习题中计算过,当好好学习的时候,能力值相比前一天增加 1%;没有学习,那么能力值会每天下降 1%。已经比较经过一年的时间,每天学习和每天休息两者的能力值分别是"好好学习,一年后能力值为 37.7834;每天不学习,一年后能力值为 0.025518"。计算了两个数的商,大概前者约是后者的 1480 倍。现在的问题是:每周工作 5 天,休息 2 天,休息时能力值会下降 1%,工作日要努力到什么程度,一年后水平才能与周末不休息,每天都工作时其能力值能提高 1%所取得的效果一样呢?

2. 程序代码

```
#include <iostream>
using namespace std;
//函数声明语句,每天都努力一年后的能力值
double dayups(double fac=0.01);
//函数声明语句, 工作日努力,一年后的能力值
double workdayups(double fac=0.01);
int main()
{
    double dayupCp;                 //每天都努力的能力值
    dayupCp=dayups();               //每天努力提升 1%,计算 365 天后的能力值
    double fac=0.01;                //每天工作,能力提升因子
    while(workdayups(fac)<dayupCp)
        fac+=0.001;                 //增加努力程度,直到一年后,能力值大于每天都努力的能力值
    cout<<"工作日每天的努力提升因子是"<<fac<<endl;
    return 0;
}
//每天都努力工作,能力值增长 fac,默认值是 1%
double dayups(double fac)
{
```

```
    double cp=1.0;                  //能力值初值为 1
    for(int i=1;i<=365;i++)
        cp*=(1+fac);                //每天能力值是前一天的(1+fac)倍
    return cp;
}
//fac是努力工作时每天能力值增长因子
//函数计算并返回在工作日能力值按 fac 因子增长,在
//休息日能力值按 1%的因子降低时,一年后能力值
double workdayups(double fac)
{
    double cp=1.0;                  //能力值初始值为 1
    for(int i=1;i<=365;i++)
    {
        if(i%7==6||i%7==0)          //周六和周日是休息日,能力值下降 1%
            cp*=(1-0.01);
        else
            cp*=(1+fac);            //工作日能力值提升
    }
    return cp;
}
```

3. 程序分析及运行结果

本程序是利用计算机能够循环计算的能力,通过不断调整能力提升因子的值,找到满足条件的那个值来实现函数功能。如果每天努力工作,能力值提高 1%,一年后能力值达到本年度第一天能力值的 37.7834 倍,这是一个很可观的数字。如果每周休息两天,休息日里能力值也是按 1%的因子降低,这样一定需要在工作日里加倍努力,才能赶上每天都努力的情况下年终的效果。经过计算,这个努力因子是 0.019,接近原来每天努力程度的 2 倍,才能达到一样的效果。本案例充分地说明了坚持不懈、持之以恒的力量。

4.2.2 函数声明及函数形参的默认值

1. 函数声明语句

如果函数定义在函数调用之前,不需要对函数进行声明,但是如果函数定义在函数调用之后,则需要对函数进行声明。函数声明语句的格式就是函数定义的函数头部分,结尾加分号。函数声明也叫函数原型。格式如下:

```
函数类型  函数名(形参列表);
```

例如,本案例中有函数声明语句,每天都努力,计算一年后的能力值的函数声明语句如下:

```
double dayups(double fac=0.01);
```

工作日努力,周末休息,计算一年后的能力值的函数如下:

```
double workdayups(double fac=0.01);
```

两条语句都是函数声明语句。函数声明语句的意义在于告诉编译系统此函数的函数名、返回值类型、形参个数及每个形参的类型。后面函数调用到该函数时按照函数声明传入实参就不出现

语法错误。从函数声明语句中不能知道函数功能，只有阅读了函数定义的函数体语句部分，才知道函数的功能。另外，在函数声明语句中，形参变量名也可以省略。从两个声明语句中可以看出函数声明语句的形参可以赋值，这就是给函数形参设置默认值，函数形参设置默认值要求遵循一定的原则。

2. 设置函数形参的默认值

在C++语言中，允许在函数声明或定义时给一个或多个形参指定默认值。要求在一个指定了默认值的形参的右边，不能出现没有指定默认值的形参。换句话说，如果是多个形参，指定默认值要从最右边的形参开始。因为函数调用时，编译器按从左至右的顺序将实参赋值给形参。函数在调用时如给出实参则采用实参值，否则采用预先给出的形参默认值。如果函数定义在函数调用后，形参默认值应该在函数声明语句中给出。同样，本案例中

```
double dayups(double fac=0.01);
```

函数声明语句设置了形参 fac 的默认值为 0.01。在主函数

```
dayupCp=dayups();
```

调用语句中没有给出实参时，fac 参数就是使用的默认值 0.01。

说明：注意说明形参默认值的顺序，形参默认值必须从右向左顺序设置，即在有默认值的形参右面不能出现没有默认值的形参。因为调用时实参取代形参是从左向右的顺序。例如：

```
int add(int x,int y=5,int z=6);            //正确
int add(int x=1,int y=5,int z);            //错误
int add(int x=1,int y,int z=6);            //错误
```

【例 4.4】 形参设置默认值。定义函数求两个整数的和，要求两个形参设置默认值。

```
#include <iostream>
using namespace std;
int add(int x=5,int y=6)
{
    return x+y;
}
int main()
{
    cout<<add(10,20)<<endl;          //10+20 两个实参值
    cout<<add(10)<<endl;             //10+6 一个实参,10 替换 x 的值,y 使用默认值
    cout<<add()<<endl;               //5+6 两个实参都使用默认值
    return 0;
}
```

程序运行结果：

```
30
16
11
```

可见，一个函数，既可以严谨调用，也可以省略参数灵活调用，达到此种方便编程目的的技术称为设置参数默认值。函数调用在前，函数定义在后时，默认值在函数声明语句中设置，在函数声

明语句中给形参设置默认值时，形参变量名也可以省略。例如：

```
int f(int, float=5.0, char='c',);
```

是合法的语句。

4.2.3 函数重载

在C语言中，一个程序中的每一个函数必须有唯一的名字。例如求一个数的绝对值的函数，由于参数类型不同，需要的函数名也不同。int abs(int)函数的功能是求整型数据的绝对值，double fabs(double)函数的功能是对双精度浮点型数据求绝对值。再如，编程实现两个整数、浮点数、字符或字符串中最大值的函数，就需要分别编写函数名不同的四个函数：

```
int maxInt(int x,int y);
char maxChar(char a,char b);
double maxsDouble(double d1,double d2);
char * maxString(char * first,char * second);
```

四个函数的功能类似，但是在调用它们时，程序员需要知道每一个函数的名字，这无疑会增加程序员的记忆负担。如果能用同一个函数名在不同类型上做类似的操作，将会减轻程序员的负担。这种技术在C++语言中实现了，称为函数重载。

1. 什么是函数重载

函数重载是指一组功能相同、处理对象(参数)不同的处理过程，出于方便编程的目的，用同一个函数名字来命名的技术称为函数重载。C++语言允许功能相近的函数在相同的作用域内用相同的函数名，从而形成函数重载。其目的是方便使用，便于记忆。

重载与参数默认之间的异同是：它们都是通过参数的变化来分辨处理不同的任务。如果参数类型或个数不同并且处理过程也不同，则应使用函数重载，否则使用参数默认值更简洁。

2. 定义重载函数——完成案例13的功能

例如，案例13中声明了两个函数，分别是

```
double dayups(double fac=0.01);
```

其功能是计算每天都努力情况下，一年后的能力值。

```
double workdayups(double fac=0.01);
```

其功能是工作日努力，休息日放任的情况下一年后的能力值。二者都是计算一年后能力值的函数，需要记住两个函数名，给程序员带来不便。如果使用函数重载技术，把形参稍作修改，仅用一个函数名countCp()就可以实现同样的功能。函数声明如下：

```
double countCp(double fac);
```

函数用于计算每天都努力，每天提升因子为fac时，一年后的能力值，使用一个形参fac。

```
double countCp(double upFac,double downFac);
```

函数用于计算工作日努力时，能力值提升因子为upFac，休息日放任时，能力值降低因子为downFac，一年后的能力值，使用upFac和downFac两个形参。

程序代码如下：

```
#include <iostream>
#include <math.h>
using namespace std;
//每天都努力,每天提升 fac,一年后的能力值,计算能力值
double countCp(double fac);
//工作日努力提升 upFac,休息日放任能力值降低 downFac 一年后的能力值
double countCp(double upFac,double downFac);
int main()
{
    double dayupCp;                          //每天都努力的能力值
    double uFac=0.01;                        //每天工作,能力提升因子
    double dFac=0.01;                        //休息日放任,能力值下降因子
    dayupCp=countCp(uFac);                   //每天努力,提升因子是 1%,365 天后的能力值
    while(countCp(uFac,dFac)<dayupCp)
        uFac+=0.001;
    cout<<"每天的努力因子是: "<<uFac<<endl;
    return 0;
}
//每天都努力工作,能力值增长 fac,默认值是 1%
double countCp(double fac)
{
    double cp=1.0;                           //能力值初值为 1
    for(int i=1;i<=365;i++)
        cp*=(1+fac);                         //每天能力值是前一天的(1+fac)倍
    return cp;
}
//fac 是努力工作时每天能力值增长因子
//函数计算并返回在工作日能力值按 upFac 因子增长,在
//休息日能力值按 downFac 的因子降低时,一年后能力值
double countCp(double upFac,double downFac)
{
    double cp=1.0;                           //能力值基数
    for(int i=1;i<=365;i++)
    {
        if(i%7==6||i%7==0)                   //周六和周日是休息日,能力值下降
            cp*=(1-downFac);
        else
            cp*=(1+upFac);                   //工作日能力值提升
    }
    return cp;
}
```

3. 函数重载的几点说明

(1) 重载函数的形参必须不同

形参个数不同或数据类型不同,可以定义重载函数。上面的函数重载是形参个数不同,一个函数有一个形参,另一个函数有两个形参,编译程序将根据实参和形参的类型及个数的最佳匹配

来选择调用哪一个函数。

(2) 编译器不以形参变量名的不同来区分

例如：

```
int add(int x,int y);
```

和

```
int add(int a,int b);
```

不是重载函数,因为两个函数仅仅是形参变量名不一样。

(3) 编译器不以函数的返回值的类型不同来区分

例如：

```
int add(int x,int y);
```

和

```
void add(int x,int y);
```

不是重载函数,因为两个函数仅仅是函数返回值的类型不一样。

(4) 不同功能的函数不能声明成重载函数

例如：

```
int add(int x,int y) {  return x+y;  }
float add(float x,float y) {  return x-y;  }
```

第一个函数是两个形参进行加法运算,第二个函数是两个形参进行减法运算,两个函数的功能不一样,所以不要将不同功能的函数声明为重载函数,以免对函数调用的执行结果产生误解和混淆。

(5) 函数重载和形参设置默认值不要产生冲突

例如上面案例中定义的两个重载函数：

```
double countCp(double fac);
```

和

```
double countCp(double upFac,double downFac);
```

因为函数形参个数不同进行函数重载,假如双参函数 downFac 形参设置了默认值,代码如下：

```
double countCp(double upFac,double downFac=0.01);
```

那么两个函数就不能声明为重载函数,因为假如只给定一个实参,在调用的时候产生了二义性,编译系统就不知道该调用哪个函数。

4.2.4 上机练习

【上机目的】

- 练习函数声明或函数定义时如何给函数的形参设置默认值。
- 分清函数声明和函数定义的区别。
- 理解什么情况下可以定义重载函数。

1. 用设置形参默认值完成输出日期的函数 printDate。如果调用时没有实参，则输出系统当前日期；如果调用时给定一个实参，则此值是指具体日，月份和年份使用当前的系统日期的月份和年份；如果调用时给定两个实参，则两个值是指具体日和月份，年份是当前的系统日期的年份；如果调用时给定三个实参，则是指日、月和年。函数输出格式为“XXXX 年 XX 月 XX 日”的格式。

2. 编写三个名为 add 的重载函数，分别实现两个整数相加、两个实数相加和两个复数相加的功能。

【思考与练习】

1. 简答题

（1）在设置函数形参的默认值时应该注意哪些问题？

（2）什么是函数重载？定义函数重载时应该注意哪些问题？

（3）函数声明和函数定义有什么区别？

2. 单选题

（1）在 C++ 语言中，关于形参默认值，下列描述正确的是（　　）。

A. 设置形参默认值时，形参名字不能省略

B. 只能在函数定义时设置形参的默认值

C. 应该先从右边的形参开始向左边依次设置

D. 应该全部设置

（2）下面的函数声明中，（　　）是 void BC(int a, int b)的重载函数。

A. int BC(int a, int b)　　　　B. void BC(int a, char b)

C. float BC(int a, int b, int c=0)　　　　D. void BC(int a, int b=0)

（3）函数重载要求函数在形参的类型、个数及类型顺序上有所不同，下列描述中，（　　）是错误的。

A. 形参的个数不同

B. 形参个数、类型、顺序都相同，但函数类型不同

C. 形参的个数相同，对应形参的类型不同

D. 形参的个数不同，形参类型也不同

（4）下列有关设置函数形参默认值的描述中，（　　）是正确的。

A. 对设置函数形参默认值的顺序没有任何规定

B. 函数具有一个形参时不能设置默认值

C. 形参默认值要设置在函数的定义语句中，而不能设置在函数的声明语句中

D. 设置形参默认值可使用表达式，但表达式中不可用局部变量

3. 程序分析

分析下列程序的输出结果。

（1）程序一：

```
#include <iostream>
using namespace std;
void print(int),print(char),print(char *);
int main()
{
```

```
    int m(2022);
    print('m');
    print(m);
    print("good luck!");
    return 0;
}
void print(char x)
{
    cout<<x<<endl;
}
void print(char * x)
{
    cout<<x<<endl;
}
void print(int x)
{
    cout<<x<<endl;
}
```

(2) 程序二：

```
include<iostream>
using namespace std;
int GetNum()
{
    int a = 20;
    int b = 30;
    return a* b;
}
int func(int a, int b = GetNum())
{
    return a + b;
}
int main()
{
    int b = func(2);
    cout<<b<<endl;
    return 0;
}
```

4.3 案例 14——汉诺塔游戏

4.3.1 问题描述及程序代码

1. 问题描述

汉诺塔(Tower of Hanoi)是一个源于印度古老传说的益智玩具。西方人认为，大梵天创造世界的时候做了三根金刚石柱子，在一根柱子上从下往上按照大小顺序摞着 64 片黄金圆盘。大梵天命令婆罗门把圆盘从下面开始按大小顺序重新摆放在另一根柱子上。并且规定，在小圆盘上不能放大圆盘，在三根柱子之间一次只能移动一个圆盘。那 64 个圆盘需要移动多少次呢？再进一步计算，1 秒钟移动一次，那么需要移动多长时间？假设有 n 个圆盘，移动次数是 f(n)，当 n 是 1、2

或 3 的时候，圆盘移动过程如图 4.3 所示。

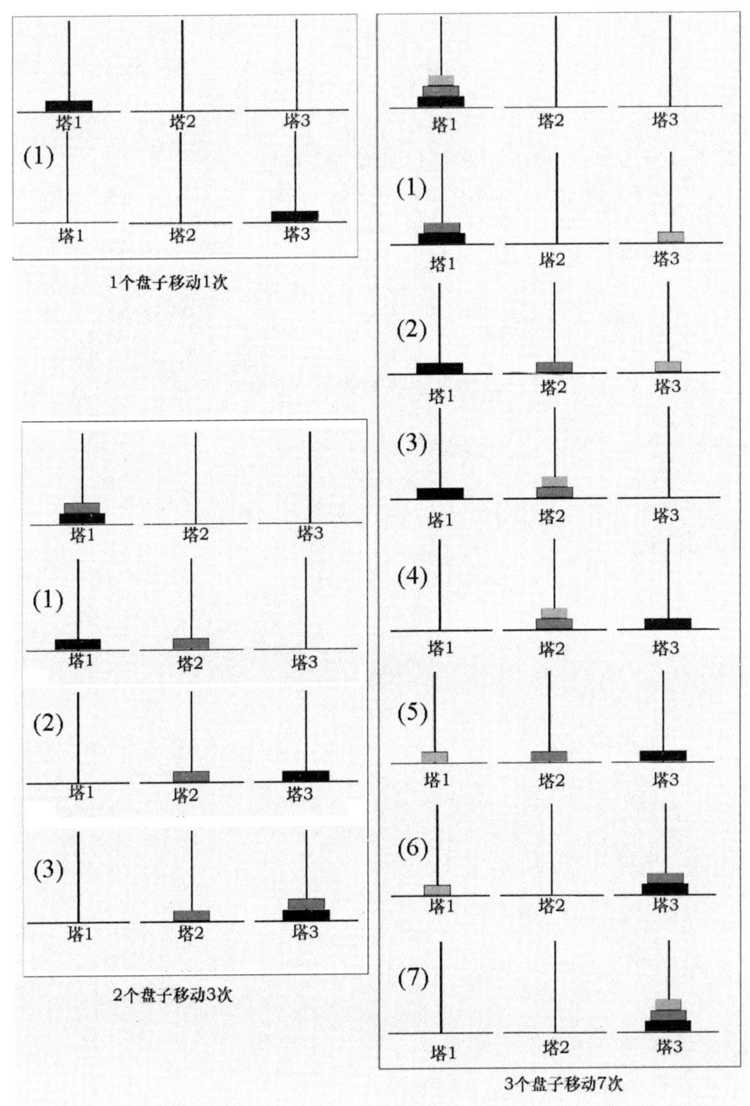

图 4.3　1 个、2 个及 3 个圆盘的移动过程

考虑把 64 片圆盘由一根柱上移到另一根柱上，并且始终保持上小下大的顺序。需要多少次移动呢？这里需要递归的方法。假设有 n 片，移动次数是 f(n)，显然 f(1)=1，f(2)=3，f(3)=7，且 f(k+1)=2＊f(k)+1，不难证明 $f(n)=2^n-1$，n=64 时，需要移动 $2^{64}-1$=18 446 744 073 709 551 615 次。

假如每秒钟移动一次，共需多长时间呢？一个平年 365 天有 31 536 000 秒，闰年 366 天有 31 622 400秒，平均每年 31 557 600 秒，这表明移动完 64 圆盘需要 5845.42 亿年以上。

2. 程序代码

```
#include <iostream>
using namespace std;
//移动函数
```

```
//功能: 从 fromOne 移到 toOne
void move(char fromOne,char toOne)
{
cout<< fromOne <<"-->"<<toOne<<endl;          //输出一行字符表示移动过程
}
//移动过程函数
//功能: 把 n 个圆盘从第 1 根柱借助第 2 根柱移到第 3 根柱上
void hanoi(int n,char one,char two,char three)
{
    //如果只有 1 个圆盘直接从第 1 根柱移到第 3 根柱
    if(n==1)
        move (one,three);
    else        //n 个圆盘
    {  //把 n-1 个圆盘从第 1 根柱借助第 3 根柱移到第 2 根柱上
        hanoi (n-1,one,three,two);
        //把剩下的一个圆盘从第 1 根柱移到第 3 根柱上
        move(one,three);
        //把 n-1 个圆盘从第 2 根柱借助第 1 根柱移到第 3 根柱上
        hanoi(n-1,two,one,three);
    }
}
int main()
{
    int m;
    cout<<"输入圆盘的个数: ";
    cin>>m;
    cout<<m<<"个圆盘的移动过程如下: "<<endl;
    hanoi(m,'A','B','C');
    return 0;
}
```

3. 程序分析及运行结果

程序分析：

将 n 个圆盘从 A 柱移到 C 柱，可以分解为下面三个步骤。

① 将 A 柱上 n－1 个圆盘移到 B 柱上(借助 C 柱)。

② 把 A 柱上剩下的一个圆盘移到 C 柱上(一次)。

③ 将 n－1 个圆盘从 B 柱移到 C 柱上(借助 A 柱)。

事实上，上面三个步骤包含两个操作：

① 将多个圆盘从一个柱移到另一个柱时，是一个递归的过程，由 hanoi()函数实现。

② 将 1 个圆盘从一个柱移到另一个柱时，用 move()函数实现。

在定义 hanoi()函数的时候，调用了 hanoi()函数，函数定义时自己直接或间接调用自己，此函数称为递归函数；调用了 move()函数，函数定义或调用时都可以调用另外一个函数，此种调用方式称为函数的嵌套调用。本程序案例输入圆盘的个数为 3，运行结果如图 4.4 所示。

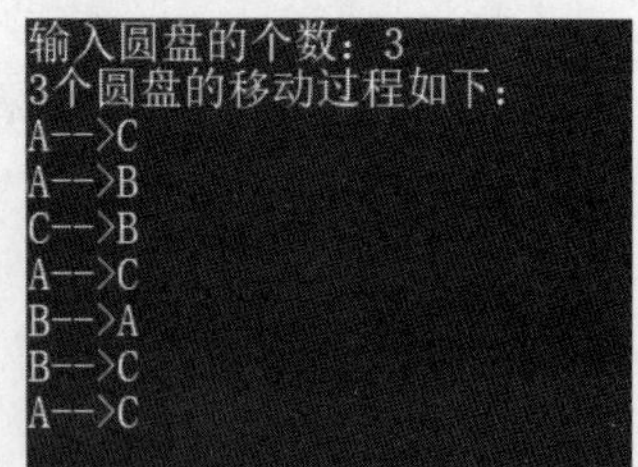

图 4.4　3 个圆盘时程序运行结果

4.3.2　函数嵌套调用和函数的递归调用

1. 函数的嵌套调用

函数的嵌套调用是指在一个函数里调用另一个函数，通常称为函数的嵌套调用。

【例 4.5】　函数的嵌套调用。分析如下程序段的运行结果。

```
#include <iostream>
using namespace std;
void fun1(),fun2();                    //函数声明语句
int main()
{
    cout<<"主函数开始--"<<endl;
    fun1();
    cout<<"主函数结束--"<<endl;
}
void fun1()
{
    cout<<"函数 1 开始……"<<endl;
    cout<<"这里是函数 1 的代码……"<<endl;
    fun2();
    cout<<"函数 1 结束……" <<endl;
}
void fun2()
{
    cout<<"函数 2 开始******"<<endl;
    cout<<"这里是函数 2 的代码******"<<endl;
    cout<<"函数 2 结束******" <<endl;
}
```

程序分析：在 main()函数中，调用了 fun1()函数，先执行 fun1()函数中的任务；在运行 fun1()函数时，又调用了 fun2()函数，就要进入 fun2()函数中运行 fun2()函数中的语句；当 fun2()函数的任务执行完，才会返回到 fun1()函数；接着运行调用 fun2()函数语句后面的语句，把 fun1()函数中全部语句执行完后，才会返回到 main()函数中；接着运行调用 fun1()函数后面的语句，直到 main()函数中的所有语句运行完毕，程序结束。本程序的运行结果如图 4.5 所示。

2. 函数的递归调用

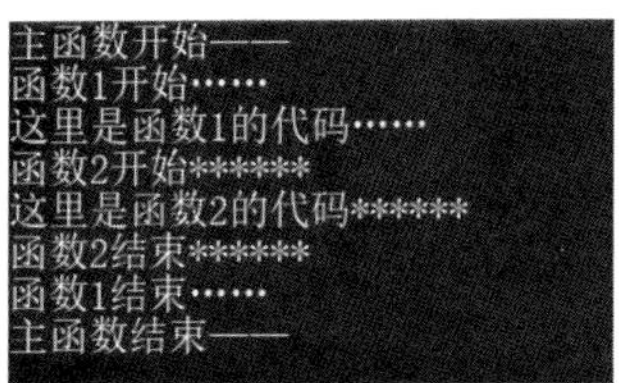

图 4.5　程序执行结果

递归函数是指在函数体内直接或间接调用它自身。执行递归函数将反复调用其自身，每调用一次就进入新的一层，因此递归函数必须有结束条件。当函数在一直递归时，只有遇到结束条件才返回。所以递归要有两个要素：结束条件与递推关系。

（1）结束条件：确定递归到何时终止，也称为递归出口。

（2）递推关系：将大问题如何分解为小问题，也称为递归体。

递归函数只有具备了这两个要素，才能在有限次运算后得出结果。

hanoi()函数的结束条件是：当有 1 个圆盘时，直接从原柱移动到目标柱。

递推关系是：把 n－1 个圆盘移动到中间柱。

再看下面求阶乘的案例。

【例 4.6】 求阶乘。计算 n!的公式如下：

$$n! = \begin{cases} 1 & (n=0) \\ n(n-1)! & (n>0) \end{cases}$$

这是一个递归形式的公式，很自然地想到用递归函数来实现。

(1) 结束条件：0!=1

(2) 递归过程的两个阶段。

如果 n 的值是 4，求阶乘递归过程如下。

- 递推：

4!=4×3!→ 3!=3×2!→ 2!=2×1!→ 1!=1×0!→ 0!=1

未知——————————————————→已知

- 回归：

4!=4×3!=24←3!=3×2!=6←2!=2×1!=2←1!=1×0!=1←0!=1

未知←——————————————————已知

代码如下：

```
#include <iostream>
using namespace std;
long int fac(int n);
int main()
{
    int n;
    cout<<"请输入一个正整数:";
    cin>>n;
    long fa=fac(n);
    cout<<n<<"!="<<fa<<endl;
    return 0;
}
long int fac(int n)
{
    long int p;
    if(n==0)
        p=1;                        //n=0 是结束条件
    else
        p=n * fac(n-1);             //n 大于 0 n!=n * (n-1)!
    return p;
}
```

【例 4.7】 斐波那契数列也是经典的递归案例，因意大利的数学家斐波那契（Leonardo Fibonacci）以兔子繁殖为例子而引入。一般而言，兔子在出生后第 3 个月就有繁殖能力，一对兔子每个月能生出一对小兔子。如果所有兔子都不死，那么一年以后可以繁殖多少对兔子？故又称为“兔子数列”，指的是这样一个数列：1、1、2、3、5、8、13、21、34、……，在数学上，斐波那契数列以如下递推的方法定义：

$F(1)=1, F(2)=1, F(n)=F(n-2)+F(n-1)(n \geqslant 3)$。

代码如下：

```
#include <iostream>
using namespace std;
int fib(int n);                                    //函数声明
int main()
{
    int m;
    cout<<"输入项数值：";
    cin>>m;
    cout<<"fibonacci 数列的第"<<m<<"项的值是:"<<fib(m) <<endl;
}
int fib(int n)                                     //函数定义
{
    if(n==1||n==2)
        return 1;                                  //若 n 等于 1 或 2,返回 1
    else
        return fib(n-2)+fib(n-1);                  //返回前两项之和
}
```

一个递归函数的调用过程类似于多个函数的嵌套的调用，只不过调用函数和被调用函数是同一个函数。如本案例输入值为 8 时，调用过程如图 4.6 所示。

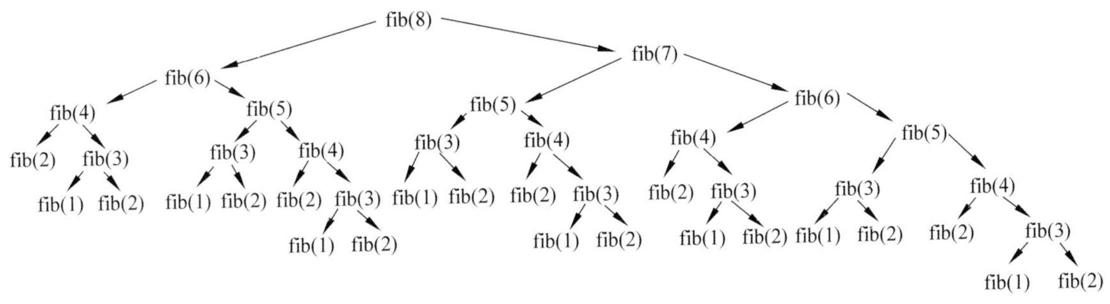

图 4.6　求斐波那契数列的第 8 项的函数调用过程

递归函数的特点是定义简单、逻辑清晰。理论上，所有递归函数都可以写成循环结构，不过循环结构的逻辑不如递归清晰。

在计算机中，函数调用通过栈（stack）数据结构实现。每当进入一个函数调用，栈就会增加一层；每当函数返回，栈就会减一层。由于栈的大小不是无限的，因此递归调用的次数过多会导致栈溢出，使用递归函数时需要注意防止栈溢出。

4.3.3　上机练习

【上机目的】

- 定义多个函数，利用函数嵌套调用来实现程序的功能。
- 掌握递归函数的定义和调用方法。

1. 编写一个递归程序，求两个正整数的最大公约数。
2. 编写一个递归程序，实现将任意正整数转换为八进制数。

3. 编写一个递归程序，实现求任何一个十进制整数的回文数，如输入 12345 输出回文数 54321。

【思考与练习】

1. 简答题

递归程序分为哪两个阶段?

2. 程序填空

在下列函数的横线处填上适当的内容，使该函数利用递归方法求解字符串 str 的长度，要求不得使用系统提供的字符串处理函数。

```
int getlen(char * str)
{
    if(________)
        return ________;
    else
        return 1+getlen(str+1);
}
```

3. 单选题

(1) 在下列函数声明中，错误的语句是(　　)。

A. void Fun(int x=0,int y=0);　　B. void Fun(int x,int y);

C. void Fun(int x,int y=0);　　D. void Fun(int x=0,int y);

(2) 已知程序中已经定义了函数 test，其原型是 int test(int,int,int)，则下列重载形式不正确的是(　　)。

A. char test(int,int,int);　　B. int test(int,int,double);

C. char test(int,int,char='0');　　D. int test(int,int,float=3.5F);

(3) 假如有函数声明语句 void Fun(int x,int y)，下列函数声明中不能作为重载函数的是(　　)。

A. int Fun(int a,int b);　　B. int Fun(int x,int y,int z);

C. int Fun(int a,int b,float z);　　D. void Fun(float x=0,float y=0);

4. 程序分析

分析下列程序，写出程序的输出结果。

(1) 程序一：

```
#include <iostream>
using namespace std;
int f1(int x,int y){return(x>y?x:y);}
int f2(int x,int y){return(x>y?y:x);}
int main()
{
    int a=4,b=3,c=5,d=2,e,f,g;
    e=f2(f1(a,b),f1(c,d));
    f=f1(f2(a,b),f2(c,d));
    g=a+b+c+d-e-f;
    cout<<e<<"  "<<f<<"  "<<g<<endl;
    return 0;
}
```

（2）程序二：

```
#include <iostream>
using namespace std;
#define P 3
int F(int x){return (P*x*x);}
int main()
{
    cout<<F(3+5)<<endl;
    return 0;
}
```

4.4 数据的存储类型

4.4.1 数据的存储类型的意义

在 C++ 程序中，声明变量或函数的存储类型的目的是确定数据或代码在内存中的存储位置。这不仅决定了数据保留在内存中时间的长短，即变量或函数的存储持续性（生命周期）；还决定了程序中数据可以被访问的范围，即变量或函数的可见性（作用域或作用范围）。定义存储类型的关键字有 auto、register、static、extern、mutable 和 thread_local（C++ 11），将这些关键字放置在它们所修饰的变量或函数之前，声明其存储类型。

1. C++ 的内存模型

C++ 的内存通常分为四个区，分别是代码区、全局变量或静态变量区、栈区和堆区。所有普通函数和类的成员函数的代码存放在代码区；全局变量、静态数据和常量放在全局变量区；为运行函数而分配的局部变量、函数形参变量、返回数据、返回地址等存放在栈区，栈区空间的分配和回收都由编译系统管理，先申请的后释放，后申请的先释放；其余的空间被称为堆区，堆区内存空间由程序员管理，根据程序的实际需要灵活地申请内存单元，使用完毕后需要程序员使用命令释放申请的内存单元。

2. 存储持续性（生命周期）

变量的存储持续性即变量的生命周期，是一个变量在程序执行过程中的“有效期”；比如全局变量，它在整个程序执行过程中全程有效，因此它的生命周期是整个程序执行过程；而一些在函数内定义的局部变量，只是在调用函数时有效，函数调用结束，它的生命周期也就结束了。

3. 数据可见性（作用域）

作用域描述了函数或变量在程序中多大的范围内可见。所谓可见是指可以对所定义的标识符进行访问，即可以进行存取操作。作用域按照从大到小的范围可以分为六种，即全局作用域、名字空间作用域、文件级作用域、类作用域、函数作用域和语句块作用域。

- 全局作用域：是 C++ 程序最外层的名字空间作用域，也是最大的名字空间作用域。全局作用域存在于 C++ 程序中，它不需要由程序员人为地定义。在全局作用域内部，可以包含由程序员定义的名字空间作用域，以及没有包含在名字空间作用域中的类型、函数、模板、变量。

在全局作用域中定义的变量称为全局变量，在全局作用域中定义的函数称为全局函数。

- 名字空间作用域：是程序员利用名字空间定义在 C++ 程序中划分出来的一块比较大的程序区段。在该程序区段内部可以定义类型、函数、模板、变量。名字空间作用域可以跨越多个 *.cpp 文件而存在，在名字空间作用域内部还可以继续定义其他的名字空间作用域，即名字空间作用域可以嵌套。
- 文件级作用域：包含了内部函数和外部静态变量或对象，这种作用域的范围是在定义它的文件内，并且从定义开始到文件结束为止。
- 类作用域：在 C++ 程序中，每定义一个类就会引入一个类作用域，简称类域。类体所包含的范围就是类域的范围，在类中定义的所有成员都属于该类域。类域位于名字空间作用域内部，该名字空间作用域既可能是全局作用域，也可能是用户定义的名字空间作用域。
- 函数作用域：函数作用域又称局部作用域，每一个函数体内部都是一个函数作用域。该作用域从定义开始到函数体的右花括号“}”结束。每一个函数都有一个独立的函数作用域，在函数作用域内定义的变量都是局部变量。
- 语句块作用域：在程序逻辑需要不止一条语句的时候，可以使用复合语句。复合语句通常被称为语句块，是用花括号“{}”括起来的两条或两条以上语句的集合。在复合语句花括号内部的程序段中定义的变量属于语句块作用域。

全局作用域、名字空间作用域、文件作用域、类作用域、函数作用域、语句块作用域之间的关系如图 4.7 所示。

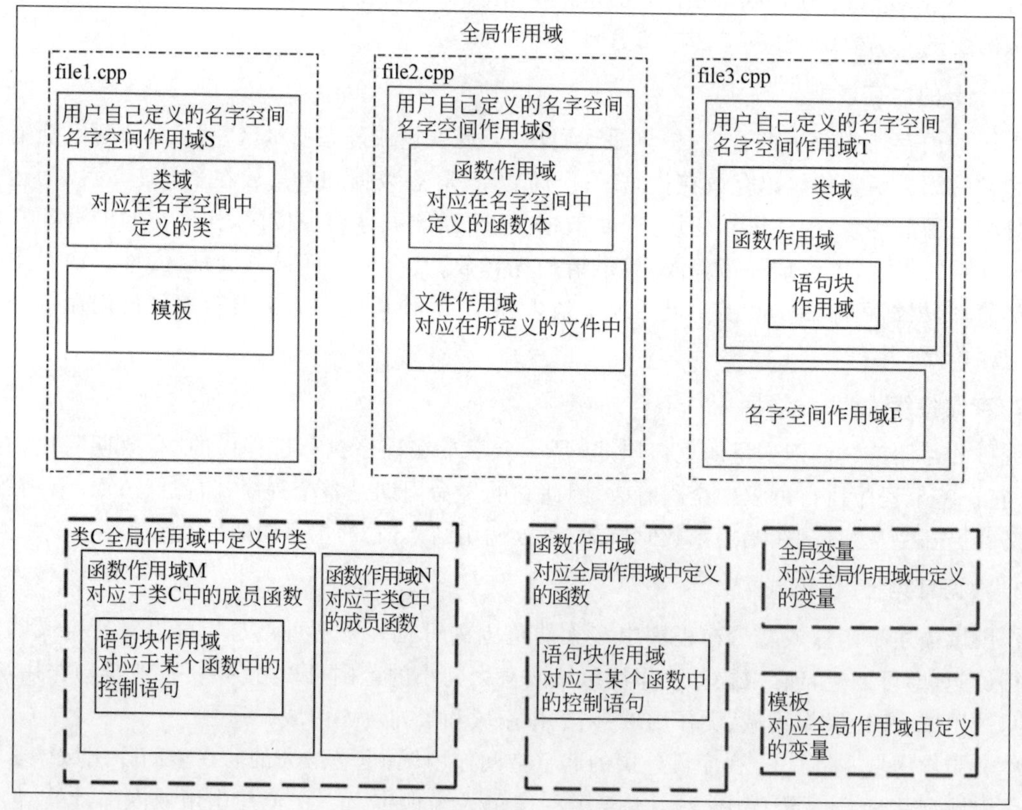

图 4.7　六种作用域之间的关系

从图 4.7 可以看出，在全局作用域中，定义了两个名字空间 S 和 T。名字空间 S 又分别位于两个源文件文件 file1.cpp 和 file2.cpp 中。由此可见，名字空间作用域可以跨越源文件。在名字空间 T 中，除了定义了类外，又定义了一个名字空间 E，所以说名字空间可以嵌套定义。另外，在名字空间中可以定义类、函数、变量、模板等。有些变量和函数属于文件作用域，其范围是从定义处开始，到文件结束。

在全局作用域中，除了定义的名字空间 S 和 T 外，又定义了一个类 C，以及全局函数、全局变量和模板。在类 C 中，定义了一些成员函数，因此有函数作用域。在函数中如果存在复合语句，就会存在语句块作用域。

4.4.2 数据的六种存储类型

1. auto 类型

auto 类型又称为自动类型。auto 类型比较特殊，在 C++ 98 标准中 auto 关键字是存储类型，由于自动类型变量的声明，可以省略，因此在声明一个变量的时候，如果只声明数据类型，没有声明存储类型，其存储类型是 auto 类型。例如：

```
int n;
```

等价于

```
auto int n;
```

数据类型是 int 型，存储类型是自动类型，作用域是声明变量的函数或语句块，存储在栈区。

因为在 C++ 98 标准中可以省略，所以在 C++ 11 标准中已删除这一用法，用 auto 关键字声明变量时，系统会根据初始化表达式的类型自动推断该变量的数据类型。因此 auto 不再是存储类型，而是数据类型。

例如：

```
auto d=2.3;
```

语句根据初值把 d 变量数据类型定义成 double 类型。

```
cout<<sizeof(d)<<endl;
```

输出结果为 8。

```
auto f=78.9f;
```

语句根据初值把 f 变量数据类型定义成 float 类型。

```
cout<<sizeof(f)<<endl;
```

输出结果为 4。

```
auto i=1;
```

语句根据初值把 i 变量数据类型定义成 int 类型。

```
cout<<sizeof(i)<<endl;
```

输出结果为 4。

```
auto c='#';
```

语句根据初值把 c 变量的数据类型定义成 char 类型。

```
cout<<sizeof(c)<<endl;
```

输出结果为 1。

```
auto x=4.6,y=12,z='A';
```

会提示语法错误,用 auto 定义多个变量时数据类型应该是一致的。

```
auto pi=new auto(50);
```

语句根据初值把 pi 变量的数据类型定义成 int * 指针类型。

2. register 类型

register 类型又叫寄存器类型。早期 C 语言编译器不会对代码进行优化,因此使用 register 关键字修饰变量是很好的补充,因为 register 关键字请求让编译器将变量直接放入寄存器里面,大大提高变量的读取速度。在 C 语言中 register 关键字修饰的变量不可以被取地址,但是 C++ 语言中进行了优化。

在 C++ 语言中依然支持 register 关键字,但是 C++ 编译器也有自己的优化方式,即某些变量不用 register 关键字进行修饰,编译器也会将多次连续使用的变量优化放入寄存器中,例如循环语句的循环控制变量。C++ 中也可以对 register 修饰的变量取地址,不过 C++ 编译器发现程序中需要取 register 关键字修饰的变量的地址时,register 关键字的声明将变得无效。

3. static 类型

static 类型又称静态存储类型,用 static 声明局部变量,静态存储类型变量又分为内部静态类型和外部静态类型变量两种。内部静态变量的作用域是声明它的函数或语句块。外部静态变量的作用域在定义它的文件中,并且是从声明变量起有效,直到该文件结束。static 存储类型在程序的生命周期内保持局部变量的存在,而不需要每次在它进入和离开作用域时进行创建和销毁。因此,用 static 修饰的局部变量可以在多次的函数调用中保持局部变量的值。

static 类型的特点如下:

- 定义时加 static。
- 可见性与存在性不一致,可见性范围小,但生命周期很长。
- 定义后有默认值,默认值为 0。

在下面的例 4.8 中,若 i 没有用 static 修饰,则每次调用 fun()函数时,i 的初始值都为 0,打印出的结果都是 1。如果修饰为 static 存储类型的变量,则 i 只在函数第一次调用时进行初始化,再次调用时,因为从没有释放过 i 变量,因此可以直接使用 i 变量。

【例 4.8】 分析下列程序的执行结果。

```
#include <iostream>
using namespace std;
void fun();                              //函数声明
int count = 10;                          //全局变量
int main()
{
```

```
    while(count--)
    {
        fun();
    }
    return 0;
}
void fun()                          //函数定义
{
    static int i =0;                //局部静态变量
    i++;
    cout << "变量 i 为 " << i << ",变量 count 为 " << count << endl;
}
```

例 4.8 的运行结果如图 4.8 所示。

```
变量i为 1 ,变量 count 为 9
变量i为 2 ,变量 count 为 8
变量i为 3 ,变量 count 为 7
变量i为 4 ,变量 count 为 6
变量i为 5 ,变量 count 为 5
变量i为 6 ,变量 count 为 4
变量i为 7 ,变量 count 为 3
变量i为 8 ,变量 count 为 2
变量i为 9 ,变量 count 为 1
变量i为 10 ,变量 count 为 0
```

图 4.8　例 4.8 的运行结果

static 关键字也可以应用于全局变量称为全局静态变量。当 static 修饰全局变量时,会使变量的作用域限制在声明它的文件内。局部静态变量的作用域是定义此变量的函数范围,但是其生命周期是整个程序。在类的定义中,当 static 用在类数据成员前时,该成员为静态成员,静态成员被类的所有对象所共享。

局部静态变量的说明如下:

- 局部静态变量属于静态存储类型,在静态存储区内存分配存储单元。在整个程序运行期间不释放。
- 对局部静态变量是在编译时赋初值,即只赋一次初值,在程序运行时已经有初始值。
- 如果在定义局部静态变量时不赋初值,则在编译时自动赋值为 0。

【例 4.9】 局部静态变量和自动类型变量的区别,分析下列程序的执行结果。

```
#include <iostream>
using namespace std;
void f(int j);                      //函数声明语句
int main()
{
    for (int i(1);i<=4;i++)
        f(i);
    return 0;
}
void f(int j)                       //函数定义
{
    static int a(10);               //局部静态变量
    int b(1);                       //自动类型的变量
    b++;
    cout<<a<<"+"<<b<<"+"<<j<<"="<<a+b+j<<endl;
    a=a+10;                         //a 变量增加 10
}
```

程序在运行时,四次调用了函数 f(i)。函数中有两个局部变量 a 和 b,a 是静态变量,b 是自动

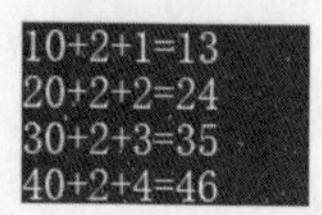

图 4.9　例 4.9 的运行结果

类型变量。a 只被初始化一次，保存在静态存储区，函数结束后 a 变量所占的内存空间不会被释放，再次调用时，直接使用上次调用结束时 a 变量的值。因此，第一次调用 a 的值初始化为 10，后面三次调用分别是 20、30 和 40。b 变量则不同，b 变量在每次函数调用结束时被释放，再次调用时会重新声明并赋初值，因此每次函数调用时，b 变量的值都重新初始化为 2，程序运行结果如图 4.9 所示。

4. extern 类型

全局变量也称为外部变量，是程序中定义在所有函数(包括 main 函数)之外的任何变量。全局变量的作用域是整个程序，这意味着全局变量可以被所有声明了全局变量之后的函数访问。

在全局变量定义的时候不需要使用关键字 extern，extern 关键字是声明此变量已在本文件或其他文件中定义过了。如果编译过程中遇到带有 extern 关键字声明的变量，就会去其他模块中寻找它的定义。但是请读者注意，它只是声明而不是定义，也就是说，如果想要使用此变量，只需要包含定义此变量的文件即可。在编译阶段，虽然本模块找不到该函数或者变量，但是不会报错，会在链接时从定义的模块中找到该变量。因此说局部变量的定义和声明是一回事儿，但是全局变量的定义和声明不一样。

【例 4.10】 全局变量，同一个项目中有两个文件：file1.cpp 和 main.cpp。

file1.cpp 文件代码如下：

```
int global=100;                    //定义全局变量
void fun()
{
    global+=500;
}
```

main.cpp 文件代码如下：

```
#include <iostream>
using namespace std;
int main()
{
    extern int global;             //全局变量声明
    cout<<"global="<<global<<endl;
    extern void fun();             //外部函数声明
    fun();                         //外部函数的调用
    cout<<"global="<<global<<endl;
}
```

global 变量是在 file1.cpp 源文件中定义的全局变量，在 main.cpp 中声明 global 为外部变量，fun 函数也是如此。在一个文件中定义，在另一个文件中使用，程序的运行结果为：

```
global=100
global=600
```

请思考，如果在 main()函数中，去掉变量 global 前的 extern 关键字，输出结果有何不同？如果去掉函数声明语句中的 extern 关键字呢？

在同一个函数中不能拥有两个相同名称的局部变量，此规则也适用于形参变量。形参变量本质上是局部变量,所以不能在同一个函数中声明同名的形参变量和局部变量。但是,可以使用与全局变量或常量名相同的形参或局部变量名。执行此操作时,形参或局部变量的名称会屏蔽全局变量或常量的名称,这意味着全局变量或常量被形参或局部变量隐藏,所以在该程序时段,全局变量不能被看到或使用。

5. mutable 类型

mutable 类型又称为可变的类型,是用来修饰一个类的数据成员。在 C++ 语言中,不可变的变量,称为常量,使用 const 来修饰。mutable 只能用来修饰类的数据成员,而被 mutable 修饰的数据成员,可以在常成员函数中被修改,数据成员的作用域是类域。

6. thread_local 类型

thread_local 定义的变量是线程局部变量,在进行多线程编程时,遇到最多的是对同一变量的多线程读写问题,大多情况下遇到这类问题都通过加锁机制来处理,但这会对程序的性能带来很大的影响。在一个线程中修改了变量中的内容,其他线程都能感知,并且能读取已更改过的内容,这对数据交换来说是非常快捷的。但是,由于多线程的存在,同一个变量可能存在两个或两个以上的线程同时修改变量所在内存单元,而且可能多个线程在变量正在修改时去读取该内存单元,这种情况下,如果没有使用相应的同步机制来保护该内存单元,那么所读取到的数据将是不可预知的,甚至可能导致程序崩溃。多线程程序设计不在本书的学习范围之内,在此仅做简单介绍。

4.4.3　内部函数和外部函数

1. 内部函数

内部函数在定义它的文件中可以被调用,而在同一程序的其他文件中不可以调用,定义格式如下:

```
static    函数类型    函数名(形参列表)
{
    函数体语句;
}
```

2. 外部函数

外部函数是一种作用域为整个程序中的函数,在构成该程序的所有文件中都可以调用,定义格式如下:

```
extern    函数类型    函数名(形参列表)
{
    函数体语句;
}
```

其中 extern 是关键字,它是外部函数的声明符,一般情况下,在定义函数的时候可以省略。

4.4.4　上机练习

【上机目的】

- 理解变量的存储类型,不同存储类型变量的作用域以及生命周期有什么区别。

● 掌握存储类型的种类、定义及使用方法。

分析下列程序的运行结果，并上机验证。

程序一：

```
#include <iostream>
using namespace std;
int f(int a)
{
static int r=1;
    r*=a;
    return r;
}
int main()
{
    int s=0;
    for(int i=1;i<=6;i++)
        s=s+f(i);
    cout<<s<<endl;
    return 0;
}
```

程序二：

```
#include <iostream>
using namespace std;
int f(int);
int main()
{
    int i;
    for(i=0;i<5;i++)
        cout<<f(i)<<"  ";
    return 0;
}
int f(int i)
{
    static int k=1;
    for(;i>0;i--)
        k+=i;
    return k;
}
```

【思考与练习】

1. 简答题

(1) 什么是标识符的作用域？在C++语言中有哪几种作用域？

(2) 外部变量的定义和声明一样吗？

2. 单选题

(1) 有如下代码：

```
#include <iostream>
using namespace std;
void funstatic (int i);
int main()
{
    funstatic(2);
    return 0;
}
void funstatic(int i)
{
    static int x=2;
    int y=2;
    if(i>0)
    {
        ++x;
        ++y;
        cout<<x<<' '<<y<<' ';
        funstatic(i-1);
    }
}
```

上述代码的运行结果是(　　)。

A. 语法错误,不能输出正确结果　　B. 3 3 3 3

C. 3 3 4 4　　D. 3 3 4 3

(2) 下列说法错误的是(　　)。

A. 自动变量的作用域是局部的

B. 外部变量的作用域是整个程序

C. 内部静态变量的作用域是定义它的函数

D. 外部静态变量的作用域是整个程序的全部文件

3. 程序分析

分析下列程序,写出程序的运行结果。

```
#include <iostream>
using namespace std;
int fun(int a)
{
    int b=0;
    static int c=3;
    b++;
    c++;
    return (a+b+c);
}
int main()
{
    int i,a=5;
    for(i=0;i<5;i++)
```

```
        cout<<i<<','<<fun(a)<<endl;
    return 0;
}
```

4.5 案例 15——弟弟的作业

4.5.1 问题描述及问题分析

1. 问题描述

弟弟做完了加、减、乘、除四则运算的题卡，请你来帮他检查是否正确。每道题目连同答案是如下格式：

a+b=c

或

a-b=c

或

a * b=c

或

a/b=c

c 是弟弟写的答案，a、b、c 都是实数，如果弟弟不会做，他会在等号后面写一个问号字符“?”，如果题目中出现两个等号，或者两个或两个以上的算术运算符，说明算式无效，把无效算式也统计出来，计算成绩时将无效算式忽略，有效题目的总成绩是 100 分，请你来编写程序，为他的每次作业评分。

弟弟的作业用记事本写在名为 equation.txt 文件中，文件内容如图 4.10 所示。

```
*equation.txt - 记事本
文件(F) 编辑(E) 格式(O) 查看(V)
1*2=2
1+2=3
99-0=99
3+4=8
371.1+1546=?
2+4=6
1+8=9
3+13=16
1.1+2.2=4.3
30/25=1.2
10/4=2.5
3.4-1.2=2.2
15/20=0.75
0*256=0
```

图 4.10　弟弟的作业文件格式

2. 问题分析

学习程序设计是量化思维的过程，可提升逻辑思维能力和分析问题的能力。程序设计就是用逻辑思维能力把复杂问题分解成一个个小问题，逐个突破；即把功能或任务分解成一个个小任务，然后再去逐个快速完成。因为每当你遇到要解决的问题，就需要先思考，再做需求分析，渐渐地你就学会先通过深度思考，将任务进行分解，再一步一步地找到解决问题的办法，通过一次一次地测试程序运行的结果，最后完成程序的功能，成为一名用逻辑思维解决问题的大师。

依据问题描述分析案例需求，首先把内容从文本文件中读出，检查每一行是否为有效算式，若为无效算式就把无效题目数变量加 1。如果是有效算式，检查是否已标记了不会做，如果等号右侧有问号“?”标记，则错误题目数变量加 1。接下来把没有“?”

标记,形如“a 运算符 b=c”格式的算式拆分出操作数和运算符,找出对应的 a,b,c 的值,根据运算符,将 a 和 b 两个操作数做相应的运算,用运算结果和答案 c 进行比较。如果相等,则正确题目数变量加 1,否则错误题目数变量加 1。如此循环,检查整个文件中的每一行,最后将正确题目数与错误题目数相加求和得到总题目数。

弟弟成绩=正确题目数/总题目数×100

将整个问题分解为 5 个模块完成,并定义函数。

(1) 检查字符串是否为有效的算式,函数声明如下:

```
bool isEqua(string equa);
```

(2) 检查弟弟是否会做,即是否在等号右侧包含“?”,函数声明如下:

```
bool canNotDo(string equa);
```

(3) 查找对应的运算符的类别和运算符在算式中的位置,函数声明如下:

```
string getOperAndNum(string equa);
```

(4) 批阅算式是否正确,函数声明如下:

```
bool isBingo(string equa);
```

(5) 主函数中,完成文本文件的读入,算式的有效性检查,判断算式是否正确,计算本次作业的成绩和输出成绩的操作。

4.5.2　程序代码及运行结果

1. 程序代码

```
#include <iostream>                    //输入/输出流
#include <string>                      //字符串处理
#include <fstream>                     //文件流
#include <iomanip>                     //输入/输出格式控制
#include <math.h>                      //数学函数
using namespace std;

//检查字符串是否为有效的算式
bool isEqua(string equa);

//是否会做
bool canNotDo(string equa);

/*返回字符串,字符串第一个字符是运算符(+、-、*、/),后面字符是运算符在算式中位置的数字字符,例
  如算式是 3050*2=6100,函数返回的字符串"*4",表示算式中运算符是乘号"*",在算式字符串 equa
  中的下标是 4
*/
string  getOperAndNum(string equa);

//检查算式是否正确
bool isBingo(string equa);
```

```
int main()
{
    string temp;
    int bingoNum = 0;                                  //正确题目数
    int faultNum = 0;                                  //错误题目数
    int invalidNum = 0;                                //无效题目数
    ifstream ifs;                                      //读入文件流对象
    ifs.open("equation.txt", ios::in);
    //如果没有打开,则退出程序
    if(!ifs.is_open())
    {
        cout <<"equation.txt 文件打开失败!" << endl;
        system("pause");
        return -1;
    }
    while (ifs >> temp) {                              //读入每一行
        if(isEqua(temp))                               //如果是算式
        {
            if(isBingo(temp))
            {
                bingoNum++;                            //正确题目数加 1
            }
            else
                faultNum++;                            //错误题目数加 1
        }
        else                                           //无效算式
        {
            invalidNum++;                              //无效题目数加 1

        }
    }
    cout << "无效题目: " << invalidNum << "题。" << endl;
    cout <<"正确题目: "<< bingoNum <<"题。"<<endl;
    cout << "错误题目: " << faultNum << "题。" << endl;
    cout << "成绩: " <<fixed<<setprecision(1)<<
    bingoNum * 100.0 / (bingoNum + faultNum) << "分"<<endl;
    return 0;
}
bool isEqua(string equa)
{
    //如果等式出现两个运算符,则不是等式
    if(equa.find_first_of("+-*/") != equa.find_last_of("+-*/"))
        return false;
    //如果等式出现两个等于号,则不是等式
    if(equa.find_first_of('=') != equa.find_last_of('='))
        return false;
    return true;
}
```

```
string  getOperAndNum(string equa)
{
    //创建运算符数组
    char operators[4] = { '+','-','*','/' };
    string  ret;
    //依次检查是否有这四个运算符
    for (int i = 0; i < 4; i ++)
    {
        if(equa.find(operators[i]) != string::npos)
        {
            int n = equa.find(operators[i]);
            ret= operators[i];                    //哪个运算符
            ret+=to_string(n);                    //在算式中的位置
            return ret;
        }
    }
    //如果没有则退出
    cout << equa << " 错误！算式没有运算符(+、-、*、/)" << endl;
    exit(0);
}
bool isBingo(string equa)
{
    //函数检查答案是否正确
    //不会做,返回 false
    if(canNotDo(equa))
        return false;
    //获取参加运算的运算符和位置
    string temp = getOperAndNum(equa);
    string  oper = temp.substr(0,1);              //运算符
    //数字字符还原成整数,operNum 是运算符在 equa 字符串中的下标
    int operNum = atoi(temp.substr(1,temp.length()).c_str());
    //获取等号的下标(rfind 是从后往前找,效率更高)
    int equalNum = equa.rfind('=');
    //获取三个数字,将 string 类型转为 float 类型
    float a =atof(equa.substr(0, operNum).c_str());
    float b = atof(equa.substr(operNum + 1, equalNum-operNum-1).c_str());
    float c = atof(equa.substr(equalNum + 1).c_str());
    /*
    检查是否计算正确
    因为 float 类型存在精度丢失问题,所以采取相减的绝对值小于一个很小的数来解决,经过测试,这个
很小的数的数量级大概在 10 的-6 次方
    */
    const float MINNUM = 1e-6;
    bool bingo = false;
    switch (oper.c_str()[0])
    {
    case '+':
        //cout << "+" << endl;
```

```
        if(fabs(a + b-c) < MINNUM)
            bingo=true;
        //实数做相等比较要特别注意正确答案与弟弟答案误差不大于 10 的-6 次方,则答题正确
        break;
    case '-':
        if(fabs(a-b- c) < MINNUM)
            bingo=true;
        break;
    case '*':
        if(fabs(a* b-c) < MINNUM)
            bingo=true;
        break;
    case '/':
        //检查除数是否为 0
        if(b!=0&&(fabs(a / b-c) < MINNUM))        //不能被 0 除
            bingo=true;
        break;
    }
    return bingo;
}
bool canNotDo(string equa)
{
    //查找问号,若查找到则表示不会做
    if(equa.find('?') != string::npos)
        return true;
    else
        return false;
}
```

2. 程序运行结果

从测试用的文本文件中检查计算结果是否正确,文件共 14 行,14 个算式,其中"2+4−=6"为无效算式,"371.1+1546=?"是弟弟标记了不会做的算式,"3+4=8"和"1.1+2.2=4.3"是做错了的题目,其他 10 道题目计算正确,因此弟弟的得分是 10/(3+10)*100=76.9 分(保留 1 位小数)。程序的运行结果如图 4.11 所示。

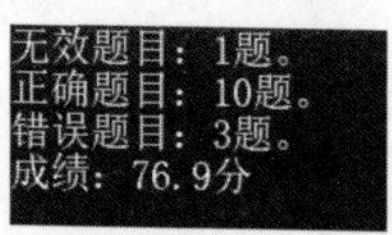

图 4.11 案例 15 的运行结果

4.5.3 上机练习

【上机目的】

- 理解什么是问题分解,把复杂的问题分解成功能简单的模块,通过模块的组合来完成复杂任务。
- 掌握函数的定义、函数声明、函数的调用,理解函数之间如何进行数据传递。

从键盘上输入两个分数,完成分数的加、减、乘、除运算,并把运算结果写入一个 result.txt 文本文件中。

测试用例 1：

```
输入：1/8    1/4
输出：
1/8 + 1/4=3/8
1/8-1/4=-1/8
1/8×1/4=1/32
1/8÷1/4=1/2
```

测试用例 2：

```
输入：3/8    1/8
输出：
3/8 + 1/8=1/2
3/8-1/8=1/4
3/8×1/8=3/64
3/8÷1/8=3
```

【思考与练习】

1. 简答题

(1) 写出打开当前文件夹下的文本文件 result.txt 的语句。

(2) 将 1～100 的平方写入 result.txt 文件中，每行 10 个数据。

2. 单选题

(1) 下列程序的执行结果是(　　)。

```
#include <iostream>
using namespace std;
void  fun(int a,int &rb,int *pc)
{
    a=10;
    rb=20;
    *pc=30;
}
int main()
{
    int a,b,c;
    a=b=c=0;
    fun(a,b,&c);
    cout<<a<<b<<c<<endl;
    return 0;
}
```

A. 102030　　B. 02030　　C. 10030　　D. 0030

(2) 函数原型为 void test(int a,int b=10,char c='a');，下面的函数调用中不合法的是(　　)。

A. test(5)　　B. test(5,8)　　C. test(6,10,'#')　　D. test(0,0,"a")

3. 程序分析

分析下列程序，写出程序的运行结果。

```
#include <iostream>
using namespace std;
int x;
void funA(int &a,int b);
void funB(int u,int &v);
int main()
{
    int aa;
    int bb=10;
    x=20;
    funA(aa,bb);
    cout<<aa<<"  "<<bb<<"  "<<x<<endl;
    funB(aa,bb);
    cout<<aa<<"  "<<bb<<"  "<<x<<endl;
    return 0;
}
void funA(int &a,int b)
{
    int aa;
    aa=b+10;
    a=2*b;
    b=aa+10;
}
void funB(int u,int &v)
{
    int bb;
    bb=x;
    v=bb+10;
    x=u+v;
}
```

本章小结

函数是程序设计语言的重要组成部分。使用函数可以使复杂的程序分解成若干易于处理的小模块。函数分为标准函数和用户定义函数两种。使用标准函数必须将定义它的文件包含进来。对于用户自定义函数,函数命名时按“见名知意”的原则,用有助于记忆的标识符。函数的调用方法分为传值调用、引用调用和传地址调用三种。在调用任何函数之前,必须确保已有函数声明。

一般情况下,函数调用时,实参与形参要相对应,即个数相同、类型一致。但如果函数设置了默认值,则在没有指定与形参相对应的实参时,就自动使用形参的默认值。函数重载允许用同一个函数名定义多个函数体,被重载的函数所含的形参个数不同,或是形参的类型不同,不可以因为函数的类型不同而进行函数重载。递归是解决复杂问题的有效方法,本章通过汉诺塔游戏、求阶乘和 Fibonacci 数列等经典的递归案例,详细地讲解了递归函数的定义方法。函数可以嵌套调用,但是不能嵌套定义。变量的生存周期分为两种：一种是编译时为其分配内存单元,并在程序执行

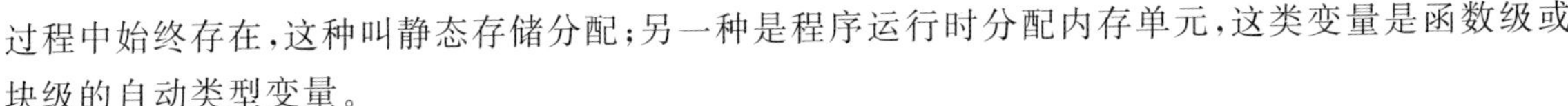

过程中始终存在，这种叫静态存储分配；另一种是程序运行时分配内存单元，这类变量是函数级或块级的自动类型变量。

程序练习题

1. 编写一个加密函数 string encoding(string str,string key)，形参 str 为明文字符串，形参 key 为密钥，明文字符串中的每一个字符 c 的密文为 c^key[i]，即明文和密钥做按位异或运算，循环使用密钥字符串 key 中的各个字符，直到处理完全部明文。如果 key 为空格，则不做加密，函数执行结束返回密文。解密时，用同一个 key 重新加密密文，就可以得到明文。

程序测试如下。

测试用例 1：

```
encoding("aaaaaaaaa","123")                        //明文为 aaaaaaaaa,密钥为 123
密文是: PSRPSRPSR
encoding(encoding("aaaaaaaaa","123"),"123")      //密文为 PSRPSRPSR,密钥为 123
明文是: aaaaaaaaa
```

测试用例 2：

```
encoding("aaaaaaaaa","12 3")                       //明文为 aaaaaaaaa,密钥为 12 3
密文是: PSaRPSaRP
encoding(encoding("aaaaaaaaa","12 3"),"12 3")    //密文为 PSaRPSaRP,密钥为 12 3
明文是: aaaaaaaaa
```

2. 编写一个函数 reverseDigit(int num)。函数的参数为正整数，该函数的功能是将正整数 num 的各位数字进行逆序。

测试用例 1：

```
reverseDigit(12345),函数返回值为 54321
```

测试用例 2：

```
reverseDigit(123123),函数返回为 321321
```

第5章

指　针

指针又称指针变量，是 C++ 语言的精髓，也是其最强大的功能之一。因为有了指针，C++ 语言可以和汇编语言比效率。指针同时也是最棘手的功能之一，尽管有时候容易被误用，但在C++ 编程中起到至关重要的作用。在教学过程中，指针这部分内容常常给学生带来困惑，本章将详细介绍指针在 C++ 程序中的用法。

5.1 指针的概念及声明格式

5.1.1 指针的概念

在 2.2.3 节中介绍过变量包含三个要素，分别是变量类型、变量名和变量的值，其中变量的值包括变量的数据值和变量的地址值。可以把变量的地址值存入另外一个变量，存储变量的地址值的变量称为指针变量。

1. 指针变量的相关术语

- 指针变量与一般变量不同，它的值是某个变量在内存中的地址。
- 一个指针变量存放了哪个变量的地址，就说这个指针指向了哪个变量。
- 指针变量必须初始化或者赋值(指向了变量)后，才能进行间接访问操作。

2. 内存空间的访问方式

- 通过变量名访问。
- 通过地址访问(通过指针间接访问它所指向变量的值)。

“&”是取地址符，例如：

```
int x;
```

语句声明整型变量 x，则 &x 表示变量 x 在内存中的地址。x 是整型数据，占 4 字节的内存单元，那么 x 的地址就可以存放在一个指针变量里，指针变量与其他类型变量一样，也必须先进行指针变量的声明。

5.1.2　指针变量声明格式

1. 指针变量声明

指针变量声明的一般格式如下：

```
存储类型　数据类型　*指针名=初始值(另一个变量的地址);
```

或者

```
存储类型　数据类型　*指针名;
```

例如：

```
int *pi=&x;
```

2. 指针的赋值

- 上面的语句声明了指针变量 pi，pi 是指针名，int 是数据类型，声明指针变量可以存储 int 类型变量的地址，不可以用其他类型变量的地址给指针变量 pi 赋初值或赋值。
- 上面的语句虽然没有给指针变量 pi 指定存储类型，但默认的存储类型为 auto 类型，即存储类型为自动类型，pi 是自动类型局部指针变量，存放在栈空间，由编译系统管理 pi 变量的所占用的内存单元。
- 声明语句中变量 pi 前的星号"*"非常重要，有了星号"*"，才能说明 pi 是指针变量，才能存放另外一个整型变量的地址，所有在声明语句中的星号"*"只是一个标记。
- 上面的语句声明了指针变量 pi，并且给该指针变量赋初值，初始值为 x 变量的地址，x 变量必须是声明了 int 类型的变量，那么就可以说 pi 指向了 int 类型的变量 x。
- 定义指针变量的时候可以赋初值，也可以不赋初值。如果赋初值，需要注意的是，初值变量必须在指针初始化之前已声明过，且变量类型应与指针类型一致。也可以用一个已赋初值的指针变量去初始化另一个同类型的指针变量。
- 既然 pi 是一个指针变量，那么 pi 也会占用内存单元，因此变量 pi 也有地址，&pi 就是指针变量 pi 的地址。不管指向什么类型变量的指针，所占用的空间大小是一样的，在 32 位编译器中都占用 4 个字节的内存单元，在 64 位编译器中都是占用 8 个字节的内存单元。
- 如果指针没有赋初值，则需在使用指针间接访问它所指向的变量前，一定要赋值。这很好理解，指针没有指向变量，怎么能间接访问其指向变量的数据值呢？因此说通过指针间接访问前，指针不能为空值。

3. 程序代码及运行结果

(1) 程序代码

【例 5.1】 指针定义。

```
#include <iostream>
using namespace std;
```

```
int main()
{
    int x = 100;                          //声明 x 变量,并赋初值 100
    int * pi = &x;                        //声明 pi 指针变量,并赋值为 x 的地址
    cout << "x="<<x<< endl;               //输出 x 变量的数据值
    cout << "x 的地址是"<<&x<<endl;        //输出 x 变量的地址值
    cout << " * pi 是"<< * pi<<endl;       //通过指针间接访问 x 变量的值
    cout << "pi="<<pi<<endl;              //pi 变量的值,就是 x 的地址
    cout << "pi 的地址是"<<&pi << endl;    //pi 变量的地址值
    return 0;
}
```

(2) 程序分析及运行结果

以上代码在 VS2019(32 位编译器)环境下运行结果如图 5.1 所示,在 Dev-C++(64 位编译器)环境下运行结果如图 5.2 所示。

图 5.1　程序段运行结果(32 位编译器)

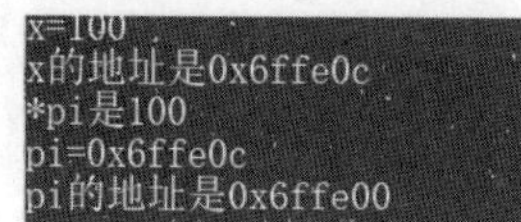

图 5.2　程序段运行结果(64 位编译器)

以 32 位编译器为例,分析上面程序的执行结果可以看出,pi 指针保存的是 x 变量的地址,第二条输出语句和第四条输出语句的结果是一样的,都是 x 变量的地址,00F2FBFC 是 8 个十六进制字符,一个 32 位的长整型数据,表示指向的变量在内存中的地址。

对于第二条输出语句

```
cout << * pi << endl;
```

输出结果为 x 变量的值 100,是属于通过指针变量间接地访问了变量 x 的值。在此你可能会有疑惑,这是声明语句 int * pi=&x 带来的困惑。在该声明语句中,看似 * pi 赋值为 &x,怎么到了输出 * pi 时,* pi 就成了 x 变量的值了呢?这是因为 int * pi=&x 语句为声明语句,声明语句中的"*"号只是标志,表示紧跟其后的变量 pi 是指针类型变量,是指针类型变量就可以把另外一个变量的地址赋值给它。离开了声明语句,此星号"*"就成了通过指针访问变量的取内容运算符。因此 cout<< * pi<<endl;是输出 pi 指针指向的内容。例 5.1 代码段中 x 变量的数据值、x 变量的地址值、pi 变量的数据值、pi 变量的地址值,在内存中的存储示意图如图 5.3 所示。

画出 pi 变量指向 x 变量的逻辑示意图很简单,逻辑示意图如图 5.4 所示。

说明:两个小矩形框分别表示 pi 变量和 x 变量,画一个箭头,箭尾画在 pi 指针变量的小矩形框里面,箭头指向变量 x 的小矩形框,不要指到 x 变量的矩形框里,这样就表示 pi 指针变量存放的是 x 变量的地址。

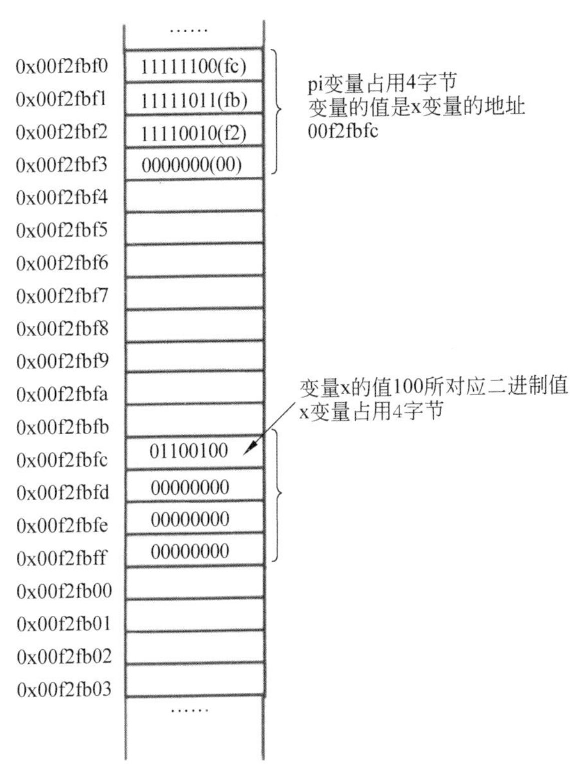

图 5.3　pi 指针指向 x 变量的物理内存存储示意图

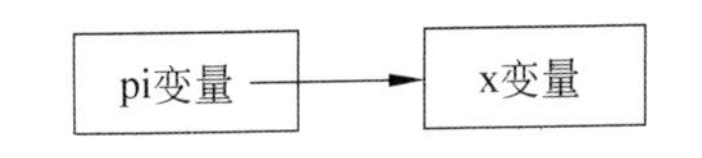

图 5.4　i 指针指向 x 变量的逻辑示意图

5.1.3　声明指向不同数据类型的指针

指针变量可以声明为指向任何数据类型的变量，即指针变量的值可以是任何数据类型变量的地址值。例如：

```
int *pi;
```

语句声明 pi 是一个指向 int 型变量的指针。

```
float *pl;
```

语句声明 pl 是一个指向 float 型变量的指针。

```
char *pc;
```

语句声明 pc 是一个指向 char 型变量的指针。

```
char (*pa)[3];
```

语句声明 pa 是一个指向一维数组的指针，此一维数组是长度为 3 的字符数组。

```
char *pm[3];
```

语句声明 pm 是一个指针数组，pm 是数组名，数组的三个元素存放字符变量的地址。

```
int (*pf)();
```

语句声明 pf 是一个指向函数的指针，该函数的返回的数据类型为 int 型数值。也就是说指针不仅可以指向数据变量，也可以指向代码段，函数就是代码段，函数名就是函数的地址。

```
int * fun();
```

语句声明函数的返回值是整型的指针变量。

```
int **pp;
```

语句声明 pp 是一个指向指针变量的指针，即二级指针。

要存储一个指针变量的地址，就需要一个二级指针，如果 pi 是指向整型变量的指针，pp 变量就可以存储 pi 变量的地址。一个星号“*”，* pp 表示间接访问 pp 指向变量的值，实际上是取得了 pi 变量的值，pi 变量是 x 变量的地址，因此**pp 才可以间接访问到 x 变量的值。

```
struct Date
{
    int year,month,day;                     //数据类型为整型的三个结构成员
};                                          //定义结构类型 Date
Date * pd;
```

在此加一个回车，换行语句声明指向结构变量的指针。

如果结构类型成员的指针类型是自身结构类型，称这种结构为自引用结构，也是定义链表的格式。例如：

```
struct Node
{
    int data;
    struct Node  * next;                    //结构类型成员是指向自身结构的结构类型的指针变量
};
```

称这种结构类型为自引用结构类型。

指向对象的指针如下：

```
class Person                                //定义 Person 类
{
private:                                    //私有访问权限
     char * name;                           //姓名  类的成员是指向字符的指针也叫字符串
     int age;                               //年龄
     char  gender;                          //性别
public:                                     //公有访问权限
    Person(char * n,int nl,char xb)         //类的构造函数
    {
        strcpy(name,n);
        age=nl;
        gender=xb;
    }
};
Person * pa;
```

语句声明 pa 是指向 Person 类对象的指针变量。

```
void * pv;
```

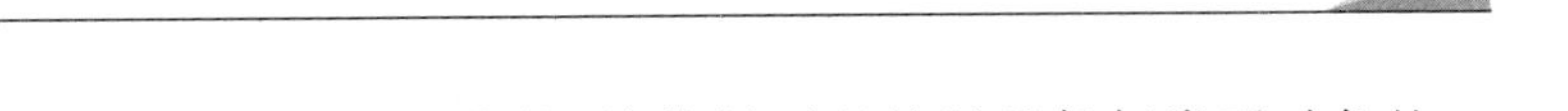

语句声明 pv 是空指针类型,允许声明指向 void 类型的指针,该指针可以被赋予任何类型对象的地址。

例如:

```
void *pv;
```

语句声明 pv 是 void 类型的指针。

```
int  *pint, i;
```

语句声明 pint 是整型变量的指针。

```
pv=&i;
```

语句声明 void 类型指针可以指向整型变量。

```
pint=(int *)pv;
```

语句说明用 void 指针给 int 指针赋值时,需要类型强制转换。

5.1.4 上机练习

【上机目的】

- 掌握声明指针变量的语法格式。
- 学会给指针变量赋初值和赋值,会使用指针间接访问其所指向的变量。
- 理解声明指针变量语句中的"*"与通过指针变量取内容运算符"*"之间的区别。

分析下列程序的运行结果,并上机操作,检查分析结果是否正确。

```
#include <iostream>
using namespace std;
int main()
{
    int *p;
    int x=57;
    cout<<"1:x="<<x<<endl;
    p=&x;
    cout<<"2: *p="<<*p<<",x="<<x<<endl;
    *p=58;
    cout<<"3: *p="<<*p<<",x="<<x<<endl;
    cout<<"4: p的地址="<<&p<<endl;
    cout<<"5: p的值="<<p<<endl;
    cout<<"6: x的地址="<<&x<<endl;
    cout<<"7: x的值="<<x<<endl;
    return 0;
}
```

【思考与练习】

1. 简答题

(1) 什么是指针?它的值和类型是如何规定的?

(2) 声明指针变量的一般格式是什么?举例说明声明不同指针类型的方法。

(3) 如何给不同类型的指针赋值和赋初值?

2. 单选题

(1) 已知语句：

```
int i, j=2; *p=&j;
```

可完成 i=j 赋值功能的语句是（　　）。

A. i=*p;　　B. p*=*&j;　　C. i=&j;　　D. i=**p;

(2) 若有以下声明语句，0<i<4，则（　　）是错误的赋值。

```
int a[4][10]; *p, *q[4];
```

A. p=a;　　B. q[i]=a[i];

C. p=a[i];　　D. q[i]=&a[2][0];

5.2 指针的运算

尽管指针中存放的是变量的地址，指针也能进行算术运算和关系运算。

5.2.1 使用指针访问数组元素

数组名是一个指针常量。一个数组的数组名就是该数组首元素的地址。指针常量不同于指针变量，指针常量的值在程序执行过程中不能被修改，而指针变量的值可以被修改。例如：

```
int a[10], *pa;
```

pa=&a[0]或 pa=a 两个赋值语句都是让 pa 指针指向数组 a 的首元素，经过上述声明及赋值后，可以使用指针访问数组元素。*pa 是 a[0]，*(pa+1)是 a[1]，…，*(pa+i)是 a[i]，因此 a[i]、*(pa+i)、*(a+i)、pa[i]是等价的，都表示数组下标为 i 的数组元素，但是不能写 a++，因为 a 是数组名，是数组首地址，是常量，常量不能被修改。

【例 5.2】 用指针访问数组元素。

```
#include <iostream>
using namespace std;
int main()
{
    int a[5]={5,4,3,2,1};
    int i,j;
    i=a[0]+a[4];                    //用下标法读取数组元素
    j=*(a+2)+*(a+4);                //用指针读取数组元素,等价于 j=a[2]+a[4]
    cout<<i<<endl<<j;
    return 0;
}
```

程序的输出结果为：

```
6
4
```

5.2.2 指针的算术运算

1. 指针与整数的加减运算

指针 p 加上或减去整型数据 n，是指针当前指向位置的后面或前面第 n 个数据的地址。这种运算的结果值取决于指针指向的数据类型。若 p 为字符指针，p+1 是指向下一个字符，实际增加 1 个字节。若 p 为整型指针，p+1 是指向下一个整数，实际增加 4 个字节。同样，若 p 为 double 型指针，p+1 是指向下一个 double 型数据，实际增加 8 个字节。

【例 5.3】 指针与整数相加。

```
#include <iostream>
using namespace std;
int main()
{
    int *pi,a[10]={0,1,2,3,4,5,6,7,8,9};
    double *pd,b[10]={9.1,8.1,7.1,6.1,5.1,4.1,3.1,2.1,1.1,0.1};
    pi=a;                   //pi 为整型数组 a 的首地址
    pd=b;                   //pd 为 double 型数组 b 的首地址
    for(int i=0;i<10;i++)
        cout<<pi+i<<" "<<*(pi+i)<<"----"<<pd+i<<" "<<*(pd+i)<<endl;
    return 0;
}
```

例 5.3 程序的运行结果如图 5.5 所示。

```
0x6ffd60 0----0x6ffd90 9.1
0x6ffd64 1----0x6ffd98 8.1
0x6ffd68 2----0x6ffda0 7.1
0x6ffd6c 3----0x6ffda8 6.1
0x6ffd70 4----0x6ffdb0 5.1
0x6ffd74 5----0x6ffdb8 4.1
0x6ffd78 6----0x6ffdc0 3.1
0x6ffd7c 7----0x6ffdc8 2.1
0x6ffd80 8----0x6ffdd0 1.1
0x6ffd84 9----0x6ffdd8 0.1
```

图 5.5　例 5.3 程序运行结果

程序分析：该程序声明了一个 int 型指针 pi 和一个 double 型指针 pd，分别声明了 int 型和 double 型数组，并且给数组赋初值。首先，让 pi 指向 int 整型数组的首元素，pd 指向 double 型数组的首元素。接着，将两个指针分别与 0 到 9 相加，显示指针与整数相加的结果，从图 5.5 可以看出，指针(地址)加上一个整数结果仍然是地址，地址的变化与指针所指向的类型有关，因为 int 型数据长度是 4 字节，double 型数据长度是 8 字节，因此 pi 加 1 按 4 字节增加，pd 加 1 按 8 字节增加。注意，在显示器上输出指针变量的值时，每次的运行结果不相同。读者每次运行该程序时 pi 和 pd 的值与图 5.5 中 pi 和 pd 的值也不一样。

2. 两个指针指向同一数组的数据元素时可做减法运算

两个指向同一数组元素的指针可以做减法运算，结果为两个指针之间相差数据元素的个数。例如 p 指向数组的首元素，q 指向数组的尾元素，q−p+1 则是数组的长度。

【例 5.4】 两个同类型的指针相减。

```
#include <iostream>
using namespace std;
int main()
{
    int *p,*q,a[10]={0,1,2,3,4,5,6,7,8,9};
    p=a;                                    //p 指针指向第 1 个数组元素
    q=&a[9];                                //q 指向第 10 个数组元素
```

```
    cout<<"数组的长度是: "<<q-p+1<<endl;    //输出数组的长度 10
    return 0;
}
```

注意：两个指针不能相加，如果想计算 p 和 q 两个指针的中间地址，用如下语句：

```
pm=p+(q-p)/2;
```

pm 是中间数组元素的地址值。计算中间数组元素下标与计算中间元素的指针不一样，如果 low 是数组元素的低下标，high 是数组元素的高下标，那么中间数组元素的下标为 mid=(low+high)/2，在数组中进行二分查找就是采用这个公式计算两个数组元素的中间元素的下标。

3. 指针的增 1 和减 1 运算

p++等价于 p=p+1，与 p+1 有区别，p++的结果是 p 指向下一个元素，p+1 的结果只是计算下一个元素的地址，而 p 指针本身的值不变，说明如下。

(1) y=*pi+1 和 y=*(pi+1)的区别

pi+1 结果是间接访问 pi 指针变量内容再加 1，(pi+1)结果是间接访问 pi 指针后面一个数据的内容，如果 pi 指针如图 5.6 所示。

```
y=*pi+1;
```

则 y 的值是 101。

```
y=*(pi+1);
```

则 y 的值为 200。

图 5.6　y=*pi+1 和 y=*(pi+1)

(2) y=(*pi)++和 y=*pi++的区别

y=(*pi)++先间接地访问 pi 所指向变量的值，因为++是后置运算符，所以把 pi 所指向变量的值赋值给 y 变量后，pi 所指向变量的值又进行了加 1 运算。

y=*pi++先去访问 pi 指针所指向变量值赋值给 y 变量，然后是 pi 指针加 1。

假如指针 pi 如图 5.7(a)所示，在执行完 y=(*pi)++后，y 的值为 100，而*pi 值为 101，指针 pi 的值不变，运算结果如图 5.7(b)所示。如果执行 y=*pi++，在运行后 y 的值也是 100，pi 执向了下一个单元，运算结果如图 5.7(c)所示。

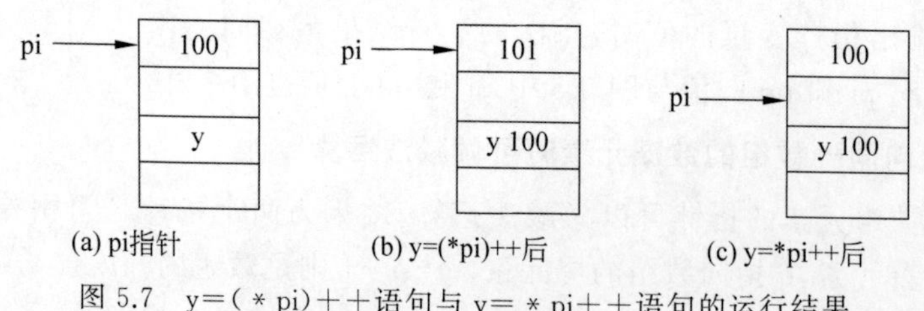

(a) pi指针　(b) y=(*pi)++后　(c) y=*pi++后

图 5.7　y=(*pi)++语句与 y=*pi++语句的运行结果

5.2.3　指针的关系运算

两个同类型的指针可以进行==、!=、<、<=、>和>=这样的关系运算，指针的关系运算实际就是比较地址。如果 p 指向数组的第一个元素，q 指向数组的第 2 个数组元素，则关系表达式 p<q 的结果为真。

例 5.5 将定义数组元素逆置函数。函数的功能为将长度为 n 的 int 型数组中数组元素进行逆置。假如有长度为 n 的数组 array[n](n 是一个整型常量),数组元素逆置是指用 array [n−1]、array [n−2]、array[n−3]、……、array [2]、array [1]和 array[0]共 n 个数组元素分别给 array[0]、array[1]、array[2]、……、array[n−3]、array[n−2]和 array[n−1]共 n 个元素赋值,即把数组中的 n 个元素进行前后交换。比如数组 b[10]={10,20,30,40,50,60,70,80,90,100}共 10 个数据,b 数组逆置后,则 b[0]=100,b[1]=90,b[2]=80,……,b[7]=30,b[8]=20,b[9]=10。

【例 5.5】 指针的关系运算,分析程序的运行结果。

```
#include <iostream>
using namespace std;
void reverse(int a[],int n)
{
    int *p, *q,t;
    p=&a[0];                          //p 指向首元素
    q=&a[n-1];                        //q 指向尾元素
    while(p<q)                        //指针关系运算
    {                                 //p 指针指向变量的值与 q 指针指向变量的值进行交换
        t=*p;
        *p=*q;
        *q=t;
        p++;                          //修改 p 指针的值,p 指针后移
        q--;                          //修改 q 指针的值,q 指针前移
    }
}
int main()
{
    int b[10]={1,2,3,4,5,6,7,8,9,10}; //初始化 b 数组
    cout<<"逆置前:";
    for(int i=0;i<10;i++)
    cout<<b[i]<<"\t";                 //输出逆置前的 10 个数组元素
    cout<<endl;
    reverse(b,10);                    //调用数组逆置函数
    cout<<"逆置后:";
    for(int i=0;i<10;i++)
    cout<<b[i]<<"\t";                 //输出逆置后的 10 个数组元素
    cout<<endl;
    return 0;
}
```

例 5.5 数组逆置函数的运行结果如图 5.8 所示。

图 5.8　数组逆置函数运行结果

【思考与练习】

1. 简答题

(1) 请举例说明指针变量可以进行哪些运算?

(2) 两个同类型指针进行减法运算得到结果是什么值?

2. 单选题

(1) 以下选项中,对同类型的指针变量不能进行运算的运算符是(　　)。

A. ＋　　B. －　　C. －－　　D. ＋＋

(2) 若有变量声明语句如下,以下均是正确赋值语句的选项是(　　)。

```
int *p1,*p2,m=5,n;
```

A. p1=&m; p2=&p1;

B. p1=&m; p2=&n; *p1=*p2;

C. p1=&m; p2=p1;

D. p1=&m; *p2=*p1;

(3) 有如下程序段,执行该程序段后,a 的值是(　　)。

```
int *p,a=10,b=1;
p=&a;a=*p+b;
```

A. 12　　B. 11　　C. 10　　D. 编译出错

(4) 说明语句 int *(*p)()的含义(　　)。

A. p 是一个指向 int 型数组的指针

B. p 是指针变量,它构成了指针数组

C. p 是一个指向函数的指针,该函数的返回值是一个整型

D. p 是一个指向函数的指针,该函数的返回值是一个指向整型的指针

(5) 已知有如下语句,正确的语句是(　　)。

```
char *p,*q;
```

A. p*=3;　　B. p/=q;　　C. p+=3　　D. p+=q;

5.3 指针与数组

在 C++ 语言中,指针与数组有着非常密切的关系,数组元素的存取、数组的参数传递不仅可以通过数组名及其下标完成,也可以通过指针的操作完成,通常情况下使用数组下标访问数组元素和通过指针访问数组元素可以互换。

5.3.1 指向数组的指针

指向一维数组的指针也可以看作是一个二级指针,因为一维数组名是一级常量指针,所以指向一维数组的指针是指向一级指针的指针,称为二级指针。

指向一维数组的定义格式为:

```
数据类型 (*指针名)[数组长度]
```

说明：数据类型可以是任何基本数据类型，也可以是自定义数据类型，是一维数组元素的数据类型；指针名应符合标识符命名原则；数组长度同定义普通数组一样是整型常量表达式，是指针指向的一维数组的长度。例如：

```
int a[2][3]={1,2,3,4,5,6};          //二维数组
int (*pa)[3];                       //pa 是指向数组的指针
pa=a+1;                             //给指向数组的指针赋值
```

对于二维数组 a，可以把它看成一个一维数组，该一维数组有两个数组元素，每个数组元素又可以看成一个有三个整型数组元素的一维数组。

对于数组 a 来说，a[0]和 a[1]是它的两个数组元素，但是 a[0]和 a[1]分别是有三个数组元素的数组名，a[0]数组中的三个数组元素分别是 a[0][0]、a[0][1]和 a[0][2]，a[1]数组中的三个数组元素分别是 a[1][0]、a[1][1]和 a[1][2]}。这样看来，把 a 看成是一个二级指针就好理解了。

a 可看成是 a[0]和 a[1]两个数组元素组成的数组名，数组的数组名 a 是常指针。通过指针间接访问变量，则 *a 和 *(a+1)就是两个数组元素 a[0]和 a[1]，a[0]是三个数组元素 a[0][0]、a[0][1]和 a[0][2]}的数组名，因此 a[0]也是常指针。同样可以通过指针取内容，*a[0]就是 a[0][0]。又因为 *a 是a[0]，所以**a 就是 a[0][0]。因此对于二维数组取到数组元素，就是把数组名看成了二级指针。

*(a+1)+1 呢?

*(a+1)+1 还是一个地址。因为 *(a+1)就是 a[1]，是 a[1][0]、a[1][1]和 a[1][2]三个数组元素的数组名，地址加上一个常量 1，是下一个元素的地址，因此 a[1]+1 就是 a[1][1]的地址，即等价于 *(a+1)+1 是数组元素 a[1][1]的地址，*(*(a+1)+1)是数组元素 a[1][1]。以此类推，*(*(a+i)+j)是用指针法访问数组元素 a[i][j]的方式。

指向一维数组的指针同样是二级指针，因此二维数组名可以给指向一维数组的指针赋值，如代码所示，pa=a+1；赋值语句是合法的。

【例 5.6】 用指向数组的指针访问二维数组的数据元素。

```
#include <iostream>
using namespace std;
int main()
{
    int a[2][3] = {1,2,3,4,5,6};          //二维数组
    int(*pa)[3];                          //指向一维数组的指针
    pa = a+1;                             //指针指向 a[1]
    cout << pa[1][0] << "\t" << pa[0][0] << "\t" << *(*pa + 2) << endl;
    return 0;
}
```

程序分析：a 是二级指针，a+1 也是二级指针，pa 指针指向了 a[1]，a[1]是有三个元素的一维数组，pa+1 或 a+1 实际向后移动了一个包含三个数组元素的一维数组的空间大小，字节数是三个整型数据的内存单元，即 12 个字节。pa[1][0]是数组元素 a[2][0]，显然 a[2][0]不是数组 a 中的数据，因此 a[2][0]是随机值：pa[0][0]是 a[1][0]，其值是 4；*(*pa + 2)是 pa[0][2]，是数组元素 a[1][2]，其值是 6。

5.3.2 指针数组

指针数组是指数组元素是指针类型的数组，即数组元素的值是变量的地址。

指针数组的定义格式为：

数据类型 * 数组名[数组长度]；

说明：数据类型既可以是任何基本数据类型，也可以是自定义数据类型，是数组元素指针所指向变量的类型；数组名应符合标识符的命名原则；数组长度同定义普通数组一样是整型常量表达式。

例如：

```
int * pa[2];
```

pa 是指针数组名，数组长度为 2，数组中的两个数组元素 pa[0]和 pa[1]是指针变量，用于存储整型变量的地址。

【例 5.7】 指针数组的定义和使用。

```
#include <iostream>
using namespace std;
int main()
{
    int a[3] = { 1,2,3 };
    int * pa[3];                            //pa 是指针数组
    pa[0] = &a[0];                          //pa[0]指向 a[0], * pa[0]就是 a[0]
    pa[1] = &a[1];                          //pa[1]指向 a[1], * pa[1]就是 a[1]
     * (pa + 2) = a + 2;                    //等价于 pa[2]=&a[2], * pa[2]就是 a[2]
    cout << * pa[0] << "," << **(pa + 1) << ',' << * pa[2] << endl;
    //* (pa+1)就是 pa[1],pa[1]指向 a[1],因此 pa[1]还是一个地址
    //**(pa+1)等价于 * pa[1],等价于 a[1]
    return 0;
}
```

本程序的输出结果为：

```
1,2,3
```

5.3.3 上机练习

【上机目的】

- 访问数组元素时，能用指针法和数组下标法进行互换。
- 掌握指针数组和指向数组的指针在定义格式上的区别，如何给指针数组赋初值、赋值，如何给指向数组的指针赋值。

编写 strlen 函数，用指针和数组两种方式实现计算一个字符串长度在主函数中调用 strlen 函数，查看程序运行结果。

```
#include <iostream>
```

```
using namespace std;
/* 数组元素的指针表示法
int strlen(char str[])
{
    int n=0;                        //字符串长度变量,初值为 0
    char *pc=str;                   //pc 指针指向字符数组首元素
    while(*pc!='\0')                //'\0'是字符串结束的标记
    {
        n++;                        //字符串长度加 1
        pc++;                       //字符指针后移
    }
    return n;                       //返回字符串长度
}
*/
                                    //数组元素的数组下标方式
 int strlen(char str[])
{
    int n=0;                        //字符串长度变量,初值为 0
    while(str[n]!='\0')
        n++;                        //字符串长度加 1
    return n;
}
int main()
{
    char s[]="Tang Shan";
    cout<<strlen(s)<<endl;          //输出字符串长度
    return 0;
}
```

读者不妨试一试,把 strlen 函数形参变量 char str[]改成 char *str,即形参变量修改成字符指针,比较一下两者的效果是否一样。

【思考与练习】

1. 判断题

(1) 一个数组的数组名和指向该数组的指针是一样的。

(2) 一维字符数组是字符串。

(3) 用初值表给数组赋初值,数组元素的个数可以大于数组的长度。

(4) 数组的长度必须在编译时确定。

2. 单选题

(1) 有下列程序:

```
#include <iostream>
using namespace std;
int main()
{
    int **p, *q, x=10;
    q=&x;
```

```
    p=&q;
    cout<<**p+1<<endl;
    return 0;
}
```

上述程序的输出结果是(　　)。

A. q 的地址　　B. p 的地址　　C. 11　　D. 运行错误

(2) 下列程序的输出结果是(　　)。

```
#include <iostream>
using namespace std;
int main()
{
    int a[6]={2,4,6,8,10,12},*p,**q;
    p=a;
    q=&p;
    cout<<*(p++)<<","<<**q<<endl;
    return 0;
}
```

A. 2,2　　B. 4,4　　C. 4,6　　D. 2,3

3. 程序分析

分析程序的输出结果。

(1) 程序一:

```
#include <iostream>
using namespace std;
int a[][3]={10,20,30,40,50,60};
int main()
{
    int (*p)[3];
    p=a;
    cout<<p[0][0]<<","<<*(p[0]+1)<<","<<(*p)[2]<<endl;
    return 0;
}
```

(2) 程序二:

```
#include <iostream>
using namespace std;
int main()
{
int a[]={5,4,3,2,1};
    int i,*p,m=0;
    for(p=a,i=1;p+i<a+4;i++)
    {
        cout<<*(p+i);
        for(i=0;i<4;i++ )
        {
            m+=p[i];
```

```
            cout<<"\t"<<m;
        }
    }
    return 0;
}
```

(3) 程序三:

```
#include <iostream>
using namespace std;
int main()
{
    int a[5],b[5], * pa, * pb;
    pa=a;
    pb=b;
    for(int i=1;i<4;i++,pa++,pb++)
    {
        * pa=i;
        * pb=2 * i;
        cout<<a[i-1]<<" "<<b[i-1]<<endl;
    }
    pa=&a[1];
    pb=&b[1];
    for(int i=1;i<3;i++)
    {
        * pa+=i;
        * pb * =i;
        cout<< * pa++<<" "<< * pb++<<endl;
    }
    return 0;
}
```

5.4 指针与函数

在C++语言中,指针和函数有着非常密切的关系。函数的形参可以是指针变量,函数的返回值可以是指针类型。指针不仅可以指向任何数据类型的变量,还可以指向程序代码,指向函数的指针实现了指向程序代码的功能,函数的形参可以定义成指向函数的指针。

5.4.1 指针变量作函数的形参

定义一个函数时,如果形参变量是指针,在函数调用时,形参指针变量对应的实参应是实参变量的地址值,这种调用方式称为传地址调用。传地址调用在C语言中特别重要,因为传地址调用可以在被调用函数中间接修改实参变量的值,是函数之间数据交流的一种手段。

在C++语言中,指针作函数的形参可以被引用替代,即函数的形参是引用,其初值是实参变量。因为引用不是内存变量,只是实参变量的别名,在被调用函数体内对形参引用的操作实际就是对实参变量的操作,这种调用方式称为引用调用。引用调用的效率更高,因此指针作函数的形参就不是那么重要了。尽管如此,下面还是通过一段程序代码来说明指针作函数形参时,函数参数传递的实现机制。

【例 5.8】 函数的形参是指针变量。

```
#include <iostream>
using namespace std;
void max_min(int a[],int n,int * pmax,int * pmin)
//数组 a 的长度是 n,pmax 指针指向数组元素的最大值,pmin 指针指向数组元素的最小值
{
    * pmax= * pmin=a[0];                  //假定数组首元素既是最大值又是最小值
    for(int i=1;i<n;i++)                  //从第 2 个数组元素开始与最大值和最小值比较
        if(a[i]> * pmax)                  //如果数组元素比最大值大
            * pmax=a[i];                  //修改最大值
        else if(a[i]< * pmin)             //如果数组元素比最小值小
            * pmin=a[i];                  //修改最小值
}
int main()
{
    int array[10]={1,2,3,4,5,6,7,8,9,10};
    int max,min;                          //最大值,最小值
    max_min(array,10,&max,&min);          //调用函数,实参为最大值和最小值变量的地址
    cout<<"数组中最大值是:"<<max<<endl;
    cout<<"数组中最小值是: "<<min<<endl;
    return 0;
}
```

程序分析:一个函数不能返回两个值,函数功能要求在数组中既要查找最大值,又要查找最小值,完成调用函数和被调用函数之间的数据传递就不能通过函数返回值来实现了,因此可以通过全局变量、形参是指针变量或形参是引用来实现两个函数之间数据共享的功能。因全局变量不安全,所以通过引用调用和传地址调用是完成函数功能的首选。请读者思考:如果把此函数中 * pmax 和 * pmin 两个指针形参变量修改成引用,程序中哪些代码需要修改?

5.4.2 指针函数

指针函数是指函数的返回值是指针变量的函数,函数的返回值可以是不同类型的指针。

1. 指针函数定义

指针函数定义格式为:

```
数据类型  * 函数名(形参列表);
```

例如:

```
int * pf(int a,int b);
```

其中,pf 是指针函数的名称,该函数有两个整型的形参变量,变量名分别是 a 和 b,该函数的返回值是一个 int 型指针变量。

2. 程序代码及分析

【例 5.9】 指针函数的定义,函数功能是申请内存空间,并返回内存空间的地址。

```
#include <iostream>
using namespace std;
typedef struct Node
{
    char item;
    struct node * next;                    //结构成员是指针
}Node;                                     //自引用结构类型的定义
Node * makeNode(char item)                 //函数的返回值是指针
{
    Node * p;                              //声明结构类型指针
    if(p = new Node)                       //申请一个结构类型的变量空间,地址赋值给 p
        p->item = item;                    //通过指向结构类型变量的指针访问结构成员
    return p;                              //返回结构变量的地址
}
int main()
{
    Node  * s;
    s = makeNode('$');                     //调用 makeNode 函数创建一个结点
    cout <<s->item <<endl;                 //输出$
    return 0;
}
```

程序分析:程序定义了一个结构类型 Node,结构类型的定义将在下一章介绍。在此,读者可以这样理解,基本数据类型不够用的时候,可以根据需要定义一种新的数据类型。当定义好 Node 类型后,Node 类型就可以像 int、char、double 和 float 等数据类型一样,用此数据类型声明变量,声明指针。Node * s;语句即声明了指针变量 s,makeNode()函数的返回值是 Node 类型的指针。本案例中使用了运算符 new,下面介绍 new 运算符的功能和使用方法。

3. 动态申请和释放内存空间

前面程序中用于存储数据的变量或数组在使用前都必须进行声明,C++ 编译器会根据声明语句确定变量所需要的内存单元,为其分配内存空间。即变量或数组在内存中所占的空间大小是在编译阶段确定下来的,这种内存分配方式称为“静态存储分配”。

但是在某些情况下,程序中所需要的内存单元数量只有在运行时才能确定下来。例如对长度为 n 的一个数组进行排序,n 是一个变量,通过用户输入 n,才能知道待排序的数据是多少,这时就应该使用“动态存储分配”方式,申请获得指定大小的内存单元。当分配的内存单元空闲不用时,同样需要对其进行释放,动态申请和释放功能通过 new 和 delete 运算符来实现。

(1) 使用 new 运算符动态申请内存空间

使用 new 运算符对某种类型变量动态地申请内存空间的语法格式如下:

数据类型 * 指针变量名=new 数据类型;

new 运算符的操作数是某种数据类型,如 char、int、double 等,并且可以有初值表达式,或者指定数据的个数。new 运算符返回一个指向其操作数数据类型变量的指针,因此指针数据类型和 new 操作数的数据类型要一致。例如:

```
int *pi=new int;
```

语句,动态地申请了一个 int 型的存储空间,并且把存储单元的地址赋值给了 int 类型的指针变量 pi。如果需要在申请变量的同时为其赋初值,则应在操作数类型后面加上小括号"()",初值写在小括号内。例如:

```
int *pk=new int(100);
```

语句,不仅动态申请了一个 int 型数据的内存空间,把内存单元的地址赋值给了 pk 指针变量,而且把申请的空间初始化为 100。

如果需要申请多个数据的空间,需要在操作数类型后面添加方括号"[ ]",并且在方括号内写上元素的个数。例如:

```
int *q=new int[100];
```

语句,该语句动态地申请了 100 个 int 型数据元素的存储空间,并把首元素的地址赋值给 q 指针变量,q 指向了能容纳 100 个 int 型数据元素的连续空间,因此指针变量 q 可以看作数组的数组名。

(2) 使用 delete 运算符释放动态内存空间

当动态申请的内存空间使用完毕后,需要使用 delete 运算符释放空间,其目的是将不用的内存空间归还给编译系统,以便被系统重新使用。使用 delete 运算符对动态申请的单个变量进行释放的语法格式如下:

```
delete  指针变量;
```

指针变量是指向单个变量的指针,而且其释放的是通过 new 运算符申请的空间。例如:

```
delete pi;
```

释放的是 pi 所指向的那个整型变量的空间,而不是 pi 变量本身,pi 变量的回收由编译系统负责完成,在它作用域结束后自动释放给系统。

使用 delete 对动态数组进行释放的语法格式如下:

```
delete [ ] 指针变量;
```

其中指针变量表示指向数组首元素的指针,指针必须是由 new 运算符返回的指向动态内存空间的地址,不能是普通变量或普通数组的地址。

5.4.3 指向函数的指针

指向函数的指针又称函数指针,是存放函数的入口地址指针变量,函数名是函数的入口地址,可以通过指向函数的指针来调用其指向的函数。

1. 指向函数的指针的定义

指向函数的指针的定义格式为:

```
数据类型 (* 指针变量名)(形参变量列表);
```

例如:

```
int (*pf)(int a,int b);
```

语句定义了指向函数的指针。其中 pf 是一个指向函数的指针名,该指针指向的函数有两个 int 类型形参变量,并且函数的返回值也是 int 类型。指向函数的指针可以被赋初值或赋值,需要将一个函数返回值类型、形参个数及形参类型与函数指针相同的函数名赋值给它,这样就称指针指向了该函数。

2. 指向函数的指针的赋值

指向函数的指针赋值的格式为:

```
指针名=函数名;
```

例如:

```
int add(int x,int y)
{
    return x+y;
}
pf=add;
```

语句表示 pf 指针指向 add()函数。

3. 指向函数的指针的调用

指向函数的指针调用的格式为:

```
(*指针名)(实参列表);
```

例如 pf 指向了 add()函数,通过使用指针调用 add()函数,求两个数的和的语句如下:

```
int z=(*pf)(23,56);
```

运行后,z 的值为两个实参 23 和 56 的和 79。

4. 指向函数的指针作函数的形参

执行函数的指针通常用作函数的参数。当函数的形参是指向函数的指针时,该函数对应的实参应是函数名,从而实现通过函数指针来调用其他函数的功能,这是指向函数的指针的主要用处。

【例 5.10】 指向函数的指针作函数的形参。

```
#include <iostream>
#include <math.h>
using namespace std;
void show(double &x)                    //引用调用
{
    cout<<x<<"\t";                      //输出形参变量的值
}
void deal(double  &x)                   //引用调用
{
    x=sqrt(x*100);                      //修改引用的值,让引用的值乘以 100 再开平方
}
void arrayTraverse(double ar[],int n,void (*pT)(double  &a)
                                        //函数功能是对长度为 n 的数组遍历
{
    for(int i=0;i<n;i++)
```

```
    (*pT)(ar[i]);                   //通过指向函数的指针调用函数对数组元素 ar[i]进行访问
}
int main()
{
    double grade[10]={30,40,60,78,82,91,100,24,36,95};        //数组
    arrayTraverse(grade,10,show);    //输出数组中的每一个数据元素
    cout<<endl;
    arrayTraverse(grade,10,deal);    //对数组元素进行修改
    arrayTraverse(grade,10,show);    //对修改后处理后的数组进行输出
    cout<<endl;
    return 0;
}
```

程序分析：本程序中定义了四个函数。show()函数用于在显示器上输出形参变量的值，其形参是引用。deal()函数的形参也是引用，其功能是修改形参的值，对形参的值乘以 100 后再开平方。arrayTraverse()函数的形参中含有指向函数的指针 pT，其功能是通过 pT 指针调用其他函数，对数组中的每一个数组元素访问且仅访问一遍。

在 main()函数中定义了一个 grade 数组，初始值为 10 个学生的成绩。第一次调用遍历函数 arrayTraverse()时，调用了 show()函数，输出 10 个成绩的值，第二次调用遍历函数 arrayTraverse()时，调用了 deal()函数，对数组中的每个数组元素进行了乘以 100 再开方运算；第三次调用遍历函数，是在显示器上输出修改后的数组元素的值。可见，只要遍历函数 arrayTraverse()写好后，在实际应用中给指向函数的指针实例化哪个函数名，遍历函数就执行哪个函数的调用。遍历函数本身并不需要修改，这样就将 arrayTraverse()定义成了一个比较通用的函数。

5.4.4 上机练习

【上机目的】

- 理解指针变量作函数形参的意义，会编写指针变量作函数的形参的程序，并且会把指针形参与引用形参进行转换。
- 掌握指针函数和指向函数的指针之间的区别，学会指向函数的指针的定义、赋值和调用。
- 学会灵活使用 new 和 delete 运算符动态申请和释放内存空间。

1. 编写一个程序，输入一个 n 的值，创建 n×n 的矩阵，输入 n×n 个数据元素，求出主对角线和次对角线的元素之和。

```
#include <iostream>
using namespace std;
int main()
{
    int **p;                          //二级指针
    int n,i,j;
    cout<<"输入整数 n 的值:";
    cin>>n;
    p=new int *[n];                   //申请 n 个指针的空间
    for(i=0;i<n;i++)
        p[i]=new int[n];              //为每个整型指针申请 n 个整数的存储空间
```

```
    cout<<"请输入"<<n<<"行"<<n<<"列个数组元素:\n";
    for(i=0;i<n;i++)                        //输入 n×n 个数组元素
        for(j=0;j<n;j++)
            cin>>p[i][j];
    for(i=0;i<n;i++)                        //按行列输出 n 行 n 列数组元素
    {
        for(j=0;j<n;j++)
            cout<<p[i][j]<<"\t";
        cout<<endl;
    }
    int sum1=0;                             //主对角线的和
    int sum2=0;                             //次对角线的和
    for(i=0;i<n;i++)
    {
        sum1+=p[i][i];                      //主对角线元素累加
        sum2+=p[i][n-1-i];                  //次对角线元素累加
     }
    cout<<"主对角线元素的和是:" <<sum1<<endl;
    cout<<"次对角线元素的和是:" <<sum2<<endl;
    return 0;
}
```

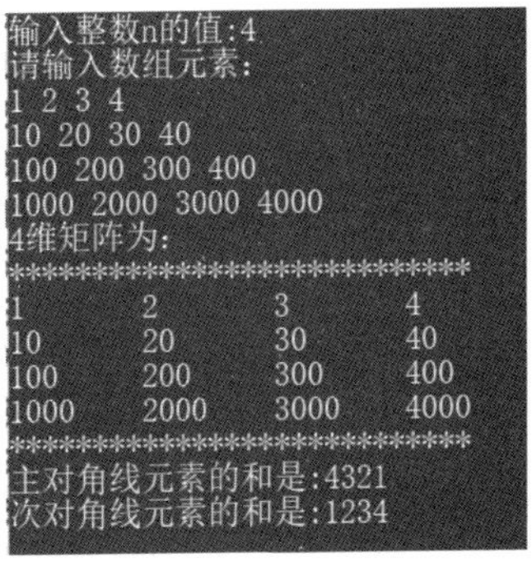

程序的运行结果如图 5.9 所示。

```
输入整数n的值:4
请输入数组元素:
1 2 3 4
10 20 30 40
100 200 300 400
1000 2000 3000 4000
4维矩阵为:
****************************
1       2       3       4
10      20      30      40
100     200     300     400
1000    2000    3000    4000
****************************
主对角线元素的和是:4321
次对角线元素的和是:1234
```

图 5.9　求 4×4 矩阵的主、次对角线元素值的和

以上程序案例中 p 是二级指针，此案例使用数组下标法访问 n×n 个数组元素。请读者思考，用指针访问这些数据，需要怎样修改代码？请修改后执行程序，并查看程序的运行结果。

2. 编写一个程序，定义一个 5×5 的矩阵，元素的值取[1,100]区间的随机值，将其传递给矩阵转置函数，实现矩阵转置，在主函数中输出转置前和转置后矩阵中数据元素的值。程序代码如下：

```
#include <iostream>
#include <time.h>                           //time 函数在此头文件中
using namespace std;
void transposition(int a[5][5])             //转置函数
{
    int i,j;
    for(i=0;i<5;i++)                        //共 5 行数据元素需要交换
        for(j=i+1;j<5;j++)                  //每一行都是从主对角线以后的数据开始进行行列交换
        {
              int t=a[i][j];
              a[i][j]=a[j][i];
              a[j][i]=t;
        }
}
int main()
{
    int ar[5][5];                           //定义一个二维数组
```

```
    int i,j;                                  //循环控制变量
    srand(time(0));                           //随机种子设置为系统时间
    for(i=0;i<5;i++)
        for(j=0;j<5;j++)
            ar[i][j] =rand()%100+1;           //生成[1,100]区间的随机数据
    cout<<"转置前数组如下: \n";
    for(i=0;i<5;i++)
    {
        for(j=0;j<5;j++)
            cout<<ar[i][j]<<"\t";
        cout<<endl;                           //换行
    }
    transposition(ar);                        //调用转置函数
    cout<<endl;
    cout<<"转置后数组如下: \n";
    for(i=0;i<5;i++)
    {
        for(j=0;j<5;j++)
            cout<<ar[i][j]<<"\t";
        cout<<endl;                           //换行
    }
    return 0;
}
```

程序的运行结果如图 5.10 所示。

以上程序对于实参数组进行了转置运算。如果保持实参数组不转置，而是将实参数组转置后存入另外的一个数组，如何修改代码才能完成上述功能？

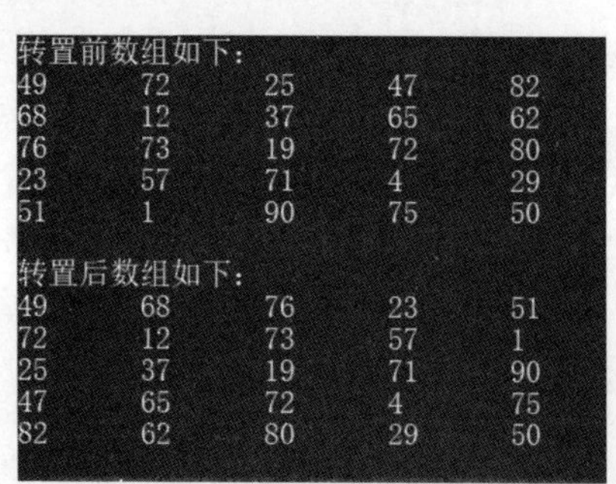

图 5.10　5×5 矩阵转置程序运行结果

【思考与练习】

1. 简答题

(1) 指针变量作函数的形参有什么特点？

(2) 什么是指针函数？

(3) 如何使用指向函数的指针作为函数的形参？

2. 单选题

(1) 对于 int *p[5],语句的描述,(　　)是正确的。

A. p 是一个指向数组的指针,所指向的数组是 5 个 int 型元素

B. p 是一个具有 5 个元素的指针数组,每个元素是一个 int 型变量的指针

C. p 是一个指向某个数组中第 5 个元素的指针,该元素是 int 型变量

D. p [5]表示某个数组的第 5 个元素的值

(2) 若已定义 int a[ ]={1,2,3,4,5,6,7,8,9,10},*p=a,i=5;,则对数组元素的不正确的引用是(　　)。

A. a[p-a]　　　　B. *(&a[i])

C. p[i]　　　　D. *(*(a+i))

(3) 在下列定义中,定义了指针数组 p 的语句是(　　)。

A. int ＊p[3];
B. int (＊p)[3];
C. (int ＊)p[3];
D. int [] ＊ p(3);

3. 程序分析

分析程序的运行结果。

(1) 程序一:

```
#include <iostream>
using namespace std;
void swap(int *x,int *y)
{
    int *p;
    p=x;
    x=y;
    y=p;
    cout<<"x="<<*x<<","<<"y="<<*y<<endl;
}
int main()
{
    int a(5),b(9);
    swap(&a,&b);
    cout<<"a="<<a<<","<<"b="<<b<<endl;
    return 0;
}
```

(2) 程序二:

```
#include <iostream>
using namespace std;
void swap(int *x,int *y)
{
    int p;
    p=*x;
    *x=*y;
    *y=p;
    cout<<"x="<<*x<<","<<"y="<<*y<<endl;
}
int main()
{
    int a(5),b(9);
    swap(&a,&b);
    cout<<"a="<<a<<","<<"b="<<b<<endl;
    return 0;
}
```

(3) 程序三:

```
#include <iostream>
using namespace std;
int main()
```

```
{
    char s[]="98765", * p;
      for(p=s;p<s+5;p++)
          cout<<p<<" ";
    return 0;
}
```

5.5 常指针

在 C++ 程序中不仅有指针变量，也同样可以定义指针常量，常指针就是指针常量。常指针有三种，分别是常指针、指向内容为常量的指针和指向内容为常量的常指针。

5.5.1 所存放地址为常量的常指针

所存放地址为常量的常指针的定义格式如下：

```
数据类型  * const  指针名=初值;
```

声明常指针时必须赋初值，在声明语句中，指针的标识符星号“ * ”放在 const 关键字前面，或者说 const 关键字紧挨着指针名。例如：

```
char s1[ ]="double";
char s2[ ]="int";
char  * const  ps1=s1;
```

ps1 指针常量，指向 s1 字符串。

如果有

```
ps1=s2;
```

语句，会出现语法错误，在程序中不能再次修改 ps1 的值，因为常量不能在程序运行过程中被修改。但是

```
* ps1='c';
```

语句是合法的，地址为常量的常指针所指向变量的存储单元的值可以改变。通过这样赋值，字符串 s1 就从 double 修改成了 couble。

5.5.2 指向内容为常量的指针

指向的值是常量的指针的定义格式如下：

```
数据类型  const  * 指针名=初值;
```

声明内容为常量的指针时必须要赋初值，星号“ * ”放在指针名前面，或者说 const 关键字写在星号“ * ”前，声明指针指向的值是常量。例如：

```
char s1[ ]="double";
char s2[ ]="int";
```

```
char const  * ps2=s2;
```

ps2 是指向常量的指针,指向 s2 字符串,其指向的值不能被修改。

```
ps2=s1;
```

语句是合法的,ps2 指针在运行过程中可以修改。但是

```
* ps2='I';
```

语句则不合法,因为指向的存储单元的内容是常量,在程序的运行过程中不允许被修改。

5.5.3 指向内容为常量的常指针

指向内容为常量的常指针的定义格式如下:

```
const 数据类型  *  const 指针名=初值;
```

说明:两个关键字 const 分别写在数据类型前和指针名前,表示指针是常量,指针所指向的值也是常量,地址和值在程序运行的过程中都不能被修改。例如:

```
char s1[ ]="double";
char s2[ ]="int";
char s3[]="char";
const char * const ps3=s3;
```

语句中 ps3 指针常量指向 s3 字符串,ps3 是常指针,其值不能被修改,其指向的内容同样是常量,也不能修改。

```
ps3=s1;
```

或

```
* ps3='C';
```

两个语句都是不合法的。

5.5.4 上机练习

【上机目的】

- 结合程序代码理解常指针、指向内容为常量的指针和指向内容为常量的常指针三者的区别。

比较下面三段程序代码,分别指出每段代码中出现的错误语句,并说明为什么出错。

(1) 程序一:

```
#include<iostream>
using namespace std;
int main()
{
    int * const p = new int;
    p++;
    return 0;
}
```

(2) 程序二:

```
#include<iostream>
using namespace std;
int main()
{
    const int *p = new int;
    p++;
    *p = 300;
    return 0;
}
```

(3) 程序三:

```
#include<iostream>
using namespace std;
int main()
{
    const int * const p = new int;
    p++;
    *p = 23;
    return 0;
}
```

【思考与练习】

1. 简答题

(1) 使用const声明常指针、指向常量的指针和指向常量的常指针时需要注意什么?

(2) 下面程序段中有一条语句是错误的,请指出是哪一条语句有错误,并说明出错的原因。

```
#include <iostream>
using namespace std;
int main()
{
    int x;
    const  int cx = 100,  *pi;
    pi = &cx;
    x = 2 * *pi;
    pi = &x;
    if(cx < *pi)
    *pi = 200;
    return 0;
}
```

2. 单选题

(1) 下列程序代码中,有(　　)条语句是有语法错误的语句。

```
int aaa = 10;
const int bbb = 20;
const int *p = &aaa;
*p =12;
```

```
p = &bbb;
*p=24;
```

A. 1　　B. 2　　C. 3　　D. 4

(2) 下列程序代码中,有(　　)条语句是有语法错误的语句。

```
int aaa = 10;
int const bbb = 20;
int * const p = &aaa;
*p =12;
p = &bbb;
*p=24;
```

A. 1　　B. 2　　C. 3　　D. 4

本 章 小 结

在 C++ 语言中,数组和指针有着密切的关系。指针是存储一个内存地址的变量,通常使用指针间接访问另外对象的值。若一个函数的形参是指针变量,在函数调用时,用一个数组名作为实参,实际就是将数组的首地址给函数形参赋值,通过指针变量递增,可以访问数组中的下一个元素,因此指针访问数组元素和数组下标法访问数组元素是等价的。本章还详细介绍了指针和函数之间的关系,指针作函数的形参、指针函数、指向函数的指针、指向函数的指针作函数的形参等内容。指针不仅可以指向各种数据类型的数据,也可以指向程序代码。因为函数是可以实现某一功能的一段程序,函数名是这段程序的首地址,因此可以用函数名给指向函数的指针进行赋值。通常情况下使用指向函数的指针作函数的形参,调用函数时,通过给指针形参赋值为函数名来调用指针所指向的函数。使用 new 和 delete 运算符可以动态管理内存的存储单元,所以程序能在运行时根据实际需要申请合适大小的存储单元,不用的空闲单元也可以及时释放。

程序练习题

1. 编写一个函数 int strfind(char *s,char *t),用于查找子字符串 t 在主字符串 s 中从右边开始首次出现的位置,如果没有找到则返回 0。编写一个主函数,测试 strfind()函数,要求在主函数中分别输入主串和子串,并输出查找结果。

测试用例 1:

```
输入主串:
abcaabcdeabc
输入子串:
abc
输出: 10
```

测试用例 2:

```
输入主串：
Abcaabcdeabc
输入子串：
cd
输出：7
```

测试用例 3：

```
输入主串：
Abcaabcdeabc
输入子串：
cda
输出：0
```

2. 编写一个函数 void strcat(char *s,char *t)，其功能是实现两个字符串的连接，即将 t 字符串复制到 s 字符串后面，编写一个主函数测试 void strcat(char *s,char *t)函数，要求在主函数中分两行输入两个字符串，并在显示器上输出连接后的 s 字符串。

测试用例 1：

```
输入两个字符串：
abcd
efgh
输出：
abcdefgh
```

测试用例 2：

```
输入两个字符串：
12345
Good
输出：
12345Good
```

第6章

结构类型

结构类型是一种由程序员定义的较为复杂却非常灵活的数据类型，可以包含多种不同类型的数据。在面向对象编程的程序设计语言普及之前，程序员使用结构类型把逻辑上有关联的不同类型的数据组合到一个整体中。根据实际需求结构类型的成员类型可以相同，也可以不同。一旦结构类型被定义，即可使用此类型声明一个或多个结构类型变量。尽管在C++语言中使用结构类型较少，但掌握其定义方法，以及如何使用仍然很重要。这不仅是因为可以在一些程序中遇到它们，还因为在某些情况下必须使用结构类型。

6.1 案例16——天数计算

6.1.1 问题描述及程序代码

1. 问题描述

定义一个包含年、月、日数据成员的结构类型Date。编写int countDays(Date d)的函数，要求函数的功能为返回指定日期是本年度的第多少天。在主函数中调用countDays函数，并在显示器上输出程序运行结果。

测试用例1：

```
输入：2020 2 1
输出：2020年2月1日是本年度的第32天
```

测试用例2：

```
输入：2020 3 1
输出：2020年3月1日是本年度的第61天
```

测试用例 3：

```
输入：2021 3 1
输出：2021 年 3 月 1 日是本年度的第 60 天
```

2. 程序代码

```
#include <iostream>
using namespace std;
struct Date
{
    int year,month,day;                         //年、月、日三个成员变量
};
bool isLeap(int y)                              //定义一个判断闰年的函数
{
    if((y%400==0)||(y%100!=0)&&(y%4==0))        //闰年
        return true;
    else
        return false;
}
int countDays(Date d)                           //函数定义
{
    int days=0;                                 //天数
    //每月天数
    int monthDays[13]={0,31,28,31,30,31,30,31,31,30,31,30,31};
    for(int i=1;i<d.month;i++)                  //当前日期前 month-1 个月的总天数
        days+=monthDays[i];
    days+=d.day;                                //再加上本月的天数
    //如果当前日期年份是闰年并且月份大于 2,
    //总天数加 1,因为闰年 2 月份 29 天
    if(isLeap(d.year)&&d.month>2)
        days++;
    return days;
}
int main()
{
    Date d;
    cout<<"输入日期：";
    cin>>d.year>>d.month>>d.day;                //输入年月日
    int days=countDays(d);                      //调用函数
    cout<<d.year<<"年"<<d.month<<"月"<<d.day<<"日是本年度的第"
    <<days<<"天"<<endl;
    return 0;
}
```

3. 程序分析

本函数的功能在 4.1.3 节作为上机习题让读者编写过程序，在那里定义函数 int countDays(int year,int month,int day)时包含三个形参变量。本案例是定义了一个新的数据类型，把三个变量

组合在一起表示一个日期结构类型。因此根据实际需求，用户自己定义类型，再用新定义的类型声明变量，使程序从逻辑性和可读性上更清晰、更完整、更容易理解。

6.1.2 结构类型和结构变量

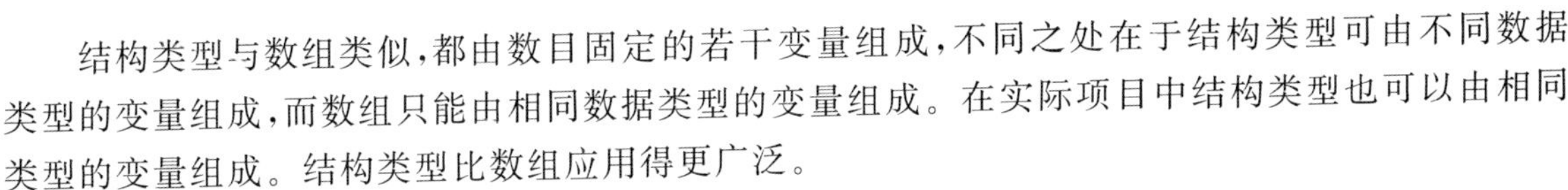

结构类型与数组类似，都由数目固定的若干变量组成，不同之处在于结构类型可由不同数据类型的变量组成，而数组只能由相同数据类型的变量组成。在实际项目中结构类型也可以由相同类型的变量组成。结构类型比数组应用得更广泛。

1. 结构类型

使用结构变量必须先定义结构类型，用结构类型声明的变量称为结构变量。和普通变量声明一样，一种结构类型可以声明多个结构变量。结构类型的定义格式如下：

```
struct  结构类型名
{
    数据类型 1   成员名 1;
    数据类型 2   成员名 2;
    数据类型 3   成员名 3;
    …
    数据类型 n   成员名 n;
};
```

说明：struct 是关键字，不能省略。结构类型名应符合标识符的命名原则，习惯把首字母大写，以区别于变量的命名。成员数据类型可以是基本数据类型，也可以是自己定义的类型，成员数据类型可以是相同的数据类型，也可以是不同的数据类型。如果成员的数据类型相同，可以写成

```
数据类型 成员列表;
```

的形式，成员列表要求不同的成员名之间用逗号“,”分隔。结构类型成员前后要用花括号“{}”括起来，并且以分号“;”作为结构类型定义结束的标志。

例如：

```
struct Date
{
    int year,month,day;                  //年、月、日三个数据成员，同属于 int 类型
};
```

Date 是结构类型名，三个数据成员都是 int 型。定义结构类型后，类型并不在内存中分配存储空间，它只是数据的组织形式，只有用结构类型声明结构变量时，结构变量才在内存空间中分配存储单元。

再如，描述一个学生的基本信息，学生的信息包含学号、姓名、性别、出生年月、C++ 成绩及电话号码。可见学生数据不是简单的一个基本数据类型就可以描述的，因此也需要程序员自己定义结构类型。

```
struct   Student
{
    string   sno;                        //学号的数据类型为字符串
    string   name;                       //姓名的数据类型为字符串
```

```
    char  gender;                   //性别的数据类型为字符,如'F'表示女性,'M'表示男性
    Date  birthday;                 //出生年月的数据类型为自定义结构类型 Date
    float  cpp;                     //C++课程的成绩,数据类型为 float 类型
    string phone;                   //电话号码的类型为字符串类型
};                                  //Student 结构类型定义结束
```

2. 结构变量的声明

结构类型定义后,结构类型就像基本类型一样,可以使用结构类型声明结构变量。

(1) 结构变量声明的格式

结构变量声明格式有三种方式。

① 先定义结构类型,再声明结构变量。一般形式如下:

```
struct  结构类型名
{
    数据类型 1  成员名 1;
    数据类型 2  成员名 2;
    数据类型 3  成员名 3;
    ……
    数据类型 n  成员名 n;
};
结构类型名  结构变量列表;
```

例如:

```
struct Date                          //结构类型定义
{
    int year,month,day;              //年、月、日三个成员
};
Date  d1,d2;                         //声明了两个结构类型变量 d1 和 d2
```

② 定义结构类型的同时声明结构变量。一般形式如下:

```
struct  结构类型名
{
    数据类型 1  成员名 1;
    数据类型 2  成员名 2;
    数据类型 3  成员名 3;
    ……
    数据类型 n  成员名 n;
}结构变量列表;
```

例如:

```
struct Date
{
    int year,month,day;              //年、月、日三个成员
} d1,d2;                             //类型定义,并声明了两个结构类型变量 d1 和 d2
```

③ 直接声明结构变量(省略结构类型名)。一般形式如下:

```
struct
```

```
{
    数据类型 1  成员名 1;
    数据类型 2  成员名 2;
    数据类型 3  成员名 3;
    ……
    数据类型 n  成员名 n;
}结构变量列表;
```

例如：

```
struct
{
    int year,month,day;                    //年、月、日三个成员
} d1,d2;                                   //定义结构类型,直接声明了两个结构类型变量 d1 和 d2
```

(2) 结构变量的赋初值和赋值

结构体变量赋初值的一般格式如下：

```
结构类型名  结构变量={初始数据};
```

例如：

```
Date d1={2021,3,28};
```

语句声明了结构变量 d1,d1 的 year、month 和 day 成员的初值分别是 2021、3 和 28。

```
Student ss={"201400002804","WangZujie",{2022,1,18},95,'M',"13188886666"};
```

语句声明了结构变量 ss,ss 的 6 个成员也分别赋初值,初值列表写在花括号里,每个数据值之间用逗号分隔,初值类型与结构变量类型一致。

结构类型变量不能整体赋值,需要对结构体变量中的每个成员分别赋值。访问成员要使用点"."成员运算符。

结构变量成员赋值的一般格式如下：

```
变量名.成员名=数值;
```

例如：

```
Date d2;                                   //声明结构变量 d2
d2.year=2021;                              //给 d2 的 year 成员赋值
d2.month=7;                                //给 d2 的 month 成员赋值
d2.day=5;                                  //给 d2 的 day 成员赋值
```

(3) 结构变量的存储空间

一个结构变量声明后,变量在内存中的存储空间有的等于其每个数据成员所占内存单元之和,有的并不等于其每个成员空间大小之和。例如：

```
Date d1={2021,3,28};
cout<<sizeof(d1)<<endl;
```

d1 所占空间的大小等于三个 int 型成员所占空间大小之和,输出的值为 12。再如：

```
Student stu1;
cout<<sizeof(stu1)<<endl;
```

分析：成员 sno、name、phone 三个成员都是 string 类型，在 dev-cpp 编译中 string 类型成员都是 8 个字节，gender 是字符型 1 个字节，birthday 是 Date 类型 12 个字节，cpp 是 float 类型 4 个字节，加起来共 41 个字节，可是运行结果输出的值是 48。

可见，Student 类型的变量 stu1 所占的空间大小并不是所有成员所占内存单元之和，其原因是结构体变量中存在存储对齐问题。

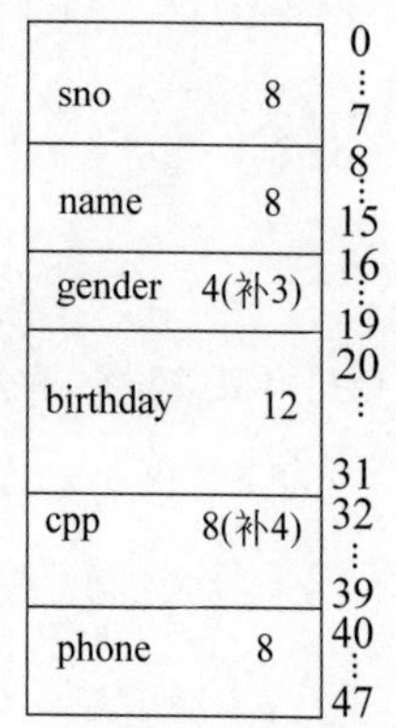

图 6.1　Student 结构类型变量的存储示意图

拿本案例来说，首先系统会将 string 型变量 sno 和 name 从第 0 个字节开始存入，0 是相对地址，指结构变量在内存开辟的首地址，每个变量占 8 个字节，两个成员变量占用 0～15；然后在存放 char 型变量 gender 时，使用 1 个字节；接着存储 Date 类型成员变量时，因为 Date 成员是 3 个整型数据，所以要从 4 的整数倍的位置存储，因此就要把 gender 所占用的空间补足为 4 个字节；birthday 成员前面已经占用了 20 个字节，因此从第 21 个字节存储，占 12 个字节；接着存储 cpp 数据成员时，因为也是 4 个字节，就紧跟在 birthday 成员后面存储 cpp 成员，到此为止，共占用了 36 个字节；最后存储 string 类型成员 phone 时，因为其存储空间是 8 个字节，要从 8 的整数倍的位置开始存储，因此需要把 cpp 所占的 4 个字节空间补足为 8 个字节的空间，即 phone 从第 41 个字节开始存储再分配 8 个字节的空间。Student 结构类型变量的存储示意图如图 6.1 所示。

对于结构类型变量成员的存储单元补齐有两个原则。我们再看两个例子。

【例 6.1】 计算结构变量的存储空间。结构变量成员的存储单元需要补齐，原则一是结构成员相对于结构变量首地址的偏移量必须是当前成员所占字节数的整数倍。

```
#include <iostream>
using namespace std;
struct S1
{
    char a;
    int b;
    double c;
};    //定义结构类型 S1
int main()
{
    S1  x;                                         //定义结构类型变量
    cout << sizeof(x.a) << endl;                   //a 成员的存储空间
    cout << sizeof(x.b) << endl;                   //b 成员的存储空间
    cout << sizeof(x.c) << endl;                   //c 成员的存储空间
    cout << sizeof(x) << endl;                     //x 变量的存储空间
    return 0;
}
```

程序的运行结果如下：

```
1
4
8
16
```

从程序的运行结果可以看出，x 变量空间的大小 16 并不是每个成员所占空间大小的和(1+4+8=13)，同 Student 类型变量 stu1 一样，是因为存储对齐所引起的。首先系统会将 char 型成员变量 a 存入第 0 个字节(相对地址，指内存开辟的首地址)；然后在存放 int 型成员变量 b 时，会以 4 个字节为单位进行存储，由于第一个 4 个字节模块已有 a 成员数据，因此它会存入第二个 4 个字节模块，也就是存入 4～7 个字节；同理，存放 double 型成员变量 c 时，由于其存储单元为 8 个字节，其存放时会以 8 个字节为单位存储，也就是会找到第一个空闲的，且是 8 的整数倍的位置开始存储，此例中由于第一个 8 个字节模块已被 a 成员和 b 成员占用，所以将 c 存入第二个 8 个字节模块，即存入 8～15 个字节中。

以上是补齐原则一，即结构类型变量在做字节对齐时，每个成员相对于结构变量首地址的偏移量必须是当前成员所占字节数的整数倍，如果不是，系统就会在前一个成员变量后自动填充补齐。整体存储示意图如图 6.2(a)所示，下面再看例 6.2 程序。

【例 6.2】 计算结构变量的存储空间。结构变量成员的存储单元补齐原则二是判断当前结构变量的空间大小是否为其最宽基本类型成员大小的整数倍，如果不是还要再将其填充成为最宽基本类型成员大小的整数倍。

```
#include <iostream>
using namespace std;
struct S2
{
    char a;
    double b;
    int c;
};                                            //定义结构类型 S2
int main()
{
    S2  y;                                    //定义结构类型变量
    cout << sizeof(y.a) << endl;              //a 成员的存储空间
    cout << sizeof(y.b) << endl;              //b 成员的存储空间
    cout << sizeof(y.c) << endl;              //c 成员的存储空间
    cout << sizeof(y) << endl;                //y 变量的存储空间
    return 0;
}
```

按照例 6.1 的存储对齐原则分析，char 类型成员 a 从 0 位置开始占 1 字节，double 型成员 b 是 8 个字节空间，就应该从第二个有 8 个字节的模块开始存储，因为第一个 8 个字节被 a 成员占用了，所以 a 成员要补 7 个字节存储空间，在 b 成员后存储 c 成员时，c 成员的大小是 4 个字节，从第 1 个空闲 4 个字节的模块存储，应存放在 16～19 字节内存空间里，那么 y 变量的空间大小是 8+8+4=20 个字节，可是程序的运行结果 sizeof(y)值为 24。

这就引出了第二个补齐原则，当我们分析其存储长度为 20 字节时，20 不是数据成员中最宽基本数据类型 double 型所占空间 8 个字节的整数倍，因此将它补齐到 8 的整数倍，也就是 24。故结构类型变量在做字节补齐的时候的第二个规则是：当前结构变量的空间大小是否为其最宽基本类型成员所占内存大小的整数倍，如果不是，还要再将其填充成为最宽基本类型成员大小的整数倍。例 6.2 程序段 S2 类型的结构体变量 y 的存储示意图如图 6.2(b)所示。

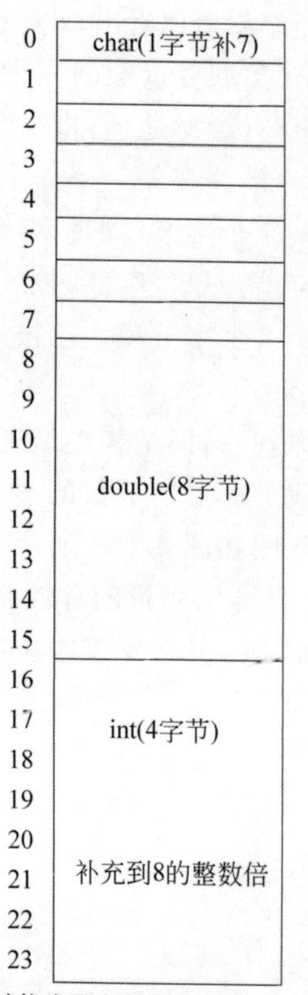

(a) S1结构类型变量的存储结构示意图

(b) S2结构类型变量的存储结构示意图

图 6.2 存储结构示意图

(4) 通过指向结构变量的指针访问结构类型的成员

前面 5.13 节讲过，指针变量可以指向不同的数据的变量，因此指针可以指向结构类型的变量，

```
Date * pd;
```

语句就是定义指向结构类型变量的指针。例如：

```
Date d1={2021,7,11};
pd=&d1;
```

用 Date 类型变量 d1 的地址给 Date 类型指针变量 pd 赋值是合法有效的，因此就说指针 pd 指向了 d1 变量。然后可以用指针变量 pd 间接地访问结构变量 d1，和普通类型的指针一样可以使用取内容运算符“ * ”。因此 * pd 就是结构类型变量 d1，用 d1 访问成员时，使用点“.”成员运算符。用(* pd).year 可以表示 d1 变量的 year 成员，(* pd).month 可以表示 d1 的 month 成员，(* pd).day 可以表示 d1 变量的 day 成员。

需要说明的是，这种方式不是用指针访问结构类型变量成员的习惯用法。其习惯用法是使用箭头“->”运算符来访问成员，即 pd->year、pd->month 和 pd->day 分别表示指针所指向结构类型变量 d1 的三个成员。

使用结构类型指针变量访问成员方式如下：

```
( * 结构类型指针名).成员名
```

等价于：

结构类型指针名->成员名

等价于：

结构类型变量名.成员名

依据上面的赋值语句有：(*pd).year 等价于 pd->year 等价于 d1.year。

6.1.3 结构变量作为函数的参数

在定义 int countDays(Date d)函数时，形参类型是 Date 结构类型。结构变量作为函数的形参，调用函数时，要求实参是同类型的结构变量。在函数调用时，用实参的一个副本给形参赋值，如果参数类型结构比较复杂，就会造成时间和空间上的开销。这种调用方式是传值调用，无法改变实参变量的值。

【例 6.3】 定义函数，修改结构类型形参结构变量成员的值。程序如下，分析程序的运行结果。

```
#include <iostream>
using namespace std;
struct Pupil
{
    string name;                //姓名
    string sno;                 //学号
    float grade;                //成绩
};
edit(Pupil p)
{
    p.name="ZhangShanshan";
    p.sno="101011";
    p.grade=93.5;
}
int main()
{
    Pupil  p1;
    p1.name="LiSisi";
    p1.sno="101022";
    p1.grade=95;
    edit(p1);
    cout<<p1.name<<endl<<p1.sno<<endl<<p1.grade;
    return 0;
}
```

程序分析：edit 函数的形参是 Pupil 结构类型变量 p，函数调用时，实参 p1 的值复制给形参 p，在函数体内对形参变量 p 的修改并不影响实参结构变量 p1 值，因此函数调用结束后，输出实参变量 p1 每个成员的值时，依然是调用 edit 函数之前的数据。输出结果为：

```
LiSisi
101022
95
```

说明：如果想使函数体语句的运行影响到实参变量的值，需要把形参定义成引用类型，调用时由实参变量对形参引用进行初始化，被调用函数中对引用的修改实际就是对实参变量的修改。请读者把形参改成引用，再运行程序，查看程序的运行结果。

6.1.4 上机练习

【上机目的】

- 掌握定义结构类型、结构变量的格式。
- 学会给结构变量赋初值、赋值，掌握用结构变量、指向结构变量的指针访问成员。
- 理解结构变量在内存中所占的存储空间的大小，理解结构成员所占存储空间的对齐规则。

定义一个复数结构类型，类型名为 Complex，该类型有两个 float 类型成员 real 和 image，分别代表复数类型的实部和虚部，编写出两个函数 add 和 multiply 用于计算两个复数的和与积。函数的返回值类型同样是 Complex 类型，编写函数 void printComplex(Complex c)用于输出复数。输出格式应考虑当复数实部和虚部都为 0 时，输出结果是 0；实部为 0，虚部不为 0 时，数据只有虚部；实部不为 0 时，虚部为 0，数据只有实部。还要考虑虚部大于 0 和虚部小于 0 两种情况下，虚部是如何显示的。在主函数中调用到三个函数，查看程序的运行结果。说明：一个函数的返回值为结构变量时，该函数又称结构函数。

【思考与练习】

1. 简答题

(1) 写出结构类型定义的一般格式。

(2) 用结构变量访问成员和指向结构变量的指针访问成员在格式上有什么不同？并举例说明。

(3) 如何给结构变量赋初值和赋值？试举一例。

(4) 定义结构类型如下：

```
struct SName
{
    char str;
    int num;
    short x;
};
```

请问 sizeof(SName)的值是多少？

2. 编程题

定义一个结构类型 Fraction，表示分数，用于表示 2/3、2/7、8/5、5/6 这样的分数。

(1) 定义结构类型 Fraction，两个成员 num 和 den 分别表示分子和分母。

(2) 编写分数的加法和乘法两个函数，函数说明如下：

```
Fraction add (Fraction a, Fraction b);          //两个分数相加
```

```
Fraction mul (Fraction a, Fraction b);          //两个分数相乘
```

6.2　案例 17——学生成绩统计

6.2.1　问题描述及程序代码

1. 问题描述

有一个名为 cjd.txt 的文本文件，其内容是记录了某个班级学生的姓名和四门课程的成绩，如图 6.3 所示，文件内容是 2020 级信计班部分学生的成绩单。

文件中除了第一行外，每一行记录了学生的姓名，C++ 语言、计算机原理、数据结构和 Python 语言四门课程的成绩，数据项之间是用制表符分隔，学生的人数不固定。编写程序完成如下功能：

- 计算每个学生的总分。
- 计算每门课程的平均分。
- 输出总分最高学生的姓名和总分。

要求把输出结果存入到 result.txt 中，其格式如图 6.4 所示。

姓名	CPP	PC	DStruct	Python	总分
董赛冉	90	82	89	88	
李江浩	80	90	78	85	
孙良博	95	82	95	70	
张妙铎	96	100	88	83	
吴育娴	100	76	84	94	
康启远	90	70	68	75	
任家艺	99	70	60	78	
王子涵	90	100	80	70	
钱少锴	92	82	90	78	
王祖杰	90	100	89	88	
宋佳鑫	90	80	70	78	

图 6.3　2020 信计班部分学生的成绩单 cjd.txt

姓名	CPP	PC	DStruct	Python	总分
董赛冉	90	82	89	88	349
李江浩	80	90	78	85	333
孙良博	95	82	95	70	342
张妙铎	96	100	88	83	367
吴育娴	100	76	84	94	354
康启远	90	70	68	75	303
任家艺	99	70	60	78	307
王子涵	90	100	80	70	340
钱少锴	92	82	90	78	342
王祖杰	90	100	89	88	367
宋佳鑫	90	80	70	78	318
平均分	92.00	84.73	81.00	80.64	

总分最高成绩的学生——
姓名：张妙铎,　　总分:367.00分
总分最高成绩的学生——
姓名：王祖杰,　　总分:367.00分

图 6.4　成绩单统计结果 result.txt

程序要求计算每个学生的总成绩，计算每门课程的平均成绩，并且找出总成绩最高的学生，当最高分有多个学生时，要求显示全部最高分学生信息。把计算和查找的结果存储到 result.txt 文件的同时，在显示器上提示信息“操作成功，计算结果已存入了 result.txt 文件中！”。

2. 程序代码

```
#include <iostream>                   //标准输入/输出
#include <fstream>                    //文件流
#include <iomanip>                    //输入/输出格式控制
#include <sstream>                    //字符串流，本案例用于把字符串以空格进行分割
#include <vector>                     //向量-可变大小数组的序列容器类
using namespace std;
```

```
struct Student
{
    string name;                                //姓名
    float score[4];                             //成绩数组
    float total;                                //总分
};                                              //定义学生类型
int main()
{
    vector<Student> arrStu;                     //定义学生类型向量
    ifstream in;                                //声明读文件对象
    in.open("cjd.txt");                         //打开读文件
    if(!in)
    {
        cout << "cjd.txt 文件打开失败!"<<endl;
        abort();
    }
    ofstream out;                               //声明写文件对象
    out.open("result.txt");                     //打开写文件
    if(!out)
    {
        cout << " result.txt 文件打开失败"<<endl;
        abort();
    }
    string everyLineStr;                        //每行字符串
    string headStr;                             //标题字符串
    getline(in,headStr);                        //取出标题行
    Student temp;                               //学生类型临时结构变量
    while(getline(in,everyLineStr))             //从第二行开始读文本文件的每一行
    {
          istringstream ss(everyLineStr); //定义字符串流对象 ss
          ss>>temp.name;                      //第一个空格前字符串读入 temp.name 中,是学生姓名
          string word;                        //声明字符串变量 word
          int i=0;
          while(ss>>word)                     //每一行字符串从第一个空格后开始,把字符串分隔
          {
              float d;
              d=stof(word);                   //将每门课的成绩转换成 float 型
              temp.score[i]=d;                //存入数据成员 score 数组中
              i++;
          }
        arrStu.push_back(temp);               //将临时结构变量 temp 添加到学生向量 arrStu 中
    }
    out<<headStr<<endl;                       //输出到文件
    int n=arrStu.size();                      //学生人数是向量中数据的大小
    for(int i=0; i<n; i++)
    {
        arrStu[i].total=0;                    //每个学生的总成绩
        for(int j=0;j<4;j++)
```

```
            arrStu[i].total+=arrStu[i].score[j];          //对每门课程进行累加
        //输出每门课成绩和总成绩到文件
        out << arrStu[i].name << "\t"<<arrStu[i].score[0]<<"\t"
        <<arrStu[i].score[1]<<"\t"<<arrStu[i].score[2]<<"\t"
        <<arrStu[i].score[3]<<"\t"<<arrStu[i].total<<endl;
    }
    float vag[4],sum;                              //4 门课程,vag 是每门课程的平均分
    for(int j=0;j<4;j++)                           //计算每门课程的平均分
    {
        sum=0;
          for(int i=0;i<n;i++)
             sum+=arrStu[i].score[j];
          vag[j]=sum/n;
    }
    out<<"平均分\t";                                //输出到文件
    for(int i=0;i<4;i++)
        out<<fixed<<setprecision(2)<<vag[i]<<"\t";
    out<<endl;
    out<<endl;
    int k=0;                                       //k 是总分最高学生的向量下标
    for(int i=1;i<n;i++)
        if(arrStu[i].total>arrStu[k].total)
          k=i;
    //下面输出到文件,最高分不一定是一个学生
    for(int i=0;i<n;i++)
    {
        if(arrStu[i].total==arrStu[k].total)
          {
              out<<"总分最高成绩的学生--\n 姓名: "<<arrStu[i].name<<",\t 总分:"
              <<arrStu[i].total<<"分"<<endl;
          }
    }
    cout<<"操作成功,计算结果已存入了 result.txt 文件中!"<<endl;     //输出到显示器
    in.close();
    out.close();
    return 0;
}
```

3. 程序分析

在本案例的结构类型定义中,结构成员有字符串类型和 float 类型。程序使用标准模板库中的 vector 容器类,vector<Student> arrStu 语句相当于定义了数组元素为 Student 结构类型的动态数组。用 fstream 类完成对文本文件的读写操作,用 sstream 字符串流类将每一行字符串以空格为分隔符进行分隔。本案例重点介绍结构类型与数组之间的关系,文件操作、向量 vector 的简单操作及字符串流类的作用。读者通过此案例对其有所了解,能够模仿完成文件操作、向量定义、向量方法的使用及字符串分隔就可以了。

6.2.2 结构和数组

通过前面的介绍，读者了解到结构类型是较为复杂的数据类型。当结构类型定义好后，可以和基本数据类型一样使用，用结构类型定义数组，数组元素的数据类型是结构类型。结构类型的成员的数据类型可以是基本数据类型，也可以是其他结构类型，结构类型的成员还可以是数组。

1. 数组作为结构类型的成员

案例 17 中学生结构类型的定义如下：

```
struct Student
{
    string name;                //姓名
    float score[4];             //成绩
    float total;                //总分
};                              //定义 Student 结构类型
```

其中成员 score 是长度为 4 的 float 类型数组。用结构类型 Student 声明一个变量并赋初值的语法格式如下：

```
Student stu1={"DongSairan",{90,82,89,88}};
```

把结构类型成员的初值写在花括号内，用逗号分隔，数组的初值也写在花括号内，数组元素同样是用逗号分隔。第三个成员 total 没有给初值，因为前两个成员有值，则 total 的值默认为 0。

用 Student stu2;语句声明 stu2 结构变量后，使用点“.”成员运算符对结构变量的每个成员赋值，对于数组成员也不能整体赋值，要给数组的每个数据元素分别赋值。例如：

```
stu2.name="LiJianghao";
stu2.score[0]=80;
stu2.score[1]=90;
stu2.score[2]=78;
stu2.score[3]=85;              //用数组下标法分别为结构变量数组成员的每个数组元素赋值
```

2. 结构类型数组

结构类型数组定义的一般格式如下：

```
结构类型  数组名[数组长度]={初值列表};
```

例如，定义长度为 2 的结构类型数组 infoStu 并赋初值。代码如下：

```
Student infoStu[2]={{"DongSairan", {90,82,89,88}}, {"LiJianghao", {90,82,89,88}}};
```

如果第三个成员 total 不赋初值，需要把每个数组元素用“{}”括起来。如果不用花括号，就需要把数组元素的每个成员赋初值，代码如下：

```
Student mathStu[2]={"Sairan",{90,82,89,88},0,"Jianghao",{90,82,89,88},0};
```

访问结构类型数组的数组元素，可以修改每个成员的值，将 mathStu 数组中第二个学生的姓名修改为“SunLiangbo”，语句如下：

```
mathStu[1].name="SunLiangbo";
```

将第一个学生的第四门课程的成绩修改为92,语句如下：

```
mathStu[0].score[3]=92;
```

注意：无论是结构类型数组,还是数据成员是数组类型,第一个数组元素的下标是0。

6.2.3 用结构类型创建链表

1. 结构类型的数据成员是指向本结构类型的指针变量

6.1.2节介绍了可以定义结构类型指针,即指向结构类型变量的指针。结构类型的成员也可以是各种类型的指针变量,当成员指针是指向本结构类型时,通常把这种结构称为自引用结构。例如：

```
struct Node
{
    int data;                    //数据域
    struct Node * next;          //指针域,指向自身结构的指针
}n1;
```

在本结构类型中next是一个指向struct Node类型变量的指针成员,因此n1.next=&n1是合法有效的赋值表达式。存储结构示意图如图6.5所示。

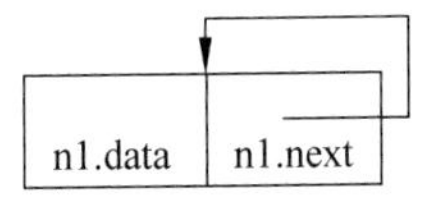

图6.5 自引用结构存储结构示意图

【例6.4】 创建一个简单的单链表。

```
#include <iostream>
using namespace std;
struct Node
{
    int data;                                   //数据域
    struct  Node  * next;                       //指针域
};
int main()
{
    Node n1,n2,n3, * head, * p;                 //声明三个结构变量和两个结构指针变量
    n1.data=10; n2.data=20; n3.data=30;         //给三个结构变量的data成员赋值
    head=&n1;                                   //head指针指向n1变量
    n1.next=&n2; n2.next= &n3; n3.next=NULL;    //给三个结构变量的指针成员赋值
    p=head;                                     //给p指针赋值,p指针也指向n1
    while(p)                                    //p指针不为空
    {
        cout<<p->data<<"\t";                    //输出结构变量的数据值
        p=p->next;                              //p指针后移
    }
    cout<<endl;
}
```

本程序中定义了三个结构类型变量n1、n2和n3,每个变量都包含data和next两个成员。data是int型成员,在链表中称为数据域;next成员是指针类型,是指向自身结构类型的指针,在链表中称为指针域;head和p是两个结构类型的指针。执行程序中的赋值语句后,head指针变量存

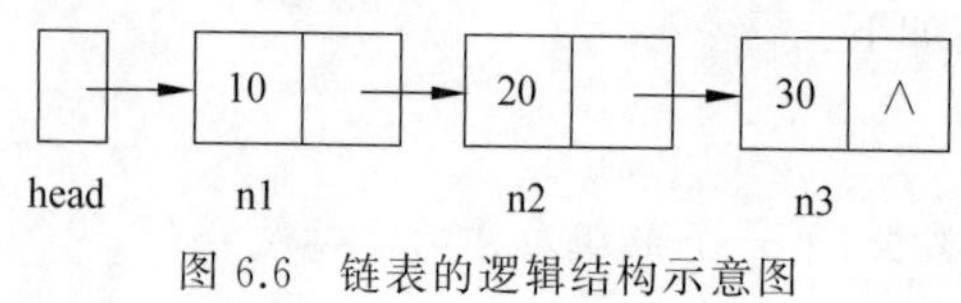

图 6.6　链表的逻辑结构示意图

放 n1 的地址，变量 n1 的 next 成员存放 n2 的地址，n2 的 next 成员存放 n3 的地址，n3 的 next 成员是空指针 NULL，表示链表结束。这样就把同一结构类型的变量 n1、n2 和 n3"链接"到一起，形成了所谓的"链表"，其逻辑结构示意图如图 6.6 所示。

程序中声明三个结构类型变量 n1、n2 和 n3，在内存中不一定是连续的存储单元。在程序的运行过程中不能人为地产生存储单元，也不能人为地让这些结构类型变量消失，这些结构变量是由系统统一管理，因此，这种链表不能称为"动态链表"，其实动态链表有更广泛的应用。

2. 动态链表的概念

处理大批量的数据时我们习惯使用数组，定义数组必须指明数组长度，这样就限制了数组中存储数据元素的个数。在实际应用中，如果每次处理数据的个数不确定，有时多，有时少，怎样定义数组长度呢？定义小了不够用，定义大了又会浪费存储空间。由此想到，如果在程序运行过程中根据需要申请存储空间，不需要时随时释放空间，就能合理地使用内存空间了。内存的动态分配可以实现上述功能，处理批量数据时也不必一定是连续空间。因为如果数据量大，内存中又没有足够的连续空间，程序就不能运行了；但是，如果内存中闲置的内存单元之和够用，即便是不连续，链表结构也能让程序正常运行。链表结构能反映出数据之间的前驱和后继关系，因为这种结构除了存储数据值外，还存储了指向下一个数据的地址。由于链表中的每个数据的存储空间都是动态申请分配获得，因此称为"动态链表"，数据在内存中的存储空间也称为结点。

链表通常有一个"头指针"指向链表的第一个结点，比如，例 6.4 程序中 head 指针就是头指针。有时候在链表中设置一个头结点，让头指针指向头结点，不使用头结点中的数据域，只用指针域，指针域存储链表第一个结点的地址。链表最后一个结点的指针域不存放地址，赋值为 NULL('\0')，标志着链表的结束，这种存储结构的链表称为带头结点的单链表。

【例 6.5】　动态单链表的创建和遍历。编写两个函数，creatLinkList()函数要求按输入顺序创建一个带头结点的单链表。结点的数据域类型是整型，其值从键盘输入，用输入 −1 作为输入结束的标志，函数返回链表头结点的地址。printLinkList(Node *)函数用于顺序输出单链表中各结点数据域的值。例如，输入数据为：

10　20　30　40　50　60　70　−1

所创建的单链表逻辑结构示意图如图 6.7 所示。调用 printLinkList()函数时，输出：

10 20 30 40 50 60 70

写出主函数，测试两个函数的运行结果。

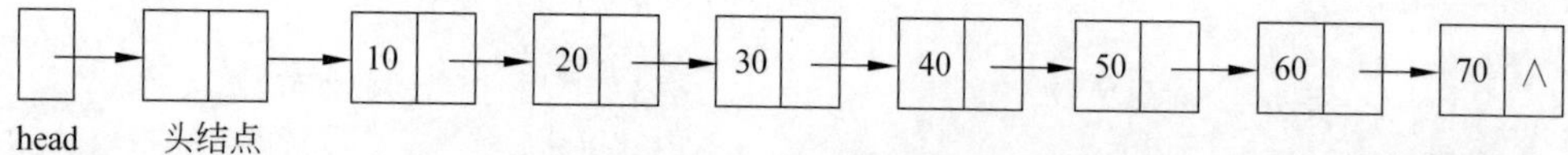

图 6.7　带头结点的单向链表存储结构示意图

程序代码如下：

```
#include <iostream>
using namespace std;
struct Node
```

```
{
    int data;                       //数据域
    struct  Node   * next;          //指针域
};
Node * creatLinkList()
{
    int n;
    Node * h, * s, * p;             //结构类型指针变量声明
    h=new Node;                     //生成头结点,头指针指向头结点
    p=h;                            //p 用于指向表尾
    cout<<"输入数据: ";
    cin>>n;                         //输入整数 n
    while(n!=-1)                    //未读到输入数据结束标志时进入循环
    {
        s=new Node;                 //生成一个新的结点
        s->data=n;                  //读入的数据存入新结点的 data 域
        p->next=s;                  //新结点连接到表尾
        p=s;                        //p 指针后移指向表尾
        cin>>n;                     //继续输入整数 n
    }
    p->next=NULL;                   //设置表尾结点的指针域为空,链表的结束
    return h;                       //返回头指针
}
void printLinkList(Node * L)        //顺序输出带头结点的单向链表各个结点的内容
{
    Node * p;
    p=L->next;                      //p 指向链表中的第一结点
    if(p==NULL)
        cout<<"链表只有头结点"<<endl;
    else
    {
        cout<<"链表是: "<<endl;
        while(p)                    //p 结点不为空
        {
            cout<<p->data<<"\t";    //输出结点的数据域的内容
            p=p->next;              //指针指向下一个结点
        }
    }
}
int main()
{
    Node * head;
    head=creatLinkList();           //创建链表
    printLinkList(head);            //访问链表
}
```

程序运行时输入的数据和执行结果如图 6.8 所示。

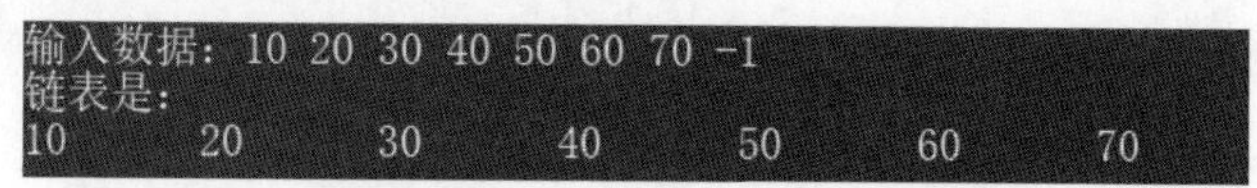

图 6.8 例 6.5 程序的输入及输出

总结：按输入顺序创建单链表的主要操作步骤如下。

(1) 创建头结点。

(2) 读入数据。

(3) 生成新结点。

(4) 将新结点插入链表表尾。

(5) 重复(2)～(4)操作,直到读到输入结束标志。

如果单链表是空链表,输出相关的提示信息,函数结束;若链表非空,用工作指针 p 依次指向链表中的每个结点,并输出该结点数据域的值,直到链表结束。

6.2.4 上机练习

【上机目的】

- 掌握结构成员是数组类型和结构类型数组的定义格式、赋初值和赋值方法。
- 熟练掌握结构类型数组的数据元素的访问方式。

有电话号码文件 phone.txt,记录联系人姓名和电话号码。编写程序,完成按姓名查找电话号码的功能。查找成功时,把查找结果输出到显示器上。如果没有找到,输出提示信息"没有找到!查找结束……"

phone.txt 文本文件格式如下：

```
姓名/单位    电话
冯玉芬      131XXXXX338
Ada         133XXXXX920
丁丁英      133XXXXX338
周树功      159XXXXX888
古瑶瑶      131XXXXX678
```

测试用例 1：

```
输入姓名：冯玉芬
输出：冯玉芬    131XXXXX338
```

测试用例 2：

```
输入：丁丁英
输出：丁丁英    133XXXXX338
```

测试用例 3：

```
输入：ada
输出：没有找到！查找结束……
```

说明：在 phone.txt 文本文件中可以添加任意多行的联系人姓名和电话号码。

程序代码如下：

```
#include <iostream>                    //标准输入/输出
#include <fstream>                     //文件流
#include <sstream>                     //字符串流，本案例用于把字符串以空格进行分割
#include <vector>                      //向量——可变大小数组的序列容器类
using namespace std;
struct Employee
{
    string name;                       //姓名
    string telephone;                  //电话号码
};                                     //定义联系人结构类型
int main()
{
    vector<Employee> arrEmp;           //定义联系人类型向量
    ifstream in;                       //读文件对象
    in.open("phone.txt");              //打开读文件
    if(!in)
    {
        cout << " phone.txt 文件打开失败!"<<endl;
        abort();
    }
     string headStr;                   //标题字符串
    getline(in,headStr);               //取出标题行
    string everyLineStr;               //每一行字符串
    Employee temp;                     //临时结构变量
    while(getline(in,everyLineStr))    //从第二行开始读文本文件的每一行
    {
        istringstream ss(everyLineStr);
        ss>>temp.name;                 //第一个空格前字符串存入 temp.name 中，是联系人姓名
        ss>>temp.telephone;            //下一个是电话号码子串，存入 temp.telephone 中
        arrEmp.push_back(temp);        //添加联系人到结构类型向量
    }
    in.close();
    string EmpName;                    //被查询人姓名
    cout<<"请输入姓名: ";
    cin>>EmpName;                      //输入被查询人的姓名
    int n=arrEmp.size();               //人数
    int i;
    for(i=0; i<n; i++)
    {
        if(arrEmp[i].name==EmpName)    //找到被查询人
        {
            cout<<"**********************"<<endl;
            cout<<arrEmp[i].name<<"\t"<<arrEmp[i].telephone<<endl;
```

```
            cout<<"**********************"<<endl;
            break;                          //找到后中断循环
        }
    }
    if(i==n)                                //循环结束,没有找到被查询人
    cout<<"没有找到! 查找结束……" <<endl;
    return  0;
}
```

【思考与练习】

1. 单选题

(1) 在下列结构变量的定义中有(　　)处错误。

```
struct x
{
    char y;
    double x;
}x,y,z
```

A. 1　　B. 2　　C. 3　　D. 4

(2) 在一个结构类型中,不允许(　　)作为结构类型的成员

A. 数组　　B. 指针

C. 自身结构类型的变量　　D. 另一个结构类型的变量

(3) 在下列结构变量赋值的描述中,(　　)是错误的。

A. 结构变量可以通过赋初值对它进行初始化

B. 可以给一个结构变量的各个成员赋值

C. 可以将任意一个结构变量名赋值给另一个结构变量

D. 可以将一个已知的结构变量名赋给另一个相同类型的结构变量

2. 程序分析

分析下列程序,写出程序的运行结果。

(1) 程序一:

```
#include <iostream>
using namespace std;
struct Student2
{
    char name[20];
    long stunum;
    double score;
};
void fun(Student2 *);              //函数声明
int main()
{
    Student2 s[ ]={{"Li",98001,98.0},
        {"Ma",98002,89.5}, {"Zhu",98003,85.0}, {"Gao",98004,85.0}};
    fun(s+2);
    return 0;
```

```
}
void fun(Student2 * s)              //函数定义
{
    cout<<s->name<<'\t'<<s->stunum<<"\t"<<(*s).score<<endl;
}
```

(2) 程序二：

```
#include <iostream>
using namespace std;
struct Abc
{
    int a, *b;                      //两个数据成员,一个是 int 类型,另一个是 int 类型的指针
} *p;                               //定义指向结构类型的指针
int x[]={6,7},y[]={8,9};            //两个数组
int main()
{
    Abc a[]={20,x,30,y};            //结构类型数组
    p=a;                            //为结构类型指针赋值
    cout<<*p->b<<endl;              //通过结构指针和成员指针访问结构数组元素的成员
    cout<<(*p).a<<endl;
    cout<<++p->a<<endl;
    cout<<++(*p).a<<endl;
}
```

本章小结

结构类型是一种较为复杂的构造类型,本章通过天数计算和学生成绩统计两个程序案例,不仅介绍了结构类型的特征,还详细介绍了结构类型的定义格式、结构变量的声明方法、结构变量的赋初值和赋值格式;说明了结构数组和结构类型的成员是数组类型之间的区别;讲解了结构数组成员的访问方式,当成员是数组时,成员数组元素的表示方法;讲解了用指向结构变量的指针访问结构成员与直接使用结构变量访问成员在格式上的区别;介绍了链表的定义方法、用指针访问链表的方法,最后分析了静态链表和动态链表在创建上和存储上的不同之处。

程序练习题

1. 已知 head 指针指向一个带头结点的单链表,链表中每个结点包含数据域(data)和指针域(next),数据域类型为整型,编写两个函数,在链表中查找数据域值最大的结点。

(1) 要求函数值返回找到的最大值。

(2) 要求函数值返回最大值结点的地址。

2. 使用本章 6.2.4 节上机练习题目中的 phone.txt 文本文件,将所有用户按姓名的字典顺序排序后,把排序结果保存到 end.txt 文本文件中。

第7章

类和对象

在 1.1.5 节中介绍了高级程序设计语言的发展过程，C++ 语言是一种面向对象程序设计语言，它既支持面向对象的程序设计，也支持面向过程的程序设计。1.1.6 节详细讲解了面向对象程序设计语言的三个特征：封装性、继承性和多态性。在面向对象的程序设计中，对象是组成程序的基本模块。虽然在 1.1 节探讨了面向对象编程方面的概念，但是更多地讲解了结构化程序设计方法。

结构化程序设计方法主要由以下三种流程控制结构组成。

- 顺序结构：顺序结构是一种线性、有序的结构，它依次执行各语句模块。
- 分支结构：分支结构是根据条件成立与否，选择性地执行程序的语句。
- 循环结构：循环结构是重复执行一个或几个模块，直到达到某一条件为止。

结构化程序设计方法从程序的功能设计出发，按照工程的标准和严格的规范将系统分解为若干功能模块，程序是实现模块功能的函数和过程的集合。程序结构清晰，易于阅读、测试、查错和修改。由于每个模块执行单一功能，模块间联系较少。可见，结构化程序是把数据和处理数据的过程分离为相互独立的实体。当数据结构改变时，所有相关的处理过程都要进行相应的修改，每一种相对于老问题的新方法都要带来额外的开销，程序的可重用性差。面向过程的程序设计方法中：

程序＝算法＋数据结构(数据和数据类型)

在现在计算机系统图形用户界面的应用中，程序的运行由顺序运行转变为事件驱动，使得软件用起来越来越方便，但这种软件的功能很难用过程设计来描述和实现，所以使用面向过程的方法来开发和维护就变得很困难。

面向对象的程序设计方法是从所处理的数据入手，以数据为中心，而不是以功能为中心来描述程序。把编程问题视为一个数据集合，数据相对于功能而言，具有更强的稳定性；以需求中的数据作为中心来进行设计，也具有良好的代码重用性。

面向对象的程序设计方法中：

程序＝对象＋对象＋对象＋……＋对象，对象＝数据结构＋算法

面向对象的程序设计方法的优点有如下 4 个方面。

- 易维护：可读性高，即使改变需求，由于继承的存在，维护也只是在局部模块，维护起来非常方便，并且成本较低。
- 质量高：在以前的项目中已被测试过的类，能满足业务需求并具有较高的质量，当前程序可以重用这些已有的类。
- 效率高：在软件开发时，根据设计的需要对现实世界的事物进行抽象，产生类。用这样的方法解决问题，更接近日常生活和更自然的思考方式，必定提高软件开发的效率。
- 易扩展：由于封装性、继承性、多态性的特点，自然设计出高内聚、低耦合的系统结构，使得系统更灵活、更容易扩展。

本章介绍面向对象程序设计语言的第一个特性——封装性。封装是一种信息隐蔽的技术，它主要体现在类的定义上，是类的重要特性。封装性是把数据和对数据的处理方法(成员函数)封装为独立性很强的模块，用户只能见到对象的外部接口，即对象能接受哪些消息，具有什么样的处理能力，而对象的内部属性，即私有数据和用于实现逻辑功能的私有成员函数，对用户是隐蔽的。封装性的目的在于把对象的开发者和对象的使用者分开，使用者不必知道函数功能的实现细节，只需使用开发者提供的函数来访问该对象。封装的意义是要求对象以外的部分不能随意存取对象的内部数据，从而有效地避免了外部对象错误地对它操作，使软件错误能够局部化，大大减少出错和改错的难度。

7.1　案例 18——简易电子日历

在日常生活中，我们见到的电子日历时钟通常会显示当前的年、月、日、时、分、秒、星期几，有的还会显示当前时刻的温度、当日的农历日期等信息。对于这种电子日历时钟而言，数据结构是由年、月、日、时、分、秒、星期几、温度等基本数据成员构成的，对电子日历的操作包含初次装入电池或打开电源时，系统需要初始化日期和时间功能，有显示信息的功能，含有修改日期、时间，设置或调整温度数据的操作功能。有的大型酒店大堂背景墙上装有一体化智能世界时间屏或世界主要城市时钟表，如图 7.1 所示。因为随着经济全球化和互联网技术的迅猛发展，来自世界各地的旅客入住宾馆、酒店的流量增加，因世界各地的时区不同，这样做是为了让旅客方便了解到自己现在入住地的时间以及常住地的时间，让旅客体会到一种宾至如归的感觉。

图 7.1　世界主要城市时钟表

日历时钟类有相同的数据结构和数据处理功能。但是，我们在现实世界里看到的日历时钟是对象，不同日历时钟对象的数据值既可能相同也可能不同。如果显示同一时区的时间，那么年、月、日、时、分、秒是相同的；如果是显示不同时区的时间，那么对应的值就不一样。

客观世界中万物皆对象，生活中充满复杂性，处理复杂性问题的方法之一就是简化和抽象，类是对现实生活中一类具有共同特征的事物的抽象。类是一种模具，而对象就是在类的模具下生产出来的模件。模件的参数值既可以相同，也可以不同。在用计算机语言编程时，如果一个程序里提供的数据类型与应用中的概念有直接的对应，这个程序就会更容易理解，也更容易修改，经过合理设计后用户定义的类，会使程序更简洁，这就是类定义的意义。

7.1.1 问题描述及简单代码

1. 问题描述

本案例是设计一个简易的日历类，需要显示年、月、日，还要显示这一天是本年度的第多少天。在日历类中，数据的操作包含对日历数据进行初始化操作、根据年份判断是否为闰年、用两种方法修改日期的功能，一种方法是直接修改为新的年、月、日；第二种方法是在当前日期的基础上增加或减少天数后得到新日期。

根据设计需求的描述，细心的读者一定会想到，这不就是案例16的需求吗？没错！案例16是定义了一个结构类型，完成输入日期后计算天数的功能，本案例是依据面向对象的程序设计方法来完成计算天数和修改日期等操作。基于本案例程序代码较为复杂，在本节中用4个小节来完成整个程序代码的编写。

2. 简单代码——类的定义

```
#include <iostream>
#include <iomanip>
using namespace std;
class Date
{
public:
    void setDate(int y,int m,int d)                    //修改日期函数,成员函数
    {
    year=y;
    month=m;
    day=d;
    }
    void printDate()                                   //显示日期的成员函数
    {
        cout<<setfill('0')<<setw(4)<<year<<'-'<<setw(2)<<
        month<<'-'<<setw(2)<<day<<endl;
    }
private:
    int year,month,day;                                //年、月、日三个数据成员
};                                                     //类定义结束
int main()
{
    Date d1;
    d1.setDate(2021,7,13);                             //设置年月日
    cout<<"d1:";
    d1.printDate();                                    //显示器上输出日期
    return 0;
}
```

3. 程序分析及运行结果

本案例定义了 Date 类，类中有三个私有的数据成员 year、month 和 day，定义了两个成员函数分别用于设置或修改数据成员及显示私有数据成员的值。在主函数中，定义了一个 Date 类对象 d1，调用 setDate 成员函数完成对 d1 对象的三个数据成员的赋值，调用 printDate()函数，按格式输出 d1 对象的三个数据成员。

从类的定义来看，类是数据和对数据进行操作的函数的集合；从主函数来看，当 Date 类定义好后，整个程序代码是用类定义对象和用对象调用相关函数的操作，实现具体的功能。上面代码的运行结果如图 7.2 所示。

```
d1:2021-07-13
```

图 7.2　程序运行结果

7.1.2　类和对象定义

1. 类的概念

类和结构类型类似，都是复杂的数据类型，数据成员的数据类型既可以相同，也可以不同。但是，类与结构类型有很大的区别，类是将不同的数据和对这些数据相关的操作封装在一起的集合体。这一点与内置的基本数据类型相似，用一个基本数据类型如 int、float 或 double 类型声明了变量，就完成了三项工作，其一，决定了变量占几个字节的内存空间；其二，决定了数据的取值范围；其三，决定了这些变量可以做哪些运算。比如整型数据可以做按位、移位运算或取余运算，但是浮点型数据则不能。对于基本数据类型来说，有关数据运算的规则被内置在编译器里了，但是用户自己定义的类型，就必须自己提供这些信息，因为付出了这些烦琐的劳动，换来的是根据实际需要定义出来的数据类型具有强大功能和操作的灵活性。第 4 章介绍的函数也是一种封装，只不过函数是数据和语句的封装，用于完成某种功能。类是数据和函数的封装，用于实现对某个问题的具体处理。

2. 类的定义

类的定义格式分为声明部分和实现部分。声明部分用来声明该类中的成员，包括数据成员和成员函数。实现部分用来对成员函数进行定义，包含成员函数的函数体。

类的定义格式如下：

```
class  类名
{
public:
    公有成员(数据成员和成员函数)
private:
    私有成员(数据成员和成员函数)
protected:
    保护成员 (数据成员和成员函数)
};
```

class 是关键字，类名要求用户依据标识符的命名原则来命名，习惯上把类名的首字母大写。类的数据成员和成员函数写在一组花括号“{}”内，类的定义用分号“;”作为结束标记。

(1) 类的成员的访问权限

访问权限共有三种，分别是公有的、私有的和保护的。

- 公有成员：在关键字 public 后面声明，它们是类与外部的接口，公有成员不仅可以被成员函数访问,而且在类外其他函数中可以用对象或类名使用公有成员。

- 私有成员：在关键字 private 后面声明,只有该类的成员函数或友元函数才可以访问它,而类外部的任何函数都不能访问。如果紧跟在类名称的后面声明私有成员,则关键字 private 可以省略。
- 保护成员：在关键字 protected 后面声明,与 private 类似,其差别表现在继承与派生时,派生类成员对基类成员的访问权限会因为基类成员的访问权限是 private 还是 protected 的不同而不同。

在类体内,这三种访问权限控制符出现的顺序和次数是没有限制的。

(2) 数据成员

数据成员与一般的变量声明相同,但需要将它放在类体中声明。声明类成员的格式如下：

```
数据类型  成员名;
```

如果有多个类型相同的成员时,可以使用成员名列表,成员名之间用逗号“,”分隔。声明类成员的格式如下：

```
数据类型  成员名 1,成员名 2,……,成员名 n;
```

声明数据成员时不允许对数据成员进行初始化。

(3) 成员函数

成员函数的功能是用来操作类中的数据成员,比如给私有数据成员进行赋值,显示输出私有数据成员的值,对数据成员进行读取、修改和统计等操作。在类中声明函数,既可以直接在类中写出函数体,也可以在类外给出函数体的具体实现。

类体内没有定义的成员函数在类的实现部分进行定义。如果所有成员函数都在类体内定义了,则其实现部分可以省略。在类体内定义的成员函数被默认为内联函数,而在类体外定义的成员函数是外联函数。如果要将其定义为内联函数,则需在函数类型的前面加上 inline 关键字。

成员函数在类外实现的格式如下：

```
函数类型  类名::成员函数名(形参列表)
{
    成员函数体语句;
}
```

本案例中 setDate 和 printDate 两个成员函数就是定义在类内的。如果仅在类内对函数进行声明,在类外进行实现,在类外实现时,则需要在函数名前加上类名和作用域运算符“::”。程序代码如下：

```
class Date
{
public:
    void setDate(int y,int m,int d);          //修改日期函数的声明
    void printDate();                         //显示日期函数的声明
private:
    int year,month,day;                       //年、月、日
};                                            //类定义结束
void Date::setDate(int y,int m,int d)         //修改日期函数的实现,类外实现
```

```
{
    year=y;
    month=m;
    day=d;
}
void Date::printDate()                         //显示日期函数的实现,类外实现
{
    cout<<setfill('0')<<setw(4)<<year<<'-'<<setw(2)<<
    month<<'-'<<setw(2)<<day<<endl;
}
```

(4) 定义类时需要注意的事项

- 数据成员的类型可以是任意类型,可以是浮点型、字符型、数组、指针和引用,也可以是另一个类的类型,但自身类的对象是不可以作为本类的成员,自身类的指针或引用则可以。当一个类的对象作为另一个类的成员时,如果这类的定义在另一个类的后面,则需要提前声明此类,称为引用型声明。例如:

```
class N;                                    //N类的声明
class M
{
    ……
private:
    N  n;                                   //n是N类的对象,也称为子对象
};
class N                                     //N类的定义
{
public:
    void f(M m);
    ……
};
```

- 在类体中不允许对所定义的数据成员进行初始化。例如:

```
class Date
{
public:
    void setDate(int y,int m,int d);        //修改日期函数
    void printDate();                       //显示日期函数
private:
    int year(2021),month(7),day(16);        //错误的,不能声明数据成员时赋初值
};                                          //类定义结束
```

- 一般地,在类体内通常先声明公有成员,后声明私有成员。在声明数据成员时,一般按数据类型的大小由小到大声明,小类型是指占用内存空间少的数据类型。
- 通常将类定义的声明部分或者整个定义部分(包括实现部分)放到一个头文件中。或者把声明部分放在头文件中,把实现部分放在另外一个源文件中。

本案例把 Date 类的定义保存到 TDate.h 头文件中,TDate.h 文件代码如下:

```
#include <iostream>
```

```
#include <iomanip>
using namespace std;
//Date类的声明部分
class Date
{
public:
    void setDate(int y,int m,int d);          //修改日期函数的声明
    void printDate();                          //显示日期函数的声明
private:
    int year,month,day;                        //年、月、日
};                                             //类定义结束
//Date类的实现部分
void Date::setDate(int y,int m,int d)          //修改日期函数的实现
{
    year=y;
    month=m;
    day=d;
}
void Date::printDate()                         //显示日期函数的实现
{
    cout<<setfill('0')<<setw(4)<<year<<'-'<<setw(2)<< month<<'-'
    <<setw(2)<<day<<endl;
}
```

案例的程序代码源文件如下：

```
#include "TDate.h"
int main()
{
    Date d1;
    d1.setDate(2021,7,13);                     //设置年、月、日
    cout<<"d1:";  d1.printDate();              //显示器上输出日期
    return 0;
}
```

成员函数允许声明重载函数和形参设置默认值。在 main 函数前，用 include 预处理命令把 TDate.h 头文件包含到本案例的程序代码源文件中。

3. 对象的定义格式

对象是类的具体实例，或者可以理解为是用类声明的一个变量，就像用基本类型声明一个变量一样，例如：

```
int x;
```

int 是数据类型名，x 是变量名。同样，

```
Date d1;
```

语句中，Date 是用户自己定义的类型，d1 是变量名，类声明的变量称为对象。任何一个对象都是属于某个已知类的变量，因此在定义对象之前一定先要定义好类。

对象的声明格式如下：

```
类名    对象列表;
```

对象列表是多个对象之间用逗号分隔,例如:

```
对象 1,对象 2,对象 3,……,对象 n
```

例如:

```
Date d1,d2, * pd= &d2,rd= &d1,monthDays[31];
```

上面的语句声明了 d1 和 d2 两个对象,pd 是指向对象的指针,初始化为 d2 对象的地址;rd 是对象引用,初始化为 d1,表示 rd 是 d1 的别名;monthDays 是一个对象数组,数组长度是 31,数组中有 31 个 Date 类的对象数组元素,对象数组元素也是从 0 下标开始。

4. 对象的成员表示

对象的成员是指该对象所属的类中定义的成员,既可以是数据成员,也可以是成员函数。对象的成员表示方法如下。

数据成员:

```
对象名.数据成员名
```

成员函数:

```
对象名.成员函数名 (实参列表)
```

如 d1.year、d1.month、d1.day 表示 d1 对象的三个数据成员,d1.setDate(2021,7,16)表示 d1 对象调用了成员函数 setDate,用对象名和点"."成员运算符访问数据成员和成员函数。

通过指向对象的指针访问对象的成员方法如下:

```
对象指针名->数据成员名
对象指针名->成员函数名 (实参列表)
```

或者

```
( * 对象指针名).数据成员名
( * 对象指针名).成员函数名 (实参列表)
```

例如,pd->year、pd->month、pd->day 表示 pd 指针所指向对象的数据成员,(* pd).year、(* pd).month、(* pd).day 同样也表示 pd 指针所指向对象的数据成员。pd->setDate(y,m,d)或者 (* pd).setDate(y,m,d),表示通过指向对象的指针调用了对象的成员函数 setDate。习惯写法是使用指向对象的指针名和箭头"->"运算符来访问对象的成员。

对象引用的成员表示与一般对象的成员表示相同。如 rd.year、rd.setDate(y, m, d)是通过对象引用访问对象的数据成员和成员函数。

说明:

- 由同一个类声明的若干个对象的数据结构相同。但是对象的名字不相同,多个对象的数据成员的值既可以相同也可以不同,系统对已定义的对象,只给它的数据成员分配存储空间,用来存放它的数据成员的值,类中的成员函数是多个对象共享的。
- 使用对象或指向对象的指针仅能访问具有公有访问权限的成员,不能访问私有访问权限或保护访问权限的成员。比如,本案例如果想在 main 函数中给 d1 对象的三个数据成员赋值,用 d1.year=2020;、d1.month=7;、d1.day=18;进行赋值是不合法的,因为数据成员是

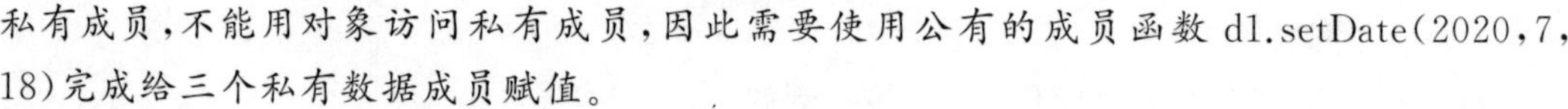

私有成员，不能用对象访问私有成员，因此需要使用公有的成员函数 d1.setDate(2020,7,18)完成给三个私有数据成员赋值。

7.1.3 构造函数和析构函数

案例中用 Date 类声明了 d1 对象，仅仅是给 d1 对象的三个数据成员分配了存储空间，三个私有数据成员的值是通过调用 setDate 函数进行赋值的。这种操作类似于 int x;x=100;，即声明了变量，再给变量赋值。如果给变量赋初值是 int x=100;或者 int x(100);，在声明语句中给变量赋值，称为赋初值。

类在声明一个对象时同样可以进行初始化，例如：

```
Date d2(2021,7,18);
```

声明 d2 对象，并且为 d2 对象的三个数据成员赋初值，对象的初始化是通过调用构造函数完成的。对象的空间释放是通过调用类的析构函数完成，用于把对象所占用的存储单元交还给系统。

1. 构造函数和析构函数的功能和特点

构造函数是在创建对象时，系统自动调用，用来给所创建的对象初始化。析构函数用来释放对象。当一个对象结束它的生存期时，系统将自动调用析构函数来释放该对象。构造函数和析构函数是两种特殊的成员函数，两者的访问权限必须是 public。

本案例的需求分析中，其中的一个功能要求在日历类中包含对日历的数据成员进行初始化操作，此需求就是要求定义的类构造函数。

构造函数的特点如下：

- 构造函数是成员函数，构造函数在类内声明，函数体的实现既可以写在类内也可以写在类外。
- 构造函数是一个特殊的成员函数，构造函数名要与类名相同，且不能声明函数类型。
- 构造函数既可以有一个参数或多个参数，也可以没有参数，没有参数的构造函数称为默认构造函数。
- 构造函数可以重载。
- 构造函数多用于创建对象时系统自动调用，可以在程序中显式地调用构造函数给对象数组元素初始化，还可以用显式地调用构造函数创建无名对象给同类对象赋值。

默认构造函数的特点如下：

- 默认构造函数是没有参数的构造函数，有系统自动提供和用户自定义两种。
- 用户可以根据需要定义默认构造函数，当类中没有定义任何构造函数时，系统将自动生成一个函数体为空的默认构造函数。使用系统提供的默认构造函数给创建的对象初始化时，外部类对象和静态类对象的所有数据成员的值为 0，自动类对象的所有数据成员的值为随机值。
- 只要类中定义了一个构造函数，不管有无参数，系统就不再提供默认构造函数，所以如果为类定义了有参数的构造函数，还想使用默认构造函数，则必须由用户自定义。

析构函数的特点如下：

- 析构函数是成员函数，析构函数在类内声明，函数体的实现既可以写在类内也可以写在类外。

- 析构函数是一个特殊的成员函数，析构函数名与类名相同，并在类名前面加取反运算符“~”，表明它的功能与构造函数的功能相反。
- 析构函数没有参数，不能重载，同构造函数一样不能声明函数类型，一个类中只能有一个析构函数。
- 当一个对象的生存期结束时，系统自动调用析构函数。例如，一个对象定义在一个函数体内，则当该函数结束时，系统自动调用析构函数释放该对象。又如，使用 new 运算符动态创建一个对象，则在使用 delete 运算符释放它时系统会自动调用析构函数。

默认析构函数的特点如下：

- 如果类中未定义析构函数，系统将自动产生一个默认析构函数用来释放对象。
- 默认析构函数是一个空函数。

2. 构造函数和析构函数的定义及其调用

构造函数在类内定义的格式如下：

```
类名(形参列表)
{
    函数体语句;
}
```

说明：默认构造函数没有形参，但是括号不能省略。例如本案例中的 Date 类，如果只是在类内声明默认构造函数，类内添加声明语句 Date();，在类外默认构造函数的实现代码如下：

```
Date::Date()                                //默认构造函数
{
    SYSTEMTIME st;                          //定义结构类型的变量 st
    GetLocalTime(&st);                      //取得当前系统时间给变量 st
    year=st.wYear;                          //当前系统时间-年
    month=st.wMonth;                        //当前系统时间-月
    day=st.wDay;                            //当前系统时间-日
}
```

在创建对象时默认构造函数用当前系统日期给对象的年、月、日赋初值，需要在文件中添加预处理命令，包含 windows.h 文件。类体内添加构造函数的声明语句 Date(int y, int m, int d);有三个整型形参，构造函数的声明语句 Date(const string &s);有一个字符串类型形参。如果构造函数在类体内声明，在类外实现的格式如下：

```
类名::类名(形参列表)
{
    函数体语句;
}
```

Date(int y,int m,int d)和 Date(const string &s)两个构造函数在类外的实现代码如下：

```
Date::Date(int y,int m,int d)               //构造函数,三个形参,形参是常量整型
{
    year=y;
    month=m;
    day=d;
```

```
    init();                              //检查年月日是否合法有效,不合法则退出
}
Date::Date(const string &s)              //构造函数,一个参数,形参是常量字符串
{
    year=atoi(s.substr(0,4).c_str());    //从字符串中取出年
    month=atoi(s.substr(5,2).c_str());   //从字符串中取出月
    day=atoi(s.substr(8,2).c_str());     //从字符串中取出日
    init();                              //检查年月日是否合法有效,不合法则退出
}
```

本案例中定义了三个构造函数,属于构造函数的重载,分别是默认构造函数,给对象的数据成员初始化了当前的系统时间;形参是 int 型的三参构造函数,调用时分别给出年、月、日三个整数实参;形参是一个日期格式为 “yyyy-mm-dd”类型的字符串,用于给三个数据成员赋值。为了确保构造函数的参数值是合法有效的日期,定义了私有成员函数,用于对年、月、日数据进行有效性验证。验证函数代码在类外的实现部分如下:

```
void Date::init()                                                    //判断输入日期是否有效
{
    if(year>5000||year<1||month<1||month>12||day<1||day>31)          //日期非法
        exit(1);                                                     //停止
}
```

用户既可以使用系统默认的析构函数,默认析构函数的函数体为空,也可以自定义析构函数,例如重新定义析构函数,可以编写如下代码:

```
Date::~Date()
{
    cout<<year<<"年"<<month<<"月"<<day<<"日的对象被析构!"<<endl;
}
```

在 main()函数中有如下代码,运行程序查看程序的执行结果,如图 7.3 所示。

```
#include "TDate.h"
int main()
{
    Date d1;
    Date d2("2021-01-01");
    Date d3(2021,5,1);
    d1.printDate();//显示器上输出日期
    d2.printDate();//显示器上输出日期
    d3.printDate();//显示器上输出日期
    return 0;
}
```

```
E:\fyf\2021\书稿文件\第7章\程序源码\
2021-07-16
2021-01-01
2021-05-01
2021年5月1日对象被析构!
2021年1月1日对象被析构!
2021年7月16日对象被析构!
```

图 7.3　定义析构函数后程序执行结果

```
#include "TDate.h"
int main()
{
    Date d1;
    Date d2("2021-01-01");
    Date d3(2021,5,1);
```

```
    d1.printDate();                 //显示器上输出日期
    d2.printDate();                 //显示器上输出日期
    d3.printDate();                 //显示器上输出日期
    return 0;
}
```

在类中定义了含有输出语句的析构函数，前三行输出分别显示了 d1、d2 和 d3 三个对象的信息，可以直观地看到最后三行字符串是函数结束的时候系统自动地调用析构函数时的输出结果。首先析构了 d3 对象，接着析构了 d2 对象，最后析构了 d1 对象。析构函数的调用次序和构造函数的调用次序正好相反，先构造的对象后析构，后构造的对象先析构。

3. 复制构造函数和默认复制构造函数

前面章节用基本类型声明一个变量赋初值或赋值后，再声明另一个变量时，可以用已声明的变量给其赋初值。例如：

```
int a=10;
int b=a;                        //或 int b(a);
```

第一条语句声明了变量 a，并且赋初值为 10；第二条语句声明变量 b 的时候用变量 a 给变量 b 赋初值。这种赋初值的方式同样可以在声明对象时使用，声明对象时用一个已知对象对其初始化，此时就会调用复制构造函数。复制构造函数是用一个已知对象来创建一个新对象，而新创建的对象与已知对象的数据成员的值既可以相同，也可以不同。

(1) 复制构造函数的定义格式

定义复制构造函数时，只有一个形参，且形参为该类的对象的引用。

```
class  类名
{
public:
    类名(数据类型  形参);           //构造函数
    类名(类名 &引用名);             //复制构造函数的类内声明
    ...
};
```

下面是复制构造函数的类外实现。

```
类名::类名(类名 &引用名)            //复制构造函数的类外实现
{
    函数体语句;
}
```

复制构造函数的特点是：复制构造函数名与类名相同，也不需要声明函数类型；复制构造函数只有一个形参，形参是本类对象的引用。

(2) 默认复制构造函数

如果一个类中没有定义复制构造函数，则系统自动生成一个默认复制构造函数。该默认复制构造函数的功能是将已知对象的所有数据成员的值给新定义对象所对应的数据成员赋值。

注意： 用户定义的复制构造函数，可以用已知对象创建一个与其数据成员值不完全相同的新对象，系统默认复制构造函数则用已知对象创建一个与其数据成员值完全相同的新对象。

例如，在主函数里再声明 d4 对象，用 d4 对象调用 printDate 函数，两条语句如图 7.4 所示，程序的运行结果如图 7.5 所示。从执行结果可以看出，声明 d4 对象时调用了默认复制构造函数，用 d2 对象对其进行初始化，d4 的数据成员与 d2 数据成员的值相同。

```
#include "TDate.h"
int main()
{
    Date d1;
    Date d2("2021-01-01");
    Date d3(2021,5,1);
    Date d4(d2);//由d2对象给d4对象赋值
    d1.printDate();//显示器上输出日期
    d2.printDate();//显示器上输出日期
    d3.printDate();//显示器上输出日期
    d4.printDate();//显示器上输出日期
    return 0;
}
```

图 7.4　定义对象 d4 时复制对象 d2

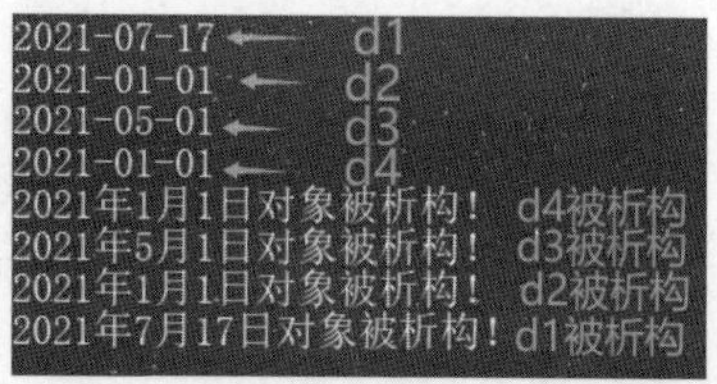

图 7.5　对象 d4 的值与对象 d2 的值相同

(3) 复制构造函数被调用的条件

第一个调用条件：由一个对象初始化另一个对象时，系统将自动调用复制构造函数或默认复制构造函数。图 7.4 中的代码就属于这种情况。

在 TDate.h 头文件定义的 Date 类中添加复制构造函数的声明语句 Date(Date &d1);，复制构造函数定义的代码如下：

```
Date:: Date(Date &d1)
{
    year=d1.year;
    month=d1.month;
    day=d1.day;
    cout<<"复制构造函数被调用!"<<endl;
}
```

程序的运行结果如图 7.6 所示，运行结果第 1 行是执行 Date d4(d2);语句时输出的，可见程序调用了用户自己定义的复制构造函数。

```
#include "TDate.h"
int main()
{
    Date d1;
    Date d2("2021-01-01");
    Date d3(2021,5,1);
    Date d4(d2);//由d2对象给d4
    d1.printDate();//显示器上输
    d2.printDate();//显示器上输
    d3.printDate();//显示器上输
    d4.printDate();//显示器上输
    return 0;
}
```

```
E:\fyf\2021\书稿文件\第7章\程
复制构造函数被调用!
2021-07-17
2021-01-01
2021-05-01
2021-01-01
2021年1月1日对象被析构!
2021年5月1日对象被析构!
2021年1月1日对象被析构!
2021年7月17日对象被析构!

Process exited after 1.17
请按任意键继续. . .
```

图 7.6　调用自定义复制构造函数——第一种调用条件

第二个调用条件：若函数的形参为类的对象，当实参值给形参赋初值时，系统自动调用复制构造函数。

第三个调用条件：当函数的返回值是类的对象时，系统自动调用复制构造函数用返回值（对象值）创建一个匿名对象，然后再将这个匿名对象赋值给调用函数中的某个用于接收函数返回值的对象。

在下面程序里定义 Date tomorrow(Date d1)函数，此函数是普通函数，不是 Date 类的成员函数，其功能是返回形参日期 d1 的后一天。例如 d1 是 2021 年 7 月 17 日，则函数返回值是 2021 年 7 月 18 日；如果 d1 是 2021 年 7 月 31 日，则函数返回值是 2021 年 8 月 1 日；如果 d1 是 2021 年 12 月 31 日，则函数返回值是 2022 年 1 月 1 日。确定函数返回值需要读取 d1.year、d1.month 和 d1.day，因为三个数据成员的访问权限是私有的，不能通过对象 d1 访问，因此需在 Date 类体内增加三个公有成员函数，用于读取三个私有数据成员的值，代码如下：

```
int getYear()                          //取年份
{
    return year;
}
int getMonth()                         //取月份
{
    return month;
}
int getDay()                           //取日期
{
    return day;
}
```

Date tomorrow(Date d1)函数定义代码如下：

```
//每月的天数,2月份按平年计算
int mon[13]={0,31,28,31,30,31,30,31,31,30,31,30,31};
Date tomorrow(Date d1)
{
    int y,m,d;                         //用于存储对象 d1 的 year,month 和 day 成员
    y=d1.getYear();                    //取出 d1 日期对象的年
    m=d1.getMonth();                   //取出 d1 日期对象的月
    d=d1.getDay();                     //取出 d1 日期对象的日
    if(d1.isLeapYear()) mon[2]=29;     //如果闰年 2 月份 29 天
    else mon[2]=28;                    //平年 2 月份 28 天
    if(d+1<=mon[m])                    //如果天数加 1 小于本月份的天数
        d++;                           //天数加 1
    else
    {                                  //如果天数加 1,大于本月份的天数
        if(m<12)                       //如果月份小于 12
        {
            m++;                       //月份加 1
            d=1;                       //日重置为下个月 1 日
        }
        else                           //如果月份是 12 月
        {
            y++;                       //年加 1
            m=1;                       //月重置为 1
```

```
            d=1;                                  //日重置为 1,下一年的 1 月 1 日
        }
    }
    Date tom(y,m,d);                              //创建 tom 对象
    return tom;
}
```

修改 main 函数代码如下：

```
int main()
{
    Date d1;
    Date d2("2021-01-01");
    Date d3(2021,5,1);
    Date d4(d2);                                  //由 d2 对象给 d4 对象赋值
    Date d5;
    d5=tomorrow(d1);                              //调用 tomorrow()函数,给 d5 赋值
    d1.printDate();                               //显示器上输出日期
    d2.printDate();                               //显示器上输出日期
    d3.printDate();                               //显示器上输出日期
    d4.printDate();                               //显示器上输出日期
    d5.printDate();                               //显示器上输出日期
    return 0;
}
```

程序的运行结果如图 7.7 所示。

从程序中分析，程序中 Date d4(d2)，语句第一次调用复制构造函数；因为形参 d1 是 Date 类型的对象，d5＝tomorrow(d1)；语句用实参 d1 给形参实例化赋值时第二次调用复制构造函数；tomorrow()；函数体中 return tom；语句，因为函数返回一个对象，用 tom 对象创建一个匿名对象时，第三次调用复制构造函数。然而，从图 7.7 程序的运行结果看到两次调用复制构造函数，接着又析构了 tomorrow()函数中的 tom 对象和形参对象 d1。那么创建匿名对象时是否调用了复制构造函数呢？

分析其原因发现因为 Dev-C++ 编译器做了优化，优化后没有显示创建匿名对象时调用复制构造函数。如果忽略编译器优化，如图 7.8 所示，给编译器添加参数“-fno-elide-constructors”。

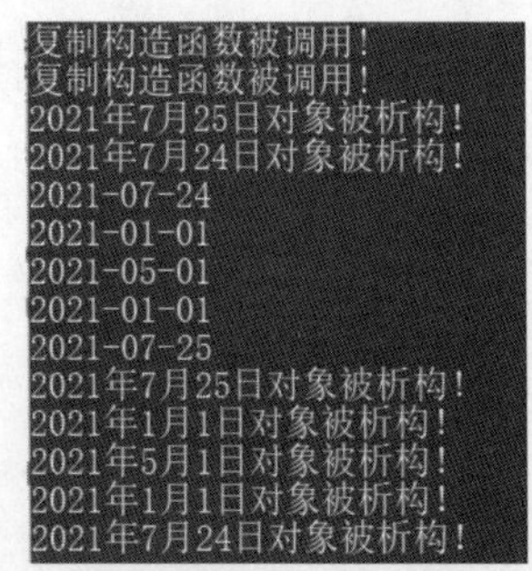

图 7.7　复制构造函数被调用

图 7.8　加入参数忽略编译优化

忽略编译器优化后程序的运行结果，如图 7.9 所示。

在图 7.9 执行结果中，第二条“复制构造函数被调用!”是函数形参是对象时，函数传值调用，用实参 d1 给形参进行实例化的时候调用了复制构造函数；第三条“复制构造函数被调用!”是 return tom；语句用 tom 对象创建一个匿名对象时，调用了复制构造函数。再看析构函数的调用，第一条“2021 年 7 月 25 日对象被析构!”是析构了 tomorrow()函数中的局部对象 tom；第二条“2021 年 7 月 25 日对象被析构!”是析构匿名对象，匿名对象是在通过赋值运算符赋值给 d5 对象后被析构；第三条“2021 年 7 月 24 日对象被析构”析构的是 tomorrow()函数的形参对象 d1，形参对象在函数调用开始时被创建，在函数调用结束后被析构。

```
复制构造函数被调用!
复制构造函数被调用!
复制构造函数被调用!
2021年7月25日对象被析构!
2021年7月25日对象被析构!
2021年7月24日对象被析构!
2021-07-24
2021-01-01
2021-05-01
2021-01-01
2021-07-25
2021年7月25日对象被析构!
2021年1月1日对象被析构!
2021年5月1日对象被析构!
2021年1月1日对象被析构!
2021年7月24日对象被析构!
```

图 7.9　忽略编译优化后程序运行结果

7.1.4　成员函数的特性

1. 内联函数和外联函数

成员函数是在类内被声明的函数，其定义既可以写在类内也可以写在类外，写在类外定义时在函数名前一定要加上类名和作用域运算符。成员函数与普通函数的区别有以下两点：

- 成员函数属于类，成员函数的定义是类设计的一部分，其作用域是类作用域；普通函数为全局函数或静态函数，其作用域为整个程序或定义函数的文件。
- 使用成员函数的主体是对象，使用时是通过对象来调用函数，普通函数被调用时没有操作主体。

类的成员函数分为内联函数和外联函数。内联函数是指定义在类体内的成员函数，即该函数的函数体写在类体内。调用内联函数时，在函数调用处用内联函数体的代码来替换，而不是像外联函数那样转去执行被调用函数的函数体。内联函数可以减少开销，提高运行效率。内联函数体中不要有复杂结构(如循环语句和 switch 语句)；如果含有复杂结构，则被编译系统自动识别为外联函数。

外联函数是指在类内声明，在类外定义的成员函数。若要将定义在类外的成员函数转为内联函数，只需在函数定义的函数头前加关键字 inline。本案例中 Date 类的成员函数是在类内对成员函数声明，在类外写函数体的具体实现部分，因此是外联函数。如果将其转为内联函数，则需要在函数实现部分的函数头前加 inline 关键字。例如：

```
inline void Date::setDate(int y,int m,int d)        //设置日期函数的实现
{
    year=y;
    month=m;
    day=d;
}
```

此时，尽管 setDate 函数在类外实现，该成员函数依然是内联函数，因为在函数定义前有 inline 关键字修饰。

2. 成员函数的重载

本案例中定义三个构造函数的重载函数，构造函数是特殊的成员函数，普通成员函数也可以

重载。例如类中添加 void Date::setDate(string s);声明语句,则该函数则是 setDate(int y,int m,int d)的重载函数。

```
void Date::setDate(const string s)                       //设置日期函数的实现
{
    year=atoi(s.substr(0,4).c_str());                    //s 字符串的第 1~4 个字符是年
    month=atoi(s.substr(5,2).c_str());                   //s 字符串的第 6~7 个字符是月
    day=atoi(s.substr(8,2).c_str());                     //s 字符串的第 9~10 个字符是日
    init();                                              //年月日不合法退出
}
```

在 Date 类中添加三个用于实现功能需求的成员函数声明语句:

- Date addDays(int n)函数的功能为函数返回当前日期对象 n 天后的日期。
- Date subDays(int n)函数的功能为函数返回当前日期对象 n 天前的日期。
- int countDays()函数的功能为返回当前日期是本年度的第多少天。

三个函数的实现部分写在类外,其代码如下:

```
Date Date::addDays(int n)               //加上 n 天,返回日期
{
    int y=year,m=month,d=day;           //y、m、d 分别是调用 addDays 函数的日期对象的年月日
    while(n)
    {
        if((y%4==0&&y%100)||(y%400==0)) mon[2]=29;          //如果闰年 2 月份 29 天
        else mon[2]=28;                 //平年 2 月份 28 天
        if(d+1<=mon[m])                 //如果天数加 1 小于本月份的天数
            d++;                        //天数加 1
        else                            //如果天数加 1,大于本月份的天数
        {
        if(m<12)                        //如果月份小于 12
            {
                m++;                    //月份加 1
                d=1;                    //日重置为下个月 1 日
            }
            else                        //如果月份是 12 月
            {
                y++;                    //年加 1
                m=1;                    //月重置为 1
                d=1;                    //日重置为 1,下一年的 1 月 1 日
            }
        }
        n--;                            //循环 n 次,增加 n 天
    }
      Date res=Date(y,m,d);             //根据新日期创建日期对象 res
    return res;                         //返回新日期
}
Date Date::subDays(int n)               //减去 n 天返回日期
{
    int y=year,m=month,d=day;           //y,m,d 分别是操作 subDays()函数对象的年月日
```

```
    while(n)
    {
        if((y%4==0&&y%100)||(y%400==0)) mon[2]=29;       //如果闰年 2 月份 29 天
        else mon[2]=28;                 //平年 2 月份 28 天
        if(d-1>=1)                      //如果天数减 1,还在本月
            d--;                        //天数减 1
        else                            //如果天数加 1,大于本月份的天数
        {
            if(m>1)                     //如果月份大于 1 月
            {
                m--;                    //月份减 1
                d=mon[m];               //日重置为前一个月的最后一天
            }
            else                        //如果月份是 1 月
            {
                y--;                    //年减 1
                m=12;                   //月重置为 12
                d=31;                   //日重置为 31,前一年的 12 月 31 日
            }
        }
        n--;                            //循环 n 次,减少 n 天
    }
      Date res=Date(y,m,d);             //根据新日期创建日期对象
    return res;                         //返回新日期
}
int Date::countDays()                   //返回当前日期是本年度中的第多少天的函数
{
    int days=0;                         //天数
    if(isLeapYear()) mon[2]=29;         //如果是闰年 2 月份 29 天
    else mon[2]=28;
    for(int i=1;i<month;i++)
        days+=mon[i];                   //当前日期前面月份的天数和
    days+=day;                          //把当月天数日加入天数变量
    return days;
}
```

3. 成员函数可以设置参数默认值

与普通函数一样,可以给成员函数的形参设置默认值,一般成员函数和构造函数的形参都可以设置默认值。例如:

```
Date addDays(int n=1);
```

如果调用时不指定实参,则返回当前对象日期后 1 天的日期。

```
Date subDays(int n=1);
```

如果调用时不指定实参,则返回当前对象日期前 1 天的日期。

给成员函数形参设置默认值与给普通函数形参设置默认值一样,当函数声明与函数定义分离时,在函数的声明语句中设置形参的默认值,在函数的定义时不用设置默认值。当函数有多个形

参，设置默认值时，需要从右向左设置。换句话说，如果某个形参设置了默认值，那么这个形参右边不允许出现没有默认值的形参。成员函数定义好后，主函数代码如下：

```
int main()
{
    Date d1;
    Date d2("2021-01-01");
    Date d3(2021,5,1);
    Date d4(d2);                    //由 d2 对象给 d4 对象赋值
    Date d5;
    d5=tomorrow(d1);                //调用 tomorrow()函数
    d1.printDate();                 //显示器上输出日期
    d2.printDate();                 //显示器上输出日期
    d3.printDate();                 //显示器上输出日期
    d4.printDate();                 //显示器上输出日期
    d5.printDate();                 //显示器上输出日期
    cout<<"d4 增加 60 天后" <<endl;
    d4=d4.addDays(60);
    cout<<"d4:";
    d4.printDate();
    cout<<"d4 减少 60 天赋值给 d5" <<endl;
    d5=d4.subDays(60);
    cout<<"d5:";
    d5.printDate();
    cout<<"d5 是本年度的第"<<d5.countDays()<<"天"<<endl;
     return 0;
}
```

请读者首先分析程序的运行结果，再与运行结果进行比较。运行结果如图 7.10 所示。

```
复制构造函数被调用!
复制构造函数被调用!
2021年7月26日对象被析构!
2021年7月25日对象被析构!
2021-07-25
2021-01-01
2021-05-01
2021-01-01
2021-07-26
d4增加60天后
2021年3月2日对象被析构!
d4:2021-03-02
d4减少60天赋值给d5
2021年1月1日对象被析构!
d5:2021-01-01
d5是本年度的第1天
2021年1月1日对象被析构!
2021年3月2日对象被析构!
2021年5月1日对象被析构!
2021年1月1日对象被析构!
2021年7月25日对象被析构!
```

图 7.10　运行结果

7.1.5　上机练习

【上机目的】

- 掌握类的定义和对象声明的格式。
- 掌握成员函数的声明与成员函数的定义之间的区别，理解成员函数的特性。
- 理解默认构造函数和构造函数、默认复制构造函数和复制构造函数、默认析构函数和析构函数的意义及其定义格式。
- 理解普通函数与成员函数的不同之处。

判断平面坐标系下两个圆相交、内切、外切、包含、同心圆或相离的关系。

(1) 定义一个点 Point 类，该类型有两个 double 类型的私有数据成员 x 和 y，分别代表 Point 类的横坐标和纵坐标，写出 Point 类的双参构造函数，形参默认值都为 0，写出类的成员函数 setX、setY、getX 和 getY 用于给点的横、纵坐标的赋值并读取其横、纵坐标的值。

(2) 定义圆 Circle 类，该类有两个数据成员，Point 类成员 center 表示圆的圆心点，double 类型成员 r 表示圆的半径，两个属性确定了圆的位置和圆的大小。Circle 类成员是另外一个类 Point 类的对象，则称此成员对象为子对象。含子对象的类的构造函数的初始化格式如下：

```
构造函数名(形参总列表):子对象名 1(参数列表 1),子对象名 2(参数列表 2),……,子对象 n(参数列表 n)
{
    基本数据成员赋值;
}
```

形参总列表的格式如下：

```
基本数据类型 形参 1,基本数据类型 形参 2,……,基本数据类型 形参 n
```

构造函数头中的冒号“:”后面的语句称为初始化列表。类中子对象的初始化，必须写在初始化列表中，可以理解为显式地调用子对象的构造函数完成对子对象的初始化。

(3) 编写处理 Circle 类数据成员的成员函数，要求构造函数和成员函数包含重载函数。

编写普通函数：

```
double distanceOfCircleCenter(Circle c1,Circle c2);
```

功能：用于计算两个圆的圆心点之间的距离。

```
int circleRelationShip(Circle c1,Circle c2);
```

功能：用于判断两个圆之间的关系是相交、内切、外切、包含、同心圆或相离。

(4) 在主函数中分别输入两个圆的圆心和半径，然后输出“相交”“内切”“外切”“包含”“同心圆”或“相离”的判断结果。

【思考与练习】

1. 简答题

(1) 什么是类？

(2) 说明类的定义格式，类的声明部分和实现部分各包含什么内容？

(3) 类的成员包含哪两个部分？各自有什么意义？

(4) 从访问权限角度如何区分不同种类的成员？它们各自的特点是什么？

(5) 作用域运算符的功能是什么？

(6) 对类中数据成员的类型有何要求？“类的定义允许嵌套”这句话的具体含义是什么？

(7) 什么是对象？如何声明一个对象？如何访问对象的成员？

(8) 如何给对象进行初始化？

(9) 什么是构造函数？构造函数有哪些特点？什么是析构函数？析构函数有哪些特点？

(10) 什么是默认构造函数？什么是默认析构函数？

(11) 什么是复制构造函数？它的功能和特点是什么？

(12) 成员函数有什么特征？怎样把成员函数定义成内联函数？

2. 单选题

(1) 有如下类的定义，则 Foo 类的数据成员 bar 是(　　)。

```
class Foo{int bar;}
```

A. 公有数据成员　　B. 公有成员函数　　C. 私有数据成员　　D. 私有成员函数

(2) 关于类和对象的叙述中，错误的是(　　)。

A. 一个类只能有一个对象

B. 对象是类的具体实例

C. 类是一类对象的抽象

D. 类和对象的关系是一种数据类型和变量的关系

(3) 在下列函数原型中,可以作为类 AA 构造函数的是(　　)。

A. void AA(int);　　B. int AA ();　　C. AA(int) const;　　D. AA(int);

(4) 有下列类定义:

```
class MyClass
{
public:
    MyClass():id(0),gender('#'),phone(NULL){}
    MyClass(int no,char ge='#',char * ph=NULL) {id=no;gender=ge,phone=ph;}
private:
    int id;
    char gender;
    char * phone;
}
```

下面对象声明语句中错误的是(　　)。

A. MyClass myobj;　　B. MyClass myobj(11, "13301111155");

C. MyClass myobj(12, 'm');　　D. MyClass myobj(12);

(5) 有以下程序:

```
#include <iostream>
using namespace std;
class Myclass
{
public:
    MyClass (int n){number=n;}
    MyClass(MyClass &other){number=other.number;}
    ~MyClass(){ }
private:
    int number;
};
Myclass fun(MyClass p)
{
    MyClass temp(p);
    return term;
}
int main()
{
    MyClass obj1(10),obj2(0);
    MyClass obj3(obj1);
    obj2=fun(obj3);
    return 0;
}
```

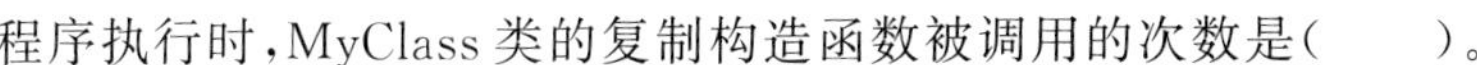

程序执行时，MyClass类的复制构造函数被调用的次数是(　　)。

A. 5　　　　B. 4　　　　C. 3　　　　D. 2

(6) 有如下程序：

```
#include <iostream>
#include <cstring>
using namespace std;
class Demo
{
public:
    Demo(){cout<<"default constructor\n";}
    Demo(const Demo &x){cout<<"copy constructor\n";}
};
Demo userCode(Demo b){Demo c(b);return c;}
int main()
{
    Demo a,d;
    cout<<"Calling userCode()\n";
    d=userCode(a);
    return 0;
}
```

执行上面程序的过程，默认构造函数Demo()和复制构造函数Demo(const Demo &x)被调用的次数分别是(　　)。

A. 1和1　　　　B. 1和2　　　　C. 2和3　　　　D. 2和4

3. 程序分析

(1) 在类中定义数据成员时，应该注意以下三点：

- 在类内不能对数据成员进行初始化，数据成员的初始化要由构造函数完成。
- 自身类的对象不能作为此类的数据成员，而自身类的指针或引用则可以。
- 当另一个类的对象作为此类的数据成员时，如果另一个类的定义在后，则需要提前声明。

```
class HisClass;                    //HisClass类的声明
class MyClass                      //MyClass类的定义
{
    int data1;
    int data2=0;
    MyClass obj1;
    MyClass &obj2;
    MyClass *p;
    HisClass obj3;
    HerClass obj4;
};
class HisClass
{
    string name;
    int age;
}
```

```
class HerClass
{
    string name;
    string interesting;
}
```

上面的数据成员声明语句中，哪些是错误的？

(2) 分析程序，写出其运行结果。

```
#include <iostream>
#include <cstring>
using namespace std;
class MyString
{
public:
    MyString (const char * s);                          //构造函数声明
    ~MyString(){delete []data;}                         //析构函数定义
    void printS()
    {
    cout<<data<<endl;
    }
protected:
    unsigned len;
    char * data;
};
MyString::MyString (const  char * s)                    //构造函数定义
{
    len=strlen(s);
    data=new char[len+1];
    strcpy(data,s);
}
int main()
{
    MyString a("C++ programing");
    a.printS();
    return 0;
}
```

7.2 案例 19——教师管理系统

7.2.1 问题描述及程序代码

1. 问题描述

某学校教师的基本信息包括教师的职工号、姓名、性别、年龄、职称和所属院系，编写程序实现对教师基本信息的管理，完成以下五点要求。

(1) 添加教师的基本信息。

(2) 显示所有教师的基本信息。

(3) 显示指定院系的教师的基本信息。

(4) 按职工号删除教师的基本信息。

(5) 在主函数中验证上述 4 个管理功能。

2. 程序代码

```
#include<iostream>
#include<string>
using namespace std;
class Teacher                                          //教师类定义
{
public:
    Teacher() {}                                       //默认构造函数
    Teacher (int TeacherId,string name, string gender, int age,
            string title,string department)            //构造函数
    {
        this->TeacherId = TeacherId;                   //初始化职工号
        this->name=name;                               //初始化姓名
        this->gender=gender;                           //初始化性别
        this->age=age;                                 //初始化年龄
        this->title = title;                           //初始化职称
        this->department = department;                 //初始化院系名称
    }
    int getTeacherId()
    {
    return TeacherId;
    }                                                  //返回职工号
    string getName() { return name; }                  //返回姓名
    string getGender() { return gender; }              //返回性别
    int getAge() { return age; }                       //返回年龄
    string getTitle() { return title; }                //返回职称
    string getDep() { return department; }             //返回院系名称
    void setTeacherId(int TeacherId)
    {  this->TeacherId =  TeacherId; }                 //设置职工号
    void setName(string name)
    { this->name = name; }                             //设置姓名
    void setGender(string gender)
    { this->gender = gender; }                         //设置性别
    void setAge(int age)
    { this->age = age; }                               //设置年龄
    void setTitle(string title)
     {  this->title= title; }                          //设置职称
    void setDep(string department)
    {  this->department = department; }                //设置院系名称
```

```
    void input()                                //输入基本信息函数
    {
        cout << "输入职工号:";
        cin >> TeacherId;
        cout << "输入姓名:";
        cin >> name;
        cout << "输入性别:";
        cin >> gender;
        cout << "输入年龄:";
        cin >> age;
        cout << "输入职称:";
        cin >> title;
        cout << "输入院系:";
        cin >> department;
    }
    void display()                              //显示职工基本信息函数
    {
        cout << "职工号:" << TeacherId<<"\t";
        cout << "  姓名:" << name<<"\t";
        cout << "  性别:" << gender<<"\t";
        cout << "  年龄:" << age <<"\t";
        cout << "  职称:" << title<<"\t";
        cout << "  院系:" << department<< endl;
    }
private:
    int TeacherId;                              //职工号
    string name;                                //姓名
    string gender;                              //性别
    int age;                                    //年龄
    string title;                               //职称
    string department;                          //院系名称
};                                              //Teacher 类定义结束
class ManagerTeacher                            //教师管理类定义
{
public:
    ManagerTeacher();                           //构造函数
    void addTeacher();                          //添加教师
    void printTeacher();                        //打印所有教师信息
    void printByDepartment(string dep);         //按指定院系打印教师信息
    void deleteByID(int teacherId);             //删除指定职工号的教师
private:
    Teacher s[100];                             //教师数组
    int num;                                    //教师人数
};                                              //ManagerTeacher 类定义结束
//下面是教师管理类成员函数的实现部分
```

```
void ManagerTeacher::addTeacher()
{
    s[num].input();
    num++;
}
ManagerTeacher::ManagerTeacher()
{
    num = 0;
}
void ManagerTeacher::printTeacher()
{
    for (int i = 0; i < num; i++)
    {
        s[i].display();
    }
}
void ManagerTeacher::printByDepartment(string dep)
{
    for (int i = 0; i < num; i++)
    {
        if(s[i].getDep() == dep)
        {
            s[i].display();
        }
    }
}
void ManagerTeacher::deleteByID(int TeacherId)
{
    int i;
    for(i = 0; i < num; i++)
    {
        if(s[i].getTeacherId()==TeacherId)      //找到要删除的教师
        {
            break;                              //停止循环 i 是要删除数组元素的下标
        }
    }
    if(i<num)                                   //找到
    {
        for(int j=i;j<num;j++)                  //从第 i+1 下标开始,前移
            s[j]=s[j+1];
        num--;                                  //教师人数减 1
    }
    else
        cout<<"没有找到要删除的教师\n";
}
```

```
int main()
{
    ManagerTeacher teachers;
    int n;                                              //添加人数
    string dep;                                         //院系名称
    int teaId;                                          //教师职工号
    cout<<"请输入添加教师的人数：";
    cin>>n;
    for(int i=0;i<n;i++)
        teachers.addTeacher();
    //下面显示当前所有教师的基本信息
    cout<<"教师基本信息如下："<<endl;
    teachers.printTeacher();
    cout<<"请输入待查院系名称：";
    cin>>dep;
    cout<<dep<<"教师基本信息如下："<<endl;
    teachers.printByDepartment(dep);
    cout<<"请删除教师的职工号：";
    cin>>teaId;
    teachers.deleteByID(teaId);
    cout<<"删除后所有教师的基本信息如下："<<endl;
    teachers.printTeacher();                            //显示删除后的教师名单
    return 0;
}
```

3. 程序的输入及运行结果

在本案例中以添加 4 名教师为例，按照提示信息输入 4 名教师的职工号、姓名、性别、年龄、职称和所在院系后，显示所输入的全部信息；再输入院系名称，调用显示指定院系教师基本信息函数，显示该院系所有教师的信息；接着输入要删除教师的职工号；最后，显示删除该职工后所有教师的信息。操作过程和输出结果如图 7.11 所示。

4. 程序分析

本案例定义了两个类，分别是 Teacher 类和 ManagerTeacher 类，ManagerTeacher 类的数据成员包含 Teacher 类的对象数组，ManagerTeacher 类的成员函数用于管理 Teacher 类对象数组中的数组元素。本案例主要介绍如何通过使用对象数组来访问数据成员和成员函数。

7.2.2 对象数组和对象指针数组

整型数组是指一组整数的集合。当用户需要声明同一个类的多个对象时，声明对象数组更合适，即数组元素是对象，对象数组就是一组对象的集合，声明对象数组的方法和声明基本类型的数组类似。

1. 对象数组的定义格式

类名　数组名［数组长度］；

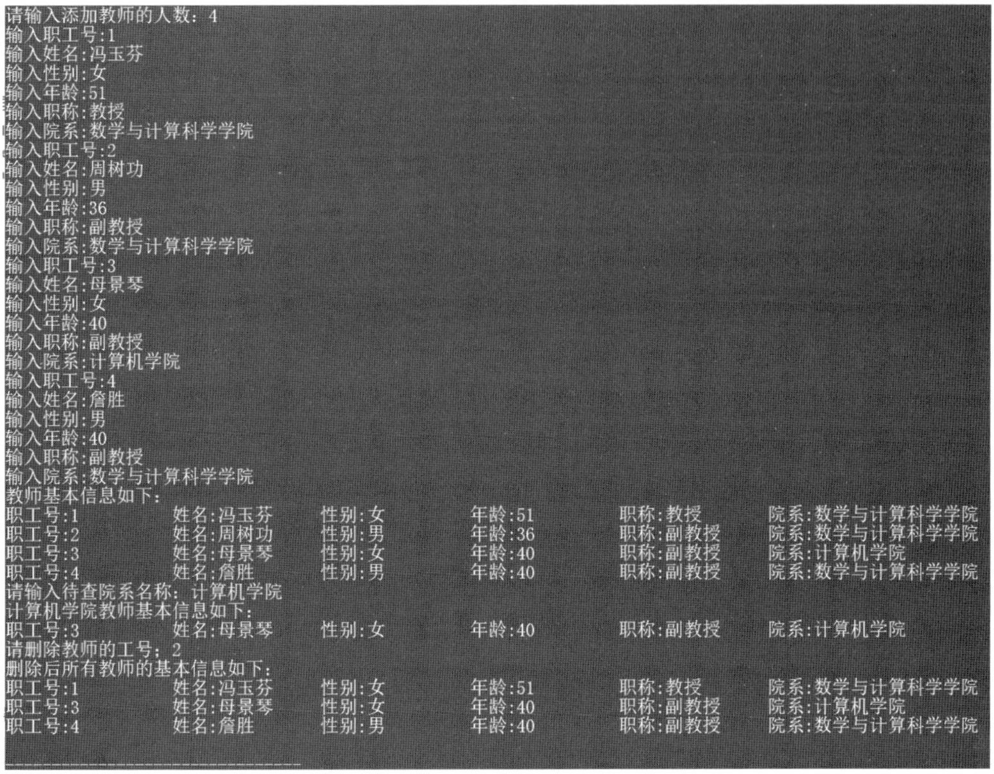

```
请输入添加教师的人数：4
输入职工号:1
输入姓名:冯玉芬
输入性别:女
输入年龄:51
输入职称:教授
输入院系:数学与计算科学学院
输入职工号:2
输入姓名:周树功
输入性别:男
输入年龄:36
输入职称:副教授
输入院系:数学与计算科学学院
输入职工号:3
输入姓名:母景琴
输入性别:女
输入年龄:40
输入职称:副教授
输入院系:计算机学院
输入职工号:4
输入姓名:詹胜
输入性别:男
输入年龄:40
输入职称:副教授
输入院系:数学与计算科学学院
教师基本信息如下:
职工号:1        姓名:冯玉芬     性别:女     年龄:51     职称:教授       院系:数学与计算科学学院
职工号:2        姓名:周树功     性别:男     年龄:36     职称:副教授     院系:数学与计算科学学院
职工号:3        姓名:母景琴     性别:女     年龄:40     职称:副教授     院系:计算机学院
职工号:4        姓名:詹胜       性别:男     年龄:40     职称:副教授     院系:数学与计算科学学院
请输入待查院系名称：计算机学院
计算机学院教师基本信息如下:
职工号:3        姓名:母景琴     性别:女     年龄:40     职称:副教授     院系:计算机学院
请删除教师的工号：2
删除后所有教师的基本信息如下:
职工号:1        姓名:冯玉芬     性别:女     年龄:51     职称:教授       院系:数学与计算科学学院
职工号:3        姓名:母景琴     性别:女     年龄:40     职称:副教授     院系:计算机学院
职工号:4        姓名:詹胜       性别:男     年龄:40     职称:副教授     院系:数学与计算科学学院
```

图 7.11　教师管理系统测试界面

例如：

```
Teacher te1[4];             //一维数组,te1 数组名,维界为 4,即数组长度是 4
类名　数组名[数组长度 1][数组长度 2];
```

例如：

```
Teacher te2[4][5];          //二维数组,te2 数组名,维界分别为 4 和 5,共 20 个对象
```

说明：数组长度是整型常量表达式，有几组方括号就是几维数组。声明对象数组并未显式地调用构造函数初始化的对象时，系统会调用默认构造函数，当用户定义类时，没有定义构造函数，使用系统提供的默认构造函数。如果用户在类定义时定义了构造函数，则需要用户自己定义默认构造函数。

例如本案例主函数中 Teacher te1[4]声明语句，系统 4 次调用 Teacher 类的默认构造函数。Teacher te2[4][5]声明语句，系统 20 次调用 Teacher 类的默认构造函数。主函数中的 ManagerTeacher stus 声明语句，因为其数据成员包含声明语句 Teacher s[100]，因此在声明 ManagerTeacher 类对象 stus 时，调用 100 次 Teacher 类的默认构造函数。

2. 对象数组赋初值

对象数组可以被赋初值，赋初值需要显示地调用构造函数，赋初值格式如下：

```
类名 数组名[数组长度]={类名(实参列表 1),类名(实参列表 2),…,类名(实参列表 n)};
```

如果显式调用构造函数的次数如果小于数组长度,那么其余的数组元素会调用该类的默认构造函数。例如:

```
Teacher te1[4]={Teacher(1,"冯玉芬","女",50,"教授","数学与计算科学学院"),
Teacher(2,"周树功","男",36,"副教授","数学与计算科学学院")};
```

声明语句声明对象数组长度是4,给te1[0]和te1[1]两个数组元素赋初值,调用构造函数两次,te1[2]和te1[3]没有赋初值,调用默认构造函数两次。

3. 对象数组赋值

给数组元素赋值语句,同样也需要显式地调用构造函数来完成。格式如下:

```
数组名[下标]=类名(实参列表);
te1[2]=Teacher(3,"母景琴","女",40,"副教授","计算机学院");
te1[3]=Teacher(4,"詹胜","男",40,"副教授","数学与计算科学学院");
```

如果在本案例的默认构造函数中添加如下输出语句:

```
cout<<"默认构造函数被调用\n";
```

在构造函数中同样添加如下输出语句:

```
cout<<"构造函数被调用 \n";
```

再在Teacher类中添加析构函数的定义如下:

```
~Teacher()
{
    cout<<"析构函数被调用!\n";
}
```

上面是主函数中的对象数组te1的声明如下,te1[0]和te[1]元素赋初值,te[2]和te[3]元素赋值,那么程序的运行结果如图7.12所示。

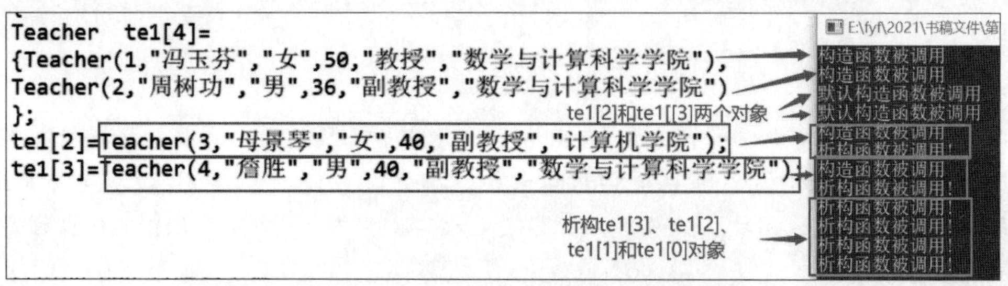

图7.12 声明数组并赋初值、数组赋值代码及运行结果

给te1[2]和te1[3]赋值显式地调用Teacher构造函数,创建匿名对象,赋值给数组元素后,会调用析构函数,因此第4～8行是匿名对象构造和析构时的输出结果。最后4行是析构4个数组元素,对象的析构与对象构造的顺序相反,先声明的后析构,后声明的先析构。

说明:给数组元素赋初值时显式调用构造函数,在初始化一个对象时,不创建匿名对象。给数组元素赋值时显式调用构造函数会创建一个匿名对象,被利用完后马上调用析构函数释放匿名对象。

4. 对象指针数组

C++ 中经常使用指向对象的指针，其声明格式如下：

```
类名 *指针名;
```

例如：

```
Teacher *pt;
```

语句是声明指向 Teacher 类的指针。需要用 Teacher 类对象的地址给指针 pt 赋初值或赋值，例如：

```
pt=&te1[2];
```

语句声明 pt 指针指向 te1 数组中的第三个数组元素。通过指向对象指针访问对象的成员时，使用箭头“->”运算符。

```
pt->getName();
```

语句等价于

```
te1[2].getName();
```

也等价于

```
(*pt).getName();
```

对象指针数组中的数组元素是指向同一类对象的指针，既可以赋初值，也可以赋值，其值为对象的地址值。对象指针数组的格式如下：

```
类名  *数组名 [数组长度];
```

例如：

```
Teacher  *pteacher[4];
```

语句定义了长度为 4 的对象指针数组，每个数组元素应存储 Teacher 类对象的地址。

注意：这种用常规法声明对象指针，用已有对象给指针赋初值或赋值，不会创建对象。

5. 再谈 new 和 delete 运算符

程序中也可以定义一个指向对象的指针来指向一个新的对象。

(1) new 运算符创建对象和对象数组

声明指向一个新对象的指针，新对象未赋初值，语法格式如下：

```
类名 *指针名=new 类名;
```

例如：

```
Teacher *pn1=new Teacher;
```

此语句声明 pn1 指针指向了用 new 运算符创建的一个匿名对象，此时会调用默认构造函数，完成新对象的创建，然后将新对象的地址值赋值给 pn1。

声明指针指向一个新对象，并且新对象也赋初值，那么新对象需要调用构造函数。语法格式如下：

```
类名 *指针名=new 类名(实参列表);
```

例如:

```
Teacher *pn2=new Teacher(5,"杨泽天","男",20,"助教","数学与计算科学学院");
```

语句是声明 pn2 指针,pn2 指向了用 new 运算符创建的一个匿名对象,此时会调用构造函数,完成新对象的创建,然后将新对象的地址值赋值给 pn2。

创建指向一组新对象的指针,新对象不能赋初值,语法格式如下:

```
类名 *指针名=new 类名[长度];
```

例如:

```
Teacher *pn3=new Teacher[5];
```

语句声明 pn3 指针指向了用 new 创建的对象数组的首地址,此时会 5 次调用默认构造函数,完成 5 个新对象的创建,然后用对象数组首元素的地址值给指针变量 pn3 赋值。

(2) delete 运算符

对于用 new 运算符声明的无名对象,必须使用 delete 运算符进行析构。语法格式如下:

```
delete 指针名;
```

delete 运算符只用于析构用 new 运算符声明的一个匿名对象。或

```
delete [] 指针名;
```

用于析构用 new 运算符声明的对象数组中的所有匿名数组元素。

例如:

```
delete pn1;              //调用 1 次析构函数
delete pn2;              //调用 1 次析构函数
delete [] pn3;           //调用 5 次析构函数
```

7.2.3 this 指针

1. this 指针的概念

this 指针是一种系统自动提供的指针,指向正在操作某个成员函数的对象。当使用对象调用一个成员函数时,系统将创建一个指向该对象的 this 指针。

this 指针是所有成员函数的隐含参数。因此,在成员函数内部,可以用它来指向调用对象。每次成员函数访问对象的成员时,则隐含地使用 this 指针。this 指针通常被隐含地使用,有时也被显式地使用,例如用 *this 表示当前对象。this 指针是在成员函数开始执行前构造的,在成员函数的执行结束后清除,并且 this 指针只有在成员函数中才有定义。创建一个对象后,不能通过对象使用 this 指针,也无法知道一个对象的 this 指针的位置,只有在成员函数里才有 this 指针的位置。this 指针是一个常量,不允许改变 this 中保存的地址。

关于 this 指针有这样一个经典的比喻,当你进入一个房子后,你可以看见电视、桌子、椅子、地板等,但是你看不到房子的全貌。对于一个类的实例来说,可以看到它的成员函数、数据成员,但是不可以看到实例本身,this 指针则时时刻刻指向这个实例本身。

2. this 指针的应用

this 指针的一个应用，通过 this 指针可以解决成员函数的局部变量与数据成员同名或成员函数的形参与数据成员同名的问题。

例如，本案例中 Teacher 类中的六个读取数据成员函数的定义如下：

```
int getTeacherId() { return TeacherId; }            //返回职工号
string getName() { return name; }                   //返回姓名
string getGender() { return gender; }               //返回性别
int getAge() { return age; }                        //返回年龄
string getTitle() { return title; }                 //返回职称
string getDep() { return department; }              //返回院系名称
```

读取每个数据成员都隐含地使用了 this 指针，等价于：

```
getTeacherId() { return this->TeacherId; }          //返回职工号
string getName() { return this->name; }             //返回姓名
string getGender() { return this->gender; }         //返回性别
int getAge() { return this->age;                    //返回年龄
string getTitle() { return this->title; }           //返回职称
string getDep() { return this->department; }        //返回院系名称
```

这种情况下，此 this 指针可以省略。但是如果成员函数中定义了一个和类数据成员同名的局部变量，当成员函数中想直接使用数据成员名时，实际上是用了局部变量名。例如 getTeacherId() 函数修改成如下代码：

```
int getTeacherId()                                  //返回职工号
{
    int TeacherId=100;                              //局部变量与数据成员同名
    return TeacherId;
}
```

使用 te1[0].getTeacherId()函数返回值是 100，如果将函数体语句修改为：

```
int getTeacherId()                                  //取职工号
{
    int Teacher=100;                                //局部变量
    return this->TeacherId;                         //返回的是数据成员的值
}
```

使用 te1[0].getTeacherId()函数返回值是 1，1 是 te1[0]对象的数据成员 TeacherId 的值。

同样，下面是 Teacher 类中的用于修改数据成员的一组成员函数：

```
void setTeacherId(int TeacherId)                    //设置职工号
{ this->TeacherId =TeacherId;}
void setName(string name)                           //设置姓名
{ this->name = name;}
void setGender(string gender)                       //设置性别
{ this->gender = gender;}
void setAge(int age)                                //设置年龄
{ this->age = age; }
```

```
void setTitle(string title)                          //设置职称
{ this->title= title;}
void setDep(string department)                       //设置院系
{ this->department = department;}
```

函数体中赋值符号左边是对象的数据成员，赋值符号右边是成员函数形参变量，因为形参变量名与数据成员名相同，因此 this 指针不能省略，可见 this 指针可以解决成员函数中局部变量与数据成员同名或形参变量名与数据成员名相同的问题。

this 指针的另一个应用，用 * this 成员函数可以返回对象本身。例如本案例中添加如下成员函数，用于处理对象的数据成员 age，函数代码如下：

```
Teacher & TeacheraddTeacher(Teacher &p)
{
    //注意 this 只能指向自己，不能指向其他(比如传进来的对象)
    this->age += p.age;
    return * this;                                   //this 指针的另外一个用途是返回对象本身
}
```

在 main 函数中添加

```
cout<<te1[0].TeacheraddTeacher(te1[1]).getAge()<<endl;
```

语句后，输出的结果为 86，修改了 te1[0]数据成员 age 的值。

成员函数用引用作为函数的形参，函数返回值也是对象的引用，保证了数据在内存中只有一份，这样就不需要再占用额外的内存空间复制一份了，其自始至终在内存单元中操作的是同一个对象。

7.2.4 上机练习

【上机目的】

- 掌握对象数组和对象指针数组的声明格式。
- 理解对象数组初始化和对象数组元素赋值有何不同。
- 理解 this 指针的含义，学会使用 this 指针解决实际问题。

1. 某学校学生的基本信息包括学生的学号、姓名、性别、年龄、分数和所在班级，编写程序实现对学生基本信息的管理，完成以下五个要求：

(1) 添加学生的基本信息。

(2) 显示所有学生的基本信息。

(3) 按分数从高到低显示所有学生的基本信息。

(4) 显示指定班级学生的基本信息。

(5) 在主函数中验证在(1)～(4)中定义的函数功能。

2. 修改案例 19 教师基本信息管理系统，添加数据初始化功能，运行该系统后教师基本信息从 teacher.txt 文件读入。添加教师基本信息时，根据教师的职工号检查该教师是否已经在系统中，如果在，则给出提示信息；如果不在，则添加到系统中。添加依据职工号修改教师基本信息的功能，将教师基本信息进行修改或删除操作后，把执行后的结果存入 teacher.txt 文件中。

Teacher.txt 文件格式如下：

```
1    冯玉芬    女    50    教授      数学与计算科学学院
2    周树功    男    36    副教授    数学与计算科学学院
3    母景琴    女    40    副教授    计算机学院
4    詹胜      男    40    副教授    数学与计算科学学院
5    杨泽天    男    20    助教      数学与计算科学学院
```

【思考与练习】

1. 简答题

(1) 什么是对象数组？什么是对象指针数组？说明它们的定义格式。

(2) this 指针的含义是什么？为什么在程序中很少见到？

(3) 对象数组可以赋初值吗？对象数组赋初值和赋值有何不同？

(4) 使用 new 运算符创建对象和创建对象数组格式上有何不同？

(5) 使用 new 运算符创建的对象或创建的对象数组如何析构？

2. 单选题

(1) 有如下程序：

```
#include <iostream>
using namespace std;
class A
{
public:
    A() {cout<<"A 的构造函数"<<endl;}
};
int main()
{A b[2], * p[3]; return 0;}
```

运行后屏幕显示为(　　)。

A. A 的构造函数
　 A 的构造函数

B. A 的构造函数
　 A 的构造函数
　 A 的构造函数
　 A 的构造函数

C. A 的构造函数
　 A 的构造函数
　 A 的构造函数

D. 无显示

(2) 对下列定义的类 A,在函数 main()中将对象成员 k 的值修改为 100 的语句是(　　)。

```
#include <iostream>
using namespace std;
class A
```

```
{
public:
    A(int n){k=n;}
    void set(int n) {k=n;}
private:
    int k;
};
int main()
{
    A a(10), * p=&a;
    return 0;
}
```

A. p->set(100)；　　B. A(100)；　　C. p->k=100；　　D. set(100)；

(3) 有如下程序：

```
#include <iostream>
using namespace std;
class A
{
    int a;                    //1
public:
    A(int i){a=i;}            //2
};
int main()
{
    A b[2];                   //3
    A * p[3];                 //4
    return 0;
}
```

错误的语句是注释(　　)的位置。

A. 1　　B. 2　　C. 3　　D. 4

(4) 下列关于指向一维对象数组的指针 p 的定义中，(　　)是正确的。

A. A　p[5]　　B. A (* p)[5]　　C. (A *)p[5]　　D. A * p[ ]

(5) 下列关于子对象的描述中，(　　)是错误的。

A. 子对象是类的一种数据成员，它是另一个类的对象

B. 子对象不可以是自身类的对象

C. 对子对象的初始化要包含在该类的构造函数中

D. 一个类中只能含有一个子对象作为成员。

(6) 下列对运算符 new 的描述中，(　　)是错误的。

A. 用它可以动态创建对象和对象数组

B. 用它创建对象数组时必须指定初始值

C. 用它创建对象时要调用默认构造函数或构造函数

D. 用它创建的对象可以使用运算符 delete 来释放

(7) 下列对于运算符 delete 的描述中,(　　)是错误的。

A. 用它可以释放用运算符 new 创建的对象和对象数组

B. 用它释放一个对象时,它作用于一个运算符 new 所返回的指针

C. 用它释放一个对象数组时,需在它作用的指针名前加下标运算符[ ]

D. 它不适用于空指针

3. 程序分析

写出如下程序的运行结果。

```
#include <iostream>
using namespace std;
class A
{
public:
    A()
    {
        x=y=0;
        cout<<"默认构造函数被调用!"<<endl;
    }
    A(int i,int j)
    {
        x=i;
        y=j;
        cout<<"构造函数被调用!"<<endl;
    }
    ~A()
    {
        cout<<"析构函数被调用!"<<endl;
    }
    int Getx()
    {
        return x;
    }
    int Gety()
    {
        return y;
    }
private:
    int x,y;
};
int main()
{
    A *p=new A;
    cout<<p->Getx()<<","<<p->Gety()<<endl;
    delete p;
    p=new A(5,8);
    cout<<p->Getx()<<","<<p->Gety()<<endl;
    delete p;
```

```
    return 0;
}
```

7.3 静态成员和常成员

7.3.1 静态成员

静态成员的提出是为了解决类中数据共享的问题，虽然数据共享也可以用全局变量(对象)实现，但全局变量有局限性。

【例 7.1】 全局变量的局限性。

```
#include <iostream.>
using namespace std;
int g=5;                          //全局变量声明
void f1(),f2();                   //两个函数声明
int main()
{
    g=10;                         //给全局变量重新赋值
    f1();
    f2();
    cout<<g<<endl;                //f2()函数调用后,输出全局变量 g 的值
    return 0;
}
void f1()
{
    g=15;                         //修改全局变量的值
}
void f2()
{
    g=20;                         //修改全局变量的值
}
```

程序中任何函数都可以改变全局变量的值，易发生意料之外的错误，调试困难。全局变量在程序开始时进行初始化，会使程序启动变慢。使用 static 关键字把类的成员定义为静态成员，意味着无论声明创建多少个此类的对象，静态成员都使用共同的存储空间。静态成员是属于类的，也就是属于类的每一个对象，静态成员在没有创建对象时就已经存在，因此静态成员是通过类来引用，静态成员有静态数据成员和静态成员函数两种。

1. 静态数据成员

静态数据成员相当于类中的“全局变量”，在类体内声明静态数据成员，声明时在成员的数据类型前加关键字 static。例如：

```
class A
{
public:
```

```
    ……
private:
    int a;                    //非静态数据成员
    static int b;             //静态数据成员
};                            //类定义结束
```

不能把静态成员的初始化放置在类的定义中，其初始化是在类外通过使用类名和作用域运算符“::”来重新声明静态数据成员，并对它进行初始化。其格式如下：

```
数据类型　类名::静态数据成员名=初始值;
```

例如：

```
int A::b=100;
```

语句是初始化类 A 的静态数据成员 b 的值为 100。在初始化时，前面不加 static，以防止与静态对象相混淆。如果不存在静态数据成员的初始化语句，其默认值为 0。在静态数据成员的访问权限允许的情况下，引用静态数据成员既可以通过类引用，也可以通过对象引用，习惯上是用类引用静态数据成员。其格式如下：

```
类名::静态数据成员名;
```

或者

```
对象名.静态数据成员名;
```

【例 7.2】 输出定义立方体的个数。分析下列程序的输出结果，理解和掌握静态数据成员初始化方法和静态数据成员引用的方法。

```
#include <iostream>
using namespace std;
class Box                                                   //定义立方体类
{
public:
    static int objectCount;                                 //物体个数，静态成员
    Box(double len=2.0, double wid=2.0, double hei=2.0)     //构造函数
    {
        cout <<"构造函数被调用!" << endl;
        length = len;                                       //参数 len 给 lenght 赋值
        width = wid;                                        //参数 wid 给 width 赋值
        height = hei;                                       //参数 hei 给 heigth 赋值
        objectCount++;                                      //每次创建对象时增加 1
    }
    double Volume()                                         //计算体积
    {
          return length * width * height;                   //长×宽×高
    }
private:
    double length;                                          //长度
    double width;                                           //宽度
    double height;                                          //高度
```

```
};
int Box::objectCount = 0;                                    //初始化类 Box 的静态成员
int main()
{
    cout << "创建对象前立方体总数: " << Box::objectCount << endl;
    Box box1(3.5, 1.2, 1.5);                                 //声明 box1
    Box box2(8.0, 6.0, 2.5);                                 //声明 box2
    cout<<"Box1 的体积为: "<<box1.Volume()<<endl;
    cout<<"Box2 的体积为: "<<box2.Volume()<<endl;
    //下面语句使用 类名::静态数据成员名, 输出对象的总数
    cout << "创建立方体对象的总数: " << Box::objectCount << endl;
    return 0;
}
```

程序的运行结果如图 7.13 所示。

程序分析：本案例定义了立方体 Box 类，声明长、宽、高三个非静态私有数据成员，一个静态数据成员，定义了一个三参数的构造函数，并且为构造函数的形参设置了默认值，定义了 Volume() 成员函数，用于计算立方体的体积。在主函数中，声明了两个立方体，输出立方体的体积和立方体总数。

声明静态数据成员是为类分配存储空间，供所有对象共用。静态数据成员的值对于每一个对象都是一样，它的值可以被任何一个对象更新，从而实现了同一类不同对象之间的数据共享。静态数据成员的存储与访问如图 7.14 所示。

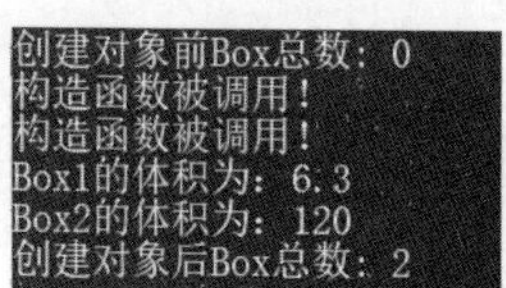

图 7.13　例 7.2 程序的执行结果

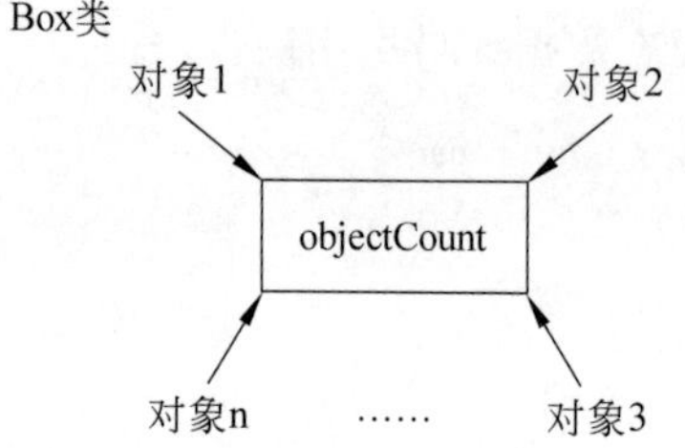

图 7.14　静态数据成员的存储与访问

2. 静态成员函数

静态成员函数和静态数据成员一样，都属于类，不单属于某个特定对象，因此，对静态成员函数的引用也是通过类名，当然也可以通过任何一个对象名来引用。在声明静态成员函数时，前面加 static；静态成员函数定义同一般成员函数相同，既可在类体内，也可在类体外。如果在类外定义静态成员函数，前面不要加 static。在静态成员函数的定义中，可以直接引用静态数据成员，但不能直接引用非静态数据成员，因为一个静态成员函数不与任何具体对象相联系。静态成员函数要引用非静态数据成员时，可以通过对象来间接引用。静态成员函数同静态数据成员类似，可以通过类或通过对象来的调用，习惯上是通过类来调用的。其格式如下：

```
类名 :: 静态成员函数(实参列表);
```

或者

```
对象名.静态成员函数(实参列表);
```

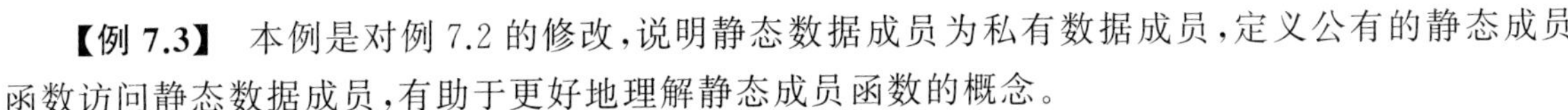

【例 7.3】 本例是对例 7.2 的修改,说明静态数据成员为私有数据成员,定义公有的静态成员函数访问静态数据成员,有助于更好地理解静态成员函数的概念。

```
#include <iostream>
using namespace std;
class Box                                   //定义立方体类
{
public:
    Box(double len=2.0, double wid=2.0, double hei=2.0)     //构造函数
    {
        cout <<"构造函数被调用!" << endl;
        length = len;                       //参数 len 给 lengh 赋值
        width = wid;                        //参数 wid 给 width 赋值
        height = hei;                       //参数 hei 给 height 赋值
        objectCount++;                      //每次创建对象时增加 1
    }
    double Volume()                         //计算体积
    {
        return length * width * height;     //长×宽×高
    }
    static int getObjectCount()             //静态函数直接访问静态数据成员
    {
        return objectCount;
    }
    static void display(Box &tmp)           //静态函数通过对象访问非静态数据成员
    {
        cout<<tmp.length<<","<<tmp.width<<","<<tmp.height<<endl;
    }
private:
    double length;                          //长度
    double width;                           //宽度
    double height;                          //高度
    static int objectCount;                 //物体个数,静态成员
};
int Box::objectCount = 0;                   //初始化类 Box 的静态成员
int main()
{
    cout << "创建对象前 Box 总数: " << Box::getObjectCount() << endl;
    Box box1(3.5, 1.2, 1.5);                //声明 box1
    Box box2(8.0, 6.0, 2.5);                //声明 box2
    cout<<"Box1 的体积为: "<<box1.Volume()<<endl;
    cout<<"Box2 的体积为: "<<box2.Volume()<<endl;
    //下面语句使用 类名::静态成员函数(), 输出对象的总数
    cout << "创建对象后 Box 总数: " << Box::getObjectCount() << endl;
    Box::display(box2);                     //显示 box2 对象的长、宽和高
    return 0;
}
```

程序分析:从代码中看出,本案例中静态数据成员的访问权限是私有的,通过公有的静态成员

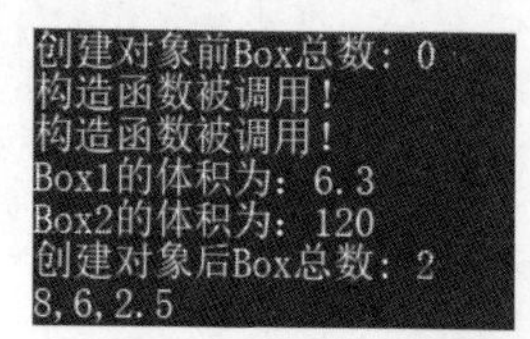

图 7.15　例 7.3 程序的执行结果

函数读取了静态数据成员，实现了数据的封装，提高数据的安全性。程序的运行结果如图 7.15 所示。

7.3.2　常成员

在类的定义中可以将类的成员使用 const 关键字声明为常成员，常成员包括常数据成员和常成员函数。如果在一个类中，有些数据成员的值允许被修改，另一些数据成员的值不允许改变，则可以将不允许被修改的数据成员声明为常数据成员，以保证其值不被改变。

如果要求所有的数据成员的值都不允许被修改，则可以将所有的数据成员声明为常数据成员，或将对象声明为常对象，然后通过常成员函数引用常数据成员，这样起到"双保险"的作用，切实保证了数据成员不被修改。

如果已定义了一个常对象，就只能调用其中的常成员函数，而不能调用非常成员函数(不论这些函数是否会修改对象中的数据，都不能被常对象调用)，这是为了保证数据的安全。如果需要访问对象中的数据成员，可将常对象中所有成员函数都声明为常成员函数，但应确保在函数中不修改对象中的数据成员。需要说明：不要误认为常对象所属类的成员函数都是常成员函数。常对象只保证其数据成员是常数据成员，其值不被修改。如果在常对象所属类的成员函数未加 const 关键字声明，编译系统把它视为非常成员函数。

1. 常数据成员

声明格式：

```
const  数据类型  数据成员名;
```

说明：

- 常数据成员必须初始化，并且它的值不能被更改。
- 常数据成员是在构造函数的成员初始化列表中进行初始化的，不能在构造函数的函数体中对常数据成员赋初值。
- 常对象的数据成员都是常数据成员。

【例 7.4】　为例 7.2 中 Box 类添加常数据成员。

```
const string color;                    //颜色,常数据成员
```

添加成员普通函数：

```
void showColor()
{
    cout<<"立方体的颜色为: "<<color<<endl;
}
```

Box 类的构造函数修改如下，在构造函数的初始化列表中对常数据成员进行初始化。

```
Box(double len=2.0, double wid=2.0, double hei=2.0):color("blue")     //构造函数
{
    cout <<"构造函数被调用!" << endl;
    length = len;                                  //参数 len 给 lengh 赋值
    width = wid;                                   //参数 wid 给 width 赋值
```

```
    height = hei;                          //参数 hei 给 height 赋值
    objectCount++;                         //每次创建对象时增加 1
}
```

修改 main()函数如下：

```
int main()
{
    cout << "创建前 Box 对象总数: " << Box::getObjectCount() << endl;
    Box box1(3.5, 1.2, 1.5);               //声明 box1
    Box box2(8.0, 6.0, 2.5);               //声明 box2
    box1.showColor();
    box2.showColor();
    return 0;
}
```

程序有下面的运行结果：

```
构造函数被调用!
构造函数被调用!
立方体的颜色为: blue
立方体的颜色为: blue
```

不管使用哪个对象调用 showColor 函数，其颜色都是 blue。从中可以得出结论，非常成员函数可以使用常数据成员。但是成员函数不能修改常数据成员的值。如果添加如下函数，其功能是修改常数据成员 color，则编译时就会出现语法错误。

```
void setColor(string c)
{
    color=c;
}
```

2. 常成员函数

使用 const 修饰符声明的成员函数称为常成员函数。声明格式如下：

```
类型声明符　函数名　(形参列表)　const;
```

其中，const 加在函数声明的后面，它是函数声明的一部分，该函数在类外定义时也要加 const。

【例 7.5】 常成员函数。

```
#include <iostream>
using namespace std;
class Box                                  //定义立方体类
{
public:
    //构造函数
    Box(double len=2.0, double wid=2.0, double hei=2.0):color("blue")
    {
        cout <<"构造函数被调用!" << endl;
```

```
        length = len;                           //参数 len 给 lengh 赋值
        width = wid;                            //参数 wid 给 width 赋值
        height = hei;                           //参数 hei 给 height 赋值
        objectCount++;                          //每次创建对象时增加 1
    }
    double Volume()                             //计算体积
    {
        return length * width * height;         //长×宽×高
    }
    static int getObjectCount()
    {
        return objectCount;
    }
    void showColor()                            //普通成员函数
    {
        cout<<"立方体的颜色为: "<<color<<endl;
    }
    void showColor() const                      //常成员函数
    {
        cout<<"立方体的颜色为: * * * *"<<color<<"* * * *"<<endl;
    }
private:
    double length;                              //长度
    double width;                               //宽度
    double height;                              //高度
    static int objectCount;                     //物体个数,静态成员
    const string color;                         //颜色,常数据成员
};
int Box::objectCount = 0;                       //初始化类 Box 的静态成员
int main()
{
    cout << "创建对象前 Box 总数: " << Box::getObjectCount() << endl;
    Box box1(3.5, 1.2, 1.5);                    //声明 box1
    Box box2(8.0, 6.0, 2.5);                    //声明 box2
    box1.showColor();
    box2.showColor();
    return 0;
}
```

程序分析：案例中有两个成员函数 void showColor()和 void showColor() const，虽然两个成员函数的名字和参数表都相同，但一个是常成员函数，另一个是非常成员函数，两个函数是重载函数。程序中 box1 和 box2 两个对象分别调用 showColor()函数，都调用了非常成员函数。如果其中 box2 是常对象，常对象的定义格式如下：

```
const 类名  对象名;
```

或者

```
类名  const  对象名;
```

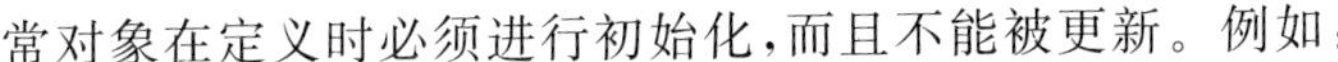

常对象在定义时必须进行初始化,而且不能被更新。例如:

```
const Box box2(8.0, 6.0, 2.5);                    //声明 box2 为常对象
```

那么

```
box2.showColor();
```

语句,就会调用常成员函数,其运行结果如下:

```
构造函数被调用!
构造函数被调用!
立方体的颜色为: blue
立方体的颜色为: ***blue***
```

说明:常对象只能引用常成员函数,普通对象无限制。即通过对象调用成员函数时,只有"常对象.普通成员函数"组合是非法的,其他组合都是合法的。普通对象或常对象操作普通成员函数或常成员函数的关系表如表 7.1 所示。

表 7.1 成员函数与对象之间的操作关系

成员函数	对象	
	常对象	普通对象
常成员函数	可以	可以
普通成员函数	不可以	可以

7.3.3 上机练习

【上机目的】

- 掌握静态数据成员的定义格式,如何对静态数据成员初始化?
- 理解类中所有对象都共享静态数据成员的值。
- 掌握静态成员函数的定义格式,静态成员函数引用静态数据成员和非静态数据成员之间的区别。
- 掌握定义常数据成员、常成员函数和常对象的格式,理解使用它们的意义。
- 掌握常成员函数、非常成员函数、常对象及非常对象之间的操作关系。

1. 定义一个 Point 类,类中有 4 个 int 型的私有数据成员,其中 x、y 和 z 都是非静态数据成员,count 为静态数据成员,是计数器,用于统计 Point 类对象的个数,静态数据成员 count 的初始化在类外进行,初始值为 0,每定义一个 Point 类的对象时,count 的值就加 1。分析下列程序的执行结果,并上机验证分析结果是否正确。

```
#include <iostream>
using namespace std;
class Point                                                  //三维坐标点
{
public:
    Point(int xx=0,int yy=0,int zz=0):x(xx),y(yy),z(zz)      //构造函数
```

```
    {
        count++;                                          //计数器加 1
    }
    void display()
    {
        cout<<"点坐标是: ("<<x<<","<<y<<","<<z<<")"<<endl;
        cout<<"创建点的个数:"<<count<<endl;
    }
private:
    int x,y,z;                                            //三维坐标点
    static int count;                                     //计数器
};
int Point::count=0;
int main()
{
    Point p1(1,2,3),p2(10,20,30);
    p1.display();
    p2.display();
    return 0;
}
```

请将 void display()函数修改为静态成员函数，实现同样的功能，需要修改哪些语句？

2. 本程序说明了对象和成员函数之间的操作关系，代码如下：

```
#include <iostream>
using namespace std;
class Point                                               //三维坐标点类的定义
{
public:
    Point(int xx=0,int yy=0,int zz=0):x(xx),y(yy),z(zz)   //构造函数
    {
    }
    void move(int xOff,int yOff,int zOff)
    {
        x+=xOff;
        y+=yOff;
        z+=zOff;
    }
    void display() const
    {
        cout<<"点坐标是: ("<<x<<","<<y<<","<<z<<")"<<endl;
    }
private:
    int x,y,z;                                            //坐标点
};
int main()
{
    Point p1(1,2,3);
    const Point p2(10,20,30);
```

```
    p1.move(5,6,7);
    p1.display();
    p2.move(50,60,70);
    p2.display();
    return 0;
}
```

分析上面程序在编译时哪条语句是错误的,出错的原因是什么?应该如何修改?

【思考与练习】

1. 简答题

(1) 静态成员和静态对象有何不同,静态数据成员如何定义?如何引用?静态数据成员和静态成员函数各有什么特点?

(2) 常数据成员如何初始化?常成员函数有何特点?

2. 单选题

(1) 关于静态数据成员的描述中,正确的是(　　)。

A. 静态数据成员是类的所有对象共享的数据成员

B. 类的每个对象都有自己的静态数据成员

C. 类的不同对象有不同的静态数据成员值

D. 静态数据成员不能通过类的对象调用

(2) 下面关于常成员函数的描述中,正确的是(　　)。

A. 常成员函数只能修改常数据成员

B. 常成员函数只能修改一般数据成员

C. 常成员函数不能修改任何数据成员

D. 常成员函数只能通过常对象调用

(3) 已知:Print()函数是一个类的常成员函数,它无返回值和参数,下列关于Print()函数的各种声明中,(　　)是正确的。

A. void Print() const　　　　B. void const Print()

C. const void Print()　　　　D. void Print(const)()

(4) 关于静态成员的描述中,(　　)是错误的。

A. 静态成员可以分为静态数据成员和静态成员函数

B. 静态数据成员定义后必须在类体内进行初始化

C. 静态数据成员初始化不使用其构造函数

D. 静态成员函数不能直接使用非静态数据成员

(5) 下面定义的MyClass类,在函数f()中将pt指针所指向对象的成员的值修改为50的语句应该是(　　)。

```
class MyClass
{
public:
    MyClass(int x):n(x){}
    void setNum(int n1)    {n=n1;}
private:
```

```
    int n;
};
void f()
{
    MyClass * pt=new MyClass(45);
    ________
    delete pt;
}
```

A. MyClass(50)；　　B. setNum(50)；

C. pt->setNum(50)；　　D. pt->n=50；

(6) 下面是 MyClass 类的定义，对定义中的各语句描述正确的是(　　)。

```
class MyClass
{
public:
    void MyClass(int a){x=a;}              //①
    void f(int a,int b)                    //②
    {
        x=a;
        y=b;
    }
    void f(int a,int b,int c=0)            //③
    {
        x=a;y=b;z=c;
    }
    static void g(){ x=10;}                //④
private:
    int x,y,z;
}
```

A. 语句①是类 MyClass 的构造函数定义　　B. 语句②和③是实现类成员函数的重载

C. 语句④是实现对类数据成员 x 的更新　　D. 语句①、②、③和④都不正确

3. 程序分析

分析如下程序的结果。

(1) 程序一：

```
#include <iostream>
using namespace std;
class Cstatic
{
public:
    Cstatic(){val++;}
    static int val;
};
int  Cstatic::val=0;
int main()
{
```

```
    Cstatic c[10];
    cout<<"Cstatic::"<<Cstatic::val<<endl;
    return 0;
}
```

(2) 程序二：

```
#include <iostream>
using namespace std;
class sample
{
    int A;
    static int B;
public:
    sample(int a) {A=a;B+=a;}
    static void func(sample s);
};
void sample::func(sample s)
{
    cout<<"A="<<s.A<<",B="<<B<<endl;
}
int sample::B=0;
int main()
{
    sample s1(2),s2(5);
    sample::func(s1);
    sample::func(s2);
    return 0;
}
```

7.4 友元函数和友元类

类具有数据封装和隐藏的特性，只有类的成员函数才能访问类的私有成员和保护成员，外部函数只能访问类的公有成员。但是在某些情况下，需要在类外访问类的私有成员和保护成员。这时，如果通过公有成员函数进行访问，由于参数传递、类型检查和安全性检查等需要时间上的开销，将影响程序的运行效率。为了解决这个问题，C++语言引入了友元。友元可以在类外直接访问类的私有成员和保护成员，提高了程序的运行效率。

友元可以是一个函数，该函数被称为友元函数。友元函数是在类内声明，并在函数前加上关键字 friend，在类内或类外对友元函数进行定义，友元函数并不是成员函数。友元也可以是一个类，该类被称为友元类，友元类的所有成员函数都是友元函数。

7.4.1　友元函数

在定义一个类的时候，可以把一些函数（包括全局函数和其他类的成员函数）声明为“友元”，这样的函数就称为该类的友元函数，在友元函数中可以访问该类对象的私有成员。

1. 声明友元函数的格式

将普通函数(全局函数)声明为友元的格式如下：

```
friend  数据类型  函数名(形参列表);
```

将其他类的成员函数声明为友元的格式如下：

```
friend  数据类型  其他类的类名::成员函数名(形参列表);
```

2. 友元函数举例

【例 7.6】 普通函数作为类的友元函数。程序中定义 Date 和 Time 两个类，将普通函数 void showDateTime()定义成两个类的友元函数。

```
#include <iostream>
using namespace std;
class Time;                                              //时间类声明
class Date                                               //定义日期类
{
public:
    Date(int y=2021,int m=8,int d=1)                     //构造函数定义
    {
        year=y;
        month=m;
        day=d;
    }
    friend  void  showDateTime(Date &d,Time &t);         //友元函数声明
    private:
    int year;                                            //年
    int month;                                           //月
    int day;                                             //日
};
class Time                                               //定义时间类
{
public:
    Time(int hh=0,int mm=0,int ss=0)                     //构造函数定义
    {
        hour=hh;
        minute=mm;
        second=ss;
    }
    friend void  showDateTime(Date &d,Time &t);          //友元函数声明
private:
    int hour;                                            //时
    int minute;                                          //分
    int second;                                          //秒
};
void showDateTime(Date &d,Time &t)                       //友元函数的实现
{
    cout<<"现在的时间是: "<<d.year<<"-"<<d.month<<"-"<<d.day<<"\t"
```

```
    <<t.hour<<":"<<t.minute<<":"<<t.second<<endl;
}
int main()
{
    Date date;
    Time time(9,16,28);
    showDateTime(date,time);                              //友元函数的调用
    return 0;
}
```

程序的运行结果如下：

```
2021-8-1  9:16:28
```

在友元函数 void showDateTime(Date &d,Time &t)的函数体中，通过引用 Date 类的形参对象 d 和 Time 类的对象 t 分别访问了两类对象的私有数据成员 year、month、day 及 hour、minute 和 second，这就是友元函数所特有的权限，也是友元函数的关键。

除了可以把普通函数声明为类的友元函数外，也可以将另一个类的成员函数声明为本类的友元函数，有时候把另一个类的成员函数作为友元的情况也叫友元成员。友元成员的使用与一般友元函数的使用基本相同，使用友元成员时要通过相应的类和对象进行访问。

【例 7.7】 另一个类的成员函数作为本类的友元函数。

```
#include <iostream>
using namespace std;
class Time;                                               //Time 类声明
class Date                                                //定义 Date 类
{
public:
    Date(int y=2021,int m=8,int d=1)                      //构造函数声明
    {
        year=y;
        month=m;
        day=d;
    }
    void showDateTime(const Time &t);                     //Date 的成员函数
private:
    int year;                                             //年
    int month;                                            //月
    int day;                                              //日
};
class Time                                                //定义时间类
{
public:
    Time(int hh=0,int mm=0,int ss=0)                      //构造函数
    {
        hour=hh;
        minute=mm;
        second=ss;
    }
```

```
    //Date类的成员函数是Time类的友元成员
    friend void  Date::showDateTime(const Time &t);
    private:
    int hour;                                        //时
    int minute;                                      //分
    int second;                                      //秒
};
void Date::showDateTime(const Time &t)               //Date类成员函数的实现
{
    cout<<"现在的时间是: " <<year<<"-"<<month<<"-"<<day<<"\t"
    <<t.hour<<":"<<t.minute<<":"<<t.second<<endl;
}
int main()
{
    Date date;
    Time time(9,16,28);
    date.showDateTime(time);                         //Date类对象调用Date类的成员函数
    return 0;
}
```

程序的输出结果与例 7.4 的运行结果是一样的。本程序中在 Time 类定义的时候，声明 Date 类的成员函数 showDateTime(Time &t)作为自己的友元函数，在使用的时候，用 Date 类对象 date 调用 showDateTime(Time &t)函数，因为 Date 类的成员函数是自己的友元函数，所以可以用 t 对象访问 Time 类中的私有数据成员 hour、minute 和 second。

7.4.2 友元类

友元除了友元函数外，还可以定义友元类，即一个类可以作为另一个类的友元，称这个类是另一个类的友元类。友元类的所有成员函数都是另一个类的友元函数，可以访问另一个类的私有成员和保护成员。

友元类的声明方法如下：

```
friend  友元类类名;
```

【例 7.8】 友元类。

```
#include <iostream>
using namespace std;
class Time;                                          //时间类声明
class Date                                           //定义日期类
{
public:
    Date(int y=2021,int m=8,int d=1)                 //构造函数声明
    {
        year=y;
        month=m;
        day=d;
    }
```

```
    void showDateTime(const Time &t);            //Date 的成员函数
private:
    int year;                                    //年
    int month;                                   //月
    int day;                                     //日
};
class Time                                       //定义时间类
{
    friend Date;                                 //声明友元类
public:
    Time(int hh=0,int mm=0,int ss=0)             //构造函数
    {
        hour=hh;
        minute=mm;
        second=ss;
    }
private:
    int hour;                                    //时
    int minute;                                  //分
    int second;                                  //秒
};
void Date::showDateTime(const Time &t)           //Date 类成员函数的实现
{
    cout<<"现在的时间是: "<<year<<"-"<<month<<"-"<<day<<"\t"
    <<t.hour<<":"<<t.minute<<":"<<t.second<<endl;
}
int main()
{
    Date date;
    Time time(9,16,28);
    date.showDateTime(time);                     //Date 类对象调用 Date 类的成员函数
    return 0;
}
```

用户可以在类体内的任何地方使用关键字 friend 声明友元类，若 Date 类是 Time 类的友元类，则 Date 类的成员函数 showDateTime(Time &t)就是 Time 类的友元函数，可以直接访问 Time 类的私有成员。

友元类的特性如下。

- 单向性：类 B 中声明类 A 是自己的友元类，类 A 的成员函数能使用类 B 的私有成员；但是类 B 若不是类 A 的友元类，则类 B 的成员函数不能使用类 A 的私有成员。即 Date 类是 Time 类的友元类，因为在 Date 类中并没有声明 Time 类是自己的友元类，则 Time 类不是 Date 类的友元类，Time 类的成员函数就不是 Date 类的友元函数。
- 友元类不能被继承：类 A 声明类 B 是自己的友元，类 B 不是类 A 的派生类的友元类。
- 友元类不具有传递性：类 A 是类 B 的友元类，类 B 是类 C 的友元类，如果在 C 类中没有声明类 A 是类 C 的友元类，那么类 A 不是类 C 的友元类。

7.4.3 上机练习

【上机目的】

- 友元函数既可以是一般函数,也可以是另一个类的成员函数。掌握友元函数的定义方法,比较普通函数作为友元函数和另一个类的成员函数作为友元函数时调用方法上有什么区别。
- 掌握友元类的定义格式,理解友元类的成员函数都是该类的友元函数,并且友元类具有不可以逆,不被继承,不具有传递性。

1. 定义一个二维坐标点 Point 类,在 Point 类中定义一个友元函数 double distance(const Point &p1,const Point &p2)计算两个点之间的距离。Point 有两个私有数据成员,double 类型的数据 x 和 y,分别表示二维点的横、纵坐标,在主函数中完成函数功能的测试。

2. 按下列要求编写程序。

(1) 定义一个类,包含构造函数、复制构造函数和析构函数,要求构造函数重载。

(2) 包含成员函数,成员函数设置默认值,成员函数重载。

(3) 包含友元函数。

(4) 在主函数中使用不同的构造函数声明对象,完成对成员函数和友元函数的调用,分析程序的运行结果并上机验证。

【思考与练习】

1. 简答题

(1) 友元函数如何定义?它有什么特点?

(2) 友元类如何定义?它有什么特点?

2. 单选题

(1) 在下列关于友元函数的描述中,正确的是(　　)。

A. 一个友元函数可以同时定义为两个类的友元函数

B. 友元函数一定是普通函数

C. 在类外定义友元函数时必须加上 friend 关键字

D. 友元函数是类的成员函数

(2) 在下列关于友元的描述中,错误的是(　　)。

A. 类的友元函数可以访问类的所有成员

B. 类的友元函数只能访问类的私有成员

C. 类 A 是类 B 的友元类,则类 A 的所有成员函数均可访问类 B 的任何成员

D. 类的友元函数不属于类

3. 程序分析

分析下列程序的运行结果。

(1) 程序一:

```
#include <iostream>
using namespace std;
class sample
```

```
{
public:
    sample(int i)
    {n=i;}
    friend int add(sample &s1,sample &s2);  //友元函数声明
private:
    int n;
};
int add(sample &s1,sample &s2)              //友元函数的定义
{
    return s1.n+s2.n;
}
int main()
{
    sample s1(10),s2(20);
    cout<<add(s1,s2)<<endl;
    return 0;
}
```

(2) 程序二：

```
#include<iostream>
using namespace std;
class CCar;                          //提前声明 CCar 类,以便后面的 CDriver 类使用
class CDriver
{
public:
    void ModifyCar(CCar * pCar);     //改装汽车,成员函数声明
};
class CCar
{
public:
    CCar(int p=20000){price=p;}
private:
    int price;                                         //价格
    friend int MostExpensiveCar(CCar cars[], int total); //声明友元函数
    friend void CDriver::ModifyCar(CCar * pCar);       //声明友元成员函数
};
void CDriver::ModifyCar(CCar * pCar)
{
    pCar->price += 1000;                               //汽车改装后价格增加 1000
}
int MostExpensiveCar(CCar cars[], int total)          //求最贵汽车的价格
{
    int tmpMax = -1;
    for (int i = 0; i<total; ++i)
    if(cars[i].price > tmpMax)                         //使用了 Car 类的私有成员
        tmpMax = cars[i].price;
```

```
    return tmpMax;
}
int main()
{
    CCar c[5]={CCar(35000),CCar(55000),CCar(80000),
    CCar(100000), CCar(60000)};
    CDriver cd;
    for(int i=0;i<5;i++)
    cd.ModifyCar(c+i);
    cout<<"最贵汽车的价格是: " <<MostExpensiveCar(c,5)<<endl;
    return 0;
}
```

本章小结

本章介绍了面向对象程序设计中的基本概念——类和对象,类是一种抽象的数据类型,对象是类的一个具体实例。C++ 中使用关键字 class 定义类类型,类定义以关键字 class 开始,以分号结束,类体位于一对花括号"{}"之间。类的成员有三种访问权限,public 成员不仅可以在类内被访问,也可以在类外通过对象被访问。private 和 protected 访问权限的成员只能允许本类的成员函数或者友元函数访问。类的数据成员不能在类内进行初始化,应调用类的构造函数对其进行初始化。类的所有成员函数必须在类内声明,既可以在类内也可以在类外进行定义,在类内定义的成员函数是内联函数,在类外定义时如果不用 inline 关键字修饰,那么成员函数就是外联函数。在类外定义成员函数时,应该在函数名前加上类名和作用域运算符"::"。使用类声明对象后,用对象名和成员运算符"."访问对象的成员。

构造函数是特殊的成员函数,在创建对象时会自动调用构造函数,构造函数名与类名同名,并且没有返回值类型。构造函数既可以重载,也可以给形参设置默认值,设置默认值时与普通函数设置默认值的规则相同,从右向左设置默认值。一个类可以将其他类的对象作为自己的数据成员,对象成员也叫子对象。子对象成员的初始化在构造函数的初始化列表中完成。用一个已知对象初始化正在创建的对象时,要调用复制构造函数,复制构造函数的形参是同类对象的常引用。析构函数是特殊的成员函数,析构函数在对象的生存期结束的时候由系统自动调用。析构函数名是在类名前加取反符号"~"。析构函数没有返回值类型。析构函数没有形参变量,因此析构函数不能重载,一个类中只有一个析构函数。

静态成员是用关键字 static 修饰的成员,静态数据成员必须在类外进行初始化,初始化时不使用 static 关键字修饰,但是必须使用类名和作用域运算符"::"来限定静态数据成员属于哪个类。静态成员函数可以直接调用静态数据成员,不能直接调用非静态数据成员,可以通过对象调用非静态数据成员。用 const 关键字声明的对象是常对象,常对象必须进行初始化。用 const 关键字声明的数据成员称为常数据成员,用 const 关键字声明的成员函数称为常成员函数,常对象只能调用常成员函数。在类体内可以使用关键字 friend 声明友元函数和友元类。友元函数不是成员函数,但是它可以访问类的所有成员。

程序练习题

1. 定义分数类 Fraction，写程序完成分数的加、减、乘、除四则运算。要求算术运算的结果输出分数，并且是化简后的分数。

该类包含以下数据成员：

```
int nume;                               //分子 numerator
int deno;                               //分母 denominator
```

该类包含以下成员函数：

```
(1) Fraction(int n,int d);              //构造函数
(2) Fraction add(const Fraction &f);    //两个分数相加
(3) Fraction sub(const Fraction &f);    //两个分数相减
(4) Fraction mul(const Fraction &f);    //两个分数相乘
(5) Fraction div(const Fraction &f);    //两个分数相除
(6) print()                             //分数输出
```

函数的形参和返回值类型，用户根据需要自己定义。

测试用例 1：

```
输入:
请输入第一个分数的分子和分母: 3  5
请输入第二个分数的分子和分母: 2  3
输出:
3/5+2/3=19/15
3/5-2/3=-1/15
3/5*2/3=2/5
3/5÷2/3=10/9
```

测试用例 2：

```
输入:
请输入第一个分数的分子和分母: 1  4
请输入第二个分数的分子和分母: 3  4
1/4+3/4=1
1/4-3/4=-1/2
1/4*3/4=3/16
1/4÷3/4=3
```

2. 定义整数集合类 IntSet。说明：整数集合中不允许有相同的数据元素存在，函数的形参和返回值类型，用户根据需要自己定义，在 main 函数中完成对所定义函数的测试。

该类包含以下数据成员：

```
int element[100];       //保存整数的集合
int length;             //整数集合中数据的个数
```

包含以下成员函数：

(1) IntSet　　//类的构造函数，根据需要可以定义多个构造函数

(2) emptySet　　//清空该整数集合

(3) isEmpty　　//判断整数集合是否为空

(4) isMemberOf　　//判断某个整数是否在整数集合中

(5) add　　//增加一个整数到集合中

(6) sub　　//从整数集合中删除一个整数元素

(7) isEqual　　//判断两个整数集合是否相等

(8) intersection　　//求两个集合的交集

(9) merge　　//求两个集合的并集

(10) print　　//依次打印该整数集合中的数据

第8章

继　承　性

面向对象程序设计语言有封装性、继承性和多态性三大特征。如果说封装性是基础，那么继承性就是关键。继承性是派生类共享其基类数据成员和成员函数的机制，由类的派生功能体现，继承是用一个已知类来定义一个新类的方法。当一个类继承另外一个类时，此类中除了包含另一个类的所有成员外，还可以定义另一类中没有的成员。一个类直接继承其他类的全部成员，同时可修改和扩充。因此，称已知类为基类或父类，新定义的类则称为派生类或子类。通过类的继承关系，使得基类的代码可以被派生类重用，从而避免了相同代码的重复书写和调试。

前面介绍过类的成员具有封装性，如果没有继承性机制，则类中的数据、函数就会出现大量重复，因此继承不仅支持程序代码的可重用性，还促进程序的可扩充性。开发新项目时，尤其是当项目比较庞大时，重用经过测试的代码比重新编写代码要好得多，因为已有代码已经被使用和测试过，则避免在程序中引入错误，有利于开发人员专注程序的整体设计。因此，继承不仅可以提高代码的重用率，而且可以提高软件的开发效率、可维护性和可靠性。

在日常的工作和生活中，许多事物之间存在着继承的关系。例如，我们非常熟悉的计算机。计算机是现代一种用于高速计算的电子计算机器，既可以进行数值计算，又可以进行逻辑计算，还具有存储记忆功能，是能够依据程序指令运行，自动、高速处理海量数据的现代化智能电子设备。计算机有很多种类，可分为超级计算机、网络计算机、工业控制计算机、个人计算机、嵌入式计算机等。个人计算机是指一种大小、价格和性能适用于个人使用的多用途计算机。个人计算机又分为台式机、笔记本电脑、平板电脑和掌上电脑等。

可见计算机分为若干类，类与类之间存在着某种关系。个人计算机和计算机之间有继承关系，个人计算机继承了计算机的特征，同时又有自身的特点，因此计算机是基类，个人计算机是派生类。同样地，笔记本电脑和个人计算机的关系密切，笔记本电脑是个人计算机的一种，它既有个人计算机的特征，又具有自己的特征，其最大的特征是体积小、重量轻，便于携带。笔记本电脑和个人计算机有继承的关系，笔记本电脑继承了个人计算机的特性，笔记本电脑是个人计算机派生出来的，个人计算机是基类，笔记本电脑是派生类。计算机分类如图 8.1 所示。

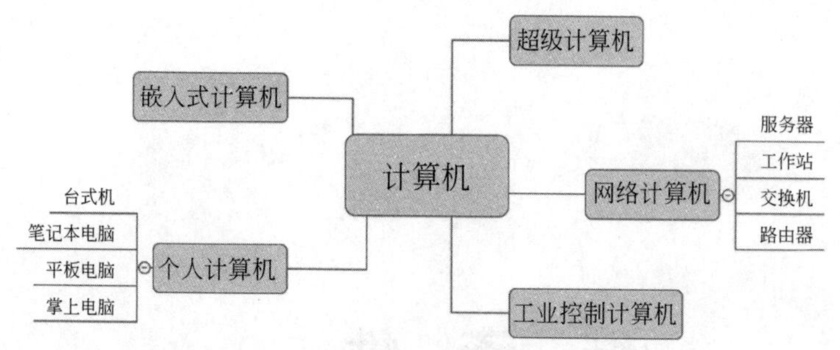

图 8.1　计算机分类

再比如，学校里的人员是由教师和学生组成的，不管是学生还是教师，都具有人员这个类的属性，比如人员的姓名、性别、出生年月、身高、体重、身份证号码及联系方式等；同时，学生和教师还具有人员的基本行为，如交流、睡觉、走路、吃饭等。

学生是人员的派生类，且学生有自己的属性和行为，学生有所属学校、班级、学号、所学课程、考试成绩等属性，还有听课、做作业和考试等行为。学生还分为小学生、中学生、大学生、研究生等，比如中学生除了具有学生的基本属性和行为外，还有其特有的属性，如中学生的理想高中或理想大学。大学生也如此，除了具有学生的基本属性和行为外，也有自己特有的属性，比如实习单位、毕业论文题目等。可见不管是小学生、中学生、大学生和研究生都继承了学生的基本属性和行为，但又分别有自己所特有的属性和行为。

再看教师，不仅具有人员类的基本属性和行为，还有教龄、职称及所属学校等属性。细分教师，也可以分为教学人员或教辅人员。教学人员继承了教师类，除了有教师类的属性，还有自己的特有属性，如教什么课程，教哪个班级。同样，教辅人员也继承了教师类，但是还增加了自己特有的属性，如主要负责的业务等。

综上所述，通过继承机制，可以利用已有的类型来定义新的类型，所定义的新的类型含原有类型的属性，同时还拥有新的属性。在 C++ 语言中，派生类可以从一个基类中派生，也可以从多个基类中派生。从一个基类中派生的继承称为单继承，从多个基类中派生的继承称为多继承。换句话说，单继承只有一个基类，多继承至少有两个基类。单继承所生成类的层次像一棵倒长的树，多继承所生成类的层次是一个有向无环图。上面描述的学校人员关系对应的单继承层次图如图 8.2 所示。

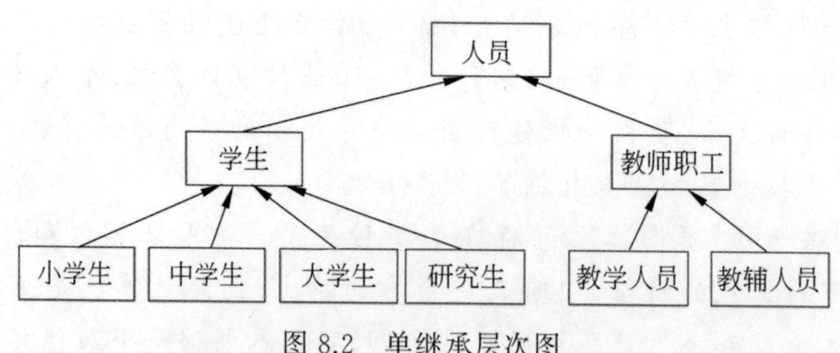

图 8.2　单继承层次图

假如对研究生继续按学习方式分类，可分为在职研究生和全日制研究生，在职研究生既具有研究生的属性，又具有教师职工的属性，因此这种继承是多继承，多继承层次图如图 8.3 所示。

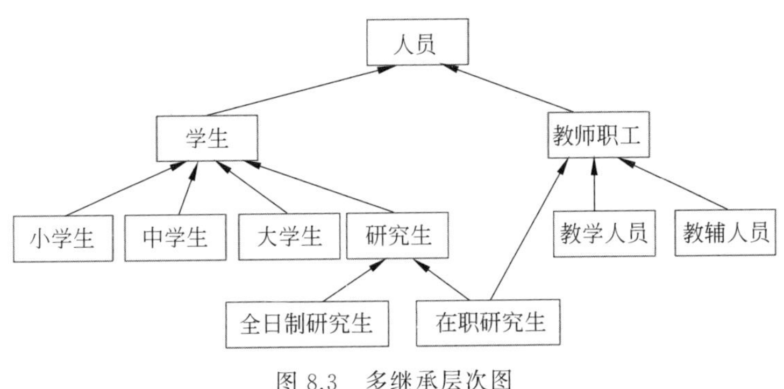

图 8.3　多继承层次图

8.1 基类和派生类

8.1.1　一个简单的基类

为了声明继承,作为一个程序员,如果需要设计一个学生基本信息管理程序,应该怎样完成呢?首先需要定义一个基类 Person 类,本案例简化 Person 类的数据成员和成员函数,类定义如下。

【例 8.1】 一个简单的基类——Person 类的定义。

```
#include <iostream>
using namespace std;
class Person
{
public:
    Person(const string &na="无名氏",const int &ag=18,
    const char &ge='M',const string id="none")
    {
        name=na;
        age=ag;
        gender=ge;
        idCode=id;
    }
    void sayHello()                     //打招呼
    {
        cout<<"大家好! 我是"<<name<<endl;
    }
    string getName()                    //返回姓名
    {
        return name;
    }
    int getAge()                        //返回年龄值
    {
```

```
        return  age;
    }
protected:
    string name;                        //姓名
    int age;                            //年龄
    char gender;                        //性别
    string  idCode;                     //身份证号码
};
```

Person 类只声明了人员的姓名、年龄、性别及身份证号码。定义了对这些数据进行初始化的构造函数，构造函数的形参为字符串的常引用，使用引用类型的参数避免声明形参时分配存储单元，使用常引用避免在构造函数体中修改实参变量的值。定义构造函数时给数据成员的赋值也可以在初始化列表中进行，代码如下：

```
Person(const string &na="无名氏",const int &ag=18,const char &ge='M',
      const string id="none"):name(name),age(ag),gender(ge),idCode(id)
{}
```

当数据成员的赋初值写在初始化列表中时，构造函数的函数体为空。

类体中定义了三个公有普通成员函数：sayHello()是打招呼函数，getName()和 getAge()是取数据成员姓名和年龄值的两个函数。在下面的主函数中使用此类。

```
int main()
{
    Person p1("Ada",50,'F',"620102XXXXXXXXXXXX"),
    p2("David",20,'M',"130102XXXXXXXXXXXX");
    p1.sayHello();
    p2.sayHello();
    return 0;
}
```

运行程序，输出结果：

```
大家好！ 我是 Ada
大家好！ 我是 David
```

8.1.2 派生一个新类

【例 8.2】 一个简单的派生类——Student 类的定义。

上面定义的人员中有一部分是学生，需要定义学生 Student 类，简化设计 Student 类，学生类继承人员类，并增加新的数据成员学号和学校名称两个基本信息，增加 testing()成员函数，函数的功能输出为：

```
XXX 是 YYY 学校的学生
XXX 正在考试中……
```

说明：XXX 是学生的姓名。YYY 是学校的名称，完成派生类的定义，代码如下：

```
class Student:public Person
```

```
{
public:
    Student(const string &na="无名氏",const int &ag=18,
    const char &ge='M',const string id="none",const string &sn="000",
    const string &sName="唐山师范学院"): Person(na,ag,ge,id)
    {
        sno=sn;
        schoolName=sName;
    }
    void testing()
    {
        cout<<name<<"是"<<schoolName<<"的学生"<<endl;
        cout<<name<<"正在考试中……\n";
}
protected:
    string sno;                    //学号
    string schoolName;             //学校名称
};
```

Student 是派生类名；冒号后面的关键字 public 是继承方式，表示公有继承；Person 是基类名，后面花括号里是派生类的类体。派生类包含成员函数的定义和数据成员的声明，同基类一样，成员函数的定义可以在类内，也可以在类外。上述派生类定义的代码完成以下功能：

- 因为派生类继承了基类，所以派生类包含了基类的数据成员。
- 派生类对象可以使用基类的成员函数。
- 派生类需要定义了自己的构造函数。
- 派生类添加了新的成员函数和数据成员。

1. 派生类的定义格式

单继承时派生类定义格式如下：

```
class 派生类名: 继承方式 基类名
{
    派生类类体;
};
```

多继承时派生类定义格式如下：

```
class  派生类名: 继承方式 1  基类名 1,继承方式 2  基类名 2,…,继承方式 n  基类名 n
{
    派生类类体;
};
```

派生类是从基类继承的，并且要指明派生类继承基类的方式。

2. 三种继承方式

继承方式有三种，分别是公有继承方式(public)、私有继承方式(private)和保护继承方式(protected)，三种继承方式的特点体现在基类成员的访问权限上。因不同的继承方式，基类中不同访问权限的成员在派生类中的访问权限也不一样。

- 公有继承。公有继承的特点：在公有继承方式下，基类的公有成员和保护成员作为派生类的成员时，它们保持原有的访问权限，而基类的私有成员在派生类中是不可访问的。
- 私有继承。私有继承的特点：在私有继承方式下，基类的公有成员和保护成员作为派生类的成员时，它们的访问权限是私有的，而基类的私有成员在派生类中是不可访问的。
- 保护继承。保护继承的特点：在保护继承方式下，基类的公有成员和保护成员作为派生类的成员时，它们的访问权限是保护的，而基类的私有成员在派生类中是不可访问的。

派生类对象只能访问公有继承方式下基类中的公有成员。

3. 在不同继承方式下基类成员在派生类中的访问权限

基类成员由于继承方式的不同在派生类中的访问权限不同，如图 8.4 所示。

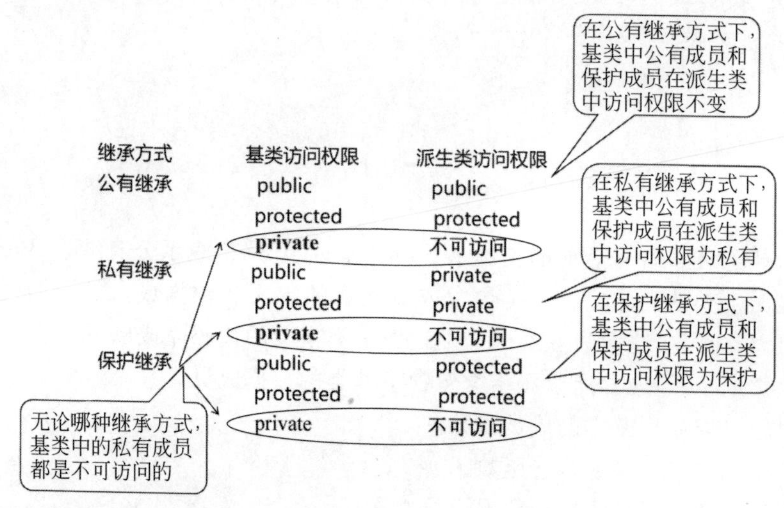

图 8.4 不同访问权限的基类成员在派生类中的访问权限也不同

8.1.3 单继承中派生类的构造函数和析构函数

派生类通过继承关系包含了其基类中所有的成员，基类的构造函数完成基类成员的初始化，派生类的构造函数的功能不仅需要完成对派生类新声明数据成员的初始化，还要通过调用基类的构造函数对它基类的数据成员进行初始化，上面代码 Student 类构造函数就完成了这样的功能，在初始化列表中调用了 Person 类的构造函数。

1. 派生类构造函数

由于基类中的构造函数是不能被继承的，因此派生类的构造函数必须通过调用基类的构造函数来完成对基类中数据成员的初始化，如果派生类中有子对象，那么派生类的构造函数中还需要调用子对象的构造函数来初始化子对象的数据成员。

派生类的构造函数的一般格式如下：

```
函数名(总形参列表)：基类构造函数名 (参数表 1),子对象名 (参数表 2),……
{
    派生类构造函数的函数体;
}
```

此处函数名是派生类的类名，基类构造函数名是基类的类名。基类的构造函数不能被继承，执行该构造函数的顺序是先执行基类的构造函数，如果有子对象，再执行子对象所属类的构造函数，最后执行该派生类构造函数的函数体。Student 类的构造函数如图 8.5 所示。

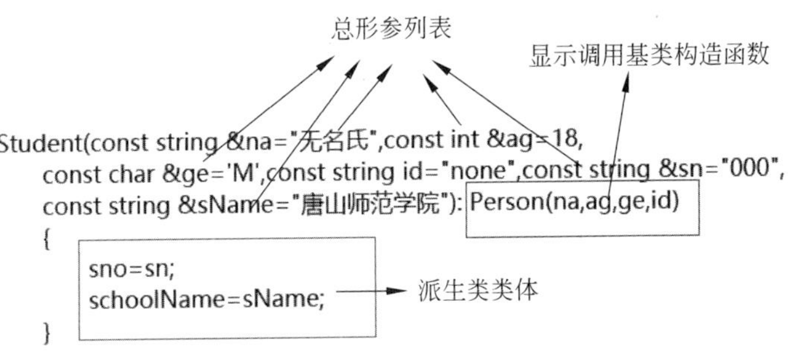

图 8.5 Student 类的构造函数

如果派生类 Student 按如下代码定义：

```
Student(const string &na="无名氏",const int &ag=18,
    const char &ge='M',const string id="none",const string &sn="000",
    const string &sName="唐山师范学院")
    //这里没有使用初始化列表调用基类的构造函数
{
    sno=sn;
    schoolName=sName;
}
```

派生类没有显式地调用基类构造函数，就会调用基类的默认构造函数，例 8.1 代码中没有定义基类默认构造函数，则将调用 Person 基类的构造函数，基类构造函数的每个形参都使用形参默认值。

派生类构造函数可以重载，下面代码也是派生类的构造函数，用 Person 类对象给 Student 类的基类进行初始化。

```
Student(const Person &p,const string &sn="000",
            const string &sName="唐山师范学院"):Person(p)
{
    sno=sn;
    schoolName=sName;
}
```

由于参数 p 的类型为 Person 类型的引用，因此只是在对基类的数据成员初始化时调用基类的复制构造函数，若基类中没有定义复制构造函数，编译器会自动生成一个，然后隐式地调用复制构造函数。另外，派生类的成员同样可以在初始化列表中进行赋值，代码如下：

```
Student(const Person &p,const string &sn="000", const string &sName
        ="唐山师范学院"):Person(p),sno(sn),schoolName(sName)
{    }
```

2. 派生类的成员函数

派生类里定义了成员函数 testing()，在函数体内直接使用了基类里的 name 成员，因为基类的数据成员是 protected 类型的,保护类型成员在公有继承方式下,在派生类里的访问权限依然是保护类型的,因此成员函数可以直接使用。如果在基类里设置数据成员是 private 类型的,那么在派生类中只能通过公有成员函数来访问基类的私有数据成员。则 test()函数应该改写如下:

```
void testing()
{
    cout<<getName()<<"是"<<schoolName<<"的学生"<<endl;
    cout<<getName()<<"正在考试中……\n";
};
```

3. 派生类析构函数

同基类的构造函数一样,基类的析构函数也不能被继承。在派生类对象的生存期结束时,程序将首先调用派生类的析构函数,如果派生类有子对象,其次才会调用子对象所属类的析构函数,最后调用基类的析构函数。其调用顺序正好与构造函数的调用顺序相反。

4. 派生类对象的使用

```
int main()
{
    Person p1("Ada",50,'F',"620102XXXXXXXXXXXX"),
    p2("David",20,'M',"130102XXXXXXXXXXXX");
    p1.sayHello();
    p2.sayHello();
    cout<<"======================="<<endl;
    Student s1("SuperJoe",36,'M',"130101XXXXXXXXXXXX","20060102"
            ,"河北科技大学");                         //声明派生类的对象 s1
    s1.testing();
    cout<<"======================="<<endl;
    Student s2(p1,"1988060001","兰州大学");          //声明派生类的对象 s2
    s2.testing();
    return 0;
}
```

上面的代码声明了基类 Person 类的两个对象 p1 和 p2,声明了派生类 Student 类的两个对象 s1 和 s2,请理解派生类的对象如何进行初始化,主函数的运行结果如图 8.6 所示。

图 8.6　例 8.2 程序运行结果

5. 基类与派生类程序分析

【例 8.3】 基类和派生类的定义与调用。分析下列程序的运行结果,如图 8.7 所示。

```
#include <iostream>
using  namespace std;
class A
{
public:
    A()
    {
```

```
    a=0;
        cout<<"A's default constructor called.\n";
    }
    A(int i)
    {
        a=i;
         cout<<"A's constructor called.\n";
    }
    ~A()
    {
        cout<<"A's destructor called.\n";
    }
    void Print() const { cout<<a<<",";}
    int Geta() { return a;}
private:
    int a;
};
class B:public A
{
public:
    B()
    {
         b=0;
        cout<<"B's default constructor called.\n";
    }
    B(int i,int j,int k);
    ~B()
    {
          cout<<"B's destructor called.\n";
    }
    void Print();
private:
    int b;
    A aa;
};
B::B(int i,int j,int k):A(i),aa(j)
{
    b=k;
    cout<<"B's constructor called.\n";
}
void B::Print()
{
    A::Print();
    cout<<b<<","<<aa.Geta()<<endl;
}
int main()
{
    B bb[2];
```

```
    bb[0]=B(1,2,5);
    bb[1]=B(3,4,7);
    for(int i=0;i<2;i++)
        bb[i].Print();
    return 0;
}
```

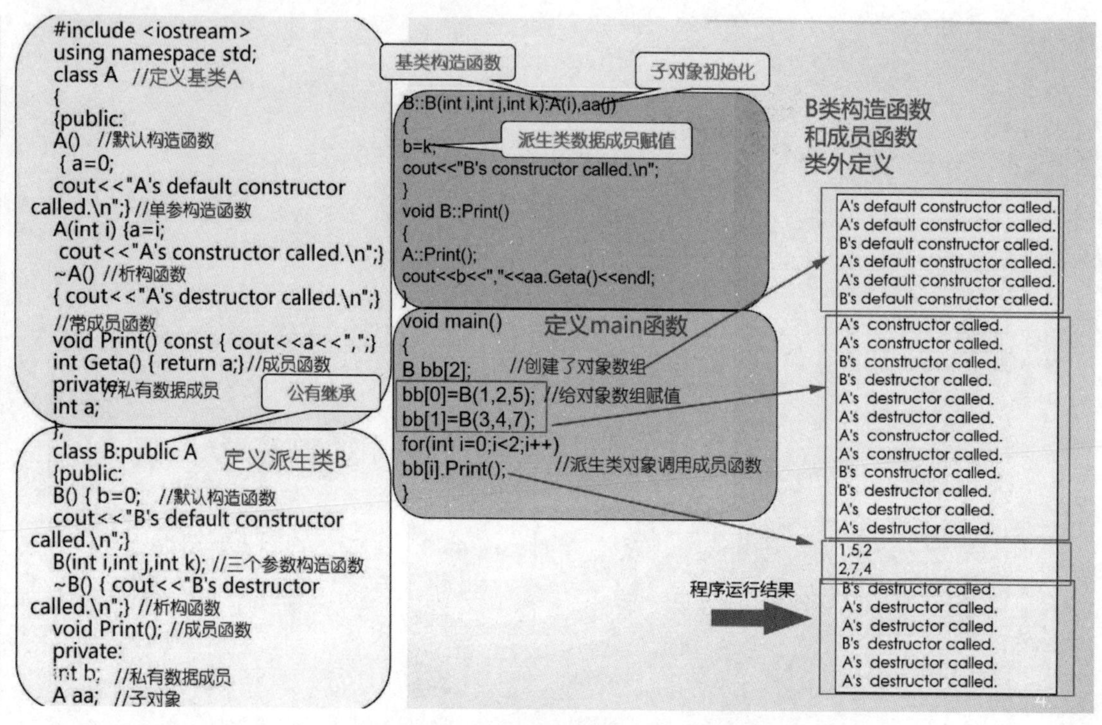

图 8.7 例 8.3 程序代码及运行结果

主函数中第一条语句 B bb[2];声明了两个派生类对象,首先调用基类 A 的构造函数,其次声明子对象 aa 时调用 A 类构造函数,最后是调用派生类的构造函数。因此,声明两个派生类对象,有 6 条输出语句。主函数中第二行和第三行是给 bb[0]和 bb[1]两个数组元素赋值,显式地调用了派生类构造函数,创建了匿名对象,给数组元素赋值后会自动析构匿名对象,因此一个赋值语句有 6 条输出语句,前三行是创建匿名对象时调用构造函数产生的,后三条语句是析构匿名对象时产生的输出语句。主函数中的循环语句是两次循环,使用两个对象数组元素调用自身类的 print 函数,输出从基类里继承来的数据成员 a,输出派生类数据成员 b 和子对象 aa 的数据成员 a,因此有两行输出语句。最后,析构 bb[1]和 bb[0]两个数组元素时,首先调用派生类 B 的析构函数,接着析构子对象 aa 时调用 A 类的析构函数,最后调用基类的析构函数,析构每个数组元素时输出三行语句。

需要注意的问题如下:

- 派生类定义中可以省略对基类构造函数的调用,其条件是在基类中有默认的构造函数,或者根本没定义构造函数时,使用系统提供的默认构造函数。
- 析构函数不可以被继承,定义派生类析构函数的时候,要显式地调用基类析构函数。

8.1.4 派生类和基类之间的特殊关系——子类型的赋值兼容

前面介绍过基类也称为父类,派生类也称为子类。本节讲的子类型不是指一般的子类,而是指有一个类 A,它至少包含另一个类 B 的所有行为,则称类 A 是类 B 的子类型。类 A 中具有类 B 中的所有操作,或者说类 B 中的所有操作可以用于类 A 的对象。子类型是不对称的,如果类 A 是类 B 的子类型,不能认为类 B 也是类 A 的子类型。

在公有继承方式下,派生类是基类的子类型。派生类对象和基类对象满足以下三种赋值兼容的原则:

- 派生类的对象可给基类对象赋值。
- 派生类的对象可给基类对象的引用赋初值。
- 派生类的对象地址值可给基类对象的指针赋值。

最直观地理解,基类对象所需要的成员在子类型的对象里全部都能找到,因此子类型对象可以给基类对象赋值。

```
Person p1("Ada",50,'F',"620102XXXXXXXXXXXX");
Person p2("David",20,'M',"130102XXXXXXXXXXXX");
Student s1("SuperJoe",36,'M',"130101XXXXXXXXXXXX","20060102",
           "河北科技大学");
s1.testing();
p1=s1;                                      //派生类对象给基类对象赋值
p1.sayHello();                              //基类对象调用基类的成员函数
Person *ps=&s1;                             //派生类地址给基类指针赋初值
Person &pr=s1;                              //派生类对象给基类引用初始化
cout<<ps->getAge()<<endl;                   //通过指针调用基类的成员函数
cout<<pr.getName()<<endl;                   //通过基类引用调用基类的成员函数
```

基类的指针或引用赋值为派生类的地址或派生类对象,通过指针或引用使用的是基类的成员函数,不能操作子类型的成员函数。继承可以在基类的基础上添加成员,但不能删除基类的成员。

8.1.5 上机练习

【上机目的】

- 掌握派生类的定义格式、基类中不同访问权限的成员在三种继承方式下在派生类中的访问权限。
- 掌握派生类的构造函数和析构函数的特点。
- 掌握派生类中含有子对象和基本数据类型成员时,构造函数的调用顺序。
- 掌握子类型的赋值原则。

1. 按下列要求写程序

(1) 定义一个基类 Point 类,Point 类描述了一个二维坐标点,代码如下:

```
#include <iostream>
using namespace std;
class Point
{
```

```
public:
    Point(int x,int y)
    {X=x;
     Y=y;
    }
    void move(int offX,int offY)
    {
        X+=offX;                              //修改点的横坐标
        Y+=offY;                              //修改点的纵坐标
    }
    int getX(){ return X;}
    int getY(){ return Y;}
private:
    int X,Y;                                  //二维坐标点的横、纵坐标
};
```

(2) 定义一个派生类——矩形类 Rectangle 类。已知矩形的左下角顶点、长度和宽度,确定一个矩形的位置和大小。继承 Point 类,再增加长和宽两个新数据和三个新函数,添加的新函数功能是返回矩形的宽度和高度的值,计算矩形面积,写出派生类 Rectangle 类的定义。

(3) 在主函数中,定义一个 Rectangle 类的对象,让矩形的左下角顶点横坐标增加 10 个单位,纵坐标减少 5 个单位,最后输出矩形对象的左下角点的坐标、矩形的宽度、高度和面积。

2. 编写程序完成下面的功能

(1) 在本节例 8.1 的基础上,定义小学生类 Pupil,直接继承了 Student 类,再添加新的数据成员,包含年级,班级,语文、数学和英语三门课程的成绩,添加新的成员函数,其功能是计算三门课程的总分。写出派生类 Pupil 类的定义。

(2) 在主函数中,声明一个 Pupil 类的对象,输出小学生的基本信息,包含学校名称、年级、班级、学号、姓名、年龄、性别、身份证号码、三门课程的总成绩。

【思考与练习】

1. 简答题

(1) 什么是继承性?为什么说它是面向对象语言中的重要特性?

(2) 在 C++ 语言中,继承分为哪两类?三种继承方式各自有什么特点?

(3) 如何定义单继承的派生类?

(4) 单继承中,如何定义派生类的构造函数?

(5) 什么是子类型,子类型的赋值兼容原则是什么?

2. 单选题

(1) 在公有继承的情况下,在派生类中定义的成员函数只能访问其基类的(　　)。

A. 公有成员和私有成员　　B. 私有成员和保护成员

C. 公有成员和保护成员　　D. 私有成员、保护成员和公有成员

(2) 在下面的说法中,错误的是(　　)。

A. 公有继承时,基类中的 public 成员在派生类中仍是 public 成员

B. 私有继承时,基类中的 protected 成员在派生类中仍是 protected 成员

C. 私有继承时,基类中的 public 成员在派生类中是 private 成员

D. 保护继承时,基类中 public 成员在派生类中是 protected 成员

(3) 基类和派生类的定义如下:

```
class Base
{
public:
    int j;
protected:
    int i;
};
class Derived:public Base
{
public:
    int n;
private:
    int m;
};
int main()
{
    Derived d;
    d.i=0;                    //[1]
    d.j=0;                    //[2]
    d.m=0;                    //[3]
    d.n=0;                    //[4]
    return 0;
}
```

其中主函数中有两个赋值语句有错误,这两个错误的赋值语句是(　　)。

A. [1]和[2]　　B. [1]和[3]　　C. [2]和[3]　　D. [2]和[4]

(4) 基类和派生类的定义如下:

```
class Base
{
public:
    Base (){cout<<"BB";f();}
    void f(){cout<<"Bf";}
};
class Derived:public Base
{
public:
    Derived(){cout<<"DD";}
    void f(){cout<<"Df";}
};
int main(){Derived d; return 0;}
```

执行上面的程序将输出(　　)。

A. BBBfDD　　B. BBBfDDDf　　C. DD　　D. DDBBBf

(5) 基类和派生类的定义如下:

```
class  XA
{
public:
    XA(int n){x=n;}
private:
int x;
};
class XB:public XA
{
public:
    //XB的构造函数
private:
    int y;
};
```

在构造函数XB的下列定义中,正确的是(　　)。

A. XB(int a,int b):x(a),y(b){};

B. XB(int a,int b):XA(a),y(b){};

C. XB(int a,int b):x(a),XB(b){};

D. XB(int a,int b):XA(a),XB(b){};

(6) 有如下程序:

```
class Base
{
public:
~Base (){cout<<"BASE";}
};
class Derived:public Base
{
public:
    ~Derived(){cout<<"DERIVED";}
};
int main()
{Derived x; return 0;}
```

执行后的输出结果是(　　)。

A. BASE

B. DERIVED

C. BASEDERIVED

D. DERIVEDBASE

3. 程序分析

(1) 程序如下:

```
class A
{
public:
    void f(int i) {cout<<i<<endl;}
    void g() {cout<<"g\n";}
};
class B: A
{
public:
    void h() {cout<<"h\n";}
    A::f;
```

```
};
int main()
{
    B d1;
    d1.f(6);
    d1.g();
    d1.h();
    return 0;
}
```

请回答下列问题：

① 执行该程序时，哪个语句会出现编译错误？为什么？

② 去掉该出错语句后，程序的运行结果是什么？

③ 程序中类 B 是从类 A 中继承来的，这种默认的继承方式是哪种继承方式？

④ 派生类 B 中，A::f;是什么含义？

⑤ 将派生类 B 的继承改为公有继承方式，程序的输出结果是什么？

(2) 请按下面注释的提示，将类 B 的构造函数定义补充完整。

```
class A
{
public:
    A(int aa=0){a=aa;}
private:
    int a;
};
class B:public A
{
    int b;
    A c;
public:
    //用 aa 初始化类 A 的成员 a,用 aa+1 初始化子对象 c
    B(int aa): ________{b=aa+2;}
};
```

8.2 多继承和虚基类

单继承的很多概念适用于多继承，多继承不同于单继承的是它具有两个或两个以上的基类。由于多继承有多个基类，因此在定义多继承派生类时，需要指出它的所有基类名和对每个基类的继承方式。

8.2.1 多继承派生类的构造函数

1. 多继承派生类的定义

多继承下派生类的定义格式如下：

```
class  派生类名>:继承方式 1  基类名 1,继承方式 2 基类名 2,……,
                 继承方式 n  基类名 n
{
    派生类类体;
};
```

【例 8.4】 美猴王出世(一):多继承的概念。孙悟空是中国著名的神话人物之一,由开天辟地以来的仙石孕育而生,因带领群猴进入水帘洞而成为众猴之王,尊为"美猴王"。经千山万水拜须菩提祖师为师学艺,得名孙悟空。后与猪八戒、沙僧一同护送师傅去西天取经,斩妖除魔,惩恶扬善,经历了九九八十一难,来到了灵山取得真经,被如来佛祖封为斗战胜佛。孙悟空具有神一样的超人能力,又是灵猴化身,所以美猴王继承了两个基类,代码如下:

```
#include <iostream>
using namespace std;
class God
{
public:
    God(srting ng,int pow):name(ng),power(pow)               //构造函数
    {
        cout<<"创建了一个神!"<<endl;
    }
private:
    string name;                                             //名字
    int power;                                               //超人的能力值
};
class Monkey
{
public:
    Monkey(string nm,int wei):name(nm),weight(wei)           //构造函数
    {
        cout<<"创建了一个猴!"<<endl;
    }
private:
    string name;                                             //名字
    int weight;                                              //体重
};
class MonkeyKing:public God,public Monkey                    //派生类定义
{
public:
    //派生类构造函数的定义
private:
    string weapon;                                           //兵器
};
```

2. 多继承派生类的构造函数

多继承派生类构造函数的定义格式如下:

构造函数名(总参数表):基类名 1(参数表 1),基类名 2(参数表 2),……,
基类名 n(参数表 n),子对象名 1(子对象参数表 1),子对象名 2(子对象参数表 2),……,子对象名 n(子对象参数表 n)

```
{
    派生类构造函数的函数体;
}
```

说明：多继承构造函数的执行顺序基本上与单继承构造函数的执行顺序相同。所不同的是，当派生类构造函数中调用基类的顺序与定义派生类时继承基类的顺序不一致时，基类构造函数的调用顺序是按定义多继承派生类时所指定的基类顺序执行的。

多继承派生类的析构函数中也应包含其基类的析构函数，该析构函数的执行顺序与其构造函数的执行顺序相反。

例如，MonkeyKing 类的构造函数如下：

```
MonkeyKing(string ng,int pow,string nm,int wei,string wea)
:God(ng,pow),Monkey(nm,wei)                         //派生类成员初始化
{
    weapon=wea;
    cout<<"创建了一个美猴王!"<<endl;
}
```

在主函数中定义 MonkeyKing 对象，代码如下：

```
int main()
{
    MonkeyKing mk=MonkeyKing("孙悟空",10000,"泼猴",30,"如意金箍棒");
    return 0;
}
```

MonkeyKing 的构造函数，显式地调用了基类 God 类和 Monkey 类的构造函数，用于给从两个基类里继承来的数据成员赋初值，在函数体内给派生类数据成员 weapon 进行赋初值。构造函数中基类构造函数的调用顺序与派生类定义时继承基类的顺序是一致的。主函数中用派生类声明了一个 mk 对象，则程序的执行结果为：

```
创建了一个神!
创建了一个猴!
创建了一个美猴王!
```

假如把派生类定义的代码修改如下：

```
class MonkeyKing:public Monkey,public God           //交换了继承基类的顺序
{
public:
    MonkeyKing(string ng,int pow,string nm,int wei,string wea)
    :God(ng,pow),Monkey(nm,wei)                     //派生类构造函数
{
    weapon=wea;                                     //派生类成员初始化
    cout<<"创建了一个美猴王!"<<endl;
}
private:
    string weapon;                                  //兵器
};
```

在定义多继承派生类的时候，继承基类的顺序发生了改变，继承的基类 Monkey 类在前，God 类在后，而派生类构造函数中调用基类构造函数的顺序没有变，先调用 God 类构造函数，后调用 Monkey 类构造函数，但是因为多继承派生类构造函数的执行顺序是按定义多继承类时所指定基类的顺序进行的，因此，主函数的运行结果如下：

```
创建了一个猴！
创建了一个神！
创建了一个美猴王！
```

3. 多继承派生类的成员函数

要求定义成员函数 showInfo()用于显示派生类对象的数据成员，派生类 MokeyKing 从 God 中继承了两个数据成员 name 和 power，从 Monkey 类中继承了两个数据成员 name 和 weight，派生类本身还声明了数据成员 weapon，因此在派生类 MonkeyKing 中有 5 个数据成员。因为基类的数据成员是 private 的访问权限，即便是公有继承，在派生类里也是不可访问的，派生类的成员函数 showInfo()也不能直接使用两个基类里的私有数据成员，因此给 God 基类添加两个公有成员函数，用于读取私有数据成员的值，代码如下：

```
string getName()                                    //返回名字
{
    return name;
}
int getPower()                                      //返回能力值
{
    return power;
}
```

给 Monkey 基类添加两个公有成员函数，用于读取私有数据成员的值，代码如下：

```
string  getName()                                   //返回名字
{
    return name;
}
int getWeight()                                     //返回体重
{
    return weight;
}
```

给派生类 MonkeyKing 添加公有成员函数 showInfo()，用于显示派生类对象数据成员的基本信息，代码如下：

```
void showInfo()
{
    cout<<God::getName()<<"\t"<<getPower()<<"\t"<<Monkey::getName()<<"\t"
    <<getWeight()<<"\t"<<weapon<<endl;
}
```

同 name 数据成员一样，对于 getName()函数也是从两个基类里各继承了一个，因此派生类里有两个 GetName()成员函数，从 God 类里继承了 getPower()函数，从 Monkey 类里继承了

getWeight()函数。派生类调用 getPower()函数和 getWeight()函数时,与调用自己的函数一样可以直接调用,但是调用 getName()函数出现了二义性,如果直接使用 getName()函数,系统不知道调用的是从 God 类继承的还是从 Monkey 类继承的,因此可以使用作用域运算符来指明是从哪一个类继承的,从而消除派生类调用不同基类中同名成员时所产生的二义性。

二义性是指在多继承情况下,派生类对基类成员访问的不唯一性。解决二义性的办法是使用作用域运算符。如上所述,God::getName()或 Monkey::getName()指明调用从哪个直接基类继承来的 getName()函数。如果派生类里有同名函数 getName(),派生类成员函数或者派生类对象调用此函数时不会存在二义性,尽管从直接基类里继承了同名函数,但是它会毫不犹豫地调用派生类自己定义或声明的成员函数。

God 类、Monkey 类和 MonkeyKing 类继承关系图如图 8.8 所示。

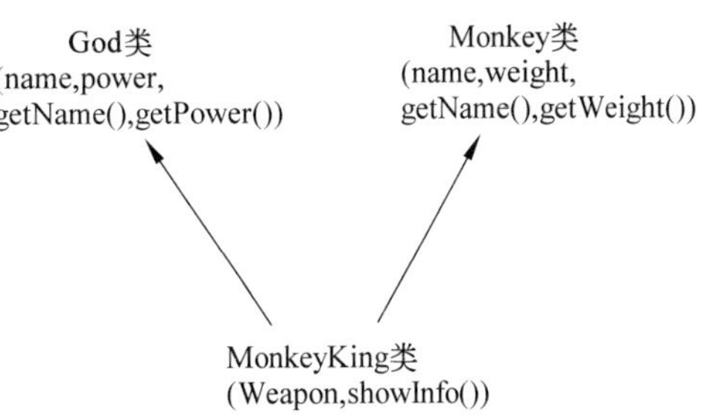

图 8.8 基类和派生类之间的关系图

图 8.8 中 God 类和 Monkey 类是 MonkeyKing 的基类,每个类有自己的成员。

8.2.2 虚基类

1. 访问共同基类的成员时可能出现的二义性

当一个派生类的多个基类有一个共同的间接基类时,对于这个共同的间接基类成员的访问就可能出现二义性。比如 God 类和 Monkey 类都是生灵 Creature 类的派生类,继承关系代码修改如下。

【例 8.5】 美猴王出世(二):有共同的间接基类。Creature 类是 God 类和 Monkey 类的共同基类,是 MonkeyKing 类的间接基类。

```
#include <iostream>
using namespace std;
class Creature                                  //定义生灵类
{
public:
    Creature(string name)                       //构造函数
    {
        this->name=name;
        cout<<"创建了一个生灵"<<endl;
    }
    string getName()                            //返回名字
    {
        return name;
    }
private:
    string name;                                //数据成员名字
};
class God:public Creature                       //公有继承生灵类
{
```

```
public:
    God(string ng,int pow):Creature(ng),power(pow)           //构造函数
    {
        cout<<"创建了一个神!"<<endl;
    }
    int getPower()                                           //返回能力值
    {
        return power;
    }
private:
    int power;                                               //超人的能力值
};
class Monkey:public Creature                                 //公有继承生灵类
{
public:
    Monkey(string nm,int wei):Creature(nm),weight(wei)       //构造函数
    {
        cout<<"创建了一个猴!"<<endl;
    }
    int getWeight()                                          //返回体重
    {
        return weight;
    }
private:
    int weight;                                              //体重
};
class MonkeyKing:public God,public Monkey                    //派生类定义,多继承
{
private:
    string weapon;                                           //兵器
public:
    MonkeyKing(string ng,int pow,string nm,int wei,string wea):
    God(ng,pow),Monkey(nm,wei)                               //派生类构造函数
    {
        weapon=wea;                                          //派生类成员初始化
        cout<<"创建了一个美猴王!"<<endl;
    }
};
```

Creature 类具有成员 name 和 getName()。God 类公有继承了 Creature 类,并添加自己的成员 power 和 getPower()。Monkey 类也公有继承了 Creature 类,并增加了自己的数据成员 weight 和 getWeight()。MonkeyKing 类公有继承了 God 类和 Monkey 类,并增加了自己的数据成员 weapon。Creature 类是 MonkeyKing 类的间接基类,其成员分别继承给了 God 类和 Monkey 类,两者都是 MonkeyKing 类的基类,在 MonkeyKing 中有两个 name 数据成员和 getName()成员函数。因此 MonkeyKing 类的构造函数总参数表里需要 5 个参数用来给数据成员初始化,在初始化列表中显式调用两个基类成员的构造函数完成对基类成员初始化,在派生类 MonkeyKing 类构造函数体中完成对数据成员 weapon 的初始化,当然也可写在初始化列表中。其继承关系图如图 8.9

所示。

```
int main()
{
    MonkeyKing mk=MonkeyKing("孙悟空",10000,"泼猴",30,"如意金箍棒");
}
```

程序分析：声明 mk 对象时，因为调用基类的构造函数，那么执行 God 类构造函数初始化时会调用一次 Creature 类的构造函数，执行 Monkey 类构造函数初始化时同样会调用一次 Creature 类的构造函数，最后才执行 MonkeyKing 类的构造函数的函数体。可见，Creature 类的构造函数被调用了两次，此程序的运行结果如下：

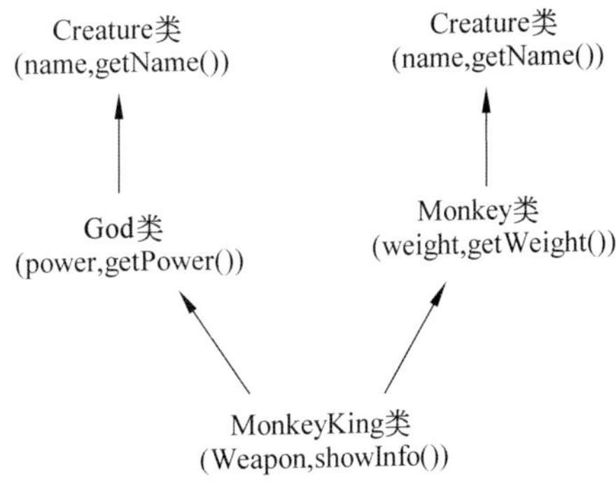

图 8.9　间接基类、基类和派生类关系图

```
创建了一个生灵！
创建了一个神！
创建了一个生灵！
创建了一个猴！
创建了一个美猴王！
```

在定义 showInfo()函数时，用到 getName()函数，因为是从间接基类 Creature 类继承来的，并且继承了两次，因此使用 getName()或 Creature::getName()都会具有二义性。为了消除二义性可以写成 God::getName()和 Monkey::getName()，这就指明了 getName()是从哪一个直接基类里继承的，使用直接基类和作用域运算符消除了二义性。ShowInfo()函数定义代码如下：

```
void showInfo()
{
    cout<<God::getName()<<"\t"<<getPower()<<"\t"<<Monkey::getName()
    <<"\t"<<getWeight()<<"\t"<<weapon<<endl;
}
```

在 main 函数中调用此函数，mk.showInfo()输出结果如下：

```
孙悟空  10000   泼猴    30      如意金箍棒
```

2. 虚基类的定义

MonkeyKing 类对象包含两个 Creature 类的对象，这是因为 Creature 是派生类 MonkeyKing 两条路径上的一个间接公共基类，因此公共基类就会在派生类对象中产生两个基类对象。如果要使公共基类在派生类中只产生一个基类对象，则需要将这个基类定义为虚基类。可见，虚基类的目的是解决二义性问题，使得公共基类在它的派生类对象中只产生一个基类对象。

虚基类的声明格式如下：

```
class 派生类类名: virtual 继承方式 基类名;
```

virtual 是关键字，在定义派生类时声明虚基类，写在派生类名之后，继承方式之前。

【例 8.6】　美猴王出世(三)：虚基类的定义。定义 God 类和 Monkey 类的基类 Creature 类为两个类的虚基类，代码如下：

```
#include <iostream>
using namespace std;
class Creature                                              //定义生灵类
{
public:
    Creature(string name)
    {
        this->name=name;
cout<<"创建了一个生灵!"<<endl;
    }
    string getName()
    {
        return name;                                        //名字
    }
private:
    string name;
};
class God:virtual public Creature                           //Creature类为虚基类
{
public:
    God(string ng,int pow):Creature(ng),power(pow)          //构造函数
    {
        cout<<"创建了一个神!"<<endl;
    }
    int getPower()                                          //返回能力值
    {
    return power;
    }
private:
    int power;                                              //超人的能力值
};
class Monkey:virtual public Creature                        //Creature类为虚基类
{
public:
    Monkey(string nm,int wei):Creature(nm),weight(wei)      //构造函数
    {
        cout<<"创建了一个猴!"<<endl;
    }
    int getWeight()
    {
    return weight;
    }
private:
    int weight;                                             //体重
};
class MonkeyKing:public God,public Monkey                   //派生类定义
{
```

```
    public:
        //派生类构造函数
    private:
        string weapon;                                //兵器
    };
```

定义了 Creature 类为虚基类后，Creature 类、God 类、Monkey 类及 MonkeyKing 类之间的关系如图 8.10 所示。

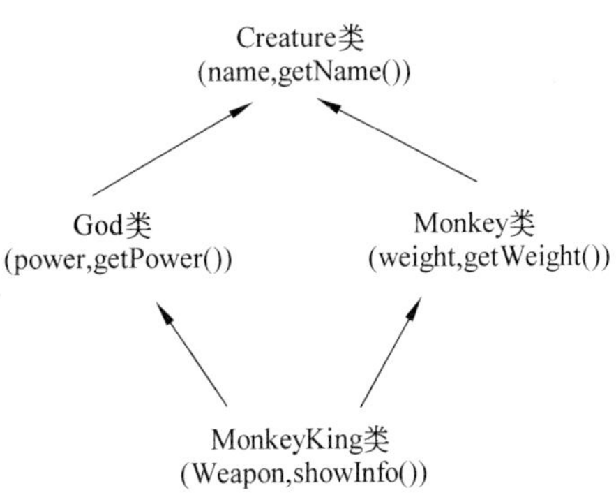

图 8.10 虚基类和派生类关系图

从图 8.10 可见，MonkeyKing 类调用了一次 Creature 类的构造函数，从 Creature 类里仅继承一个数据成员 name 和一个成员函数 getName()，因此在定义派生类 MonkeyKing 的构造函数时，不再需要 5 个参数，4 个参数就够了。

3. 具有虚基类的派生类的构造函数

在具有虚基类的派生类的构造函数中不仅包含两个直接基类的构造函数，还包含虚基类 Creature 类的构造函数，规定虚基类 Creature 类的构造函数优先调用，并且只调用一次，在 God 类和 Monkey 类的构造函数中不再调用 Creature 类的构造函数。MonkeyKing 类的构造函数如下：

```
MonkeyKing(string na,int pow,int wei,string wea)
:God(na,pow),Monkey(na,wei),Creature(na)
//派生类构造函数有 4 个形参
//用来给两个直接基类、一个虚基类和派生类初始化
{
    weapon=wea;                 //派生类成员初始化
    cout<<"创建了一个美猴王!"<<endl;
}
```

在主函数中使用 MonkeyKing 类声明对象 mk 的语句如下：

```
MonkeyKing mk=MonkeyKing("斗战胜佛",10000,30,"如意金箍棒");     //4 个参数
```

运行程序时，输出如下的运行结果：

```
创建了一个生灵!
创建了一个神!
创建了一个猴!
创建了一个美猴王!
```

程序分析：因为间接基类是直接基类的虚基类，所以虚基类的构造函数仅调用了一次。GetName()仅从虚基类继承了一个，因此也不存在二义性。showInfo()函数的代码修改为：

```
void showInfo()
{
    cout<<getName()<<"\t"<<getPower()<<"\t"<<"\t"<<getWeight()
    <<"\t"<<weapon<<endl;
}
```

声明对象时所使用的类是最派生类。案例中 MonkeyKing 类声明了 mk 对象，那么 MonkeyKing 类就是最派生类。虚基类解决二义性问题的关键是在派生类中只声明一个虚基类子对象，虚基类子对象通过最派生类的构造函数调用虚基类的构造函数进行初始化，并且在虚基类的直接或间接派生的派生类中的构造函数的初始化列表中，都要列出对虚基类构造函数的调用，虚基类的构造函数先于非虚基类的构造函数被调用。

8.2.3 上机练习

【上机目的】

- 掌握多继承派生类的定义和多继承派生类的构造函数的定义格式。
- 理解多继承派生类构造函数调用时，执行基类构造函数的顺序与多继承派生类定义时指定基类的顺序一致。
- 掌握在多继承的情况下，当派生类对基类成员的访问不唯一时，如何解决二义性问题。
- 掌握虚基类的定义格式，含有虚基类的派生类构造函数的定义方法。

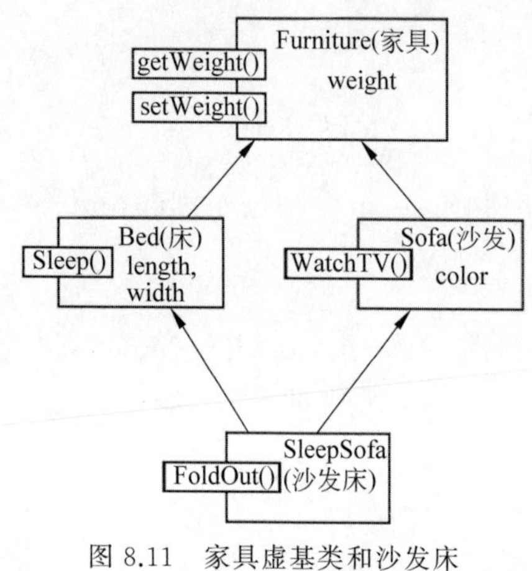

图 8.11 家具虚基类和沙发床派生类关系图

1. 定义虚基类，实现下列继承结构。写出每个类的定义、数据成员、成员函数、构造函数。Furniture 类是虚基类，Bed 和 Sofa 类是虚基类的直接派生类，SleepSofa 类多继承了 Bed 类和 Sofa 类，每个类的数据成员、成员函数及虚基类和派生类关系图如图 8.11 所示。

2. 定义普通的基类 Building 类，有楼房号、层数、房间数及建筑面积属性。定义派生类 House 类继承 Building 类，并包含数据成员卧室的数量、卫生间的数量。定义派生类 Office 类继承 Building 类，包含数据成员灭火器数及办公桌数量。

3. 如图 8.3 所示，编写程序，基类人员类、派生类学生类、研究生类、教师类和在职研究生类的定义，并写出每个类的构造函数，在主函数中声明最派生类对象，分析程序的执行结果，在环境中测试程序，查看分析结果和运行结果是否一致。

【思考与练习】

1. 简答题

(1) 在多继承中，如何定义派生类的构造函数？

(2) 在多继承中，哪些情况下对成员的访问会出现二义性？如何消除？

(3) 为什么要引入虚基类，带虚基类的派生类构造函数有什么特点？

2. 单选题

(1) 下列关于多继承二义性的描述，(　　)是错误的。

A. 派生类的多个基类中存在同名成员时，派生类对同名成员的访问可能出现二义性

B. 一个派生类是从具有共同的间接基类的两个直接基类派生来的，派生类对共同间接基类的成员访问会出现二义性

C. 解决二义性最常用的方法是使用作用域运算符对成员进行限定

D. 派生类和它的基类中出现同名函数时，可能出现二义性

(2) 多继承的构造函数构造对象时，(　　)最先被调用。

A. 派生类自己的构造函数
B. 基类的构造函数
C. 虚基类的构造函数
D. 派生类中子对象类的构造函数

(3) 有如下程序：

```
#include <iostream>
using namespace std;
class CSAI_A
{
public:
    CSAI_A() {cout<<"A";}
    ~CSAI_A() {cout<<"~A";}
};
class CSAI_B
{
public:
    CSAI_B() {cout<<"B";}
    ~CSAI_B() {cout<<"~B";}
};
class CSAI_C:public CSAI_A,public CSAI_B
{
public:
    CSAI_C() {cout<<"C";}
    ~CSAI_C () {cout<<"~C";}
};
int main()
{
    CSAI_C c;
    return 0;
}
```

执行后的输出结果是(　　)

A. ABC～B～C～A
B. ABC～C～A～B
C. ABC～C～B～A
D. BAC～C～A～B

(4) 有如下程序：

```
#include <iostream>
using namespace std;
class CSAI_A
{
public:
    CSAI_A() {cout<<"A";}
    ~CSAI_A() {cout<<"~A";}
};
class CSAI_B
{
public:
```

```
    CSAI_B() {cout<<"B";}
    ~CSAI_B () {cout<<"~B";}
private:
    CSAI_A  a;
};
class CSAI_C:public CSAI_B
{
public:
    CSAI_C() {cout<<"C";}
    ~CSAI_C() {cout<<"~C";}
private:
    CSAI_B b;
};
int main()
{
    CSAI_C c;
    return 0;
}
```

执行上面的程序将输出(　　)。

A. ABABC～C～B～A～B～A

B. ABBC～C～B～B～A

C. BBC～C～B～B

D. ABABC～C～ A～B

(5) 有如下程序：

```
#include <iostream>
using namespace std;
class CSAI_A
{
public:
    CSAI_A() {cout<<"A";}
    ~CSAI_A() {cout<<"~A";}
};
class CSAI_B
{
public:
    ~CSAI_B ()
    {
    CSAI_A a;
    cout<<"~B";
    }
};
class CSAI_C:public CSAI_B
{
public:
    CSAI_C() {cout<<"C";}
    ~CSAI_C () {cout<<"~C";}
};
int main()
{
```

```
    CSAI_C c;
    return 0;
}
```

执行这个程序的输出结果是(　　)。

A. BCA～A～C～B
B. C～CA～A～B
C. C～CA～AB～B
D. C～CA～B～A

(6) 在以下方案中,不能解决二义性问题的是(　　)。

A. 使用作用域运算符“::”
B. 在类中定义同名成员
C. 定义不同的访问控制权限
D. 使用虚基类

3. 程序分析

写出下列程序的运行结果。

(1) 程序一:

```
#include <iostream>
using namespace std;
class Base
{
public:
    Base() {cout<<"Base";}
};
class Derived:public Base
{
public:
    Derived (){cout<<"Derived";}
};
int main()
{
    Base *b;
    Derived d;
    b=&d;
    return 0;
}
```

(2) 程序二:

```
#include <iostream>
using namespace std;
class CSAI_A
{
public:
    CSAI_A() {cout<<"A";}
    ~CSAI_A() {cout<<"~A";}
};
class CSAI_B:virtual public CSAI_A{};
class CSAI_C:virtual public CSAI_A{};
class CSAI_D: public CSAI_C,public CSAI_B{};
```

```
int main()
{
    CSAI_D d;
    return 0;
}
```

8.3 案例 20——化妆品管理系统

本案例的功能是实现一个化妆品商城的化妆品管理系统。定义一个化妆品类 Cosmetic 类，为了简化操作，本案例只声明三个数据成员，即化妆品的品牌 name、单价 price 和化妆品类型 type（进口或国产），其数据类型用 bool 型，true 表示化妆品的类型是国产的，false 表示化妆品的类型为进口的。化妆品的管理包含对化妆品增加、删除、查询和修改功能，在增加、删除或修改数据后要求保存在文本文件 Cosmetic.txt 中。

定义化妆品管理类 CosmeticManager，首先确定该类的数据成员，化妆品管理类和化妆品类之间是包含关系，化妆品类是化妆品管理类数据成员的类型，可定义化妆品类的对象数组，也可以定义指向化妆品类对象的指针，根据化妆品的多少动态申请内存空间。本案例是采用定义指向对象的指针，根据需要申请空间后，再写入数据。本系统功能较多，因此化妆品管理类需要声明多个成员函数。

当程序比较复杂的时候，通常需要创建一个项目，项目中包含若干个头文件(.h)和若干个源文件(.cpp)。将类的声明(包括类里面的数据成员和成员函数的声明)、函数原型、宏定义符号等写在头文件中，在头文件中成员函数一般来说不写出具体的实现，源文件用来写实现头文件中已经声明的那些成员函数的具体实现代码。需要注意的是，在源文件开头必须用 #include 指令包含函数声明的头文件以及要用到的其他文件。本案例设计了 5 个文件，分别是 Cosmetic.h(化妆品类头文件)、Cosmetic.cpp 源文件(其内容是 Cosmetic.h 头文件中声明的成员函数的具体实现)、CosmeticManager.h(化妆品管理类的定义)、CosmeticManager.cpp 源文件(其内容是 CosmeticManager.h 头文件中声明的成员函数的具体实现)、main.cpp 主函数源文件(其内容是主功能界面)。

8.3.1 创建一个项目

1. 新建项目

(1) 选择“文件”菜单下的“新建”，单击“项目”选项，如图 8.12 所示。

(2) 接着弹出如图 8.13 所示的对话框，在此对话框中首先选择项目类型，这里选 Console Application 图标，然后指定创建“C++ 项目”，再在输入框中填写项目名称，在此处填写 Cosme 作为项目名称，最后单击“确定”按钮。

(3) 创建了一个控制台应用项目，并且要求指定项目保存在哪个文件夹下，在如图 8.14 所示的对话框中，本案例为项目创建了 Cosme 文件夹，选择该文件夹作为项目文件 Cosme.dev 的存储位置。

(4) 单击“保存”按钮后，系统自动生成一个 main.cpp 文件，文件代码如下：

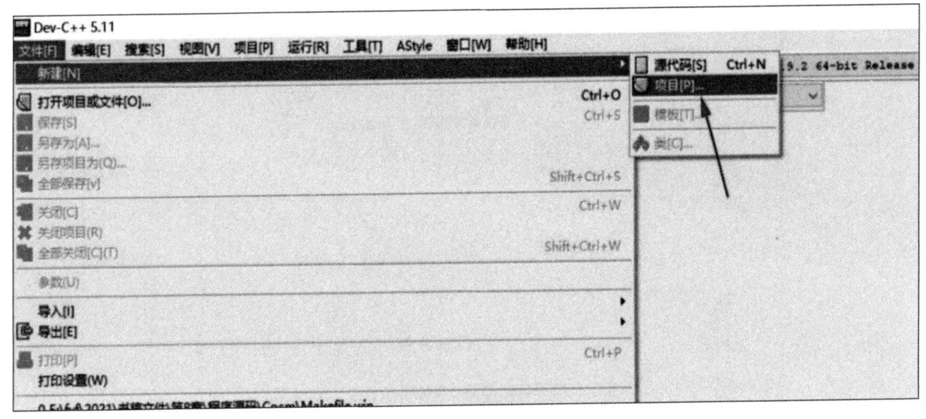

图 8.12 新建项目

图 8.13 选择项目类型并填写项目名称

```
#include <iostream>
/* run this program using the console pauser or add your own getch, system("pause") or
input loop */
int main(int argc, char** argv)
{
    return 0;
}
```

2. 化妆品类的设计与实现

(1) 向项目中添加头文件 Cosmetic.h

向本项目添加头文件,在"文件"菜单下单击"新建",选择"源文件",然后弹出确认对话框 "项目中添加新单元",单击"Yes"后打开文件编辑窗口,在该窗口下定义类,声明类的数据成员和成员函数,最后"保存"文件,把代码存储为 Cosmetic.h 头文件。

在写头文件时需要注意,在开头和结尾处必须按照如下样式加上预编译语句,这样做是为了防止重复编译,否则就有可能出错。

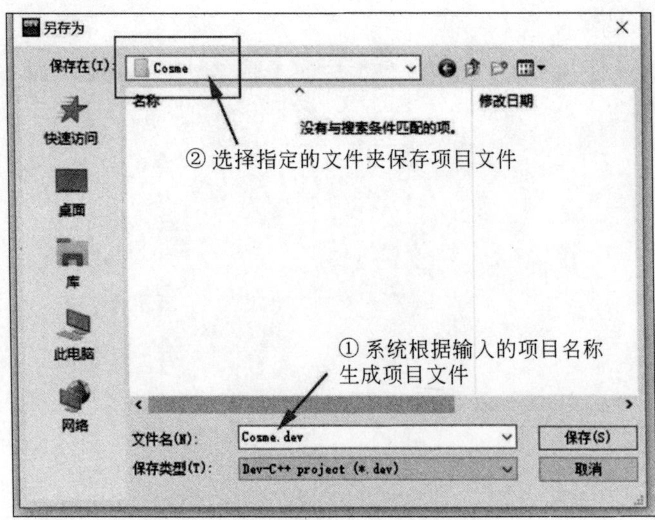

图 8.14　选择项目文件的存储位置

```
#ifndef COSMETIC_H
#define COSMETIC_H
代码写在这里
#endif
```

Cosmetic.h 头文件的内容如下，本文件定义了 Cosmetic 类，声明了数据成员和成员函数。

```
#include <iostream>
#include <string>
using namespace std;
#ifndef COSMETIC_H
#define COSMETIC_H
class Cosmetic
{
public:
    Cosmetic() {}                                              //默认构造函数
    Cosmetic(string name, bool type, double price);            //有参构造函数
    void setName(string name) { this->name = name; }           //设置品牌
    void setType(bool type) { this->type = type; }             //设置类型
    void setPrice(double price) { this->price = price; }       //设置单价
    string getName() { return this->name; }                    //返回品牌
    bool getType() { return this->type; }                      //返回类型
    double getPrice() { return this->price; }                  //返回单价
    void printCos();                                           //显示器输出 3 个数据成员
private:
    string name;                                               //化妆品品牌
    bool type;                                                 //是否进口
    double price;                                              //单价
};
#endif
```

(2) 添加源文件 Cosmetic.cpp

源文件是用于实现头文件中已经声明的函数的具体代码。需要注意的是,开头必须写入 #include "Cosmetic.h" 语句包含头文件以及要用到的其他头文件。当只需要用到自己编写的头文件中的类时,仅将自己定义的头文件包含进来就可以。本案例的 Cosmetic.cpp 源文件的内容如下:

```
#include "Cosmetic.h"
Cosmetic::Cosmetic(string name, bool type, double price)  //构造函数
{
    this->name = name;
    this->price = price;
    this->type = type;
}
void Cosmetic::printCos()                                 //显示化妆品类的数据成员
{
    cout <<  this->name<<"\t"<<this->price<<"\t"
    << (this->type ? "国产" : "进口") << endl;
}
```

在 main 函数中写出简单的代码,测试 Cosmetic 类,查看程序运行结果。

```
#include "Cosmetic.h"
int main(int argc, char** argv)
{
    Cosmetic c1("大宝",true,45.6);
    c1.printCos();
    return 0;
}
```

输出结果如下:

```
大宝    45.6        国产
```

3. 化妆品管理类的设计和实现

(1) 添加化妆品管理类头文件 CosmeticManager.h

```
#include "Cosmetic.h"
#include <fstream>
class CosmeticManager
{
public:
    CosmeticManager();                          //构造函数
    ~CosmeticManager();                         //析构函数
    void Purchasegoods(int num);                //进货(添加化妆品)
    void printCosmetic();                       //显示所有化妆品
    void SortCosmeticManager();                 //按单价升序显示所有化妆品
    void TypeoCosmeticManager(bool type);       //按类型显示所有的化妆品
    void save();                                //保存数据到文件
    void modifyCosmetic(string name);           //按化妆品名修改数据
    void delCosmetic(string name);              //按化妆品名删除(删除化妆品)
```

```
    void printByPriceCondition(int price);       //显示单价比指定单价高的化妆品
    void printByName(string name);               //按品牌显示化妆品
    void showMenu();                             //主菜单
    void showSonMenu();                          //显示信息子菜单
    void exitsystem();                           //退出系统
private:
    Cosmetic* cosptr;                            //指向化妆品存储空间指针
    int cosNum;                                  //化妆品的数量
};
```

化妆品管理类只有两个数据成员，一个是存放化妆品存储单元首地址的指针，另一个是化妆品的数量，但是它定义了丰富的函数，用于处理数据。

品牌	单价	类型
大宝	20	1
温碧泉	125	1
欧莱雅	150	0

图 8.15　Cosmetic.txt 文件格式

添加的数据存储在 Cosmetic.txt 文本文件中，初始化数据也是从该文件中读取。Cosmetic.txt 文件格式如图 8.15 所示。

(2) 添加化妆品管理类成员函数的实现 CosmeticManager.cpp

```
#include "CosmeticManager.h"
#define FILENAME "Cosmetic.txt"
CosmeticManager::CosmeticManager()               //构造函数，用于数据初始化
{
    ifstream ifs;
    ifs.open(FILENAME, ios::out);
    if(!ifs.is_open())
    {
        ofstream ifj(FILENAME);
    }
    string h1, h2, h3;                           //文本文件表头，跳过文件表头
    ifs >> h1;
    ifs >> h2;
    ifs >> h3;
    string name;                                 //品牌名
    double price;                                //单价
    bool type;                                   //类型
    int num = 0;                                 //文件中化妆品牌个数
    //将 Cosmetic.txt 文件读一遍，计数
    while (ifs >> name && ifs >> price && ifs >> type)
    {
        num++;                                   //统计现有化妆品数量
    }
    ifs.close();
    ifs.open(FILENAME, ios::out);
    cosNum = num;
    cosptr = new Cosmetic[num];                  //申请内存空间
    int i = 0;
    //跳过文件头
    ifs >> h1;
    ifs >> h2;
```

```
    ifs >> h3;
    //将现有化妆品读入内存
    while (ifs >> name && ifs >> price && ifs >> type)
    {
        cosptr[i].setName(name);
        cosptr[i].setPrice(price);
        cosptr[i].setType(type);
        i++;
    }
    ifs.close();
}
CosmeticManager::~CosmeticManager()
{
    delete[]  cosptr;
    cosptr = NULL;
}
void CosmeticManager::Purchasegoods(int num)
{
    if((num-int(num) != 0 || num <= 0))           //如果数据数量不合法
    {
        cout<<"进货量不能为非正数或小数!"<<endl;
        exitsystem();
    }
    int sumnum = num + cosNum;                    //原有数量+准备进货数量
    Cosmetic* temp = new Cosmetic[sumnum];        //申请增加了新数量的空间大小
    int i = 0;
    //复制现有数据
    if(cosNum > 0)                                //现有化妆品
    {
        for (i = 0; i<cosNum; i++)
        {
            temp[i].setName(cosptr[i].getName());
            temp[i].setPrice(cosptr[i].getPrice());
            temp[i].setType(cosptr[i].getType());
        }
    }
    //添加化妆品
    for (int j = 1; i < sumnum; j++,i++)
    {
        cout << "请输入第" << j << "个货源的品牌: ";
        string name;
        cin >> name;
        cout << "请输入第" << j << "个货源的单价: ";
        double price;
        cin >> price;
        cout << "请输入第" << j << "个货源是否为国产,是为 1 否为 0: ";
        bool type;
        cin >> type;
```

```
        temp[i] = Cosmetic(name, type, price);   //添加新的化妆品
    }
    //替换
    delete[] this->cosptr;                        //释放原来化妆品的空间
    this->cosptr = temp;                          //指针指向新的地址
    cosNum =sumnum;                               //修改化妆品数量的值
    save();                                       //写入文件
    cout << "进货成功!" << endl;                  //提示操作成功
    system("cls");
    showMenu();
}
void CosmeticManager::printCosmetic()             //显示所有化妆品
{
    cout<<"品牌\t 单价\t 类型\n";
    for (int i = 0; i < this->cosNum; i++)
    {
        cosptr[i].printCos();                     //调用化妆品类的成员函数
    }
}
void CosmeticManager::SortCosmeticManager()
{
    //创建一个临时指针来存储化妆品数组
    Cosmetic* temp = new Cosmetic[cosNum];
    for (int i = 0; i < cosNum; i++)
    {
        temp[i].setName(cosptr[i].getName());
        temp[i].setPrice(cosptr[i].getPrice());
        temp[i].setType(cosptr[i].getType());
    }
    for (int i = 0; i <cosNum; i++)               //冒泡排序
    {
        for (int j = 0; j < cosNum-i-1; j++)
        {
            if(cosptr[j].getPrice() > cosptr[j + 1].getPrice())
            {
                Cosmetic temp = cosptr[j];
                cosptr[j] = cosptr[j + 1];
                cosptr[j + 1] = temp;
            }
        }
    }
    printCosmetic();
    //恢复原来的顺序
    delete[] cosptr;
    cosptr = temp;
    system("pause");
}
void CosmeticManager::TypeoCosmeticManager(bool type)
```

```
{
    cout<<"品牌\t 单价\t 类型\n";
    for (int i = 0; i < cosNum; i++)
    {
        if(cosptr[i].getType() == type)
        {
            cosptr[i].printCos();
        }
    }
    system("pause");
}
void CosmeticManager::save()                    //将内存中所有化妆品存储 Cosmetic.txt 文件中
{
    ofstream ofs;                               //写文件对象
    ofs.open("Cosmetic.txt");
    ofs<<"品牌\t 单价\t 类型\n";
    for (int i = 0; i <cosNum; i++)
    {
        ofs <<cosptr[i].getName() << "\t" << cosptr[i].getPrice()
        << "\t" << cosptr[i].getType() << endl;
    }
    ofs.close();
}
void CosmeticManager::delCosmetic(string name)
{
    //遍历整个数组查找相关信息
    for (int i = 0; i < cosNum; i++)
    {
        if(cosptr[i].getName() == name)
        {
            cosptr[i].printCos();
            cout << endl;
            cout << "是否删除?" << endl;        //确认是否删除
            cout << "1、是" << endl;
            cout << "2、否" << endl;
            int a;
            cin >> a;
            if(a == 1)                          //删除
            {
                for (int j = i; j <cosNum-1; j++)
                {
                    this->cosptr[j] =cosptr[j + 1];
                }
                cosNum--;
                cout << "删除成功!" << endl;
                system("pause");
                save();
            }
```

```
                break;
            }
            if(i == cosNum-1)
            {
                cout << "无此化妆品!" << endl;
                system("pause");
            }
        }
}
//修改第一次找到的品牌的信息
void CosmeticManager::modifyCosmetic(string name)
{
    //遍历数组查找
    int i;
    for (i = 0; i < cosNum; i++)
    {
        if(cosptr[i].getName() == name)
        {
            cout << "请输入修改后化妆品的品牌: ";
            string cname;
            cin >> cname;
            cout << "请输入修改后化妆品的单价: ";
            double price;
            cin >> price;
            cout << "是否国产?(是 1 否 0)";
            bool type;
            cin >> type;
            cosptr[i] = Cosmetic(cname, type, price);
            break;
        }
    }
    if(i == cosNum)
    {
        cout << "查不到该化妆品!" << endl;
    }
    system("pause");
    save();
}
void CosmeticManager::printByPriceCondition(int price)
{
    for (int i = 0; i < cosNum; i++)
        if(cosptr[i].getPrice() >= price)
        {
            cosptr[i].printCos();
        }
    system("pause");
}
void CosmeticManager::printByName(string name)
```

```
{
    int count=0;                                        //找到指定化妆品品牌的数量
    int i;
    for (i = 0; i < cosNum; i++)
    {
        if(cosptr[i].getName() == name)
        {
            cosptr[i].printCos();
            count++;
        }
    }
    if(count==0)
        cout << "没有找到该化妆品!" << endl;
    system("pause");
}
void CosmeticManager::showMenu()
{
    cout << " ---------------------------------- " << endl;
    cout << "|      欢迎来到化妆品管理系统          |" << endl;
    cout << "|                                    |" << endl;
    cout << "|      1、添加                        |" << endl;
    cout << "|                                    |" << endl;
    cout << "|      2、显示化妆品                   |" << endl;
    cout << "|                                    |" << endl;
    cout << "|      3、修改                        |" << endl;
    cout << "|                                    |" << endl;
    cout << "|      4、删除                        |" << endl;
    cout << "|                                    |" << endl;
    cout << "|      0、退出系统                     |" << endl;
    cout << "|                                    |" << endl;
    cout << " ---------------------------------- " << endl;
}
void CosmeticManager::showSonMenu()
{
    cout << " ----------------------------------------  " << endl;
    cout << "|                                    |" << endl;
    cout << "|      1、按单价降序显示所有化妆品         |" << endl;
    cout << "|                                    |" << endl;
    cout << "|      2、按类型显示的化妆品              |" << endl;
    cout << "|                                    |" << endl;
    cout << "|      3、显示所有化妆品                 |" << endl;
    cout << "|                                    |" << endl;
    cout << "|      4、显示单价比输入单价高的化妆品      |" << endl;
    cout << "|                                    |" << endl;
    cout << "|      5、按品牌显示化妆品               |" << endl;
    cout << "|                                    |" << endl;
    cout << "|      0、返回上一层                    |" << endl;
    cout << " ----------------------------------------  " << endl;
```

```
}
void CosmeticManager::exitsystem()
{
    cout << "欢迎下次使用!" << endl;
    system("pause");
    exit(0);
}
```

4. 主函数的实现与功能测试

(1) 文本文件初始化

在第一次使用本系统时，在存储化妆品信息的文件 Cosmetic.txt 中写入一行文件标题，内容如下：

```
品牌    单价    类型
```

(2) 主函数代码

```
#include "CosmeticManager.h"
#include <iostream>
using namespace std;
int main()
{
    CosmeticManager m;                              //创建一个管理类对象
    m.showMenu();
    int choice;                                     //选项
    string cName;                                   //化妆品品牌名
    while (true)
    {
        cout << "请输入您的选择(0/1/2/3/4): ";
        cin >> choice;
        switch (choice)
        {
        case 0:
            m.exitsystem();
            break;
        case 1:
            cout << "请输入要进货的数量: ";
            int n;
            cin >> n;
            m.Purchasegoods(n);
            break;
        case 2:
            system("cls");
            m.showSonMenu();
            int b;
            while (true)
            {
                cout << "请输入您的选择(0/1/2/3/4/5): ";
```

```
    cin >> b;
    switch (b)
    {
    case 1:
        m.SortCosmeticManager();
        system("cls");
        m.showSonMenu();
        break;
    case 2:
        cout << "输入国产或者进口?(国产 1|进口 0)";
        int type;
        cin >> type;
        m.TypeoCosmeticManager(type);
        system("cls");
        m.showSonMenu();
        break;
    case 3:
        m.printCosmetic();
        system("pause");
        system("cls");
        m.showSonMenu();
        break;
    case 4:
        cout << "请输入一个单价: ";
        int price;
        cin >> price;
        m.printByPriceCondition(price);
        system("cls");
        m.showSonMenu();
        break;
    case 5:
        cout << "请输入化妆品的品牌: ";
        cin >> cName;
        m.printByName(cName);
        system("cls");
        m.showSonMenu();
        break;
    default:
        break;
    }
    if(b != 1 && b != 2 && b != 3 && b != 4 && b != 5)
    {
        break;
    }
}
system("cls");
m.showMenu();
```

```
            break;
        case 3:
            cout << "请输入要修改化妆品的品牌: ";
            cin >> cName;
            m.modifyCosmetic(cName);
            system("cls");
            m.showMenu();
            break;
        case 4:
            cout << "请输入要删除化妆品的名字: ";
            cin >> cName;
            m.delCosmetic(cName);
            system("cls");
            m.showMenu();
            break;
        default:
            break;
        }
    }
    return 0;
}
```

(3) 运行程序

首先,程序运行主界面如图 8.16 所示,用户可以根据输入选项进行操作。

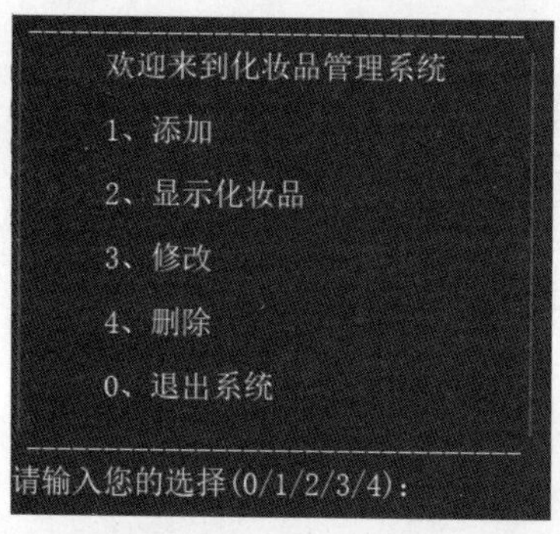

图 8.16　程序主页面

当输入数字 1 时,将完成化妆品信息的添加,按提示先输入要添加的品牌数量,再输入品牌、单价和类型,每次输入完毕,都将被保存到 Cosmetic.txt 文件中。

例如,本案例输入化妆品品牌数量为:

```
3
```

再分别输入三种化妆品的品牌、单价及类型,操作页面如图 8.17 所示。

输入结束后,将输入的数据保存到了 Cosmetic.txt 文件中。

接着输入数字 2,进入显示化妆品的子菜单,本案例中提供了五种显示方式,按照提示,选择 3,显示全部化妆品的信息,运行过程及结果如图 8.18 所示。

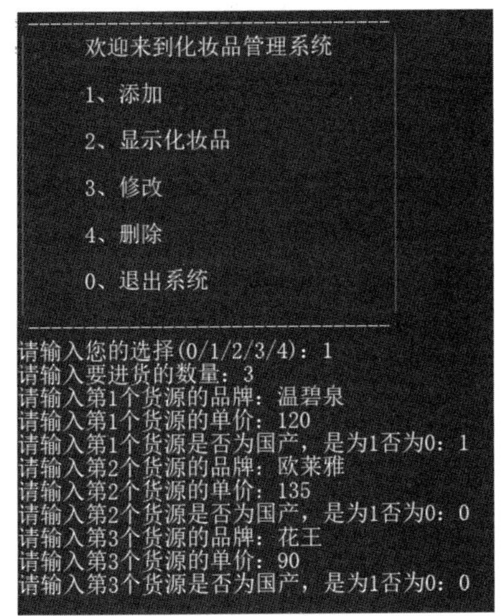

图 8.17 添加三个化妆品品牌

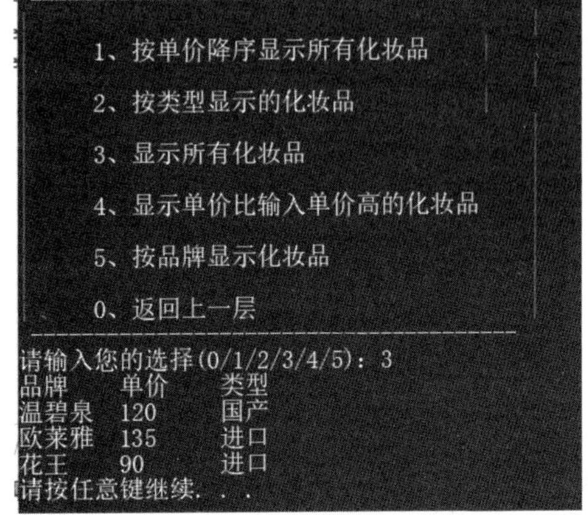

图 8.18 显示所有化妆品

本系统中其他功能选项，请读者自己按照界面上的提示，测试程序的功能。

8.3.2 上机练习

【上机目的】

- 掌握创建项目的方法，把类的定义和类的实现分别写在头文件和源文件中，让程序结构更加清晰。
- 掌握文本文件的读取和存储。
- 掌握动态地申请内存空间，创建对象数组。
- 掌握类的定义和用已定义的类声明对象或对象数组的方法。

在上机实验中进一步完善本案例的功能，本案例中化妆品类的数据基本信息较少，在数据成员中，添加序号、化妆品数量、进货日期等信息。在功能上，添加销售记录功能，用于记录销售品牌、销售数量和销售日期，为了区分一条数据是进货还是销售，添加一个数据成员标志，比如用 1 表示进货，用 0 表示销售，最后添加化妆品的库存查询功能，按指定日期统计销售数量和进货数量，从而计算化妆品的库存数量。

本 章 小 结

本章介绍了面向对象程序设计的重要特性——继承性。新类从已有的类中继承各种数据成员和成员函数的关系称为继承性，新类称为派生类，已有类称为基类。只有一个直接基类的继承是单继承，有两个或两个以上的直接基类的继承称为多继承。基类是对派生类的抽象；派生类是基类的具体化，是基类的延续；基类和派生类之间具有层次关系。继承方式有三种，分别是公有继承、保护继承和私有继承，默认的继承方式是私有继承。派生类除了从基类里继承来的数据成员和成员函数外，还增加新的数据成员和成员函数。基类中不同访问权限的成员，因继承方式的不同，在派生类中的访问权限也不一样。基类中的私有成员，无论是在哪一种继承方式下，在派生类中都是不可以访问的，派生类对象只能访问基类中公有继承方式下的公有成员。

派生类构造函数的执行顺序是先执行基类的构造函数，如果派生类中有子对象，在派生类构造函数的初始化列表中不仅需要完成基类构造函数的调用，还要调用子对象的构造函数对子对象进行初始化，最后才对派生类中新定义的数据成员进行初始化。作用域对成员名限定法、定义同名成员和虚基类是解决二义性的方法。从虚基类直接或间接派生的派生类中的构造函数的初始化列表中，需要列出对虚基类构造函数的调用，虚基类的构造函数优先于非虚基类构造函数的执行。

第9章

多 态 性

面向对象程序设计语言除了具有抽象、封装、继承特性外，还有一个重要的特性，就是多态性。多态性是指不同的对象收到相同的消息后，可以使用不同的方法，产生不同的结果。类似于汉语里的一字组词，同一个字，组成不同的词，具有不同的含义。比如“打”字，与“针”字组成“打针”一词，产生“打针”动作；与“球”字组成“打球”一词，产生“打球”的动作；与“字”字组成“打字”一词，产生“打字”的动作。在C++语言中，函数的重载机制就是语言多态性的一种表现形式。回顾案例13中讲过的countCp函数为重载函数，该函数用于计算一年后的能力值，相同的函数名称countCp，但因为参数的类型不相同，因此执行的函数过程也不同。多态性增强了面向对象软件系统的灵活性，提高了软件的可重用性和可扩充性。

在C++语言中，多态性的实现和联编概念有关。联编是指一个计算机程序自身彼此关联（使一个源程序经过编译、链接，成为一个可执行程序）的过程，在联编过程中，需要确定程序中的操作（函数）调用与执行该操作（函数）的代码段之间的映射关系，按照联编所进行的阶段不同，可分为静态联编和动态联编。

静态联编是指联编工作在程序编译链接阶段进行，静态联编又称早期联编，因为这种联编在程序开始运行之前完成。静态联编在编译时就解决了程序中的函数调用与执行该函数代码间的关系。例如案例13中的countCp函数，有两种形式：

```
double countCp(double fac);
double countCp(double upFac,double downFac);
```

程序中调用哪一个countCp函数过程，是在编译阶段就对应好的。把静态联编支持的多态性称为编译时的多态性，编译时的多态是通过函数重载和模板实现的。函数重载的概念在第4章已经介绍过，本章我们介绍一种特殊的重载形式——运算符重载。

动态联编是指编译程序在编译阶段并不能确切地知道将要调用的函数，只有在程序运行时才能确定将要调用的函数，这种在程序运行时进行的联编工作被称为动态联编。C++语言规定动态联编是在虚函数的支持下实现的。

9.1 案例21——复数求和

9.1.1 问题描述及分析

1. 问题描述

把形如 z=a+bi(a、b 均为实数)的数称为复数。其中 a 称为实部,b 称为虚部,i 称为虚数单位,且 $i^2=-1$。当 z 的虚部 b=0 时,z 为实数;当 z 的虚部 b≠0 时,实部 a=0 时,常称 z 为纯虚数。复数的四则运算按照以下规定的法则进行:

```
设 z1=a+bi,z2=c+di 是任意两个复数
   则它们的和是 (a+bi)+(c+di)=(a+c)+(b+d)i
     它们的差是 (a+bi)-(c+di)=(a-c)+(b-d)i
     它们的积是 (a+bi)(c+di)=(ac-bd)+(bc+ad)i
     它们的商是 (a+bi)/(c+di)=(ac+bd)/(c²+d²) +((bc-ad)/(c²+d²))i
```

两个复数的和依然是复数,它的实部是原来两个复数实部的和,它的虚部是原来两个虚部的和。

测试用例1:

```
输入:
第1个复数的实部和虚部: 1  2
第2个复数的实部和虚部: 3  4
输出:    4+6i
```

测试用例2:

```
输入:
第1个复数的实部和虚部: 10  -2
第2个复数的实部和虚部: 30  2
输出:    40
```

测试用例3:

```
输入:
第1个复数的实部和虚部: -100  20
第2个复数的实部和虚部: 100  -13
输出:    7i
```

测试用例4:

```
输入:
第1个复数的实部和虚部: -100  20
第2个复数的实部和虚部: 100  -20
输出:    0
```

2. 分析问题

第 2 章介绍过 C++ 语言支持的六类运算符。其中算术运算符“+”是双目运算符,需要两个操作数,“+”运算符作用在整型数据、单精度型浮点数、双精度型浮点数上,计算机的实现过程是不相同的,这就体现了运算符重载的思想,不同的运算符作用在不同的数据类型上,实现的过程不相同。在 C++ 语言中,运算符作用在标准的数据类型上,编译系统已经给出具体的实现过程,但是自定义的数据类型需要程序员自己来写运算符的实现过程。

首先我们定义一个复数类,实现在显示器上显示复数的功能,代码较简单,具体代码如下:

```
#include <iostream>
using namespace std;
class Complex
{
public:
    Complex(double r=0.0,double i =0.0)          //构造函数
    {
        real = r;                                //实部
        imag = i;                                //虚部
    }
    void showComplex()                           //显示复数成员函数
    {
        if(real!=0)                              //实部不为 0
        {
            if(imag>0)                           //虚部为正数
                cout<<real<<"+"<<imag<<"i"<<endl; //a+bi
            else if(imag<0)                      //虚部为负数
                cout<<real<<imag<<"i"<<endl;     //a-bi
            else                                 //虚部为 0
                cout<<real<<endl;                //实数 a
        }
        else                                     //实部为 0
        {
            if(imag!=0)                          //虚部不为 0
                cout<<imag<<"i"<<endl;           //纯虚复数 bi
            else                                 //虚部为 0
                cout<<0<<endl;                   //实部、虚部都为 0
        }
    }
private:
    double real;                                 //实部
    double imag;                                 //虚部
};                                               //类定义结束
int main()
{
    double a1,b1,a2,b2;
    cout<<"输入第 1 个数的实部和虚部:";
    cin>>a1>>b1;
```

```
    cout<<"输入第 2 个数的实部和虚部:";
    cin>>a2>>b2;
    Complex c1(a1,b1),c2(a2,b2);                                //声明 c1 和 c2 两个复数对象
    c1.showComplex();
    c2.showComplex();
    return 0;
}
```

在主函数中,输入第 1 个数的实部和虚部分别为 1 和 2,输入第 2 个数的实部和虚部分别为 3 和－4,声明 c1 和 c2 两个对象,程序的运行结果如图 9.1 所示。

```
输入第1个数的实部和虚部:1 2
输入第2个数的实部和虚部:3 -4
1+2i
3-4i
```

图 9.1　程序运行结果

若想实现复数的加法,则修改主函数代码如下:

```
int main()
{
    double a1,b1,a2,b2;
    cout<<"输入第 1 个数的实部和虚部:";
    cin>>a1>>b1;
    cout<<"输入第 2 个数的实部和虚部:";
    cin>>a2>>b2;
    Complex c1(a1,b1),c2(a2,b2),c3;
    c3=c1+c2;
    c3.showComplex();
    return 0;
}
```

上面的代码定义了 c3 对象,把 c1 和 c2 两个复数相加的和赋值给 c3,编译程序,出现如图 9.2 所示的错误信息。

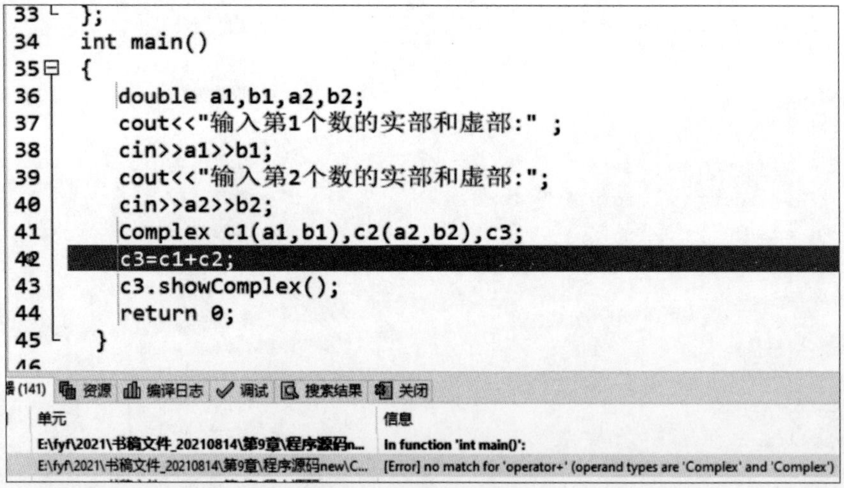

```
};
int main()
{
    double a1,b1,a2,b2;
    cout<<"输入第1个数的实部和虚部:" ;
    cin>>a1>>b1;
    cout<<"输入第2个数的实部和虚部:";
    cin>>a2>>b2;
    Complex c1(a1,b1),c2(a2,b2),c3;
    c3=c1+c2;
    c3.showComplex();
    return 0;
}
```

单元	信息
E:\fyf\2021\书稿文件_20210814\第9章\程序源码n...	In function 'int main()':
E:\fyf\2021\书稿文件_20210814\第9章\程序源码new\C...	[Error] no match for 'operator+' (operand types are 'Complex' and 'Complex')

图 9.2　主程序中添加复数对象求和的运行结果

此处提示 c3＝c1＋c2;语句有错误,错误信息是没有匹配的"operator＋",其错误原因是本节开头提到的问题,运算符作用在用户自定义的数据类型上,需要用户自定义运算符的重载函数。

9.1.2 运算符重载函数

运算符重载函数的定义格式如下：

```
函数类型   operator 运算符 (形参列表)
{
    函数体语句;
}
```

operator 是关键字，后面跟随一个需要重载的运算符，比如算术运算符“＋”，operator ＋可以看成是函数名，括号里是形参列表。

运算符重载函数根据定义的类型不同可以分为三种：类外定义成普通函数形式、友元函数形式和成员函数形式。本节以实现复数加法为例，介绍双目运算符的三种重载形式。

1. 类外定义的运算符重载函数

类外定义运算符重载函数就像在类外定义普通函数一样，两个复数相加，运算符重载函数定义如下：

```
Complex operator +(Complex c1,complex c2)
{
    Complex c3;
    c3.real = c1.real + c2.real;                //实部相加
    c3.imag = c1.imag + c2.imag;                //虚部相加
    return c3;
}
```

其中 operator＋是函数名，c1 和 c2 是两个形参变量名，返回值类型是 Complex 类型。将此函数插入到 Complex 类的定义后面，即在类外定义的普通运算符重载函数。

```
#include <iostream>
using namespace std;
class Complex
{
    ……//为了节省篇幅,略去部分相同的代码
private:
    double real;                                //实部
    double imag;                                //虚部
};
Complex operator   +(Complex c1,Complex c2)
{
    Complex c3;
    c3.real = c1.real + c2.real;
    c3.imag = c1.imag + c2.imag;
    return c3;
}
int main()
{
    Complex c1(1,2),c2(3,-4);
```

```
    Complex c3;
    c1.showComplex();
    c2.showComplex();
    c3 = c1 + c2;
    c3.showComplex();
    return 0;
}
```

重新编译程序,发现如图 9.3 所示的错误。

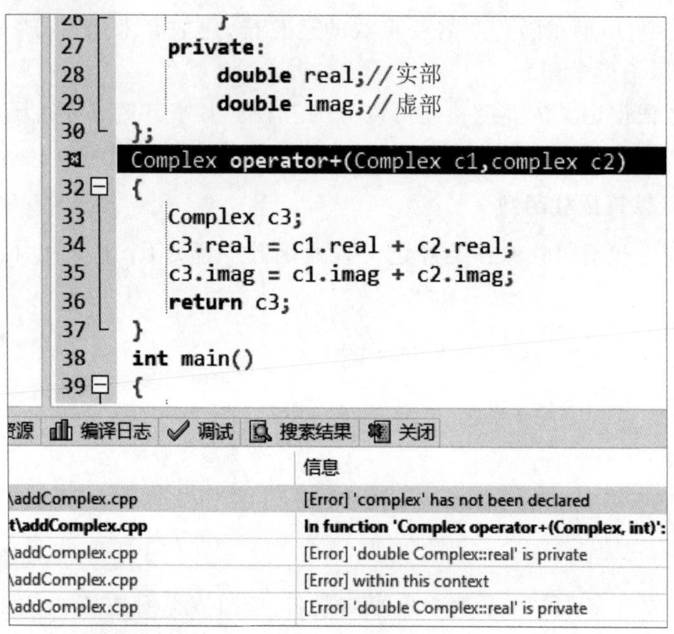

图 9.3 插入类外运算符重载函数编译后的结果

错误产生的原因是类 Complex 的两个成员 real 和 imag 是私有数据成员,私有数据成员不能用对象访问,因此,为了使程序没有错误,需要将类 Complex 中添加 4 个公有成员函数。代码如下:

```
double getReal()                                    //返回实部数据成员
{
    return real;
}
double getImag()                                    //返回虚部数据
{
    return imag;
}
void setReal(double a)                              //给实部赋值
{
    real=a;
}
void setImag(double b)                              //给虚部赋值
{
```

```
    imag=b;
}
```

同时也要修改运算符重载函数的定义,代码如下：

```
Complex operator    +(Complex c1,Complex c2)
{
    Complex c3;
    double a,b;
    a= c1.getReal() + c2.getReal();             //实部相加
    c3.setReal(a);
    b= c1.getImag() + c2.getImag();             //虚部相加
    c3.setImag(b);
    return c3;
}
```

程序的运行结果如图 9.4 所示。

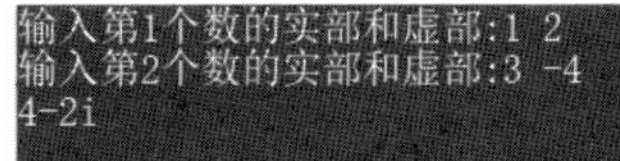
输入第1个数的实部和虚部:1 2
输入第2个数的实部和虚部:3 -4
4-2i

图 9.4　类外普通运算符重载函数的运行结果

运行结果分析：主函数中 c3＝c1＋c2;语句调用的就是 operator＋()函数,称这种调用方式为运算符重载函数的隐式调用。也可以写成 c3＝operator＋(c1,c2);这种普通的调用形式,称为运算符重载函数的显式调用。

在类外定义运算符重载函数虽然可以实现其功能,但是并不提倡使用,因为运算符通常是操作类的私有数据成员,对象需要通过接口函数读取和修改私有数据成员的值,代码烦琐,并且也会影响执行效率。为了解决这个问题,可以通过定义友元运算符重载函数。

2. 友元运算符重载函数

友元运算符重载函数是把运算符重载函数定义为类的友元函数,在类的内部定义友元运算符重载函数的格式如下：

```
friend 函数类型 operator 运算符(形参列表)
{
    函数体;
}
```

案例中的复数相加,在类内定义友元运算符重载函数代码如下：

```
#include <iostream>
using namespace std;
class Complex
{
public:
    ……//为了节省篇幅,略去部分相同的代码
    //运算符重载函数定义为友元函数
friend Complex operator +(Complex c1,Complex c2);
{
    Complex c3;
    c3.real = c1.real + c2.real;
    c3.imag = c1.imag + c2.imag;
    return c3;
```

```
    }
private:
    double real;                        //实部
    double imag;                        //虚部
};
int main()
{
    double a1,b1,a2,b2;
    cout<<"输入第 1 个数的实部和虚部:";
    cin>>a1>>b1;
    cout<<"输入第 2 个数的实部和虚部:";
    cin>>a2>>b2;
    Complex c1(a1,b1),c2(a2,b2),c3;
    c3=c1+c2;
    c3.showComplex();
    return 0;
}
```

程序的运行结果与定义成类外普通函数一样，但是运算符重载函数的定义中，可以直接使用形参 c1 和 c2 两个对象的私有成员，程序代码简洁。

如果在类内声明友元函数，在类外定义时不需要在函数类型前加 friend 关键字，定义友元运算符重载函数的格式如下：

```
函数类型 operator 运算符(形参列表)
{
    函数体;
}
```

这种形式在类内必须有友元运算符重载函数的声明，格式如下：

```
friend 函数类型 operator 运算符(形参列表);
```

本案例中的复数相加，在类内声明，在类外定义友元运算符重载函数，代码如下：

```
#include <iostream>
using namespace std;
class Complex
{
public:
    ……//为了节省篇幅,略去部分相同的代码
    friend Complex operator+(Complex c1,Complex c2);    //运算符重载函数声明
private:
    double real;                                        //实部
    double imag;                                        //虚部
};
Complex operator+(Complex c1,Complex c2)                //在类外定义时,与普通函数一样
{
    Complex c3;
    c3.real = c1.real + c2.real;
    c3.imag = c1.imag + c2.imag;
```

```
    return c3;
}
int main()
{
    double a1,b1,a2,b2;
    cout<<"输入第 1 个数的实部和虚部:";
    cin>>a1>>b1;
    cout<<"输入第 2 个数的实部和虚部:";
    cin>>a2>>b2;
    Complex c1(a1,b1),c2(a2,b2),c3;
    c3=c1+c2;
    c3.showComplex();
}
```

3. 成员运算符重载函数

成员运算符重载函数是把运算符重载函数定义成类的成员函数，和类的普通成员函数一样，也分成在类内定义和类外定义。

在类内定义格式如下：

```
函数类型 operator 运算符(形参列表)
{
    函数体;
}
```

本案例中的复数相加，在类内定义成员运算符函数，代码如下：

```
#include <iostream>
using namespace std;
class Complex
{
public:
    ……//为了节省篇幅,略去部分相同的代码
Complex operator +(Complex c2)
{
    Complex c3;
    c3.real = real + c2.real;
    c3.imag = imag + c2.imag;
    return c3;
}
private:
    double real;              //实部
    double imag;              //虚部
};
int main()
{
    double a1,b1,a2,b2;
    cout<<"输入第 1 个数的实部和虚部:";
    cin>>a1>>b1;
    cout<<"输入第 2 个数的实部和虚部:";
    cin>>a2>>b2;
```

```
    Complex c1(a1,b1),c2(a2,b2),c3;
    c3=c1+c2;
    c3.showComplex();
    return 0;
}
```

程序的运行结果如图 9.5 所示。

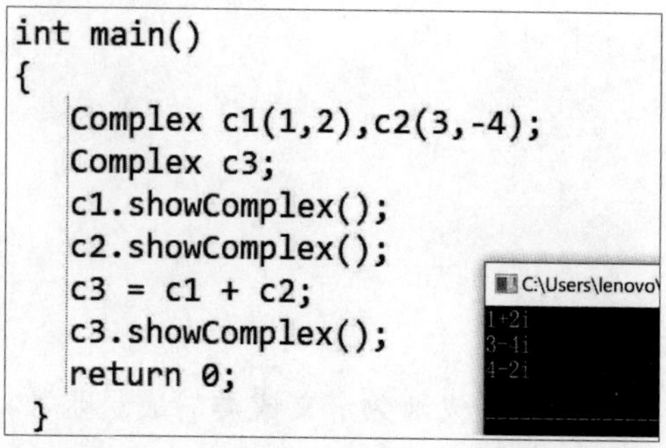

```
int main()
{
    Complex c1(1,2),c2(3,-4);
    Complex c3;
    c1.showComplex();
    c2.showComplex();
    c3 = c1 + c2;
    c3.showComplex();
    return 0;
}
```

```
C:\Users\lenovo\
1+2i
3-4i
4-2i
```

图 9.5　隐式调用成员运算符重载函数运行界面

在类外定义成员运算符重载函数格式，首先要在类内声明函数的原型如下：

```
class X
{
    函数类型 operator 运算符(形参列表);
}
```

在类外定义运算符重载函数格式如下：

```
函数类型 X:: operator 运算符(形参列表)
{
    函数体;
}
```

本案例中的复数相加，在类外定义成员运算符重载函数，代码如下：

```
#include <iostream>
using namespace std;
class Complex
{
public:
    ……//为了节省篇幅,略去部分相同的代码
Complex  operator+(Complex c2);
private:
    double real;            //实部
    double imag;            //虚部
};
Complex Complex::operator+(Complex c2)
{
    Complex c3;
    c3.real = real + c2.real;
    c3.imag = imag + c2.imag;
    return c3;
```

```
}
int main()
{
    Complex c1(1,2),c2(3,-4);
    Complex c3;
    c1.showComplex();
    c2.showComplex();
    c3 = c1 + c2;
    c3.showComplex();
    return 0;
}
```

细心的读者会注意到，成员运算符重载函数的参数表中只有一个参数，如果把类外定义的运算符重载函数和友元运算符重载函数隐式的调用方式写成 aa＋bb，则显式的调用方式应写成 operator＋(aa,bb)，而成员运算符重载函数隐式的调用方式不变，依然是 aa＋bb；但是显式的调用方式应写成 aa.operator＋(bb)，操作运算符成员函数的主体是对象。

本案例中若把 c3＝c1＋c2；写成 c3＝c1.operator＋(c2)；这种形式，其运行结果与图 9.5 所示相同。

在这里相当于 c1 对象调用了运算符重载函数 operator＋，c1 对象的数据成员通过 this 指针传到函数内部进行复数相加操作过程。

9.1.3 单目运算符重载函数

单目运算符只有一个操作数，如－a、!b、＋＋p 等。重载单目运算符的方法和重载双目运算符的方法类似，也有三种定义形式，下面以负号为例，实现－a 的操作，假设 a 是 A 类的对象。

1. 定义成类外函数

函数的原型如下：

```
A operator -(A  a);
```

参数列表中只有一个操作数，必须是类的对象或者是类对象的引用。调用形式为：

```
A b=-a;
```

或者

```
A b=operator -(a);
```

但是和双目运算符定义时要求一致，类中的数据成员声明为公有成员，或者定义了访问私有数据成员的公有成员函数才能在重载函数中操作对象的私有数据成员。

2. 定义成类的友元函数

函数的原型如下：

```
friend A operator -(A a);
```

参数列表中也只有一个操作数，必须是类的对象或者类对象的引用。调用形式为：

```
A b = -a;
```

或者

```
A b = operator -(a);
```

在友元函数中可以直接访问类中的私有数据成员。

3. 定义成类的成员函数

函数的原型如下：

```
A operator-();
```

参数列表中没有操作数。调用形式如下：

```
A b =-a;
```

或者

```
A b = a.operator-();
```

说明：

- 有些单目运算符只能重载为成员函数，比如赋值运算符“＝”、圆括号运算符“()”、下标运算符“[ ]”、指向结构类型成员运算符“->”。
- ＋＋、－－运算符的用法有些特殊，因为 a＋＋和＋＋a 表达式的值是不相同的。＋＋、－－在变量前称为前缀方式，在变量后称为后缀方式。为了区分前缀、后缀的不同，前缀形式定义不变，定义成后缀时在形参列表中增加一个虚拟参数。

以＋＋为例，作为成员函数重载，函数的原型如下：

```
A operator ++(int);
```

表示“＋＋”是后缀式运算符，调用方式如下。

```
A b = a++;
```

或者

```
A b = a.operator++(0);
```

通常传入一个 0，表示后缀方式。

9.1.4 C++ 运算符重载的声明

C++ 语言对运算符重载制定了如下规则：

- 绝大部分的运算符允许重载，不能重载的运算符有：结构类型或类成员访问运算符(.)、成员指针访问运算符(.*)、作用域运算符(::)、字节长度运算符(sizeof)、条件运算符(?:)。
- ＝、[ ]、()、->以及所有的类型转换运算符只能作为成员函数重载。
- 只能对已有的 C++ 运算符进行重载。
- 运算符重载不能改变运算符操作对象的个数，例如“＋”是双目运算符，需要两个操作对象。
- 运算符重载不能改变运算符的优先级和结合性。
- 运算符重载函数的参数列表中至少有一个是类的对象或者类对象的引用，不能全是 C++ 的基本数据类型。

比如：

```
int operator+(int x,int y);
```

运算符重载函数中的参数都是整型，这样是不允许的，因为 C++ 编译系统已经对基本的数据类型实现了相应的操作，不允许用户再进行修改。

- 运算符重载函数可以定义成类外普通函数、类的友元函数、类的成员函数三种。究竟选择哪一种形式好，没有定论。但是当函数原型第一个参数是基本数据类型时，只能用类外函数或者友元函数。

比如，一个整数和一个复数类的对象相加，函数原型如下：

```
Complex operator +(int x, Complex c2);
```

因为第一个参数是整型，不是对象，无法用对象的成员运算符去调用，因此只能用类外普通函数或者友元函数重载"+"运算符。

9.1.5 上机练习

【上机目的】

掌握运算符重载的三种形式。

1. 参考复数求和的重载函数，完成求差、积和商的运算符重载函数，分别采用类外函数、类的友元函数、类的成员函数三种形式。

2. 定义一个分数类 Fraction，要求满足以下条件：

(1) 分母为正数，分数的符号由分子的符号决定。

(2) 分子与分母要互为质数，即分数是最简分数。

说明：声明两个私有数据成员 num 和 den 分别表示分数的分子和分母，在必要的时候调用分数化简成员函数 simplify()对分数进行化简处理，使得 num 和 den 满足最简分数的条件。在化简过程中要用分子、分母去除以两者的最大公约数，因此需定义一个求最大公约数的函数 int gcd(int m,int n)。再定义一个输出分数的成员函数 void print()。

要求程序能在 int、double 等基本数据类型的基础上，增加一个分数数据类型，完成分数的加、减、乘、除运算，定义"++"和"--"这样的单目运算符，并且以"1/3"或"9/7"这样的形式输出分数，参考程序如下：

```
#include <iostream>
using namespace std;
class Fraction
{
public:
    Fraction(int n=0,int d=1);                  //构造函数
    Fraction operator -() const                 //取负值运算符重载,成员函数,无参数
    {
        return Fraction(-num,den);              //分数的取负数,用分子取负数表示
    }
    /*
    friend Fraction operator -(Fraction f)      //友元函数,一个参数,分数的取负数
    {
        return Fraction(-f.num,f.den);
    }
    */
```

```
    operator +(Fraction f)                          //重载加法运算符"+"
    {
        return Fraction(num * f.den+f.num * den,den * f.den);
    }
    Fraction operator -(Fraction f)                 //重载减法运算符"-"
    {
        return Fraction(num * f.den-f.num * den,den * f.den);
    }
    Fraction operator * (Fraction f)                //重载乘法运算符"*"
    {
        return Fraction(num * f.num,den * f.den);
    }
    Fraction operator /(Fraction f)                 //重载除法运算符"/"
    {
        return Fraction(num * f.den,den * f.num);
    }
    void pirnt()
    {
        cout<<num<<"/"<<den<<endl;
    }
    Fraction & operator ++()                        //前缀++
    {
        num+=den;
        return * this;
    }
    Fraction operator ++(int)                       //后缀 ++ 添加 1 个虚拟参数
    {
         num+=den;
         return Fraction(num-den,den);
    }
private:
    int num;                                        //分子
    int den;                                        //分母
    void simplify();                                //化简分数

};                                                  //Fraction 类定义结束
int gcd(int m,int n)                                //m 和 n 的最大公约数
{
    while(m%n!=0)                                   //辗转相除法
    {
        int t=m;
        m=n;
        n=t%n;
    }
    return n;
}
void Fraction::simplify()                           //化简分数
{
```

```
    if(den==0)                              //分母为 0
    {
        num=0;
        den=1;
        return;
    }
    if(den<0)                               //分数的正负用分子的正负表示
    {
        num=-num;
        den=-den;
    }
    int g=gcd(num,den);                     //分子分母的最大公约数
    num /=g;                                //分子除以最大公约数
    den /=g;                                //分母除以最大公约数
}
Fraction::Fraction(int n,int d):num(n),den(d) //构造函数
{
    simplify();                             //化简分子分母
}
int main()
{
    Fraction f1(1,3);
    Fraction f2(1,4);
    Fraction q=f1/f2;
    Fraction m=f1 * f2;
    q.pirnt();
    m.pirnt();
    Fraction sum=q+m;
    sum.pirnt();
    ++sum;
    sum.pirnt();
    Fraction t=f1++;
    t.pirnt();
    f1.pirnt();
}
```

请在上面的代码中重载关系运算符“> ”,用于比较两个分数的大小。如果要求分数从键盘输入,输入格式如“1/3”和“1/4”,请问应如何修改主函数?

【思考与练习】

1. 简答题

(1) 什么是多态性?为什么说它是面向对象程序设计的一个重要机制?

(2) 函数重载的含义是什么?定义函数重载时应该注意什么问题?

(3) 运算符重载的含义是什么?是否所有的运算符都可以重载?

(4) 运算符重载有几种形式?有何区别?

2. 单选题

(1) 已知类 X 成功地重载了--、=、+和[ ]这几个运算符,则其中肯定属于成员函数的运算

符是(　　)。

A. ＋和＝　　B. [ ]和后置－－　　C. ＝和[ ]　　D. 前置－－和[ ]

(2) 在重载一个运算符函数时,其参数表中没有任何参数,这说明该运算符是(　　)。

A. 单目非成员函数　　B. 单目成员函数

C. 双目非成员函数　　D. 双目成员函数

(3) 如果表达式－－x/y 中的"－－"和"/"都是作为友元函数重载的运算符,采用运算符函数调用格式时,该表达式表示为(　　)。

A. operator /(x.operator －－(),y);　　B. operator /(operator－－(x),y);

C. x.operator －－ ().operator /(y);　　D. y.operator / ().operator －－(x);

(4) 如果表达式 y＊x＋＋中的"＊"是作为成员函数重载的运算符,"＋＋"是作为友元函数重载的运算符,采用运算符函数调用格式时,该表达式表示为(　　)。

A. x.operator ＋＋(0).operator ＊(y);　　B. operator ＊(x.operator ＋＋ (0), y);

C. y.operator ＊ (operator ＋＋(x,0));　　D. operator ＊ (operator ＋＋(x,0),y);

3. 填空题

(1) 在 C++ 语言中,能和一个运算符连用,构成一个运算符重载函数名的关键字是________。

(2) 重载运算符应保持其原有的操作数个数、________和________不变。

(3) 如果表达式 x＝y＊z 中,"＊"是作为成员函数重载的运算符,采用运算符函数显式调用格式时,该表达式应表示为________。

(4) 表达式 operator ＋＋(x, 0) 还可以表示为________。

(5) 如果表达式－－x 中的"－－"是重载的类成员函数运算符,采用运算符函数显式调用格式时,该表达式应表示为________。

(6) 程序代码如下:

```
class Complex
{
public:
    Complex(double r=0,double i=0):real(r),imag(i){}
    void show()
    {
        if(imag<0)
            cout<<real<<imag<<"i"<<endl;
        else if(imag==0)
            cout<<real<<endl;
        else
            cout<<real<<"+"<<imag<<"i"<<endl;
    }
    operator --(Complex &c);
private:
    double real;          //实部
    double imag;          //虚部
};
    operator --(Complex &c)
{
```

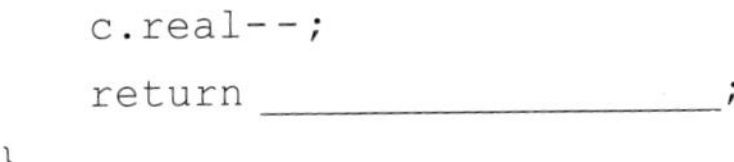

```
    c.real--;
    return ____________________;
}
```

9.2 模板

模板是C++语言的一个重要特性，是实现代码重用的一种工具。本节主要介绍函数模板和类模板，下面来看一个案例。

9.2.1 问题描述及分析

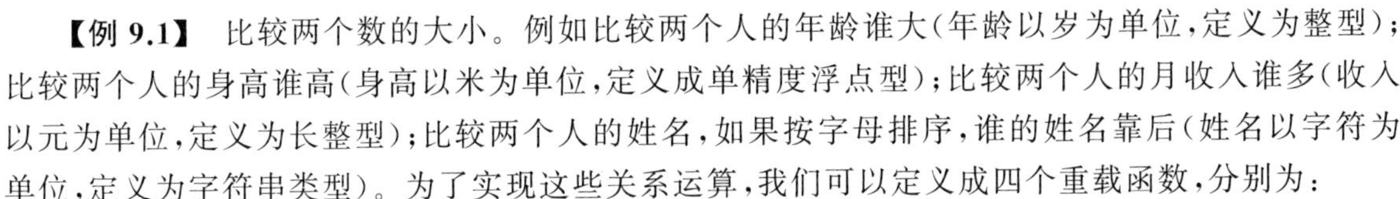

【例 9.1】 比较两个数的大小。例如比较两个人的年龄谁大(年龄以岁为单位，定义为整型)；比较两个人的身高谁高(身高以米为单位，定义成单精度浮点型)；比较两个人的月收入谁多(收入以元为单位，定义为长整型)；比较两个人的姓名，如果按字母排序，谁的姓名靠后(姓名以字符为单位，定义为字符串类型)。为了实现这些关系运算，我们可以定义成四个重载函数，分别为：

```
int Max(int x,int y)                //比较年龄的大小
{
    int z;
    z = x>y?x:y;
    return z;
}
float Max(float x, float y)         //比较身高的高矮
{
    float z;
    z = x>y?x:y;
    return z;
}
long Max(long x, long y)            //比较收入的多少
{
    long z;
    z = x>y?x:y;
    return z;
}
string Max(string x,string y)       //比较姓名的前后
{
    string z;
        z = x>y?x:y;
    return z;
}
```

读者经过比较会发现，这四个函数的函数名一样，函数体的结构也一样，只是形参类型和函数返回值类型不相同，因此是四个形参类型不同的重载函数。这种定义成重载函数的做法不但烦琐，维护起来也很麻烦，而且一旦发现错误需要修改，则所有的重载函数都需要修改，才能保持一致。如果能为这四个函数写一个通用函数，就可以大大提高代码的重用率，C++语言提供的模板

就可以解决这个问题。函数模板是一系列相关函数的模型或样板，这些函数的源代码形式相同，只是使用数据的类型不同。函数模板提供的方法是将数据类型参数化。函数和类都可以使用模板，下面首先介绍函数模板。

9.2.2 函数模板

函数模板就是建立一个通用的函数，其函数返回值类型和形参类型可以不具体指定，用一个虚拟的类型来代替。在静态联编中，用函数实参的类型来取代模板中的虚拟类型，从而实现不同的函数的调用。因此一个函数模板可以对应多个实际函数，把这些实际函数称为模板函数。

1. 声明函数模板的格式

声明函数模板的格式如下：

```
template < 模板形参表>
函数类型 函数名(虚拟类型形参表)
{
    函数体;
}
```

其中，template 是声明模板的关键字，模板形参表是由一个或多个模板参数组成，各个模板参数之间用逗号分隔，每个模板参数具有下面两种形式。

- typename 虚拟类型形参名。
- class 虚拟类型形参名。

虚拟类型形参名是符合 C++ 标识符定义标准的任意标识符，通常命名为 T 或 Type，typename 和 class 是等价的，可以互换，表明其后是一个虚拟类型名。函数声明和函数定义与一般函数类似，只是某些类型被虚拟类型形参名所替代。将例 9.1 中的计算最大值的函数 Max 定义成函数模板，程序代码如下：

```
template <typename T>
T Max(T x, T y)
{
    T z;
        z = x>y?x:y;
    return z;
}
```

其中

```
template <typename T>
```

也可以定义成

```
template <class T>
```

用“< >”符号括起来的部分就是模板形参列表，T 是虚拟类型形参名。

2. 函数模板的使用

当使用函数模板时，必须指明虚拟类型的实际数据类型，实际类型既可以是 C++ 语言的基本类型，也可以是自定义的数据类型。这样编译系统将依据每一次对函数模板调用时实际使用的数据类型生成合适的调用代码，并生成对应的函数版本。生成具体函数版本的过程称为函数模板的实例化，每一个实例是一个模板函数，实例化过程是用实参的实际数据类型替代虚拟数据类型的过程。若使用函数模板，例 9.1 修改如下：

```
#include <iostream>
using namespace std;
#include<iostream>
using namespace std;
template <typename T>
T Max(T x, T y)
{
    T z;
        z = x>y?x:y;
    return z;
}
int main()
{
    int age1,age2;                          //年龄
    float tall1,tall2;                      //身高
    long salary1,salary2;                   //工资
    string name1,name2;                     //姓名
    cout<<"请输入两个人的年龄：";
    cin>>age1>>age2;
    cout<<"请输入两个人的身高：";
    cin>>tall1>>tall2;
    cout<<"请输入两个人的收入：";
    cin>>salary1>>salary2;
    cout<<"请输入两个人的姓名：";
    cin>>name1>>name2;
    cout<<"年龄大的是：";
    cout<<Max(age1,age2)<<"岁"<<endl;
    cout<<"身高高的是：";
    cout<<Max(tall1,tall2)<<"米"<<endl;
    cout<<"收入多的是;";
    cout<<Max(salary1,salary2) <<"元"<<endl;
    cout<<"姓名排后的是;";
    cout<<Max(name1,name2)<<endl;
    return 0;
}
```

程序的运行结果如图 9.6 所示。

```
请输入两个人的年龄：51 42
请输入两个人的身高：1.63 1.57
请输入两个人的收入：10200 9600
请输入两个人的姓名：zhangsan lisi
年龄大的是：51岁
身高高的是：1.63米
收入多的是：10200元
姓名排后的是：zhangsan
```

图 9.6　函数模板程序的运行结果

执行 Max(age1,age2)函数调用时,会生成如下函数实例:

```
int Max(int x,int y)
{
    int z;
    z = x>y?x:y;
    return z;
}
```

执行 Max(tall1,tall2)函数调用时,会生成如下函数实例:

```
float Max(float x, float y)
{
    float z;
    z = x>y?x:y;
    return z;
}
```

执行 Max(salary1,salary2)函数调用时,会生成如下函数实例:

```
long Max(long x, long y)
{
    long z;
    z = x>y?x:y;
    return z;
}
```

执行 Max(name1,name2)函数调用时,会生成如下函数实例:

```
string max(string x,string y)
{
    string z;
        z = x>y?x:y;
    return z;
}
```

说明:从以上分析可以看出,函数模板提供了一类函数的抽象,因此函数模板实现了函数定义的通用性,达到了代码重用的效果。实例化过程是看不见的,编译系统会根据函数调用的具体情况自动传递相应的模板实参,生成对应的函数实例。

函数模板中的类型可以有多个虚拟类型,如果有两个虚拟类型,模板的形参列表如下:

```
template <typename  虚拟类型参数名 1, typename 虚拟类型参数名 2>
```

两个虚拟类型参数名不能相同。如果有多个虚拟类型参数名,需要分别列出每个虚拟类型形参名,每个虚拟类型形参之间用逗号“,”分隔。

9.2.3 类模板

类模板和函数模板意义相似,就是建立一个通用的类,其数据成员、成员函数的返回值类型和形参类型都可以不具体指定,用一个虚拟类型来替代。使用类的模板定义对象时,系统会根据实参的类型代替虚拟类型,从而得到实际的类,把这些实际的类称为模板类。

1. 类模板定义的格式

定义类模板的格式如下：

```
template <模板形参表>
class 类名
{
    类成员声明;
}
```

类模板格式的声明和函数模板类似，模板形参表由一个或多个模板形参组成。类模板声明与一般类声明不同之处在于，类中要用模板形参表中声明的虚拟类型去声明类的数据成员、成员函数的形参及函数返回值的类型。

2. 在模板类外定义的成员函数是函数模板

在模板类外定义成员函数是函数模板时的格式如下：

```
template <模板形参表>
虚拟类型　类名　<模板形参表>::函数名(虚拟类型形参表)
{
    函数体;
}
```

3. 使用类模板定义对象

使用模板类定义对象的格式如下：

```
模板类名　<实参类型表>　对象名;
```

或

```
模板类名　<实参类型表>　对象名(构造函数的实参列表);
```

【例 9.2】　下面我们用类模板来实现例 9.1 的功能。

```
#include  <iostream>
using namespace std;
template  <typename T>
class Compare
{
public:
    Compare(T a,T b);                       //构造函数声明
    T Max();                                //取较大值函数声明
private:
    T x,y;
};
template  <typename  T>
Compare<T>::Compare(T a,T b)                //构造函数定义
{
    x=a;
    y=b;
}
```

```
template  <typename  T>
T Compare <T>::Max()                                         //取较大值函数定义
{
    T z;
        z = x>y?x:y;
    return z;
}
int main()
{
    int age1,age2;
    float tall1,tall2;
    long salary1,salary2;
    string name1,name2;
    cout<<"请输入两个人的年龄: ";
    cin>>age1>>age2;
    cout<<"请输入两个人的身高: ";
    cin>>tall1>>tall2;
    cout<<"请输入两个人的收入: ";
    cin>>salary1>>salary2;
    cout<<"请输入两个人的姓名: ";
    cin>>name1>>name2;
    Compare<int> obj1(age1,age2);                            //定义对象
    Compare<float> obj2(tall1,tall2);                        //定义对象
    Compare<long> obj3(salary1,salary2);                     //定义对象
    Compare<string> obj4(name1,name2);                       //定义对象
    cout<<"年龄大的是: ";
    cout<<obj1.Max()<<"岁"<<endl;
    cout<<"身高高的是: ";
    cout<<obj2.Max()<<"米"<<endl;
    cout<<"收入多的是;";
    cout<<obj3.Max() <<"元"<<endl;
    cout<<"姓名排后的是;";
    cout<<obj4.Max()<<endl;
    return 0;
}
```

通过上面的程序代码看到,两个类不能直接比较大小,应用两个需要比较的数去初始化对象,数据成员的类型是虚拟类型,用对象调用公有成员函数 Max()对两个数据成员进行比较,返回最大值。

说明:用模板类声明对象时需要注意,要指明确定的参数类型,采用形式如下。

```
类模板名 <实参类型表> 对象名(构造函数的实参列表);
```

其中,<实参类型表>部分写明确定的类型。在上面语句 Compare <int> obj1(age1,age2)中的 int 就是用来给虚拟类型 T 进行实例化的实参类型,声明需要比较的数据是整型,用 obj1 调用 Max 函数时是调用 int Max(int,int)函数。语句 Compare <float> obj2(tall1,tall2)中的 float 就是用来给虚拟类型 T 实例化的实际类型,声明需要比较的数据是单精度型,用 obj2 调用 Max 函数时是调用 float Max(float,float)函数。类模板名<实参类型表>就是模板类,因此 Compare <int>、

Compare<float>、Compare<long>、Compare<string>是由类模板生成的模板类。

程序的执行过程和运行结果如图 9.7 所示。

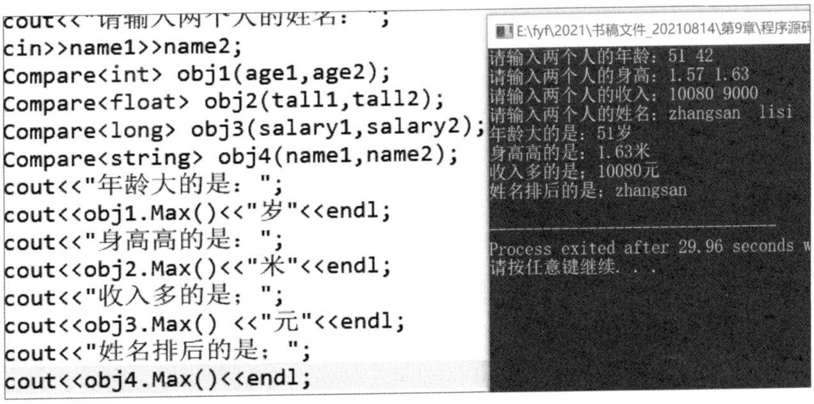

```
cout<<"请输入两个人的姓名: ";
cin>>name1>>name2;
Compare<int> obj1(age1,age2);
Compare<float> obj2(tall1,tall2);
Compare<long> obj3(salary1,salary2);
Compare<string> obj4(name1,name2);
cout<<"年龄大的是: ";
cout<<obj1.Max()<<"岁"<<endl;
cout<<"身高高的是: ";
cout<<obj2.Max()<<"米"<<endl;
cout<<"收入多的是; ";
cout<<obj3.Max() <<"元"<<endl;
cout<<"姓名排后的是: ";
cout<<obj4.Max()<<endl;
```

```
E:\fyf\2021\书稿文件_20210814\第9章\程序源码
请输入两个人的年龄: 51 42
请输入两个人的身高: 1.57 1.63
请输入两个人的收入: 10080 9000
请输入两个人的姓名: zhangsan  lisi
年龄大的是: 51岁
身高高的是: 1.63米
收入多的是; 10080元
姓名排后的是: zhangsan

Process exited after 29.96 seconds w
请按任意键继续. . .
```

图 9.7 类模板执行过程和运行结果

注意：模板类的成员函数也可以直接在类内定义。

9.2.4 上机练习

【上机目的】

- 掌握函数模板的定义方法和应用。
- 掌握类模板的定义方法和应用。

1. 设计函数模板 change，用来交换任意两个类型相同的变量的值。

2. 已知一个不完整的函数模板声明如下：

```
Template <typename T>
void fun(T data, int row, int col);
```

其中，data 是一个 row 行，col 列的二维数组，计算每一行中从第 2 个数到第 col 个数的和，保存在第 1 个数据元素的位置，请将这个函数模板补充完整。

3. 类的定义如下：

```
class A
{
public:
    A(int,double);                  //构造函数
    int getX() const;               //成员函数
    double getY() const;            //成员函数
private:
    int x;
    double y;
};
A::A(int X;double Y):x(X),y(Y){}
int A::getX() const
{return x;}
double  A::getY() const
```

```
{return y;}
```

将此类的定义改为类模板定义，数据成员 x 和 y 可以是任何类型。

【思考与练习】

1. 简答题

(1) 举例说明函数模板和类模板的区别。

(2) 下面有关函数模板和类模板的说法正确的有哪些？

A. 函数模板的实例化是由编译程序在处理函数调用时自动完成的

B. 类模板的实例化必须由程序员在程序中显式地指定

C. 函数模板是针对参数类型和函数的返回值类型不同的函数

D. 类模板是针对仅数据成员、成员函数和基类类型不同的类

2. 单选题

(1) 关于关键字 class 和 typename，下列描述正确的是(　　)。

A. 程序中所有的 class 都可以替换为 typename

B. 程序中所有的 typename 都可以替换为 class

C. A 和 B 都可以

D. A 和 B 都不可以

(2) 在调用函数模板时，关于模板实参的使用，下列描述中(　　)是正确的。

A. 对于虚拟类型参数所对应的模板实参，如果它们是参数表中最后的若干参数，则可以省略

B. 对于虚拟类型参数所对应的模板实参，如能够省略则必须省略

C. 对于常规参数所对应的模板实参，任何情况下都不能省略

D. 对于虚拟类型参数所对应的模板实参，如果能从模板函数的实参中获得相同的信息，则都可以省略

(3) 有如下函数模板定义：

```
template <class T>
T fun(T x,T y){return  x*x+y*y;}
```

在下列对 fun()的调用不正确的是(　　)。

A. fun(3,5);　　　　B. fun<>(3,5);

C. fun(3,5.5);　　　　D. fun <int> (3,5.5);

(4) 关于类模板，下列表述中不正确的是(　　)。

A. 类模板中声明的类称为模板类

B. 类模板中只能有虚拟类型参数

C. 类模板本身在编译中不会产生任何代码

D. 类模板的成员函数都是模板函数

(5) 设有函数模板：

```
template <class T>
T sum(T x,T y)
{
```

```
        return (x)+(y);
    }
```

则下列语句中对该函数模板使用错误的是(　　)。

A. sum(10,2);　　B. sum(7.8,9.0);

C. sum(15.3f,6.4f);　　D. sum("girl","boy");

3. 填空题

(1) 已知:

```
int doubleN(int n) {return 2*n;}
float doubleN(float n) {return 2*n;}
```

是一个函数模板的两个实例,则该函数模板的定义是________。

(2) 有如下的类模板定义:

```
template <typename TYPE>
class MyClass
{
    TYPE n;
public:
    MyClass(TYPE k);              //构造函数
    ...
};
```

其中构造函数 MyClass 用 k 的值初始化数据成员 n。因此在模板类外,构造函数 MyClass 应定义为________。

9.3 案例 22——你是谁

9.3.1 问题描述与分析

分析下列程序的运行结果。

```
#include <iostream>
using namespace std;
class Student                                   //学生类
{
public:
    Student(string name,string number)          //构造函数
    {
        sName=name;
        sNo=number;
    }
    void whoAreYou()
    {
        cout<<"姓名: "<<sName<<",学号:"<<sNo<<",我是一名学生! \n";
    }
```

```
private:
    string sName;                                   //姓名
    string sNo;                                     //学号
};
class Pupil:public Student                          //小学生类
{
public:
    //构造函数
    Pupil(string name,string number,string stBook) :Student(name,number)
    {
        storyBook=stBook;
    }
    void whoAreYou()
    {
        Student::whoAreYou();
        cout<<"并且我是一名小学生！我喜欢的故事书是："<<storyBook<<endl;
    }
private:
    string storyBook;                               //故事书
};
class CollegeStudent:public Student                 //大学生类
{
public:
    CollegeStudent(string name,string number,
                string prBook) :Student(name,number)
    //构造函数
    {
        professionalBook=prBook;
    }
    void whoAreYou()
    {
        Student::whoAreYou();
        cout<<"并且我是一名大学生！我在看的专业书是："<<professionalBook<<endl;
    }
private:
    string professionalBook;                        //专业书
};
int main()
{
    Student stu("Ada","2020101001"), * pr;          //声明基类对象
    stu.whoAreYou();
    cout<<"****************************************************\n\n";
    Pupil pu("Divid","20060116","爱的教育");        //小学生
    pu.whoAreYou();
    cout<<"****************************************************\n\n";
    CollegeStudent cs("Bill","2021010199","深入理解计算机系统");      //大学生
    cs.whoAreYou();
    cout<<"****************************************************\n\n";
```

```
    pr=&pu;          //用 Pupil 类对象的地址给指向基类的指针赋值
    pr->whoAreYou();
    cout<<"******************************************************\n\n";
    pr=&cs;          //用 CollegeStudent 类对象的地址给指向基类的指针赋值
    pr->whoAreYou();
    cout<<"******************************************************\n\n";
    return 0;
}
```

程序的运行结果如图 9.8 所示。

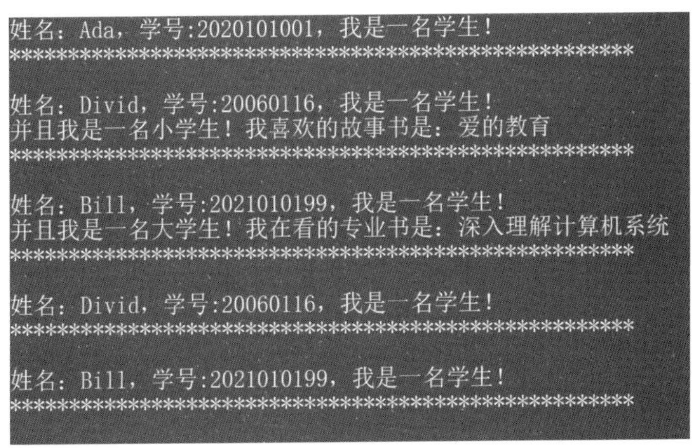

图 9.8　程序的运行结果

程序分析：本例中定义了 Pupil 类和 CollegeStudent 类两个派生类，它们都公有继承了基类 Student 类，因此 Pupil 类和 CollegeStudent 类都是 Student 类的子类型。基类和两个派生类都有同名函数 whoAreYou()，派生类对象调用成员函数时会调用派生类的 whoAreYou()函数，尽管从基类里面也继承了 whoAreYou()函数，但此时不会产生二义性。

main()函数中用 Student 类、Pupil 类和 CollegeStudent 类分别定义了三个对象，毫无疑问，每个对象调用 whoAreYou()函数时，分别执行自己类里的成员函数。指针 pr 是指向基类的指针，指针只能使用基类 Student 中的成员。当 pr 指向 pu 对象时，尽管是指向了派生类对象，pr->whoAreYou()还是调用基类 Student 的成员函数；当 pr 指向派生类对象 cs 时，与指向派生类 pu 对象时的情况相同，也调用基类 Student 的成员函数。

在 8.1.4 节中介绍过，根据子类型赋值兼容的原则，在出现基类型的地方可以使用子类型进行赋值，但是用子类型代替基类型赋值后也只能访问基类的成员，要想用派生类方法访问派生类的成员，必须利用面向对象语言的多态性特征。使用对象指针的目的就是为了做到当指针指向不同派生类的对象时，分别调用不同派生类的成员函数，为了达到这一目的，需要引入虚函数。

9.3.2　虚函数

前面章节介绍过函数重载、运算符重载及模板，这些是编译时的多态性。利用函数重载机制，在调用同名函数时，编译系统会根据实参的类型或实参的个数，确定调用同名函数中对应的哪个函数。利用函数模板，编译系统可根据模板实参的具体情况，确定要生成相应的函数实例。利用模板类时，编译系统可根据模板实参的具体类型，确定定义的是哪个类的对象，并生成相应类的实例。上面这些操作所针对目标的确定是在编译时完成的，与运行时的状态无关，因此这种编译时的多态性又叫静态联编。如果是在运行时决定执行哪个函数，那么这种实现机制称为动态绑定或动态联编。在C++ 语言中，动态联编是通过虚函数体现的。在非静态成员函数声明时前面加上virtual 修饰符，就把此函数声明成虚函数了。

1. 虚函数定义的格式

虚函数的定义是在基类中进行的，在基类里需要定义成虚函数的成员函数的返回值类型前加上 virtual 修饰符，格式如下：

```
virtual 函数类型   函数名(形参列表)
{
    函数体;
}
```

说明：在基类中声明为虚函数的函数，如果想在派生类中保持虚函数的性质，则在派生类中重新定义该函数时，不能改变函数返回值类型、形参列表中形参变量的个数和类型，但 virtual 修饰符可以省略。函数在派生类中重写，重写后的函数仍然为虚函数，可以在其派生类中再次被重写，对虚函数的重写即使不使用 virtual 修饰符也依然是虚函数，但是最好写上 virtual 修饰符，这样程序代码的可读性好。

多态调用是借助指向基类的指针或引用完成的。一个指向基类的指针或引用可以指向它的派生类对象，通过指针或引用调用虚函数时，调用的是该指针或引用指向的对象所在的那个类中重写的函数。

2. 将基类中 whoAreYou()函数声明为虚函数

将上例中基类的 whoAreYou()函数之前加上一个 virtual 修饰符，其他都不变，代码如下：

```
virtual void whoAreYou()
{
    cout<<"姓名: "<<sName<<",学号:"<<sNo<<",我是一名学生! \n";
}
```

程序的运行结果如图 9.9 所示。

当 pr 指向派生类 pu 对象时，pr->whoAreYou()调用了 Pupil 类下的成员函数；当 pr 指向派生类 cs 对象时，pr->whoAreYou()调用了 CollegeStudent 类下的成员函数，这就是虚函数的作用。

当把派生类的对象地址赋给基类指针时，如果基类指针调用的是哪个类函数，是在运行时决定的，就称为动态联编。如果是用“对象名.虚函数名”的方式调用虚函数，就是在编译阶段决定调用哪个函数，则不再具备调用虚函数的作用，属于非多态调用。因此只有通过基类的指针或引用访问虚函数时，才能获得运行时的多态调用。

在 C++ 语言中，不能声明虚构造函数，声明虚构造函数没有意义，但是可以声明虚析构函数。

3. 虚析构函数

声明虚析构函数的方法是在析构函数前面加上 virtual 修饰符，例如：

```
class Student                    //学生类
```

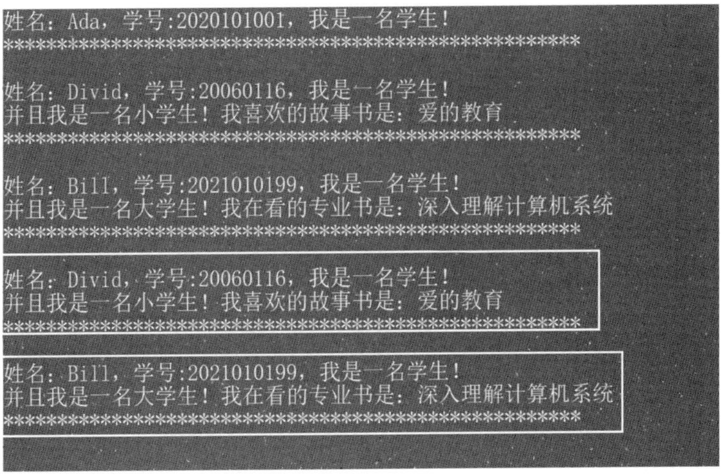

```
姓名: Ada, 学号:2020101001, 我是一名学生!
**************************************************

姓名: Divid, 学号:20060116, 我是一名学生!
并且我是一名小学生! 我喜欢的故事书是: 爱的教育
**************************************************

姓名: Bill, 学号:2021010199, 我是一名学生!
并且我是一名大学生! 我在看的专业书是: 深入理解计算机系统
**************************************************

姓名: Divid, 学号:20060116, 我是一名学生!
并且我是一名小学生! 我喜欢的故事书是: 爱的教育
**************************************************

姓名: Bill, 学号:2021010199, 我是一名学生!
并且我是一名大学生! 我在看的专业书是: 深入理解计算机系统
**************************************************
```

图 9.9 whoAreYou()函数声明为虚函数后程序的运行结果

```
{
public:
    ……
    virtual ~Student()
    {
        cout<<"学生姓名为"<<sName<<"的对象被析构\n";
    }
private:
    string sName;               //姓名
    string sNo;                 //学号
};                              //学生类
```

只要基类的析构函数声明为虚函数,由它派生的所有派生类的析构函数就一定是虚函数。通常只要派生类中对析构函数进行专门的定义,其基类的析构函数就应声明成虚析构函数,否则如果用基类的指针删除派生类对象,就会有问题。

【例 9.3】 分析下列程序的输出结果,理解虚析构函数的意义。

```
#include <iostream>
#include <string.h>
using namespace std;
class Student                                   //学生类
{
public:
    Student(string name,string number)          //构造函数
    {
        sName=name;
        sNo=number;
    }
    virtual ~Student()
    {
        cout<<"【学生】姓名为: "<<sName<<"的对象被析构\n";
    }
```

```
private:
    string sName;                                    //姓名
    string sNo;                                      //学号
};
class CollegeStudent:public Student                  //大学生类
{
public:
    CollegeStudent(string name,string number,char * str)
   :Student(name,number)                             //构造函数
    {
        if(!str)
            remarks=NULL;
        else
        {
            remarks=new char[strlen(str)+1];         //申请字符空间
            strcpy(remarks,str);                     //复制字符串
        }
    }
    ~CollegeStudent()
    {
        cout<<"大学生类的对象被析构！\t";
        cout<<remarks<<endl;
        delete []remarks;
    }
private:
    char * remarks;                                  //备注
};                                                   //大学生类
int main()
{
    Student  * pt=new
    CollegeStudent("Ada","2021160001","该生入学前膝盖受伤,恢复中…")  ;
    delete pt;
    return 0;
}
```

程序的运行结果如图 9.10 所示。

```
大学生类的对象被析构！   该生入学前膝盖受伤，恢复中…
【学生】姓名为：Ada的对象被析构
```

图 9.10　声明了虚析构函数的程序的运行结果

从图 9.10 的输出结果来看，delete pt 语句在释放对象时进行了多态调用，调用了派生类的析构函数，先调用 CollegeStudent 类的析构函数，再调用 Student 类的析构函数。

如果去掉～Student()前的 virtual 修饰符，即不把 Student 类的析构函数声明为虚函数，则运行结果为：

```
【学生】姓名为：Ada 的对象被析构
```

这里进行了非多态调用，只是调用了基类的析构函数，致使 CollegeStudent 类的析构函数没有

被执行到，那么存放字符串的空间就没有被释放掉，把这种情况称为内存泄漏，造成系统内存的浪费，多次执行这样的程序会导致程序运行速度减慢，甚至系统崩溃等严重后果。

9.3.3 纯虚函数和抽象类

例9.2和例9.3两个实例中，基类和派生类部分都给出了虚函数的具体实现，但是在某些情况下，基类无法确定一个虚函数的具体实现语句，只能靠派生类提供具体的实现代码。这种基类中无法进行定义，只能在派生类定义的虚函数称为纯虚函数。如果在基类声明虚函数时，在函数原型“;”之前加上“=0”，不写函数体及包含函数体的花括号，就把虚函数声明成了纯虚函数。

1. 纯虚函数的声明

纯虚函数的声明格式如下：

```
virtual 函数类型  函数名(形参列表) = 0;
```

2. 抽象类

包含纯虚函数的类称为抽象类。抽象类不能用来定义对象，如果一个抽象类的派生类没有重写来自基类的某个纯虚函数，则该函数在派生类中仍然是纯虚函数，导致派生类也是抽象类。

抽象类通常作为基类，为一组具有相似属性和方法的派生类提供相同的接口。

【例9.4】 求图形的面积和周长。已知圆的半径，计算圆、圆内接正方形、圆外切正方形的面积和周长。因为这三种形状都是计算面积和周长，而且计算的过程都与圆的半径有关，所以可以抽象出来一个表示图形的基类。

```
double const PI=3.14;
class Figure                              //图形类
{
public:
    Figure(float x = 0.0)
    {
        r = x;
    }
    virtual float getArea()=0;            //计算面积
    virtual float getPerimeter()=0;       //计算周长
protected:
    float r;                              //半径
};
```

基类中加上virtual修饰符的函数都是纯虚函数。纯虚函数没有函数体。在此只是提供了一种公共的方法或接口，到派生类中再根据实际问题进行具体代码的实现，比如定义派生类Circle类，可以写成如下形式：

```
class Circle :public Figure               //圆类
{
public:
    Circle(float x):Figure(x)    {}
    float getArea()
    {
```

```
        return PI * r * r;
    }
    float getPerimeter()
    {
        return 2* PI * r;
    }
};
```

同理,圆内接正方形和圆外切正方形类的定义和 Circle 类相似,只是计算面积和周长的公式不相同,代码如下:

```
class SquareIn: public Figure                   //内接正方形类
{
public:
    SquareIn(float x):Figure(x)
    {}
    float getArea()
    {
        return 2 * r * r;
    }
    float getPerimeter()
    {
        return 4* sqrt(2) * r;
    }
};
class SquareOut :public Figure                  //外切正方形类
{
public:
    SquareOut(float x):Figure(x)
    {}
    float getArea()
    {
        return 4 * r * r;
    }
    float getPerimeter()
    {
        return 8 * r;
    }
};
```

调用的过程也是使用基类的指针去调用,当调用计算面积的函数 getArea()和周长函数 getPerimeter()时,主函数的代码如下,程序的运行结果如图 9.11 所示。

```
int main()
{
    Figure *ptr;                                //ptr是指向基类的指针
    Circle cir(2);                              //圆的半径为 2
    SquareIn si(2);                             //内接正方形
    SquareOut so(2);                            //外切正方形
    ptr=&cir;
```

```
    cout<<"圆的面积为:"<<ptr->getArea()<<"周长为:"
    <<ptr->getPerimeter()<<endl;
    ptr=&si;
    cout<<"内接正方形的面积为:"<<ptr->getArea()<<"周长为:"
    <<ptr->getPerimeter()<<endl;
    ptr=&so;
    cout<<"外切正方形的面积为:"<<ptr->getArea()<<"周长为:"
    <<ptr->getPerimeter()<<endl;
    return 0;
}
```

```
圆的面积为:12.56 周长为: 12.56
内接正方形的面积为:8 周长为: 11.3137
外切正方形的面积为:16 周长为: 16
```

图 9.11 求图形面积和周长的运行结果

注意：抽象类中至少包含一个纯虚函数，抽象类只能用作基类，抽象类不能声明对象，通常声明指向抽象类的指针，用重写了纯虚函数的派生类对象的地址给指向抽象类的指针赋值，实现运行时的多态。如果抽象类的派生类中仍然有纯虚函数，则这个派生类仍然称为抽象类。

9.3.4 上机练习

【上机目的】

- 掌握声明虚函数的格式，理解声明虚函数的意义。
- 掌握什么是抽象类，如何声明纯虚函数，理解为什么不可以用抽象类声明对象。

实现一个小的图形系统，该图形系统用于处理三种图形：Triangle(三角形)、Rectangle(矩形)和 Circle(圆)。每个图形都包含两个基本操作：求出图形的面积和显示图形。两个操作分别命名为 area 和 draw。三种图形无论是求面积的操作，还是显示图形的操作，都是不一样的，但是它们有着相同的接口，规定此相同的接口由 Triangle、Rectangle 和 Circle 类的共同基类 Shape(形状)类来承担，因此可以将 Shape 类的两个成员函数 area 和 draw 声明为纯虚函数，在三个派生类中去实现。其中 draw 函数的实现，可以用一个输出语句来代表，例如：输出“这是一个三角形。”“这是一个矩形”或“这是一个圆形”，进行简单的示意。

【思考与练习】

1. 简答题

(1) 什么是虚函数？为什么要定义虚函数？它与动态联编有何关系？

(2) 什么是纯虚函数？什么是抽象类？

(3) 虚析构函数有什么作用？

(4) C++ 语言的多态性包含哪些内容？

2. 单选题

在 C++ 语言中，有以下内容：

Ⅰ.函数重载	Ⅱ.内联函数	Ⅲ.模版	Ⅳ.虚函数
Ⅴ.析构函数	Ⅵ.运算符重载	Ⅶ.构造函数	Ⅷ.继承

(1) 用于实现运行时多态性的是(　　)。

A. Ⅴ、Ⅶ和Ⅷ　　B. Ⅲ和Ⅳ　　C. Ⅳ和Ⅷ　　D. Ⅰ、Ⅲ和Ⅵ

(2) 用于实现编译时多态性的是(　　)。

A. Ⅴ、Ⅶ和Ⅷ　　B. Ⅲ和Ⅳ　　C. Ⅳ和Ⅷ　　D. Ⅰ、Ⅲ和Ⅵ

(3) 以下现象属于多态性的是(　　)。

A. 没有继承关系的两个类中定义相同名称的函数

B. 具有继承关系的两个类中定义相同名称的函数

C. 两个不同的函数内定义了相同类型相同名称的变量

D. 两个不同的函数内定义了不同类型相同名称的变量

(4) 以下关于多态性的叙述不正确的是(　　)。

A. C++ 支持编译时的多态性和运行时的多态性

B. 多态性表现为对同一个函数的调用,不同的运行环境中,其响应的代码不同

C. 多态性是面向对象的三大特性之一

D. 多态性最典型表现就是一个 C++ 程序中可以定义两个 main()函数

(5) 下列关于虚函数的描述中,正确的是(　　)。

A. 虚函数是一个 static 类的成员函数

B. 虚函数是一个非成员函数

C. 虚函数的重定义函数,无论是否使用 virtual 关键字,仍然是虚函数

D. 派生类中必须重写所有虚函数

(6) 有如下程序:

```
class A
{
public:
    virtual void fun(){}
    virtual void fun1();
};
Class B:public A
{
public:
    void fun() {};
};
```

其中,类 B 中虚函数的个数是(　　)。

A. 0　　B. 1　　C. 2　　D. 3

(7) 有如下程序:

```
class A
{
public:
    virtual void fun()  {cout<<"A";}
};
class B:public A
{
public:
```

```
    virtual void fun()
    {cout<<"B";}
};
int main()
{
    B b;
    b.fun();
    return 0;
}
```

执行这个程序的输出结果是(　　)。

A. B　　B. A　　C. AB　　D. BA

(8) 在一个类体的下列声明中,正确的纯虚函数声明是(　　)。

A. friend virtual void fun()=0;　　B. friend virtual void fun();

C. virtual int func(int)=0;　　D. virtual int func(int);

本章小结

本章主要介绍了 C++ 语言中如何实现面向对象第三个特征——多态性。多态性是指不同类型的派生类对象执行相同的动作,实现不同的功能,这里相同的动作在程序里就是指函数名相同,实现不同的功能是通过不同的函数体语句得到不同的运行结果。

实现多态性的第一种方法是编译时的多态,通过函数的重载、运算符重载和模板来实现。本章前两节主要介绍了函数重载的特殊形式——运算符重载的定义和应用、函数模板和类模板的定义与应用。

实现多态性的第二种方法是运行时的多态,通过类的继承性和在基类里定义虚函数来实现。9.3 节介绍了虚函数的定义和使用方法,虚函数必须通过基类指针或引用访问派生类对象才能保持运行时多态性的特点。包含纯虚函数的类称为抽象类,抽象类提供了对一组相似事物更高级抽象的表达形式,提高了代码重用率,增强了程序的可扩展性。

程序练习题

1. 设计并实现一个 Date 类,该类包含以下特性:

(1) 可以建立具有指定日期的 Date 类对象,默认值是 2021 年 9 月 1 日。

(2) 可以输入一个日期给 Date 类对象,年是 4 位整数,月和日是 2 位整数或 1 位整数。

(3) 可以通过输出流对象输出一个 Date 类对象,输出格式“YYYY-MM-DD”,YYYY 表示年份,MM 表示月分,DD 表示日。

(4) 可以用关系运算符>、>=、<、<=、!=或==进行关系运算。

(5) 可以用++、--(前缀及后缀)、+=、-=这样的运算符完成增减 1 天或若干天的运算。

Date 类必须能够正确表达日期,不能出现 13 月 1 日或 9 月 32 日及 2 月 30 日的情况。

2. 定义一个人员类 Person，包含姓名 name、性别 gender、身份证号码 id 三个私有数据成员，声明并定义虚函数 showInfo()用于显示私有数据成员。定义科学家派生类 Scientist 类，继承 Person 类，增加一个数据成员研究领域 field，重写 showInfo()函数，不仅显示姓名、性别、身份证号码，还要显示其研究领域。定义一个发明家派生类 Inventor 类，继承 Person 类，增加一个数据成员发明产品 invention，重写 showInfo()函数，不仅显示姓名、性别、身份证号码，还要显示其发明产品。为每个类定义构造函数。在主函数中，声明指向基类 Person 类的指针，让指针指向派生类的对象，用指针调用 showInfo()函数实现运行时的多态性，观察其运行结果。

第10章

输入、输出和文件

在C++语言中没有用于输入和输出的关键字。但是，几乎所有C++编译器都内置了一个系统的、面向对象的I/O流类，称为iostream(in out stream的简写)类，也称为输入/输出流类。

要利用C++的流类，则需要在程序中包含相关的文件，才能得到相关流类的声明。为了使用新标准的流，相关文件的文件名没有扩展名，与C++流相关的文件有以下几种。

- iostream：可以用cin、cout预定义流对象从标准输入设备（键盘）上输入数据、在标准输出设备（显示器）上显示数据。
- fstream：可使用文件流类，声明文件流对象对磁盘文件进行读、写操作。
- sstream：可使用字符串流类，声明字符串流对象对内存空间的字符串进行输入/输出操作。
- iomanip：可使用setw、fixed等格式控制函数或控制标记进行输入/输出的格式化控制。

iostream类有8个预定义的全局流对象，因为是全局流对象，所以不需要程序员进行声明，在需要的位置直接使用即可。根据字符宽度把这8个对象分为两组，对于8位的char类型字符，使用cin、cout、cerr、clog四个对象，8位的字符也叫窄字符。对于扩展长度的char16_t或char32_t(16位或32位)字符，使用wcin、wcout、wcerr、wclog四个对象，16位或32位的字符也叫宽字符。

本书从第1章开始就使用了cin和cout两个对象，而cerr、wcerr、clog、wclog和cin、cout有些区别。

- cin和wcin：标准输入（标准输入设备是键盘）。
- cout和wcout：标准输出（标准输出设备是显示器）。
- cerr和wcerr：标准出错信息输出。
- clog和wclog：带缓冲的标准出错信息输出。
- cin和wcin是istresm类对象，其余的是ostream类对象。

本章主要介绍格式化输出和文件的读写。

10.1 案例23——数值和字符串的格式化输出

10.1.1 问题描述及程序分析

1. 问题描述

按照指定的格式输出数值和字符串到显示器。

2. 程序代码

```
#include <iostream>                                  //标准输入/输出
#include <iomanip>                                   //输入/输出格式
#include <sstream>                                   //字符串操作
using namespace std;
int main()
{
    ios state(nullptr);                              //用于保存输出格式
    state.copyfmt(cout);
    cout << "----- bool类型输出-----" << endl;
    cout << "numeric : " << true << " or " << false << endl;
    cout << "literals : " << boolalpha << true << " or " << false << endl;
    cout << "numeric : " << noboolalpha << true << " or " << false << endl;
    cout << "-----int类型进制转换-----" << endl;
    const int int_val = 42;
    cout << "oct : " << oct << int_val << endl;
    cout << "dec : " << dec << int_val << endl;
    cout << "hex : " << hex << int_val << endl;
    cout << "-----int转换结果加前缀-----" << endl;
    cout << showbase;
    cout << "oct : " << oct << int_val << endl;
    cout << "dec : " << dec << int_val << endl;
    cout << "hex : " << hex << int_val << endl;
    cout << noshowbase;
    cout << "-----int转换结果加前缀并且字母大写-----" << endl;
    cout << showbase<<uppercase;
    cout << "oct : " << oct << int_val << endl;
    cout << "dec : " << dec << int_val << endl;
    cout << "hex : " << hex << int_val << endl;
    cout << noshowbase<<nouppercase;
    cout << "-----浮点类型-----" << endl;
    cout.copyfmt(state);                             //恢复最初的格式
    cout << "-----浮点类型 设置有效位 显示小数点-----" << endl;
    double a = 40;
    double b = 40000.0;
    double pi = 3.1415926534;
    std::cout.precision(5);
    std::cout << std::showpoint << a << '\t' << b << '\t' << pi << '\n';
```

```
    std::cout << std::noshowpoint << a << '\t' << b << '\t' << pi << '\n';
    cout << "-----浮点类型 固定小数点位 科学记数法--    " << endl;
    cout << fixed << pi << endl;
    cout << scientific << pi << endl;
    cout << "-----显示正负号-----" << endl;
    int p = 1;
    int z = 0;
    int n = -1;
    std::cout << std::showpos << p << '\t' << z << '\t' << n << '\n';
    std::cout << std::noshowpos << p << '\t' << z << '\t' << n << '\n';
    cout << "-----填充输出结果-----" << endl;
    cout.copyfmt(state);
    cout << setw(10) << 12.3 << endl;
    cout << setw(10) << 12 << 3 << endl;
    cout << setw(3) << 12.345 << endl;
    cout << left;
    cout << setw(5) << 12 << setw(5) << 34 << endl;
    cout << right;
    cout << setw(5) << 12 << setw(5) << 34 << endl;
    cout << internal;
    cout << setw(5) << -12 << endl;
    cout << setfill('0');
    cout << setw(5) << 12 << endl;
    cout << "-----忽略字符串前的空格-----" << endl;
    char ca, cb, cc;
    istringstream iss("  abc");          //abc 前有 2 个空格
    iss >> skipws >> ca >> cb >> cc;
    cout << ca << cb << cc << '\n';
    iss.seekg(0);                        //定位到 iss 字符串的第 1 个字符的位置
    iss >> noskipws >> ca >> cb >> cc;
    cout << ca << cb << cc << '\n';
    return 0;
}
```

程序运行结果如图 10.1 所示。

3. 程序分析

```
ios state(nullptr);
```

语句创建 ios 类的对象。

```
state.copyfmt(cout);
```

语句把当前 cout 的输出格式保存到 state 对象中，以便后面用于恢复当前的输出格式。

```
cout << "numeric : " << true << " or " << false << endl;
```

语句按照 cout 的默认格式输出 bool 型常量 true 和 false，即默认输出 1 代表 true，0 代表 false。

```
cout << "literals : " << boolalpha << true << " or " << false << endl;
```

语句中的 boolalpha 为输出标记，使用此标记修改 cout 的输出格式，输出 true 和 false 两个 bool 类

```
-----bool类型输出-----
numeric : 1 or 0
literals : true or false
numeric : 1 or 0
-----int类型进制转换-----
oct : 52
dec : 42
hex : 2a
-----int转换结果加前缀-----
oct : 052
dec : 42
hex : 0x2a
-----int转换结果加前缀并且字母大写-----
oct : 052
dec : 42
hex : 0X2A
-----浮点类型-----
-----浮点类型 设置有效位 显示小数点-----
40.000  40000.  3.1416
40      40000   3.1416
-----浮点类型 固定小数点位 科学计数法--
3.14159
3.14159e+000
-----显示正负号-----
+1      +0      -1
1       0       -1
-----填充输出结果-----
      12.3
        123
12.345
12   34
   12   34
-  12
00012
-----忽略字符串前的空格-----
abc
  a
```

图 10.1　案例 23 的程序运行结果

型常量，不再使用 1 和 0 替代，而是直接输出 true 和 false。

格式控制标记功能如表 10.1 所示。

表 10.1　格式控制标记

序号	格式控制标记(开启)	格式控制标记(关闭)	功　　能
1	boolalpha	noboolalpha	逻辑值 true 和 false 输出为 true 和 false(默认是关闭状态，输出为 1 和 0)
2	showbase	noshowbase	输出数制的标志，八进制数前加 0，十六进制前加 0x
3	showpoint	noshowpoint	浮点数，即使小数部分是 0 显示，小数点也显示
4	showpos	noshowpos	正数也显示符号
5	skipws	noskipws	输入时跳过字符串前的空格
6	unitbuf	nounitbuf	每次输出操作后刷新缓冲区
7	uppercase	nouppercase	输出数制标志用大写字符，十六进制是 0X
8	dec	—	整数按十进制输出

续表

序号	格式控制标记(开启)	格式控制标记(关闭)	功　　能
9	hex	—	整数按十六进制输出
10	oct	—	整数按八进制输出
11	fixed	—	按定点格式显示浮点数
12	scientific	—	按科学记数法(指数)格式显示浮点数
13	internal	—	输出数据在指定的宽度内部对齐,即数值数据右对齐,符号在最左边
14	left	—	左对齐输出
15	right	—	右对齐输出(默认输出方式)

输入/输出的格式控制中大部分是通过设置格式标志实现的,也可以使用专用的操作符进行设置。浮点类型数据的输出,默认的情况是显示6位有效数字,小数点后面末尾的0不显示。数字是以定点表示法显示,还是以科学记数法显示,取决于它的值,具体地说,如果指数大于或等于6或小于或等于−5,将使用科学记数法表示,否则使用定点表示法,并且字段宽度恰好是容纳数字和数字符号的宽度。

在 cout <<setw(10)语句中,setw(10)是输出字段宽度控制函数,设置输出宽度为10个字符,且此函数只对一次输出有效,在完成了一个数据的输出后,宽度设置自动恢复为0。使用该函数需要包含 iomanip 文件,可以用来对输入/输出操作的格式进行更多的控制,文件中还包含了表10.2所列的格式操作符和等效的格式控制函数。

表 10.2　格式控制操作符

序号	格式控制操作符	功　　能
1	setiosflags	设置指定输入、输出标志
2	resetiosflags	重置 iosflags
3	setbase(n)	设置整数为n进制(n=8,10,16)
4	setfill(n)	设置填充字符,n可以是字符常量或变量
5	setprecision(n)	设置浮点数的有效数字位数
6	setw(n)	设置字段宽度

本例中只用到了 setfill()和 setw(),其他格式操作符请读者自行测试。

10.1.2　输出格式的应用

1. 计算算术平方根

【例 10.1】 输出整数0~99的算术平方根表,要求精确到小数点后3位,并且按10行10列的二维数据表显示。

程序代码如下:

```
#include <iostream>                              //标准输入/输出
#include <iomanip>                               //用于控制输入/输出格式
#include <cmath>                                 //sqrt 函数所在的文件
using namespace std;
int main()
{
    cout<<"  |";
    for (int i=0;i<=9;i++)
        cout<<setw(5)<<i<<"  ";
    cout<<endl;                                  //第 1 行结束
    cout<<"--*";                                 //第 2 行开始
    for (int i=0;i<=9;i++)
        cout<<setfill('-')<<setw(7)<<"-";
    cout<<setfill(' ')<<endl;                    //第 2 行 结束
    cout<<fixed<<setprecision(3);                //定点格式输出,保留 3 位小数
    for(int i=0;i<=9;i++)                        //共 10 行
    {
        cout<<setw(3) <<i;                       //第 1 列是十位数字
        for(int j=0;j<=9;j++)
            cout<<setw(7)<<sqrt(10*i+j);         //从 0~9 共 10 列数据
        cout<<endl;                              //每行有一个换行符
    }
    return 0;
}
```

例 10.1 程序的运行结果如图 10.2 所示。

```
  |    0      1      2      3      4      5      6      7      8      9
--*---------------------------------------------------------------------
  0  0.000  1.000  1.414  1.732  2.000  2.236  2.449  2.646  2.828  3.000
  1  3.162  3.317  3.464  3.606  3.742  3.873  4.000  4.123  4.243  4.359
  2  4.472  4.583  4.690  4.796  4.899  5.000  5.099  5.196  5.292  5.385
  3  5.477  5.568  5.657  5.745  5.831  5.916  6.000  6.083  6.164  6.245
  4  6.325  6.403  6.481  6.557  6.633  6.708  6.782  6.856  6.928  7.000
  5  7.071  7.141  7.211  7.280  7.348  7.416  7.483  7.550  7.616  7.681
  6  7.746  7.810  7.874  7.937  8.000  8.062  8.124  8.185  8.246  8.307
  7  8.367  8.426  8.485  8.544  8.602  8.660  8.718  8.775  8.832  8.888
  8  8.944  9.000  9.055  9.110  9.165  9.220  9.274  9.327  9.381  9.434
  9  9.487  9.539  9.592  9.644  9.695  9.747  9.798  9.849  9.899  9.950
```

图 10.2　0～99 的算术平方根表

结果分析：sew(n)一次有效，输出一个数后失效。fixed 是让浮点数按定点格式输出，输出精度 setprecision(3)是小数点位数，小数点的相对位置固定不变，必要时进行舍入处理或添加无效的 0。如果不设置 fixed 定点输出格式，在初始状态下，实数按浮点格式输出，输出精度 setprecision(n)是指有效数字的位数为 n。

2. 扩展——二进制格式输出

＃include ＜bitset＞中包含了二进制形式的操作。利用 bitset 类型可以方便观察位运算。

【例 10.2】 输入下面的代码，查看程序的运行结果。

```
#include <iostream>
#include<bitset>
```

```
using namespace std;
int main()
{
    bitset<8>  bs1;                //声明 8 位二进制数 bs1,每一位都是 0
    cout << bs1 << endl;
    bs1=8;                         //给二进制赋值为十进制数 8
    cout << bs1 << endl;           //输出二进制数
    bitset<8>  bs2("10001000");    //声明 8 位二进制数 bs2,并且赋初值 10001000
    cout << bs2 << endl;           //输出二进制数 bs2
    cout << (bs2<<2) << endl;      //将 bs2 左移 2 位
    return 0;
}
```

```
00000000
00001000
10001000
00100000
```

图 10.3 二进制数的赋值及移位程序运行结果

程序运行结果如图 10.3 所示。

请读者参照 C++ 文档了解 bitset 的更多特性。

10.1.3 其他的输入、输出方法

istream/ostream 类是输入/输出流类,提供了进行输入或输出操作的相关功能。

iostream 类继承了两个基类 istream 和 ostream 的所有成员,能够执行输入和输出操作。

“>>”是提取运算符,重载函数的原型为:

```
istream & operator >>(type &);
```

形参是引用,返回值同样是引用。因为形参是引用,因此直接修改实参变量的值。返回值是引用,是为了完成拼接输入数据。

cin 是在<iostream>文件里声明的 istream 类的对象,表示面向窄字符(char 类型)的标准输入流。可以使用提取运算符“>>”从标准输入流中提取数据赋值给一个变量,当执行 cin>>a 操作时,将根据实参 a 的类型,调用相应的提取运算符“>>”的重载函数,形参变量就是实参 a 的引用。执行函数体,从键盘的缓冲区读取一个数据赋值给 a,然后返回 istream 流类的对象,以便接着使用提取运算符为下一个变量输入数据。

“<<”是插入运算符,重载函数的原型为:

```
istream & operator <<(type);
```

形参是变量的值。返回值是引用,这是为了完成拼接输出数据。

cout 是在<iostream>文件里声明的 ostream 类的对象,表示面向窄字符(char 类型)的标准输出流。可以使用插入运算符“<<”把表达式的值插入标准输出流中。当执行 cout<<a 操作时,将根据实参 a 的类型,调用相应的插入运算符“<<”的重载函数,把 a 的副本值传递给对应的形参。执行函数体,把 a 的值输出到显示器上,然后返回 ostream 类对象的引用,以便使用插入符输出下一个表达式的值。

cerr 功能与 cout 类似,但是不可以重定向输出目标,不进行缓存直接输出。

clog 功能与 cout 类似,但是不可以重定向输出目标,是缓存输出。

1. 其他的 istream 类方法

(1) 单字符输入

istream 类的两个成员函数 get(char &ch)和 get(),都是读取下一个输入字符,即使该字符是空格、制表符或换行符，也能读到。istream & get(char &ch)函数是将读到的字符赋值给形参，因为形参是引用，因此实际是把读到的字符直接赋值给了实参变量。无参数的 int get()函数是将读到的字符转换成整型数据，并将其值返回。

【例 10.3】 使用 get(char &ch)完成读入一行字符串，要求按原样输出，并计算字符的个数。

```
#include <iostream>                     //标准输入/输出
using namespace std;
int main()
{
    char ch;                            //声明字符型变量
    int sum=0;                          //读到字符的计数器变量
    cin.get(ch);
    while(ch!='\n')                     //如果字符不是换行
    {
        cout<<ch;                       //显示器上输出字符
        sum++;                          //计算器加 1
        cin.get(ch);                    //读下一个字符
    }
    cout<<endl;
    cout<<"共读入"<<sum<<"个字符。"<<endl;
    return 0;
}
```

```
I am a student
I am a student
共读入14个字符。
```

图 10.4 get(char &ch)函数完成读入一行字符串

运行程序输入及输出结果如图 10.4 所示。

分析结果：读入第 1 个字符“I”，使用 cout 对象和插入运算符显示它，把字符计数器变量加 1，接着读取字符“I”后面的空格字符，同样使用 cout 对象和插入运算符显示它，计数器变量再加 1，循环这一过程，直到读到换行符'\n'，终止循环。显然 get(char &ch)函数读到了空格和换行符。

【例 10.4】 使用 cin 输入字符，完成读入一行字符串，代码如下修改。

```
include <iostream>                      //标准输入/输出
using namespace std;
int main()
{
    char ch;
    int sum=0;                          //读到字符的个数
    cin>>ch;                            //输入字符到 ch
    while(ch!='\n')                     //如果字符不是换行
    {
        cout<<ch;                       //显示读入的字符
        sum++;                          //计数器加 1
        cin>>ch;                        //接着读入下一个字符
    }
    cout<<endl;
    cout<<"共读入"<<sum<<"个字符。"<<endl;
```

```
    return 0;
}
```

运行程序输入及输出结果如图 10.5 所示。

```
I am a student
Iamastudent
```

图 10.5　cin 流对象完成读入一行字符串

分析结果：读入第 1 个字符"I"，使用 cout 对象和插入运算符显示它，把字符计数器变量加 1，接着跳过字符"I"后面的空格字符，读到了字符"a"，使用 cout 对象和插入运算符显示它，计数器变量再加 1，在循环这一过程中，跳过了所有空格字符，最后的换行符'\n'也被跳过，是不能将'\n'字符赋值给 ch 变量的，因此程序不能终止循环。

istream & get(char &ch)函数返回的是输入流对象 cin 的引用，所以可以拼接使用，例如：

```
char ch1,ch2,ch3;
```

语句

```
cin.get(ch1).get(ch2)>>ch3;
```

表示第一个字符赋值给 ch1，第二个字符赋值给 ch2，下一个非空字符赋值给 ch3。

get()成员函数与 get(char &ch)成员函数功能类似，把 cin.get(ch)；语句改写成：

```
ch=cin.get();
```

语句即可，虽然返回值是整数，但是赋值运算符具有隐式转换的作用，会把整数值转换成 ASCII 值是这个整数值的字符，因为 ch 是 char 类型的变量。不过，由于返回值是整数类型，所以不可以使用拼接输入。

(2) 字符串输入

有两个成员函数可以输入字符串：

```
istream & get(char *,int,char);                //三参的 get 函数
istream & get(char *,int);                     //两参的 get 函数
istream & getline(char *,int,char);            //三参的 getline 函数
istream & getline(char *,int);                 //两参的 getline 函数
```

第一个参数是存放字符串的内存单元首地址；第二个参数值比要读取的字符串长度大 1，额外的 1 个是存储字符串结束的标记(空值字符)，也就是如果第二个参数值是 20，最多能读入 19 个字符；第三个参数指定用于读取结束的结束字符，表示遇到这个字符停止读入，只有两个参数时，默认的结束字符是换行符'\n'。

【例 10.5】　分析下列程序的运行结果。

```
#include <iostream>                            //标准输入/输出
using namespace std;
int main()
{
    const int Limit=255;                       //声明符号常量
    char str[Limit];                           //声明字符数组
    cout<<"请输入字符串:\n";
    cin.getline(str,Limit,'@');                //'@'是字符串输入的结束符
    cout<<"你输入的字符串是:"<<endl;
    cout<<str<<endl;
```

```
    cout<<"第二次输入：";
    cin.getline(str,10);
    cout<<"你输入的字符串是:"<<endl;
    cout<<str<<endl;
    return 0;
}
```

程序的输入和运行结果如图 10.6 所示。

程序分析：由于指定的结束符为'@'，从输出结果看在输入第一行和第二行后，都按换行键进行了换行，但程序并没有结束，而是继续等待输入，直到输入了'@'符号才结束。第二个输入语句 cin.getline(str,10)因为指定了长度是 10，所以只接收到了 9 个字符串“Myname is”，后面的字符串没有被读入到 str 字符数组中。

如果将例 10.5 程序中的 istream & getline(char *,int,char)成员函数替换为 istream & get(char *,int,char)成员函数，比较程序运行输出的结果如图 10.7 所示。

```
请输入字符串:
You are a student
He is a doctor
I am a teacher@Myname is Ada
你输入的字符串是:
You are a student
He is a doctor
I am a teacher
第二次输入: 你输入的字符串是:
Myname is
```

图 10.6　cin.getline 函数输入字符串

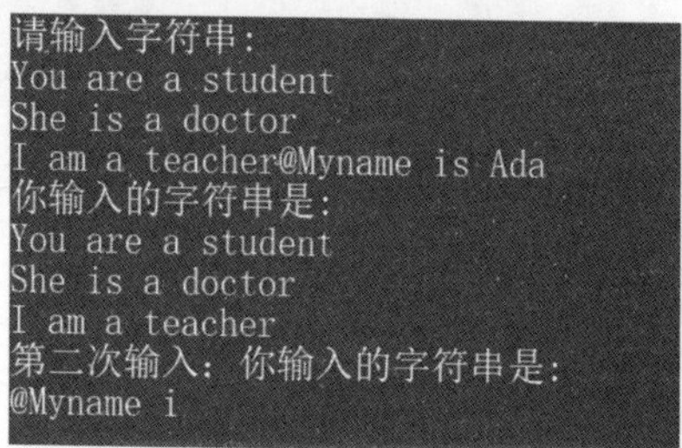

图 10.7　cin.get 函数输入字符串

从比较的结果我们发现，getline()函数丢弃了输入中的结束符'@'，而 get()函数不会丢弃结束符'@'。

2. 其他的 ostream 类方法

(1) 显示字符

ostream 的成员函数 put(char ch)用于显示字符。该函数的原型如下：

```
ostream & put(char ch);
```

例如 cout.put('$')语句，在显示器上输出 $ 字符，从函数原型可以看出函数返回值为调用对象的引用，因此也可以用它进行拼接输出：

```
cout.put('M').put('Y');
```

此语句在显示器上输出“MY”。

(2) 显示字符串

ostream 的成员函数 write()用于显示整个字符串。该函数的原型如下：

```
basic_ostream<charT,traits> & write(const char_type * s,streamsize n);
```

第一个参数是要显示字符串的首地址，第二个参数是要显示字符的个数。

【例 10.6】 分析下列程序的运行结果。

```
#include <iostream>                //标准输入/输出
#include <cstring>                 //或<string.h>
```

```
using namespace std;
int main()
{
    const char * str1="Tangshan";
    const char * str2="Normal";
    const char * str3="University";
    int n=strlen(str2);
    for(int i=1;i<=n;i++)
        cout.write(str2,i)<<endl;
    cout<<"第二个循环语句输出如下：\n";
    for(int i=n;i>=1;i--)
        cout.write(str2,i)<<endl;
    cout.write(str2,n+10);          //输出字符串长度超过自身字符串长度
    return 0;
}
```

程序的运行结果如图 10.8 所示。

程序分析：最后一个语句

```
cout.write(str2,n+10);
```

输出结果说明 write 函数并不会在遇到空值字符自动停止输出字符，而是按指定输出字符个数来输出，即便是超出字符串的边界，也会接着输出它相邻的字符串。

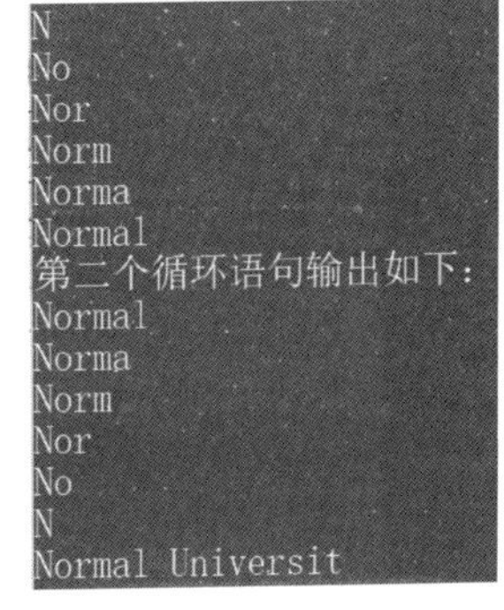

图 10.8　cout.write 函数显示字符串

10.1.4　上机练习

【上机目的】

- 熟悉常用的格式控制标记，能够有目的地对格式输入、输出的效果进行控制。
- 掌握提取运算符“>>”和插入运算符“<<”的用法，并比较与其他输入、输出方法之间的异同。

1. 分析下列程序的运行结果，并上机调试，与分析结果进行比较。

```
#include <iostream>                //标准输入/输出
#include <cstring>                 //或<string.h>
using namespace std;
int main()
{
    cout<<"12345678901234567890\n";
    cout<<1234567890<<endl;
    cout<<1234567890.0<<endl;
    char ch='t';
    cout<<ch<<endl;
    double t=12345.0;
    cout<<t<<endl;
    double d=125.00;
    cout<<d<<endl;
    cout<<d+(1.0/9.0)<<endl;
    d=1.25e2;
    cout<<d<<endl;
```

```
    d+=1.0/9.0;
    cout<<d<<endl;
    d*=1e4;
    cout<<d<<endl;
    return 0;
}
```

2. 将上面的程序，按下面的代码修改，分析程序的执行结果，并上机调试，与分析结果进行比较。

```
#include <iostream>                 //标准输入/输出
#include <iomanip>
#include <cstring>                  //或<string.h>
using namespace std;
int main()
{
    ios state(nullptr);
    state.copyfmt(cout);            //保存当前的输出格式
    cout<<setw(10)<<"12345678901234567890\n";
    cout<<setfill('*')<<setw(15)<<1234567890<<endl;
    cout<<setprecision(5)<<1234567890.0<<endl;
    cout<<fixed<<1234567890.0<<endl;
    cout.copyfmt(state);            //恢复最初的格式
    double t=12345.0;
    cout<<t<<endl;
    double d=125.00;
    cout<<d<<endl;
    cout<<d+(1.0/9.0)<<endl;
    d=1.2567e2;
    cout<<setprecision(3)<<d<<endl;
    d+=1.0/9.0;
    cout<<d<<endl;
    d*=1e4;
    cout<<d<<endl;
    return 0;
}
```

【思考与练习】

1. 简答题

(1) 在默认的情况下，浮点类型数据输出时，什么情况下用定点方式显示？什么情况下用科学记数法的方式显示？

(2) 在输出浮点类型数据时，使用了 setprecision(4)函数，输出是 4 位有效数字，还是保留 4 位小数？

(3) 在默认情况下，设置了输出字段宽度 setw(15)，再输出“abcde”字符串，字符串是在字段宽度的左边，还是在字段宽度的右边？

(4) cin 对象的成员函数 get(ch)和 get()函数在用法上有什么区别？

(5) 如何将一个 int 型数据按不同进制的形式输出？

2. 单选题

(1) 在 C++ 语言中重载了运算符“>>”，它是一个(　　)。

A. 用于输出操作的成员函数　　B. 用于输入操作的成员函数

C. 用于输入操作的非成员函数　　D. 用于输出操作的非成员函数

(2) 对于语句 cout<<"abcdef"<<endl;错误的描述是(　　)。

A. cout 是一个输入流对象　　B. endl 的作用是输出回车换行

C. cout 是一个输出流对象　　D. <<称为插入运算符

(3) 格式控制标志 showbase 的作用是(　　)。

A. 浮点数即使小数点部分是 0 显示输出，小数点也显示输出

B. 正数也显示符号

C. 输出整数数制标志

D. 输入时跳过字符串前的空格

(4) 在下列函数中，(　　)是对文件进行写操作的。

A. get()　　B. read()　　C. getline()　　D. put()

3. 编程题

(1) 编写一个程序，从键盘上输入一个 8 位的整数，表示出生日期，例如输入的是 20000203，则输出结果是：

```
出生年：2000
出生月：   2
出生日：   3
```

(2) 编写一个程序，计算输入流中第一个“*”之前的字符的数目，并将“*”留在输入流中。

(3) 定义一个 double 类型的变量 T，赋值为 3.78，使用格式控制符，编写程序，完成如图 10.9 所示的输出结果。

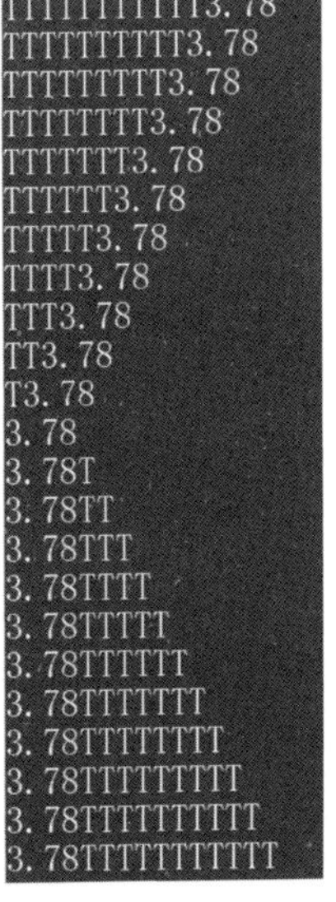

图 10.9　程序的输出结果

10.2 案例24——学生成绩管理

10.2.1 问题描述及程序代码

1. 问题描述

学生的基本信息包含姓名、C++语言、计算机原理、数据结构和Python语言四门课程的成绩，要求：

(1) 从键盘上输入五个学生的姓名和每门课程的成绩，计算每个学生的总分，并且以二进制格式存储到cjd.dat文件中，如果文件不存在，则创建文件。

(2) 如果文件存在，则显示文件中学生的姓名、每门课程的成绩及总分，并且允许继续输入其他学生的基本信息。

(3) 在学生基本信息输入结束后，显示全部学生的基本信息。

(4) 查看信息是否正确，如果需要修改，则输入要修改的学生的位序，并且首先显示要修改的学生姓名，再输入学生的正确信息，完成修改功能；如果不需要修改，则程序的运行结束。

2. 功能分析

依据问题描述，对程序的功能进行需求分析，画出如图10.10所示的程序流程图。

3. 程序代码

查询文件中第四位同学的信息并在显示器上输出。

```
#include <iostream>                                     //标准输入/输出
#include <iomanip>                                      //格式输入/输出
#include<fstream>                                       //文件输入/输出
using namespace std;
const int lengthName=10;                                //姓名字符串长度常量
struct Student
{
    char name[lengthName];                              //姓名
    float score[4];                                     //四门课的成绩
    float total;                                        //总分
};
//读取并丢弃输入中换行符之前的内容
inline void eatline()
{
    while(cin.get()!='\n')
        continue;
}
int main()
{
    const char * fName="cjd.dat";
    Student stu;
    int studentNum;                                     //录入学生的人数
```

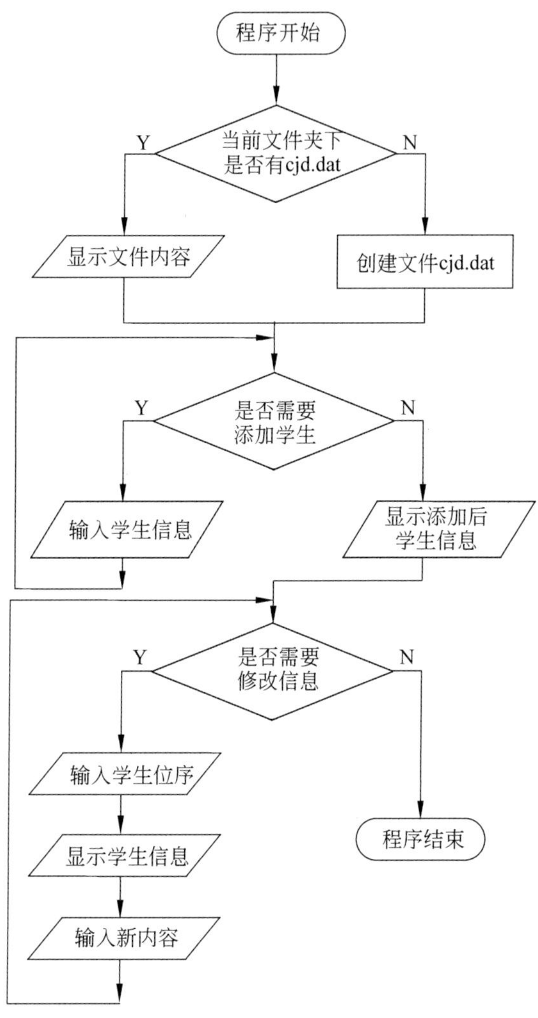

图 10.10 学生管理流程图

```
int k;                                          //修改的学生
//输入学生姓名、成绩,计算总分,以二进制的形式存入文件
ifstream fin;                                   //读文件流对象
ofstream fout;                                  //写文件流对象
fin.open(fName, ios::binary);
if(fin.is_open())
{
    cout << "文件\""<<fName<<"\"的当前内容如下: " << endl;
    studentNum=0;                               //初始化学生人数
    while(fin.read((char *) &stu,sizeof(stu)))
    {
        cout<<setw(lengthName)<<stu.name;
        for(int i=0;i<4;i++)
            cout<<setw(10)<<stu.score[i];
        cout<<setw(10)<<stu.total<<endl;
        studentNum++;                           //学生人数加 1,统计共有多少人
```

```
    }
    cout<<"当前共有: "<<studentNum<<"个学生\n";
}
else
{
    cout << "\""<<fName<<"\"文件不存在!"<<endl;
    //以追加的方式创建二进制文件写对象
    fout.open(fName,ios::app|ios::binary);
    cout << "\""<<fName<<"\"文件已经被创建!"<<endl;
    studentNum=0;                                    //学生人数为 0
    fout.close();                                    //关闭文件
}
fin.close();
//添加学生信息
fout.open(fName,ios::app|ios::binary);           //写文件
if(!fout.is_open())
{
    cout << "\""<<fName<<"\"文件打开失败!"<<endl;
    abort();
}
cout<<"输入学生的姓名(空行退出输入)\n";
cin.get(stu.name,lengthName);                    //输入姓名
while(stu.name[0]!='\0')
{
    eatline();
    stu.total=0;                                     //总成绩
    cout<<"输入 4 门课程的成绩(用空格分隔四门课程的成绩): ";
    for(int i=0;i<4;i++)
    {
        cin>>stu.score[i];                           //输入成绩
        stu.total+=stu.score[i];                     //将成绩累加到总分
    }
    eatline();
    fout.write((char *) &stu,sizeof(stu));
    studentNum++;                                    //输入一个学生,计数器加 1
    cout<<"输入学生的姓名(空行退出输入)\n";
    cin.get(stu.name,lengthName);                    //输入姓名
}
fout.close();                                    //关闭写文件
                                                 //再次显示输入的姓名和成绩
fin.open(fName, ios::binary);
if(fin.is_open())
{
    cout << "文件\""<<fName<<"\"的当前内容如下: " << endl;
    while(fin.read((char *) &stu,sizeof(stu))) //读出一个记录
    {
        cout<<setw(lengthName)<<stu.name;        //显示姓名
        for(int i=0;i<4;i++)
```

```
                cout<<setw(10)<<stu.score[i];            //显示成绩
            cout<<setw(10)<<stu.total<<endl;             //显示总分
        }
    }
    cout<<"数据录入结束!"<<endl;
    cout<<"当前共有: "<<studentNum<<"个学生\n";
    fin.close();
    cin.clear();                                         //以下两行是解决 cin 无法输入问题
    cin.sync();                                          //或者用 cin.ignore();
    char change;
    while(true)
    {
        cout<<"需要修改吗?(y/n):"    ;
        cin>>change;
        if(change=='N'||change=='n')
            break;
        else
        {
            cout<<"请问要修改第几个学生:";
            cin>>k;
            if(k<1||k>studentNum)
            {
                cout<<"无效的序号!"<<endl;
                abort();
            }
            eatline();
            fstream finout;                              //可读可写对象
                                                         //再次打开文件
            finout.open(fName,ios::in|ios::out| ios::binary);
            int pos=(k-1) * sizeof(stu);
            cout<<pos<<endl;
            finout.seekg(pos,ios::beg);                  //定位读
            //显示要修改学生的信息
            cout<<"你想修改的学生是: \n";
            finout.read((char *)&stu, sizeof(stu));
            cout<<setw(lengthName)<<stu.name;
            for(int i=0;i<4;i++)
                cout<<setw(10)<<stu.score[i];
            cout<<setw(10)<<stu.total<<endl;
            //下面修改记录
            cout<<"请输入修改后的姓名:";
            cin.get(stu.name,lengthName);
            eatline();
            stu.total=0;                                 //总成绩
            cout<<"输入 4 门课程的成绩(用空格分隔四门课程的成绩): ";
            for(int i=0;i<4;i++)
            {
                cin>>stu.score[i];
```

```
            stu.total+=stu.score[i];
        }
        finout.seekp(pos,ios::beg);                //回到原来位置
        finout.write((char *) &stu,sizeof(stu))<<flush;
        finout.close();                            //关闭读写对象
        cout<<"修改成功！\n";
    }
  }
  cout<<"程序结束！\n";
  return 0;
}
```

4. 程序分析

关键语句分析：

```
ifstream fin;
```

声明了 ifstream 类对象 fin，用于读文件。

```
fin.open(fName, ios::binary);
```

是用对象 fin 以二进制的格式打开文件 fName 文件，准备读数据。也可以用下面一条语句实现以上两条语句的功能。

```
ifstream fin(fName,ios::binary);
```

语句功能是声明 ifstream 类对象 fin，并以二进制的格式打开 fName 文件。

```
ofstream fout;
```

声明了 ofstream 类对象 fout，用于写文件。

```
fout.open(fName,ios::app|ios::binary);
```

是用对象 fout 以二进制和追加内容的格式打开 fName 文件，准备写数据。同读文件一样，也可以用下面一条语句实现以上两条语句的功能。

```
ofstream fout(fName,ios::app|ios::binary);
```

语句功能是声明 ofstream 类对象 fout，并以二进制和追加内容的格式打开 fName 文件。

```
fin.read((char *) &stu,sizeof(stu));
```

是从当前位置开始，读取字符串存入 stu 变量所具有 sizeof(stu)个字节的内存单元中。

```
fout.write((char *) &stu,sizeof(stu));
```

是输出 stu 变量在内存单元中 sizeof(stu)个字节的字符。

```
fstream finout;
```

声明了可读可写对象 finout。

```
finout.open(fName,ios::in|ios::out| ios::binary);
```

是用读写对象 finout 以可读、可写和二进制的方式打开 fName 文件，准备读、写数据。

```
finout.seekg(pos,ios::beg);
```

表示文件读指针指向从文件开始位置向后移动 pos 个字节处。

```
finout.seekp(pos,ios::beg);
```

表示文件写指针指向从文件开始位置向后移动 pos 个字节处。

10.2.2　二进制文件

1. 文本存储与二进制存储之间的区别

在前面 3.6 节中结合着案例 11 银行取款功能的实现，介绍了文本文件的读写操作，在 6.2 节案例 17 学生成绩统计程序中也是文本文件的读写操作的应用。把数据存入文件时，可以将其存储为文本文件，也可以存储为二进制文件。文本格式是指所有内容，包括数字都用字符存储。例如，用文本格式存储数值“－123456.78e＋10”时，将存储表示该数值的 14 个字符。这需要由插入运算符“<<”完成将浮点数的计算机内部存储格式转换成字符格式，存入磁盘文件中。二进制格式指的是存储数值的计算机内部表示，不需要转换成字符，数值“－123456.78e＋10”存储的是 64 位的 double 类型的数据。对于字符其文本格式和二进制格式是一样的，都是字符 ASCII 码的二进制数。但是对于数值来说，二进制格式和文本格式有着很大的区别。

例如 float 类型的数据 35.6，在计算机中占 4 个字节，数值规格化的过程如图 10.11 所示，其中 1 位是符号位，8 位是指数部分，23 位表示数据的精度。

如果是用文本格式存储 35.6，则是存储 4 个字符，分别是数字字符 3，数字字符 5，点“.”字符和数字字符 6。数字字符 0 的 ASCII 值是 48，因此数字字符 3、5、6 的 ASCII 值分别是 51、53 和 54，“.”字符的 ASCII 值是 46，因此 35.6 的文本存储表示如图 10.12 所示。对比图 10.11 与图 10.12 可见，二进制格式存储与文本格式存储有着很大的区别。

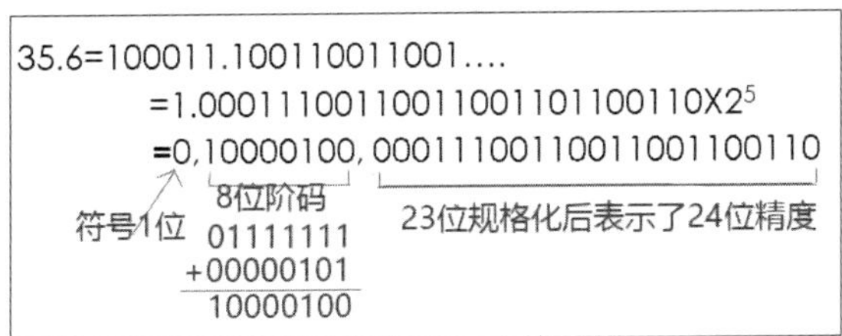

图 10.11　数据 35.6 的二进制存储表示

00110011	00110101	00101110	00110110
字符3的编码	字符5的编码	字符.的编码	字符6的编码

图 10.12　数据 35.6 的文本存储表示

2. 文本存储与二进制存储各自的优点

文本格式方便读取，可以使用多种编辑软件对文本文件进行处理，很方便地将文本文件从一个系统传输到另一个系统。二进制文件在数值存储方面比较精确，因为它存储的是数值在计算机中的内部表示，不会有转换误差或舍入误差。由于不需要数值转换，并且可以大块地存储数据，因此二进制读取和保存数据的速度更快。但是如果两个系统中数值的内部存储格式不一样，那么二进制文件就不能从一个系统传输给另外的一个系统使用。即便是在同一系统下，如果不同的编译器是不同的内部存储格式，也需要编写格式转换程序才能完成二进制文件在不同编译器下的数据共享。

以本案例中的学生结构类型为例，如果将结构类型变量 stu 的内容以文本格式保存在文件中，需要这样做：

```
ofstream fout;
fout.open(fName,ios::app)
fout<<stu.nane<<"\t";          //写入姓名
for(int i=0;i<4;i++)           //写入四门课程的成绩
fout<<stu.score[i]<<"\t";
fout<<stu.total<<endl;         //写入总成绩
```

必须使用结构类型变量和成员运算符显式地提供每个结构类型成员，还必须将相邻的数据用分隔符分隔，才能区分不同成员。如果结构类型有很多个成员，这种操作会很烦琐。

本案例中使用二进制格式存储 cjd.dat 文件，可以这样完成：

```
ofstream fout;
fout.open(fName,ios::app|ios::binary);
fout.write((char *) &stu,sizeof(stu));
```

将一个结构类型变量作为一个整体保存，这样信息的保存更为紧凑、更为精确。但是，读数据的时候，此文件不能作为文本文件读取，而是应按二进制格式读取文件。

在 C++ 语言中，将文件打开模式设置为 ios::binary 常量，就是将文件按二进制方式读取或写入数据。按二进制格式存储数据，可以使用 write()成员函数，将内存中指定数据的字节复制到文件中，但文本文件的复制是逐字节地复制数据。比如将一个整型变量的地址作为第一个实参，第二个实参值是 4，它将复制整型数据中的 4 个字节，并且不会将其转换为文本。值得注意的是，需要将地址强制转换为指向 char 类型的地址。

fout.write((char *) &stu,sizeof(stu))是让程序去 stu 变量的地址处，将一个结构类型变量所占用的字节空间(32 个)复制到 fout 关联的文件中。要使用文件恢复数据，也需要通过 ifstream 类的对象应用相应的 read()成员函数完成。

```
ifstream fin;
fin.open(fName, ios::binary);
fin.read((char *) &stu,sizeof(stu);
```

是从文件中复制 sizeof(stu)个字节到结构类型变量 stu 中。

read()和 write()成员函数的功能相反，write()函数是向文件里写数据，read()函数是从文件里读数据。

10.2.3 文件的随机存取

在案例 24 中用到了文件的随机存取，随机存取指的是文件指针直接移动到文件的任何位置，而不是从文件开始依次移动。随机存取通常用于数据库文件中，因为数据库管理系统维护了一个独立的索引文件，该文件记录数据在主数据表文件中的位置，以便直接到达某一位置进行数据的读取、修改或写入。

1. 文件位置与定位方式

C++ 语言流的位置有两种：输入(读数据)位置和输出(写数据)位置。输入流只有输入位置，流对象中标志这种位置的指针称为输入指针，又称读指针。输出流只有输出位置，流对象中标志

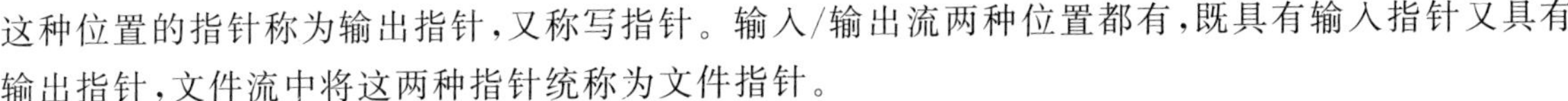

这种位置的指针称为输出指针，又称写指针。输入/输出流两种位置都有，既具有输入指针又具有输出指针，文件流中将这两种指针统称为文件指针。

每次输入或输出都是从文件指针所指定的位置开始，指针在输入/输出过程中会不断移动，完成输入或输出后根据需求指向下一个需要输入或输出的位置。

文件指针的定位方式有绝对定位和相对定位两种。相对定位又有三种参考位置，它们是定义在 ios::seek_dir 中的一组常量符号，如下所示。

- ios::beg：相对于文件首。
- ios::cur：相对于当前位置(负数表示在当前位置之前)。
- ios::end：相对于文件尾。

2. 输入定位

在输入流对象中与输入定位有关的函数有：

- istream & seekg(int pos);

将输入流的指针定位于绝对位置 pos 字节处，函数返回输入流对象自身的引用。

- istream & seekg(int &off, ios::seek_dir dir);

按 dir 方式将输入定位于相对位置 off 处，函数返回流对象本身的引用。例如：

```
ifstream fin;
fin.seekg(-100,ios::cur);
```

表示是读指针指向以当前位置为基准向前移动 100 个字节处。

- int tellg();

返回当前的输入位置，也就是从输入流开始处到当前位置的字节数。

- bool eof() const;

判定输入流是否结束，结束时返回 true，否则返回 false。

3. 输出定位

在输出流对象中与输出定位有关的函数有：

- ostream & seekp(int pos);

将输出流的指针定位于绝对位置 pos 字节处，函数返回输出流对象自身的引用。

- ostream & seekp(int &off, ios::seek_dir dir);

按 dir 方式将输出定位于相对位置 off 处，函数返回流对象本身的引用。例如：

```
ofstream  fout;
fout.seekp(-200,ios::end);
```

表示是写指针指向以文件尾位置为基准向前移动 200 个字节处。

- int tellp();

返回当前的输出位置，也就是从输出流开始处到当前位置的字节数。

4. 文件流状态的判别

可以用文件流对象的下列成员函数来判别文件流的当前状态。

- is_open()：判断流对象是否与一个打开的文件相关联，若是，返回 true，否则返回 false。
- good()：刚进行的操作成功时返回 true，否则返回 false。

- fail()：与 good()相反，刚进行的操作失败时返回 true，否则返回 false。
- bad()：刚进行的操作是非法的返回 true，否则返回 false。
- eof()：进行读操作时，若到达文件尾返回 true，否则返回 false。

10.2.4 上机练习

【上机目的】

- 掌握文本文件的读写操作。
- 掌握二进制文件的随机读写操作。

1. 分析下列程序的运行结果，并上机调试，与分析结果比较是否一样。

```
using namespace std;
int main()
{
    ofstream fout("temp.txt",ios::trunc);
    fout<<"Hello Tangshan!\nTangshan Normal univercity…\n";
    fout.close();
    ifstream fin("temp.txt");
    char s[100];
    fin>>s;
    cout<<"************************\n";
    cout<<s<<endl;
    fin.seekg(0);
    fin.getline(s,100);
    cout<<"************************\n";
    cout<<s<<endl;
    cout<<"************************\n";
    fin.seekg(0);
    while(fin.getline(s,100))
        cout<<s<<endl;
    fin.close();
    return 0;
}
```

2. 在案例 24 中的 Student 结构类型，为什么使用 char name[lengthName]，而不用 string name 呢？改成 string name 可以吗？请上机调试，说明原因。

【思考与练习】

1. 简答题

(1) 在显示器上输出一个字符有哪些方法？输出一个字符串有哪些方法？

(2) 打开和关闭一个磁盘文件有哪些方法？

(3) 读写磁盘文件中的数据有哪些方法？

(4) 如何对文件进行随机存取操作？

2. 单选题

(1) ofstream fout("cjd.dat",iso::app|binary)；语句的功能是声明输出流对象 fout，并试图打

开 cjd.dat 文件，而且(　　)。

A. 若文件存在，将文件指针定位于文件首；若文件不存在，建立一个文件

B. 若文件存在，将其截为空文件，若文件不存在，打开失败

C. 若文件存在，将文件指针定位于文件尾；若文件不存在，建立一个文件

D. 若文件存在，打开失败；如文件不存在，建立一个新文件

(2) 在进行了任何 C++ 流的操作后，都可以用 C++ 流的有关成员函数检测流的状态，其中只能用于检测输入流操作的函数名是(　　)。

A. fail　　B. eof　　C. bad　　D. good

(3) 执行下列语句序列：

```
ofstream fout("cjd.dat");
if(……) cout<<"OK";
else cout<<"FAIL";
```

如果文件打开成功，显示 OK；否则显示 FAIL。由此可知，上面 if 语句省略号处的表达式是(　　)。

A. fout.fail()或 fout　　B. fout.good()或!fout

C. fout.good()或 fout　　D. fout.fail()或!fout

(4) 下述关于 read()函数的描述中，(　　)是对的。

A. 该函数只能从键盘输入中获得字符串

B. 该函数只能用于文本文件的操作

C. 该函数只能按规定读取指定数目的字符

D. 该函数读取的字符串可以直接显示在屏幕上

3. 编程题

(1) 与例 10.1 类似，输出整数 0～99 的平方根表，要求精确到小数点后 6 位，并且按 10 行 10 列的二维数据表的格式输出到一个文本文件中。

(2) 编写一个函数，把 course.txt 文本文件中的课程号、课程名、学分和学时(数据格式如图 10.13 所示)写入二进制文件 course.dat 文件中。函数原型为：

```
void createBinaryFile(char * txtFile,char * datFile);
```

课程号	课程名	学分	学时
0001	数据结构	4	64
0002	C++程序设计	4	64
0003	网络数据库开发	3	48
0004	网页制作	3	48
0005	photoshop图像制作	2	32

图 10.13　course.txt 文本文件格式

二进制文件的结构类型为：

```
struct course
{
    char num[6];                    //课程号
    char courseName[40];            //课程名
    float credit;                   //学分
```

```
    int classHours;                    //学时
};
```

本 章 小 结

标准设备的输入和输出、文件的输入和输出是编程常用的功能。本章通过格式化输出和随机读写文件两个程序案例，介绍了 C++ 语言的格式化输出到显示器或文件、按二进制格式随机读写文件的具体操作，并对输入/输出流类相关的成员函数进行了详细介绍和解释。

要利用 C++ 流对象，必须在程序中包含 iostream、fstream 和 iomanip 等文件。可以使用C++ 流中定义的 cin 和 cout 进行输入和输出，用非成员函数方式重载提取运算符“>>”和插入运算符“<<”，对不同类型的数据进行输入和输出，还可以使用操作符、控制标志和特殊的函数进行格式化输入和输出。在 C++ 语言中即可以对文本文件进行操作，也可以对二进制文件进行操作，进行读、写操作时可以灵活地对文件指针进行绝对定位或相对定位。

程序练习题

1. 统计英文文本文件 content.txt 中，有多少个大写字母、小写字母、数字、空格、换行以及其他字符。

2. 有一个英文文本文件 book.txt，文件中每一行都是由大小写字母组成，对文件每一行的大小写字母进行加密，加密规则如下：

(1) 将字符串前半部分每个字符减 1，后半部分每个字符加 1。比如，d 减 1 变为 c；d 加 1 变为 e。

(2) 如果字符串长度为奇数，中间字符不作处理。

(3) 字符为 a、z 或 A、Z 时做循环处理。比如，字符 a 减 1 是 z；字符 z 加 1 是 a。字符 A 减 1 是 Z，字符 Z 加 1 是 A。

(4) 将加密后的密文以文本的格式保存在 encrypt.txt 文件中。

3. 写一个解密程序，将第 2 题中的密文读出，解密后以文本文件的格式保存在 decrypt.txt 文件中。

第11章

综合实例

通过前面10章的学习，读者了解了C++语言作为面向对象程序设计语言的特点，以及C++语言既支持面向对象，也支持面向过程的独特程序设计风格。在学习本章之前，读者具备了编写顺序、分支和循环语句的能力，会编写函数用来实现数值计算或数据处理等功能，能够通过定义结构类型或类来声明结构变量或对象，具备对不同类型数据的封装及操作的能力，也具备解决一些较为复杂的数学问题或文件信息处理的能力。但是，如果想设计出较为复杂的数据处理功能的应用程序，读者除了需要具备C++语言程序设计的基础知识外，还应了解开发一个较为复杂的应用程序时，应具备的相关知识和应做的前期准备工作。本章通过开发一个课堂随机点名应用程序，提高解决实际问题的综合应用能力。

11.1 课堂随机点名应用程序分析与设计

教师在日常教学中，常用点名来考核学生的到课率，可以把到课率作为平时成绩的一部分。有时对全班同学点名，有时仅抽查部分学生。用计算机程序随机点名时，这次点到的同学下次还可能被点到，学生不能抱有侥幸心理，同时也具有趣味性，随机点名类似于抽奖一样，被抽到的同学还会很兴奋。因此，随机点名程序的应用不仅可即时呈现学生的上课出勤状况，还能为教师和学生节省宝贵的课堂时间。

本章介绍的课堂随机点名程序是基于Windows控制台的应用程序。通过对课堂随机点名程序的功能需求分析和系统设计，初探C++语言应用程序开发的整体过程。

11.1.1 需求分析

1. 程序用户

应用程序的用户是课堂教学班的教师。

2. 现有文件

每个教学班已有学生名单文件，比如网页制作班文件名为“网页制作班.txt”，数据结构班文件名为“数据结构班.txt”，文件名是班级名称，文件类型为 txt 文本文件。文件中的内容来自教务管理系统，包含学生的学号、姓名、性别和教学班名称。不同教学班的学生名单存入不同的文件，文件格式及文件的部分内容如图 11.1 所示。

学号	姓名	性别	教学班级
171400000888	顾其鹏	男	网页制作班
191400001238	张依铭	男	网页制作班
191400001239	韩卓霖	男	网页制作班
191400001240	袁鹏皓	男	网页制作班
191400001241	刘智龙	男	网页制作班
191400001242	李一帆	男	网页制作班
191400002805	邢高展	女	网页制作班
191400002806	张洋溢	女	网页制作班
191400002807	胡家喆	女	网页制作班
191400002808	吴晓蓓	女	网页制作班
191400002809	李月	女	网页制作班
191400002810	马润涵	女	网页制作班
191400002811	陈依珂	女	网页制作班
191400002812	吴思娴	女	网页制作班
191400002813	张鹏轩	男	网页制作班
191400002814	李露明	男	网页制作班
191400002815	赵蕊	女	网页制作班
191400002816	吴卓凡	女	网页制作班
191400002817	田雪莉	女	网页制作班
191400002818	睢丽影	女	网页制作班
191400002819	何莹莹	女	网页制作班
191400002820	王瑞	女	网页制作班

图 11.1　学生基本信息文件的格式及部分内容

3. 功能需求

(1) 添加、删除、修改和查询

尽管是文本文件，使用记事本等多款编辑软件都可以很方便地进行添加、删除、修改和查询操作，但是本节要求从程序设计的角度对文本文件进行操作，目的是让读者了解数据维护和查询功能的实现方法，建立程序设计思维。

(2) 随机点名及输出文件

输入抽查人数后，一个一个地显示随机抽到的学生名单，教师点名，学生答到后，教师记录“1”，否则记录“0”。点名完毕后，将出勤结果存入结果文件“教学班名称_Select.txt”中。例如，网页制作班的点名结果存入“网页制作班_Select.txt”文件中，文件内容除了记录学号、姓名、性别和教学班级外，还需记录是否出勤及点名时间。点名时间包含年、月、日，不管抽查多少人，同一次点名，点名时间为同一个时刻点，即用存盘时的系统时间。文件格式及文件的部分内容如图 11.2 所示。

(3) 出勤统计及输出文件

出勤统计功能较为简单，在输入统计年份后，显示本班在该年度点名的总次数，计算此教学班级中每个学生被点到的次数和出勤次数。在显示器上显示的同时，将统计结果保存到文本文件中，文本文件名是按“教学班级名称_出勤考核年份.txt”格式命名，例如统计教学班级“网页制作班”在 2022 年的出勤情况，则文件名为“网页制作班_2022.txt”，文件格式及文件的部分内容如图 11.3 所示。

191400002822	姚文靖	女	网页制作	1	2022-01-19_18:02:00
191400002824	王思楠	女	网页制作	1	2022-01-19_18:02:00
191400003841	潘雪倩	女	网页制作	0	2022-01-19_18:02:00
191400002819	何莹莹	女	网页制作	1	2022-01-19_18:05:18
171400000888	顾其鹏	男	网页制作	1	2022-01-19_18:05:18
191400002844	王颖娇	女	网页制作	0	2022-01-19_18:05:18
191400002838	王君	女	网页制作	1	2022-01-19_18:05:18
191400002807	胡家喆	女	网页制作	1	2022-01-19_18:05:18
191400002815	赵蕊	女	网页制作	0	2022-01-19_18:05:18
191400002836	于晓娟	女	网页制作	1	2022-01-19_18:05:18
191400002811	陈依珂	女	网页制作	1	2022-01-19_18:05:18
191400002810	马润涵	女	网页制作	0	2022-01-19_18:05:18
191400003838	敖金	女	网页制作	0	2022-01-19_18:05:18
191400002839	白杨	男	网页制作	1	2022-01-19_18:12:19
191400002826	马辰艳	女	网页制作	1	2022-01-19_18:12:19
191400003962	李家豪	男	网页制作	1	2022-01-19_18:12:19
191400002817	田雪莉	女	网页制作	1	2022-01-19_19:38:20
191400002847	赵有朋	男	网页制作	1	2022-01-19_19:38:20
191400002846	王欣怡	女	网页制作	0	2022-01-19_19:38:20
191400003842	罗小卫	男	网页制作	1	2022-01-19_19:38:20
191400002837	王亚宣	女	网页制作	1	2022-01-19_19:49:52
191400002819	何莹莹	女	网页制作	1	2022-01-19_19:49:52

图 11.2 学生出勤情况结果记录文件的格式及部分内容

学号	姓名	点到次数	出勤次数
171400000888	顾其鹏	1	1
191400001238	张依铭	0	0
191400001239	韩卓霖	0	0
191400001240	袁鹏皓	0	0
191400001241	刘智龙	0	0
191400001242	李一帆	0	0
191400002805	邢高展	1	1
191400002806	张洋溢	1	0
191400002807	胡家喆	2	2
191400002808	吴晓蓓	1	1
191400002809	李月	0	0
191400002810	马润涵	2	1
191400002811	陈依珂	3	3
191400002812	吴思娴	0	0
191400002813	张鹏轩	0	0
191400002814	李露明	2	2
191400002815	赵蕊	1	0
191400002816	吴卓凡	0	0
191400002817	田雪莉	1	1
191400002818	睢丽影	1	0
191400002819	何莹莹	3	3
191400002820	王瑞	1	1
191400002821	董雪琪	0	0
191400002822	姚文靖	1	1
191400002823	解丽华	1	1
191400002824	王思楠	2	2
191400002825	王涵	2	2
191400002826	马辰艳	2	2
191400002827	解东	1	1

图 11.3 出勤统计结果文件的格式及部分内容

11.1.2 结构与功能设计

1. 数据结构设计

(1) 学生类(Student)

学生名单文件是学生基本信息文件,从文件中可以看出每个学生信息的数据结构相同。如果每一行学生信息是一个数据,包含的学号(字符串类型)、姓名(字符串类型)、性别(字符串类型)和教学班级名称(字符串类型)是每一个数据的数据项,因此学生类型包含 4 个数据项,4 个数据项就是学生类的数据成员。数据成员定义为私有数据成员,起到对数据成员的封装和保护作用。若想使私有数据和其他类的数据进行交互操作,就必须为学生类定义公有的成员函数,用于操作学生类的私有数据成员。基本的操作有数据成员的读取、修改、数据输入、数据成员的显示等。通过需求分析,学生类定义如下:

```
class Student
{
public:
    Student(){    }                                                  //默认构造函数
    Student(string id,string name,string gender,string cName)      //构造函数
    {
        this->id=id;
        this->name=name;
        this->gender=gender;
        this->cName=cName;
}
    string getId()                                                   //返回学号
    {
        return id;
    }
    void setId(string Id)                                            //修改学号
    {
        id=Id;
    }
    string getName()                                                 //返回姓名
    {
        return name;
    }
    void setName(string Name)                                        //修改姓名
    {
        name=Name;
    }
    string  getGender()                                              //返回性别
    {
        return gender;
    }
    void setGender(string Gender)                                    //修改性别
    {
        gender=Gender;
```

```
    }
    string getcName()                              //返回班级名称
    {
        return cName;
    }
    void setcName(string CName)                    //修改班级名称
    {
        cName=CName;
    }
    void inputStudent()                            //输入学生信息
    {
        cout<<"请输入学号(12 位数字字符): ";
        cin>>id;
        //检查学号是否为 12 位的数字字符
        while(id.length()!=12||!allIsNum(id)
        {
            cout<<"序号无效! 请重新输入学号(12 位数字字符): ";
            cin>>id;
        }
        cout<<"请输入姓名: ";
        cin>>name;
        cout<<"请输入性别(男/女): ";
        cin>>gender;
        cout<<"请输入班级名称: ";
        cin>>cName;
    }
//显示学生基本信息
void print();
{
        cout<< id<<"\t"<< name << "\t"<< gender << "\t" << cName << endl;
}
private:
    string  id;                                    //学号
    string  name;                                  //姓名
    string gender;                                 //性别(男/女)
    string  cName;                                 //班级名称
};
```

说明：在定义从键盘输入学生基本信息的 inputStudent()函数中，对于学生学号的录入做了有效性验证，如果学号是 12 位数字字符就通过验证，否则需要重新输入学生的学号。

(2) 学生管理类(StudentManage)

一个教学班的学生人数是不确定的，既有可能是 30 人，也有可能是 50 人，还可能更多，但是考虑到一个教学班通常不会超过 200 人，因此本案例中设置了班容量的值为 200，即数组长度为 200。对于一个教学班的学生进行增加、删除、查询或修改是最基本的操作，用来维护一个班级学生基本数据的正确性和完整性。本案例中除了基本操作外，最重要的功能是随机点名和出勤统计功能。学生管理类数据成员除了包含学生数组用于存储全班学生基本信息外，还需要有一个数据成员用于保存班级学生人数。本类中的成员函数就是用于对学生数组和班级人数的操作。学生管理类

StudentManage 的定义如下：

```
class StudentManage {
public:
    //构造函数,根据班级名称 cn,初始化班级列表
    StudentManage(string cn);
    //把本班所有学生存入学生名单文件
    void saveStudent();
    //把选中的学生存入出勤结果记录文件,不仅存入学生基本信息
    //还要保存是否出勤标记和点名时间
    void saveSelectedStudent(Student s,bool flag,string wTime);
    //显示学生名单文件中的所有学生信息,一个一个显示
    void quickDisplay();
    //显示学生列表中的所有学生名单,整体显示
    void printStudent();
    //显示指定位序的学生的详细信息
    void pirntStudent(int k);
    //将文件里所有的学生读入内存中
    void loadStudent();
    //向学生名单文件中添加学生 s
    void addStudent(Student s);
    //随机抽查 m 个学生进行点名
    void randStudent(int m);
    //按姓名查找学生,返回在学生列表中的位序,flag 为 1 表示精准查找
    //flag 为 2 表示模糊查找,显示器上显示查找结果
    void findStudent(string mame,int flag);
    //根据学号查询学生的位序,如果不存在返回 0
    int findStudent(string id);
    //删除指定学号的学生
    void delStudent(string Id);
    //修改指定学号的学生信息
    void updateStudent(string Id);
    int getSize()                              //返回班级学生人数
    {
        return size;
    }
    string getStudentName(int i)               //返回数组下标为 i 的学生的姓名
    {
        return studentArray[i].getName();
    }
    string getStudentID(int i)                 //返回数组下标为 i 的学生的学号
    {
        return studentArray[i].getId();
    }
private:
    Student studentArray[MAXSTUDENT];          //学生名单
    int size;                                  //学生人数
    bool isExist(Student s);                   //判断学生是否在学生名单中
};                                             //学生管理类
```

(3) 学生出勤情况结构类型(Result)

从图 11.2 学生出勤情况结果记录文件可以看出,出勤记录结果不仅保存学生基本信息,还保存了学生是否出勤的标记和点名时间。此文件仅用于出勤统计,并不需要增加、删除和修改,仅需用此类型的数据做统计,是统计过程的中间数据,因此定义成一个结构类型即可,代码如下:

```
struct Result
{
    string id;                              //学号
    string name;                            //姓名
    string gender;                          //性别
    string cName;                           //班级名称
    string attendanceFlag;                  //出勤标记,1 表示出勤,0 表示缺勤
    string attendanceTime;                  //点名时间
};                                          //出勤情况类型,只是记录学号、姓名和是否出勤
```

(4) 学生出勤情况统计结果类(ResultStudent)

从图 11.3 出勤统计结果文件的内容可以看出,要统计某个教学班、某一年的出勤情况,除了显示学生的学号、姓名,还要计算每个学生被抽到点名的次数和出勤次数,用两列数据来自记录出勤情况,根据需要定义该类的数据成员和成员函数如下:

```
class ResultStudent
{
public:
    string getId()                          //返回学号
    {
        return id;
    }
    void setId(string Id)                   //修改学号
    {
        id=Id;
    }
    string getName()                        //返回姓名
    {
        return name;
    }
    void setName(string Name)               //修改姓名
    {
        name=Name;
    }
    int getTotalNum()                       //返回被随机抽到点名总次数
    {
        return totalNum;
    }
    void setTotalNum(int TotalNum)          //修改被随机抽到点名总次数
    {
        totalNum=TotalNum;
    }
    int getAttendanceNum()                  //返回出勤次数
```

```
    {
        return attendanceNum;
    }
    void setAttendanceNum(int AttendanceNum) //修改总出勤次数
    {
        attendanceNum=AttendanceNum;
    }
    void printResultStudent()
    {
        cout<<id<<"\t"<<name<<"\t"<<totalNum<<"\t"<<attendanceNum<<endl;
    }
private:
    string id;                                  //学号
    string name;                                //姓名
    int totalNum;                               //点名总次数
    int attendanceNum;                          //出勤次数
};                                              //统计结果类
```

2. 程序功能设计

(1) 程序主功能菜单

教师运行课堂随机点名应用程序后,首先需要输入上课的教学班级名称,程序依据班级名称,完成所管理班级信息的初始化工作。接着显示程序的主功能菜单,程序的主功能包括的 7 个功能模块,分别是添加学生信息、删除学生信息、修改学生信息、查询学生信息、显示班级信息、随机点名和出勤统计功能。课堂随机点名应用程序的主功能模块图如图 11.4 所示。

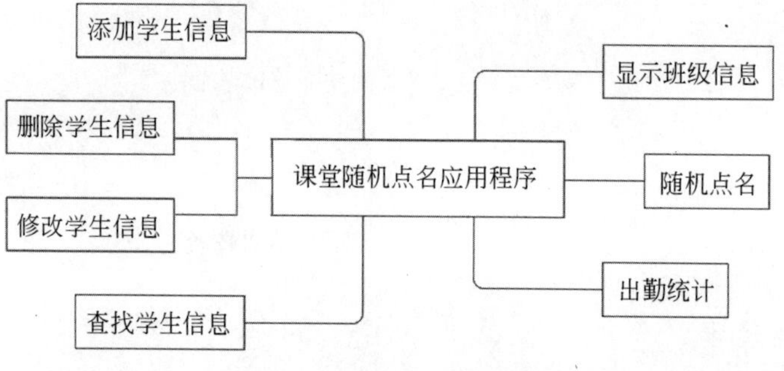

图 11.4　程序主功能模块图

根据班级名称,将对应文件中的学生数据载入内存,由学生管理类的构造函数完成,构造函数代码如下:

```
StudentManage::StudentManage(string cn)       //cn 为教学班级名称
{
    int i=0;
    ifstream ifs;
    STUDENTLISTS=cn+".txt";                    //文件名
    ifs.open(STUDENTLISTS, ios::in);           //打开文件
    if(!ifs.is_open())
        fstream(STUDENTLISTS);                 //如果文件不存在,则创建文件
```

```
    /*将数据从文件读出存入内存的过程*/
    string id;string name; string gender; string cName;
    while (ifs >> id && ifs >> name&& ifs >> gender && ifs >> cName)
    {
        if(cName==cn)          //将指定班级的学生添加到studentArray数组中
        {
         Student s(id,name,gender,cName);
         studentArray[i++]=s;
      }
    }
    size=i;
    ifs.close();               //关闭文件
}
```

编写显示输出的主菜单函数，在提示行后面输入功能模块所对应的数字序号，代表选择不同的功能，函数代码如下：

```
void showMenu()                //一般函数
{
    cout << "******************************" << endl;
    cout << "****** 1. 添加学生信息 ******" << endl;
    cout << "****** 2. 删除学生信息 ******" << endl;
    cout << "****** 3. 修改学生信息 ******" << endl;
    cout << "****** 4. 查找学生信息 ******" << endl;
    cout << "****** 5. 显示班级信息 ******" << endl;
    cout << "****** 6. 随 机 点 名  ******" << endl;
    cout << "****** 7. 出 勤 统 计  ******" << endl;
    cout << "****** 8. 退    出     ******" << endl;
    cout << "******************************"<< endl;
}
```

(2) 添加学生信息功能设计

在完成向 studentList.txt 文件中添加学生基本信息前，需要做两次数据的检验。

① 检查当前班级容量是否已经用完。考虑到教学班容量最大不会超过 200 人，如果新添加一个学生导致班级学生总数超过了 200 人，将不再允许添加学生基本信息。如果班级容量没有用完，则可以输入学生基本信息。

② 检查新录入的学生信息是否已经在 studentList.txt 文件中。检查存在性是依据学生学号来判断，同一个教学班级可以有同名的学生，但是不会出现学号相同的学生。若已经存在，则提示“学生已经存在，不需要添加”，若不存在，才允许添加学生。并且在添加每一个学生的数据后就将其存入文件，然后询问是否需要继续添加学生信息。

基于上面添加学生信息功能模块的设计，画出添加学生基本信息功能的流程图，如图 11.5 所示。

添加学生基本信息函数代码如下：

```
void StudentManage::addStudent(Student s)
{
     if(size >= MAXSTUDENT)                            //判断班级容量是否已满
```

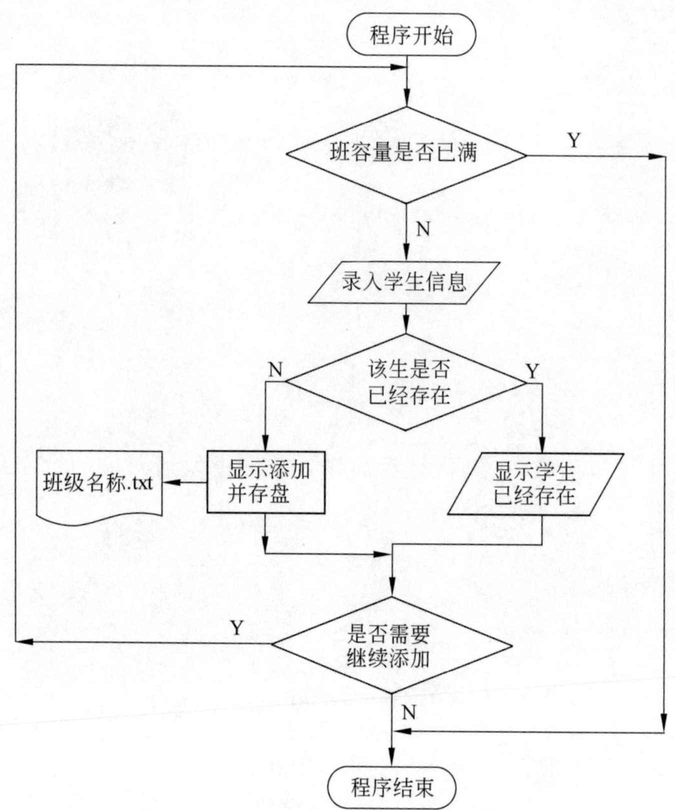

图 11.5　添加学生信息功能数据处理流程图

```
    {
        cout << "班级容量已满!" << endl;
        return;
    }
    for (int i = 0; i < size; i=i+1)
    {
        if(studentArray[i].getId()==s.getId())      //判断该生是否存在
        {
            cout<<"该学生已经存在无须添加!!!" <<endl;
            system("pause");
            return;
        }
    }
    studentArray[size++] = s;                       //添加到本班最后
    saveStudent();                                  //保存到文件
}
```

文件保存功能函数代码如下：

```
void StudentManage::saveStudent()
{
    ofstream ofs;
```

```
    ofs.open(STUDENTLISTS, ios::out);              //打开文件写学生名单
    if(!ofs.is_open())return;
    ofs << "学号\t\t 姓名\t 性别\t 教学班级名称\n";    //写入标题
    for (int i = 0; i < size; i++)                 //将内存数组内容存入文件
    {
        ofs << studentArray[i].getId() <<"\t"
        << studentArray[i].getName() <<"\t"
        << studentArray[i].getGender() <<"\t"
        << studentArray[i].getcName()<<endl;
    }
    ofs.close();                                   //关闭文件
}
```

(3) 删除学生信息功能设计

删除学生信息功能是删除指定学号学生的相关信息。

① 输入要删除学生的学号，依据学号若在本班找不到待删除学生，则显示“查无此人!”；若找到，则显示要删除学生的基本信息。

② 为了防止误删数据，需要用户确认是否删除该学生信息。如果选择确定，则删除该学生，并将结果保存到学生名单文件中。如果选择取消，则不会删除学生数据。删除学生信息功能数据处理流程图如图 11.6 所示。

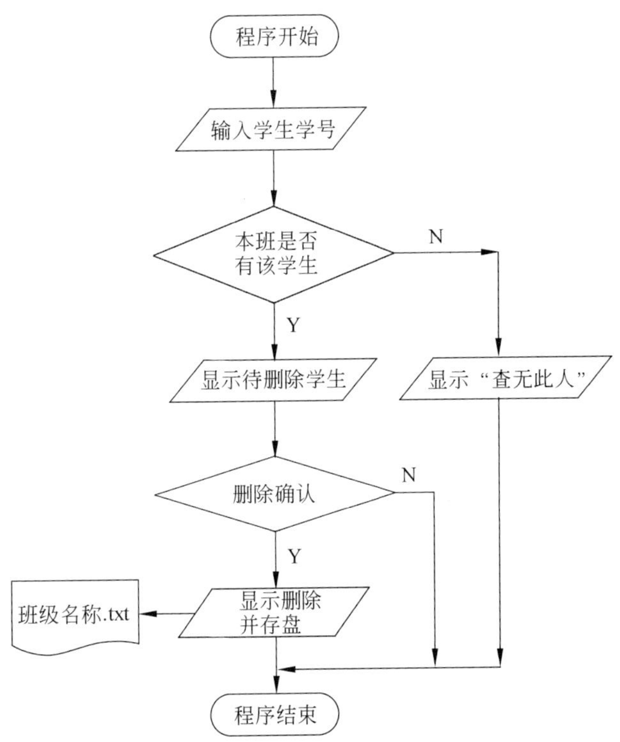

图 11.6 删除学生信息功能数据处理流程图

删除学生信息的程序代码如下：

```
void StudentManage::delStudent(string Id)
```

```
{
    int i;
    for (i = 0; i < size; i++)
    {
        if(studentArray[i].getId() == Id)
        {
            studentArray[i].print();
            cout << "是否删除? 确定删除输入: 1,取消删除输入: 2" << endl;
            cout << "1. 确定" << endl;
            cout << "2. 取消" << endl;
            cout<<"请输入数字: ";
            int delOk;
            cin >> delOk;
            if(delOk == 1)
            {
                for(int k = i; k<size; k++)     //后面的学生前移
                {
                  studentArray[k] = studentArray[k + 1];
                }
                size--;                         //学生人数减 1
                saveStudent();                  //存盘
                cout << "删除成功!" << endl;
                system("pause");
            }
        }
    }
    if(i==size)
    {
        cout<<"查无此人! \n";
        system("pause");
    }
}
```

(4) 修改学生信息功能设计

修改已经存在的学生的信息,与删除学生信息有类似之处。

① 输入要修改学生的学号,依据学号若在本班找不到待修改的学生,则显示“查无此人!”;若找到,则显示要修改学生的基本信息。

② 在修改学生基本信息时,需要重新输入学生的学号、姓名、性别和班级,即便是不需要修改的数据项也需要重新输入,输入后将新数据存储到班级学生名单文件中。修改学生信息功能数据处理流程图如图 11.7 所示。

修改学生信息的程序代码如下:

```
void StudentManage::updateStudent(string Id)
{
    int k=findStudent(Id);                 //查找本班级是否有该学生
    if(k)                                  //如果找到
    {
```

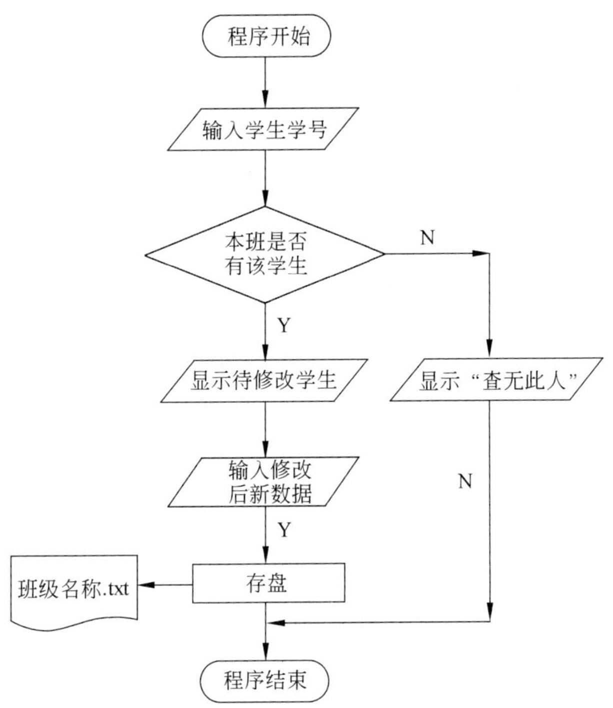

图 11.7 修改学生信息功能数据处理流程图

```
        cout<<"本学生的信息如下: \n";
        pirntStudent(k);
        Student s;
        cout<<"输入修改后的信息:\n";
        s.inputStudent();
        studentArray[k-1]=s;            //修改学生信息
        saveStudent();                  //存盘
        cout<<"修改成功! \n";
    }
    else
        cout<<"查无此人!"<<endl;
}
```

在上面的修改数据函数中，在查找待修改学生是否在本班级时，调用了 findStudent()函数，本函数的功能是根据学号找到该生在班级里面的序号。findStudent()函数的代码如下：

```
int StudentManage::findStudent(string Id)
{
    for(int i = 0; i < size; i++)
    {
        if(studentArray[i].getId() == Id)
        return i+1;                     //找到返回学生的序号
    }
    return 0;                           //找不到返回 0
}
```

(5) 查询学生信息功能设计

通过学号查找学生在删除功能和修改功能模块里都涉及了,现在要介绍的功能是实现任课教师根据学生姓名来查询学生信息。学生信息查询功能支持精确查询和模糊查询两种查询方式。如果用户选择精确查询,必须准确输入学生的全名,才能查询到该姓名所有学生的信息(学生可能会有重名)。如果用户选择模糊查询,只要输入学生姓名中的某个字,即可完成学生信息查询。学生信息查询的结果包括与输入字符相匹配的全部符合条件的学生,把这些学生的信息显示到屏幕上。查询学生信息功能流程图如图 11.8 所示。

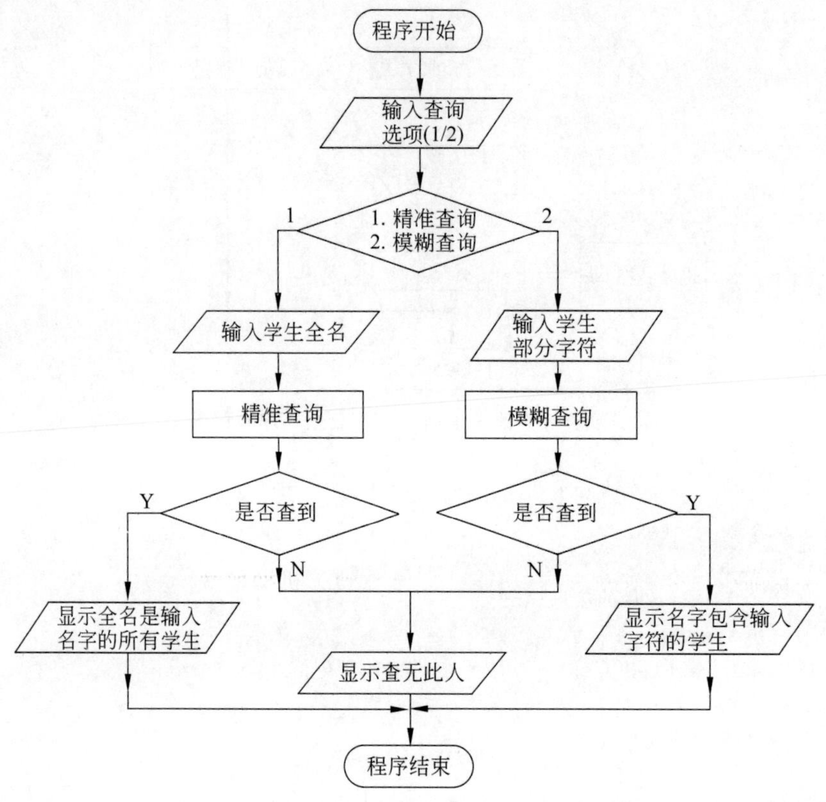

图 11.8　查询学生信息功能数据处理流程图

对于查询功能数据处理流程,编写程序函数代码如下:

```
void StudentManage::findStudent(string name,int select)
{
    int i;
    if(select == 1)
    {
        for (i = 0; i < size; i++)
            if(name == studentArray[i].getName())
                studentArray[i].print();
         system("pause");
    }
    else
    {
```

```
        for (int i = 0; i < size; i++)
        {
        int f=studentArray[i].getName().find(name);
        if(f>=0)
            studentArray[i].print();
        }
        system("pause");
    }
    if(i==size) cout<<"查无此人! \n";
}
```

(6) 显示班级信息功能设计

此模块功能比较简单,显示所选教学班级全体学生的基本信息,包括学号、姓名、性别、教学班级名称,并且要求每行显示一名学生信息。其函数代码如下:

```
void StudentManage::printStudent()
{
    cout << "学号\t\t 姓名\t 性别\t 教学班级名称\n";
    for (int i = 0; i < size; i++)
    {
        studentArray[i].print();
    }
    system("pause");
}
```

(7) 随机点名模块功能设计

该功能为课堂随机点名程序的核心功能。任课教师随机抽取教学班级学生进行课堂点名,该功能分两步实现。

① 需要输入本次随机点名学生的人数。

② 利用随机函数 rand(),在步骤①输入的学生人数是多少,就随机生成多少个不同的整数,这些整数的取值范围为大于或等于 0,且小于或等于班级人数减 1,作为被点到学生在学生数组中的数组下标,将点到的学生基本信息显示在显示器中,当学生在课堂中应答后,任课教师就输入 1,否则任课教师就输入 0。

点名结束后,程序将被点到名的学生基本信息、表示出勤的数字 1 或表示缺勤的数字 0 及本次点名的时间(时间为年月日及时分秒"xxxx-xx-xx_xx:xx:xx"的格式,本次点到名的所有学生按同一时刻保存,取值为存盘时的系统时间)。将这些内容以文本文件的格式存入"教学班名称_Select.txt"点名结果文件中,此文本文件可供出勤统计模块使用。随机点名功能模块的流程图如图 11.9 所示。

对应程序流程图,写出程序代码如下:

```
//随机选择 m 个同学,存入 selectedArray 数组中
void StudentManage::randStudent(int m)
{
    //Student * selectedArray=new Student[m];  //保存随机点到名的同学的数据
    srand((unsigned)time(0));                  //时间作为随机种子
    int index=-1;
```

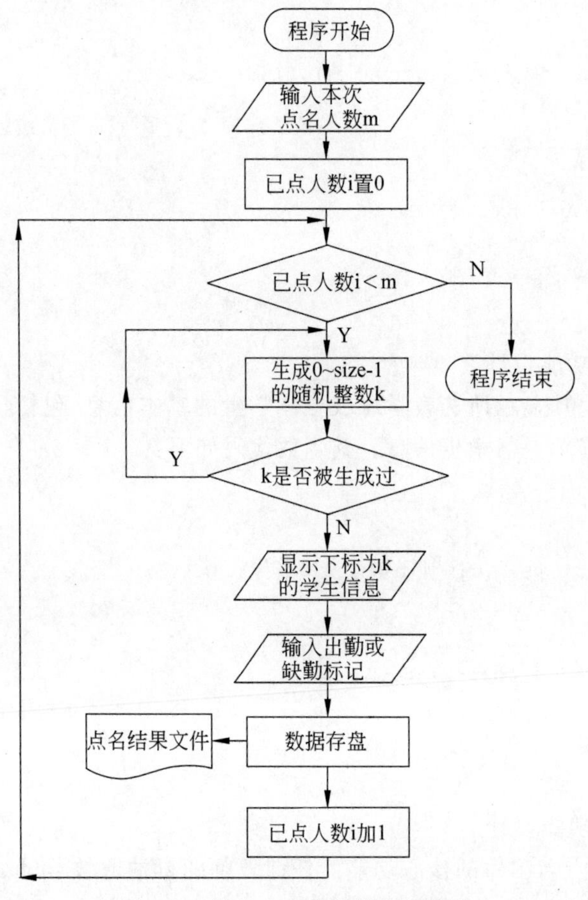

图 11.9 随机点名功能模块流程图

```
int rd[100];                                         //随机数组,作为学生列表数组的下标
SYSTEMTIME st;                                       //取得当前系统时间
GetLocalTime(&st);
string wT=to_string(st.wYear)+"-"+to_string(st.wMonth+100).substr(1,2)
+"-"+to_string(st.wDay+100).substr(1,2);  //年月日
wT+="_"+to_string(st.wHour+100).substr(1,2)+":"+
to_string(st.wMinute+100).substr(1,2)+
":"+to_string(st.wSecond+100).substr(1,2)+"\n";        //时分秒
for (int i = 0; i < m;i++)                           //生成 m 个随机数
{
    index= (rand() %(size));                         //生成一个 0～size-1 的随机数作为数组下标
    for(int j=0;j<i;j++)
    {
        if(rd[j]==index)                             //下标重复
        {
            index= (rand() %(size));                 //重新生成随机数(0~size-1)
            j=-1;
        }
    }
```

```
        rd[i]=index;                          //赋值给随机数数组
        //selectedArray[i]=studentArray[index];
        cout<< "随机选出的第"<<i+1<<"位同学"<<"\t";
        studentArray[index].print();
        cout<<"是否出勤?(出勤输入'1',否则输入'0')"<<endl;
        bool flag;                            //1 表示出勤,0 表示缺勤
        cin>>flag;
        saveSelectedStudent(studentArray[index],flag,wT);
    }
}
//存放点名结果函数
void StudentManage::saveSelectedStudent(Student s,bool flag,string wTime)
{
    STUDENTSELECT=s.getcName()+"_Select.txt"; //点名结果存放文件
    ofstream ofs;
    ofs.open(STUDENTSELECT, ios::out|ios::app);
    if(!ofs.is_open()) return;
    ofs << s.getId() << "\t"    << s.getName() << "\t"    << s.getGender()
    << "\t"<<s.getcName()<<"\t"<<flag;
    ofs<<"\t"<<wTime;
    ofs.close();
    cout<<"ok"<<endl;
}
```

(8) 出勤统计模块功能设计

本模块的功能是对随机点名功能模块产生的点名结果进行统计。首先输入统计年份,根据班级名称和年份计算出本年度总共点名的次数。接着计算出每个同学被点到的总次数,因为每次点名人数不定,所以每个同学被点到的次数也是不确定,同时也要计算被点到的同学的出勤次数,把统计结果输出到显示器,并保存到统计结果文件中,统计结果文件的命名格式为"教学班级名称_年份.txt"文件。出勤统计功能模块的流程图如图 11.10 所示。

本案例中出勤统计功能是由一个普通函数实现的,函数的形参共有四个。第一个参数是统计结果类型的数组,第二个参数是结构类型数组的长度,第三个参数是班级名称,第四个参数是统计年份。在函数体内定义了一个记录出勤情况的向量,向量的大小不用预先声明。函数的代码如下:

```
//统计出勤情况
void countAttendance(ResultStudent rsArray[],int n,
                     string className,string year)
{
    vector<Result> relArray;               //定义点名结果类型向量,因为不知道点名次数
    //打开点名结果文件,符合班级和年份条件的放入结果向量
    //按照不同的点名时间统计点名次数
    int num=0;                             //点名次数
    string attandanceTime[40];             //每学期点名不会超过 40 次
    ifstream fin;                          //声明读文件对象
    STUDENTSELECT=className+"_Select.txt";
    fin.open(STUDENTSELECT);               //打开读文件
```

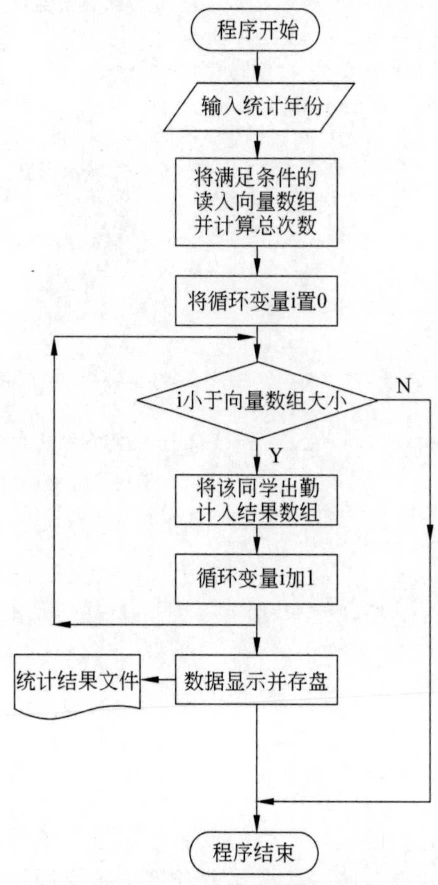

图 11.10　出勤统计功能模块流程图

```
if(!fin)
{
    cout <<STUDENTSELECT<<"文件打开失败!"<<endl;
    abort();
}
string everyLineStr;                                    //每行字符串
Result temp;                                            //点名结果结构临时变量
//在显示器上显示,并保存在"班级名称_年份.txt"文件中
string saveFileName=className+"_"+year+".txt";          //文件名
ofstream fout;                                          //声明读文件对象
fout.open(saveFileName);                                //打开读文件
if(!fout)
{
    cout <<saveFileName<<"文件打开失败!"<<endl;
    abort();
}
while(getline(fin,everyLineStr))                        //从头开始读文本文件的每一行
{
    istringstream ss(everyLineStr);                     //定义字符串流对象 ss
```

```
    ss>>temp.id;                      //第一个空格前字符串读入 temp.name 中,是学生学号
    ss>>temp.name;                    //姓名
    ss>>temp.gender;                  //性别
    ss>>temp.cName;                   //班级名称
    ss>>temp.attentdanceFlag;         //是否出勤: 1 表示出勤,0 表示缺勤
    ss>>temp.attentdanceTime;         //点名时间
    if(temp.attentdanceTime.substr(0,4)==year)
    {
        //将临时结构变量 temp 添加到学生向量 relArray 中
        relArray.push_back(temp);
        int i=0;
        while(i<num)
        {
            //如果记录点名时间的数组已经有此点名时间
            if(attandanceTime[i]==temp.attentdanceTime)
                break;
            else i++;                 //看下一个
        }
        if(i==num)                    //若没有就加入数组
        {
            attandanceTime[i]=temp.attentdanceTime;
            num++;                    //时间数加 1
        }
      }
}
fin.close();                          //关闭读文件
cout<<className<<"在"<<year<<"年共点名"<<num<<"次"<<endl;
fout<<className<<"在"<<year<<"年共点名"<<num<<"次"<<endl;
//去 relArray 向量统计每个学生的点名次数,点到 totalNum 加 1
//出勤,rsArray 数组中的 attendanceNum 数据项加 1
int len=relArray.size();              //向量中数据的格式
for(int i=0;i<len;i++)
{
    for(int k=0;k<n;k++ )
    {
        if(relArray[i].id==rsArray[k].getId())
        {
            int tmp=rsArray[k].getTotalNum();
            rsArray[k].setTotalNum(tmp+1);            //点名次数加 1
            if(relArray[i].attentdanceFlag=="1")
            {
                int t=rsArray[k].getAttendanceNum();
                rsArray[k].setAttendanceNum(t+1);    //出勤次数加 1
            }
        }
    }
}
cout<<"学号\t\t 姓名\t 点到次数\t 出勤次数\n";            //显示器上显示标题行
```

```
    fout<<"学号\t\t姓名\t点到次数\t出勤次数\n";           //标题行
    for(int i=0;i<n;i++)
    {
        rsArray[i].printResultStudent();
        fout<<rsArray[i].getId()<<"\t"<<rsArray[i].getName()<<"\t"
        <<rsArray[i].getTotalNum()<<"\t"<<rsArray[i].getAttendanceNum()
        <<"\n";
    }
    cout<<"已将统计结果写入"<<saveFileName<<"文件中"<<endl;
}
```

11.2 主函数的定义与程序运行

11.2.1 文件包含和主函数的定义

1. 文件包含

本案例中，生成随机数时用到 time(0)函数，用当前的系统时间作为每一次生成随机数时的随机种子，需要包含 time.h 头文件。使用操作系统的当前日期和时间，SYSTEMTIME st;语句用于定义结构类型变量 st，GetLocalTime(&st)；语句是读取系统日期和时间到 st 变量，需要包含 windows.h 头文件。istringstream ss(everyLineStr)；语句中是定义字符串流对象 ss，需要包含 sstream 文件，本案例中是利用字符串流对象把字符串以空格为分隔符进行分隔处理。使用 ifstream fin;语句声明 ifstream 类的 fin 读文件流对象，ofstream fout;语句中用 ofstream 类声明 fout 写文件流对象时，需要包含 fstream 文件。使用标准输入流对象 cin 和标准输出流对象 cout 时，需要包含 iostream 文件。在出勤统计函数中的 vector<Result> relArray;语句用到了可变大小的序列容器向量，因此需要包含 vector 文件。具体代码如下：

```
#include <time.h>
#include <windows.h>
#include <sstream>                          //字符串流,本案例用于把字符串以空格进行分割
#include <fstream>
#include <iostream>
#include <vector>                           //向量,可变大小的序列容器类
using namespace std;
const int MAXSTUDENT=200;                   //教学班学生人数最大值
string  STUDENTLISTS;                       //学生名单文件
//保存随机点名学生名单、是否出勤及点名时间
const string STUDENTSELECT;                 //点名结果文件
bool allIsNum(string s)                     //判断字符串是否为数字字符
{
    for(int i=0;i<s.length();i++)
        if(s[i]<48||s[i]>57)                //不是数字字符
            return false;
    return true;                            //是数字字符
}
```

2. main 函数

主函数首先提示输入点名的教学班级名称，程序根据班级名称打开对应班级的学生名单文本文件，进行数据初始化。在显示器上显示所选教学班的人数，然后进入主程序的功能页面，根据需求，输入功能模块前所对应的序号，最后按提示完成功能模块的相关操作。程序的主函数代码如下：

```
int main()
{
    string className;
    cout<<"数据初始化--输入上课班级:";
    cin>>className;
    cout<<className;
    StudentManage stuList(className);          //初始化学生列表
    cout<<"数据初始化完毕--本班共有学生"<<stuList.getSize()<<"人"<<endl;
    cout << "============================================="<< endl;
      int select;
    cout << "欢迎来到课堂随机点名系统" << endl;
    while(true)
    {
        showMenu();
        cout << "请输入功能模块前的数字(例如: 添加学生信息,输入数字 1): ";
        cin >> select;
        switch (select)
        {
        case 1:                                //添加在基本信息文件尾
            Student s;
            s.inputStudent();
            stuList.addStudent(s);
            break;
        case 2:                                //按指定的学号删除学生
            string id;
            cout << "请输入被删除学生的学号: ";
            cin >> id;
            stuList.delStudent(iD.;
            break;
        case 3:                                //修改指定学号的学生信息
            string Id;                         //学生学号
            cout<<"请输入学生学号: ";
            cin>>Id;
            stuList.updateStudent(Id);
            system("pause");
            break;
        case 4:                                //按姓名精准查询和模糊查询
            string name;
            cout << "请输入被查询学生的姓名: ";
            cin >> name;
            cout << "请输入精确查询 or 模糊查询" << endl;
```

```
            cout << "1、精确查询" << endl;
            cout << "2、模糊查询" << endl;
            int select;
            cin >> select;
            stuList.findStudent(name,select);
            break;
        case 5:                                              //显示班级所有学生基本信息
            stuList.printStudent();
            break;
        case 6:                                              //随机点名
            int n;                                           //随机人数
            cout<<"请输入随机人数: ";
            cin>>n;
            stuList.randStudent(n);
            break;
        case 7:
            string  year;                                    //统计年份
            cout<<"请输入统计年份:";
            cin>>year;
            int studentNum=stuList.getSize();
            //申请空间
            ResultStudent *rsArray=new ResultStudent[studentNum];
            //把本班的全部学生复制到结果数组 rsArray 中
            int n=stuList.getSize();                         //本班学生人数
            for(int i=0;i<n;i++)
            {
                //从学生列表名单里读取数据
                rsArray[i].setId(stuList.getStudentID(i));
                rsArray[i].setName(stuList.getStudentName(i));
                rsArray[i].setTotalNum(0);                   //点名总次数置 0
                rsArray[i].setAttendanceNum(0);              //出勤次数置 0
            }
            countAttendance(rsArray,n,className,year);       //统计
            system("pause");
            break;
        case 8:
            cout << "欢迎下次使用!" << endl;
            system("pause");
            return 0;
            break;
        }
    system("cls");
    }
    system("pause");
    return 0;
}
```

11.2.2　程序的执行过程及运行结果

1. 主函数

运行本案例时，例如输入教学班级“网页制作班”，程序的运行结果如图 11.11 所示。

```
数据初始化——输入上课班级:网页制作班
网页制作班数据初始化完毕——本班共有学生59人
==============================================
欢迎来到课堂随机点名系统
******************************
****** 1、添加学生信息 ******
****** 2、删除学生信息 ******
****** 3、修改学生信息 ******
****** 4、查找学生信息 ******
****** 5、显示班级信息 ******
****** 6、随 机 点 名  ******
****** 7、出 勤 统 计  ******
****** 8、退    出     ******
******************************
请输入功能模块前的数字(例如：添加学生信息，输入数字1)：
```

图 11.11　主函数的运行结果

除了显示“本班共有学生 59 人”外，还显示 8 项功能菜单。

2. 随机点名模块

在提示语句“请输入功能模块前的数字”后输入数字“6”时，进入本案例的随机点名功能。再输入本次随机点名的人数，例如输入“5”，程序会从 59 人中一个一个地随机抽出 5 个学生，任课教师点名被抽到的学生，确认学生应答后，教师输入到课标记“1”，表示该学生出勤，否则输入缺课标记“0”，表示该学生缺勤。完成操作后，被点到的学生的基本信息、出勤情况和点名时间被存入点名结果文本文件中，程序的运行过程如图 11.12 所示。

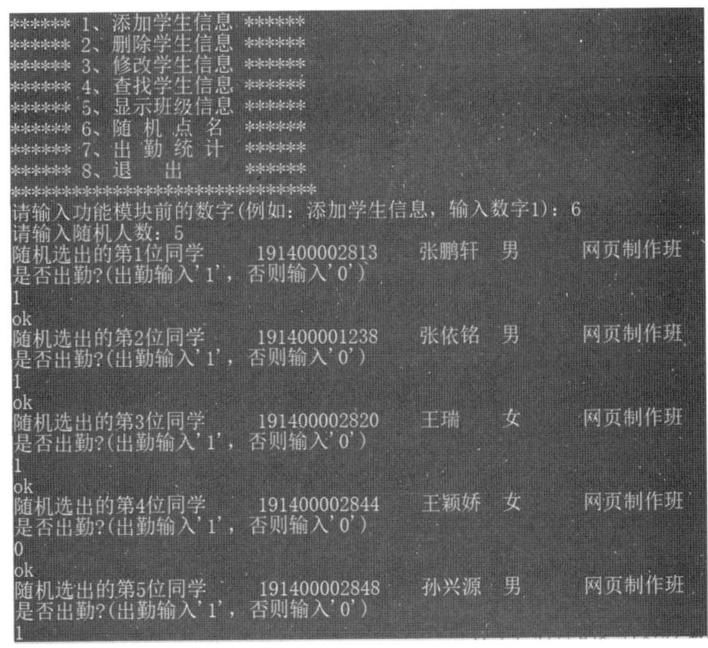

```
****** 1、添加学生信息 ******
****** 2、删除学生信息 ******
****** 3、修改学生信息 ******
****** 4、查找学生信息 ******
****** 5、显示班级信息 ******
****** 6、随 机 点 名  ******
****** 7、出 勤 统 计  ******
****** 8、退    出     ******
******************************
请输入功能模块前的数字(例如：添加学生信息，输入数字1)：6
请输入随机人数：5
随机选出的第1位同学      191400002813     张鹏轩  男      网页制作班
是否出勤?(出勤输入'1'，否则输入'0')
1
ok
随机选出的第2位同学      191400001238     张依铭  男      网页制作班
是否出勤?(出勤输入'1'，否则输入'0')
1
ok
随机选出的第3位同学      191400002820     王瑞    女      网页制作班
是否出勤?(出勤输入'1'，否则输入'0')
1
ok
随机选出的第4位同学      191400002844     王颖娇  女      网页制作班
是否出勤?(出勤输入'1'，否则输入'0')
0
ok
随机选出的第5位同学      191400002848     孙兴源  男      网页制作班
是否出勤?(出勤输入'1'，否则输入'0')
1
```

图 11.12　随机点名功能的执行过程

假如本次点名只有第 4 个同学王颖娇缺勤，输入了“0”外，其他同学全部到课，输入“1”，那么本次运行结束后，在点名结果文件中存入的信息将如图 11.13 所示。

191400002813	张鹏轩	男	网页制作班	1	2022-01-30_20:20:38
191400001238	张依铭	男	网页制作班	1	2022-01-30_20:20:38
191400002820	王瑞	女	网页制作班	1	2022-01-30_20:20:38
191400002844	王颖娇	女	网页制作班	0	2022-01-30_20:20:38
191400002848	孙兴源	男	网页制作班	1	2022-01-30_20:20:38

图 11.13　随机点名功能的运行结果

3. 出勤统计模块

查看出勤统计时，首先需要输入代表出勤统计功能模块的数字“7”，接着输入要统计的年份，例如需要统计 2022 年网页制作班的出勤情况，则输入“2022”，显示器上显示统计结果的同时，也会将结果保存在统计结果文件中。执行过程和运行结果如图 11.14 所示。

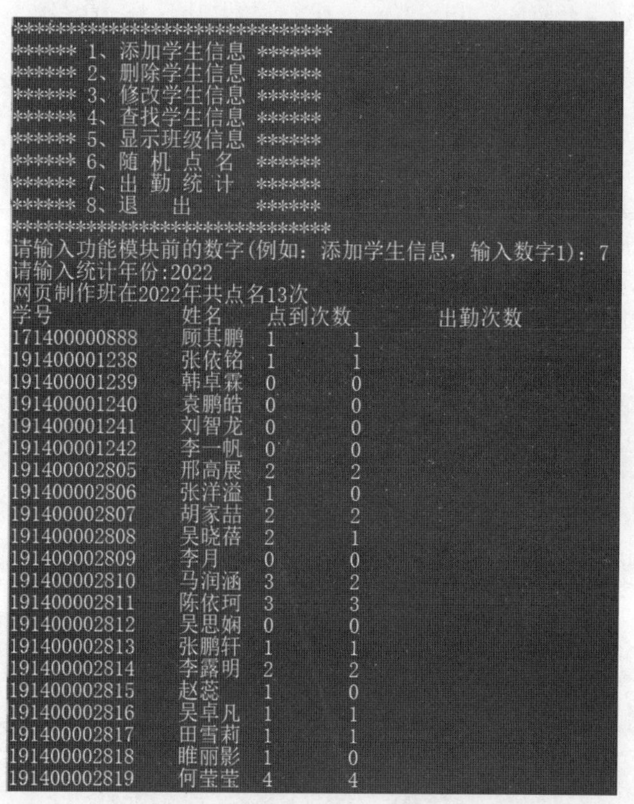

```
********************************
****** 1、添加学生信息 ******
****** 2、删除学生信息 ******
****** 3、修改学生信息 ******
****** 4、查找学生信息 ******
****** 5、显示班级信息 ******
****** 6、随 机 点 名   ******
****** 7、出 勤 统 计   ******
****** 8、退    出      ******
********************************
请输入功能模块前的数字(例如：添加学生信息，输入数字1)：7
请输入统计年份:2022
网页制作班在2022年共点名13次
学号            姓名    点到次数        出勤次数
171400000888    顾其鹏  1       1
191400001238    张依铭  1       1
191400001239    韩卓霖  0       0
191400001240    袁鹏皓  0       0
191400001241    刘智龙  0       0
191400001242    李一帆  0       0
191400002805    邢高展  2       2
191400002806    张洋溢  1       0
191400002807    胡家喆  2       2
191400002808    吴晓蓓  2       1
191400002809    李月    0       0
191400002810    马润涵  3       2
191400002811    陈依珂  3       3
191400002812    吴思娴  0       0
191400002813    张鹏轩  1       1
191400002814    李露明  2       2
191400002815    赵蕊    1       0
191400002816    吴卓凡  1       1
191400002817    田雪莉  1       1
191400002818    睢丽影  1       0
191400002819    何莹莹  4       4
```

图 11.14　出勤统计功能的执行过程和部分运行结果

本功能模块不仅统计了本班点名的总次数，也统计了每个同学被点名的总次数和出勤次数，把统计结果保存在“网页制作班_2022.txt”文件中，可供查看和打印。本案例中的其他模块，读者可以按程序提示自己测试，并查看运行结果。

本章小结

本程序是一个简易的教学班级随机点名系统，实现了对文件数据的增加、删除、修改、查询及统计等管理功能。文件管理与数据库信息管理系统有着较大的区别，如果是读取和保存数据库中的数据，使用结构化查询语句会简单得多，但是对文件的操作就略显烦琐。本案例存在如下两个问题。

(1) 本案例是建立在每个教学班级有一个学生名单文本文件基础上的数据结构及操作。例如"网页制作班.txt"文件包含网页制作班的学生，既然都是同一个教学班的学生，基本信息中就没有必要存放班级数据项了。如果我们考虑把所有学生都放在同一个文件中，那么基本信息中的班级数据项才有意义。请读者思考，本案例可以将不同教学班级的学生名单存放在同一个文件里吗？如果存放在一个文件里，有什么问题？应该如何去修改。

(2) 主功能菜单中的添加学生信息、删除学生信息和修改学生信息都是一个一个学生地去处理，并不能批量处理数据，如何实现数据增加、删除及修改的批量处理功能？

计算机软件特别是管理信息系统的建设和维护没有止境，一个案例或者一个系统开发出来后，要想让软件好用、界面简洁、操作方便、用户爱用，就需要不断地完善这个系统，更好地满足用户的需求。希望本案例能给读者带来启发，灵活运用 C++ 语言，表达自己的逻辑思维，灵活自如地与计算机进行交流，实现用户所需要的功能。